“十二五”普通高等教育本科国家级规划教材配套教辅

化工设计学习指导

Study Manual for Chemical Process Design

梁志武　陈声宗　高红霞　编著

化学工业出版社

·北京·

内容简介

《化工设计学习指导》是“十二五”普通高等教育本科国家级规划教材《化工设计》（第四版，梁志武、陈声宗主编）的配套辅导用书。本书根据化工设计课程教学基本要求和作者教学经验，突出化工工艺设计内容及课程的工程特色，详细介绍了各章节的主要内容、重点和难点、考核知识点及要求，每章辅以精选练习题，检验读者的学习效果。本书末还附有六套化工设计模拟试卷及全书练习题与模拟试卷参考答案。

本书详细讲解了常用计算机软件 Aspen Plus、Pdmax 等流程模拟和三维工厂设计软件的操作步骤与方法，列出了详细步骤和所需数据列表，以及最终设计结果的数据表与设计图纸，让读者能顺利地重复书中的案例。本书还附有上机指导说明，让读者能独立完成用 Aspen Plus 和 Pdmax 三维工厂设计的练习任务。

本书还补充讲述了《化工设计》（第四版）中物料衡算与热量衡算例题的解题思路和方法，用综合实例补充说明管道转折、管道重叠及阀门朝向的表达方法。

《化工设计学习指导》是高等学校化学工程与工艺及相关专业本科生学习化工设计、进行毕业设计及参加化工设计竞赛的辅导用书，还可供石油与化工、制药、轻工等相关行业从事设计、开发研究及生产技术人员参考。

图书在版编目（CIP）数据

化工设计学习指导 / 梁志武，陈声宗，高红霞编著. —北京：化学工业出版社，2021.8

“十二五”普通高等教育本科国家级规划教材配套教辅

ISBN 978-7-122-39234-3

Ⅰ. ①化… Ⅱ. ①梁… ②陈… ③高… Ⅲ. ①化工设计-高等学校-教学参考资料 Ⅳ. ①TQ02

中国版本图书馆 CIP 数据核字（2021）第 101819 号

责任编辑：徐雅妮　　文字编辑：黄福芝　陈小滔

责任校对：张雨彤　　装帧设计：李子姮

出版发行：化学工业出版社（北京市东城区青年湖南街 13 号　邮政编码 100011）

印　　装：大厂聚鑫印刷有限责任公司

787mm×1092mm　1/16　印张 17¾　字数 434 千字　2022 年 3 月北京第 1 版第 1 次印刷

购书咨询：010-64518888　　售后服务：010-64518899

网　　址：http://www.cip.com.cn

凡购买本书，如有缺损质量问题，本社销售中心负责调换。

定　　价：59.00 元

序

新工科背景下，为主动应对新一轮科技革命和产业变革，适应时代发展对人才的需求，高校传统工科人才培养目标转变为提升实践与创新能力，开拓多学科视野，培养具备国际竞争力的高素质复合型新工科人才。为了提高化学工程与工艺类专业学生对从事化工相关研究和工业领域的计算机辅助设计能力、创新能力和工程能力，该书编者依据多年从事化工设计领域研究、教学与工程实践经验，将理论和实践相结合，创新思维与现代化信息手段相结合，添加环境评价与安全评价，编写了一部科学性和系统性较强的化工设计辅助教材，有利于减轻教师和学生查阅文献资料的负担，体现出了与现代科学技术知识更新、拓展的同步节拍和可持续发展的理念。

作为必修课程，化工设计涉及化工设计概念、化工工艺流程设计、化工设备设计（选型）、管道和工厂布置设计等多个专业领域，是一门着重培养学生工程实践能力的综合类课程。课程目的在于使学生了解化工设计规范和标准，接触化工设计常用软件，并掌握化工厂及设备设计流程，最终促进工程科学基础知识的转化应用。《化工设计学习指导》作为一本综合性极强的辅助教材，能够为传统工科与新兴学科的交叉融合提供更加广泛的素材，非常有利于巩固和补充学生所学知识。该书编者明确了各章节重难点、考核知识点及要求，旨在让学生在学习过程中把握学习目标，做到广泛了解，重点精通。同时加强基础教学，扩大教材知识面，以案例教学的方式详细讲解了化工设计常用软件 Aspen Plus 用于物料衡算与热量衡算和设备选型与计算的操作步骤与方法，以及 Pdmax 三维工厂设计软件用于设备布置和管道布置设计的操作步骤与方法，提高学生实践和创新能力。在编写过程中注重知识的系统性和专业性，突出知识的实用性和先进性，在夯实学生基本功底的同时，充分锻炼学生理论结合实际的能力，激发学生寻找创新型方案的主观能动性，引导学生对行业现状及未来的积极思考。

教育教学工作者在教学过程中应对教学重点深入浅出，在课堂中采用多元化方式将理论知识与化工设计实际工程应用相结合，展示国内外先进化工设计技术和经验，引发学生的主动思考。课堂教学形式也可采用新媒体技术，充分调动学生的学习兴趣和积极性，对学生综合素质培养的方式方法进行探索和总结，培养适应未来工程技术发展的创新型工科人才。

王静康

中国工程院院士 天津大学教授

2021 年 9 月

前言

《化工设计学习指导》应广大教师和同学的要求而编写，是学习化工设计课程的辅导书，也是毕业设计和化工设计竞赛的指导书。

化工设计既是科学，又是艺术，是一门创造性极强的技术工作，涉及的学科知识面极其广泛，还涉及许多国家政策和规范，使初学者甚感困惑。为此，作者凭借多年化工设计实践体会和教学经验，编写了这本学习指导教材。

本书各章节包括四个方面：主要内容、重点和难点、考核知识点及要求、练习题，并在书末给出练习题参考答案，便于教师教学和学生自修，从而深刻理解化工设计的核心知识和技能。本书以案例教学的方式详细讲解了化工设计常用软件 Aspen Plus 用于物料衡算与热量衡算和设备选型与计算的操作步骤与方法，列出了详细步骤截图和所需数据列表，以及最终设计结果的数据表和设计图纸，让读者能顺利地重复书中的案例。本书通过案例详细讲解了 Pdmax 三维工厂设计软件用于设备布置和管道布置设计的操作步骤与方法，列出了详细步骤截图及最终的设计结果，让读者能按步骤截图完成书中的案例。本书还附有上机练习题的指导说明，让读者能模仿例题的方法和步骤，用 Aspen Plus 和 Pdmax 三维工厂设计的练习任务，有利于提高学生利用计算机进行辅助化工设计的能力。

本书用解题指导的方式补充讲述了《化工设计》教材中物料衡算与热量衡算例题的解题思路，提高读者的解题能力；用综合实例说明管道转折、管道重叠及阀门朝向的表达方法，让读者具备绘制配管图的基本能力。

本书附有 6 套化工设计模拟试卷和参考答案，考题的内容和形式具有代表性，难度适中，让学生能自我检验掌握化工设计理论和技能的真实水平。

本书 Aspen Plus 和 Pdmax 的应用与实例部分由梁志武、高红霞编写，各章节主要内容、重点和难点、考核知识点及要求、练习题与参考答案以及模拟试卷与参考答案由陈声宗编写。肖珉在练习题和 3D 模拟资料收集方面提供了很大支持。

全书由梁志武和陈声宗拟定编写大纲，组织编写并统稿。

限于编者水平，书中难免有不妥之处，敬请读者批评指正。

编者

2021 年 3 月 1 日

目录

第一章

化工厂设计的内容与程序

第一节　化工设计的种类

一、主要内容

理解化工设计的两种分类方法。

理解概念设计、中试设计、基础设计与工程设计的概念与内容。

二、重点

理解概念设计、基础设计与工程设计的区别与联系，特别要掌握国内的基础设计、初步设计、施工图设计与国外的工艺设计、基础工程设计及详细工程设计的内容与区别。

三、考核知识点及要求

○应熟悉内容

化工新技术开发过程中包括四种设计类型：概念设计、中试设计、基础设计和工程设计。

○应掌握内容

1．国际通用设计体制把全部设计过程划分为由专利商提供的工艺包和工程公司承担的工程设计两大阶段。

2．工程设计分为工艺设计、基础工程设计和详细工程设计三个阶段。

第二节　化工厂设计的工作程序

一、主要内容

了解从项目建议书到投料试车的化工厂设计工作的内容和程序以及国外通用的设计程序和内容。

理解项目建议书、可行性研究、环境影响评价（简称环评）与安全条件评价（简称安评）、设计任务书、工程设计的主要内容。

理解国外通用设计程序中工艺设计、基础工程设计和详细工程设计的主要内容。

二、重点

掌握化工厂设计工作的内容和程序，以及基础工程设计和详细工程设计的主要内容。

三、考核知识点及要求

○应熟悉内容

1. 国际通用设计体制的工艺设计的主要内容是把专利商提供的工艺包或把本公司开发的专利技术进行工程化，并转化为设计文件，提交用户审查，发给有关各设计专业作为开展工程设计的依据。工艺设计的文件包括文字说明（工艺说明）、图纸、表格三大内容。

2. 国际通用设计体制的详细工程设计内容与国内的施工图设计相类似，即全面完成全套项目的施工图，确认供货商图纸，进行材料统计汇总，完成材料订货等工作。

○应掌握内容

1. 化工厂设计的工作程序，国内通常是以现有生产技术或新产品开发的基础设计为依据，提出项目建议书；经业主或上级主管部门认可后写出可行性研究报告；然后进行环境影响评价与安全条件评价，经业主和政府主管部门批准后，编写设计任务书，进行工程设计；最后各专业派出设计代表参加基本建设的现场施工和安装，试车投产及验收。

2. 基础工程设计是以“装置”为单位编制的。基础工程设计比初步设计的内容更为深广。为了适应中国工程建设管理体制的特点，国内的“基础工程设计”需要在国外基础工程设计的基础上覆盖我国“初步设计”中的有关内容。具体地说，就是在国际通行的“用户审查版”的基础上，除在文字内容基本上覆盖了初步设计的要求外，还要加上我国“初步设计”中供政府行政主管部门审查所需要的内容，使其具备原来“初步设计”的报批功能，具有一定的可操作性。

第三节　化工车间工艺设计的程序及内容

一、主要内容

了解车间（装置）工艺设计的内容和工作程序。

二、重点

掌握车间（装置）工艺设计的工作程序和方案设计的内容。

三、考核知识点及要求

○应熟悉内容

1. 化工计算包括工艺设计中的物料衡算、能量衡算、设备选型与计算三个内容。

2. 设计文件的内容，包括设计说明书、附图（流程图、布置图、设备图等）和附表（设备一览表、材料汇总表等）。

○应掌握内容

1. 化工车间工艺设计的程序：设计准备工作⟶方案设计⟶化工计算⟶车间布置设计⟶配管工程设计⟶为非工艺专业提供设计条件⟶编制概算书和设计文件。

2. 方案设计的任务是确定生产方法和工艺流程，是整个工艺设计的基础。要求运用所掌握的各种信息，根据有关的基本理论进行不同生产方法和生产流程的对比分析。在设计时，首要工作是对可供选择的方案进行环评和安评，并进行定量的技术经济比较和筛选，着重评价总投资和生产成本。最终筛选出一条技术上先进、经济上合理、安全上可靠、符合环保要求、易于实施的工艺路线。

第四节　设计文件

一、主要内容

了解基础工程设计（初步设计）文件和施工图设计文件的主要内容和要求。

二、重点

掌握基础工程设计（初步设计）文件中工艺设计部分的内容。

三、考核知识点及要求

○应了解内容

1. 基础工程设计（初步设计）的设计文件应包括以下两部分内容：设计说明书和说明书的附图、附表。

2. 施工图设计是工艺设计的最终成品，它由文字说明、表格和图纸三部分组成。

第一章练习题

一、填空题

1. 化工新技术开发过程中包括四种设计类型：______设计、______设计、______设计和______设计。

2. 国际通用设计体制把全部设计过程划分为由专利商提供的工艺包和工程公司承担的工程设计两大阶段。工程设计分为______设计、______工程设计和______工程设计三个阶段。

3. 国际通用设计体制的工艺设计的主要内容是把专利商提供的______或把本公司开发的______技术进行工程化，并转化为设计文件，提交用户审查，发给有关各设计专业作为开展工程设计的依据。工艺设计的文件包括文字说明（工艺说明）、图纸、表格三大内容。

4. 国际通用设计体制的详细工程设计内容与国内的________设计相类似，即全面完成全套项目的施工图，确认供货商图纸，进行材料统计汇总，完成材料订货等工作。

5．化工厂设计的工作程序，国内通常是以现有生产技术或新产品开发的基础设计为依据，提出________建议书；经业主或上级主管部门认可后写出________研究报告；然后进行________评价与________评价，经业主和政府主管部门批准后，编写________任务书，进行________设计；最后各专业派出设计代表参加基本建设的现场施工和安装，试车投产及验收。

6．基础工程设计是以“______”为单位编制的。基础工程设计比初步设计的内容更为深广。为了适应中国工程建设管理体制的特点，国内的“基础工程设计”需要在国外基础工程设计的基础上覆盖我国“初步设计”中的有关内容。具体地说，就是在国际通行的“用户审查版”的基础上，除在______内容基本上覆盖了初步设计的要求外，还要加上我国“初步设计”中供政府行政主管部门______所需要的内容，使其具备原来“初步设计”的报批功能，具有一定的可操作性。

7．化工计算包括工艺设计中的______衡算、______衡算、设备______与______三项内容。

8．化工车间工艺设计的程序：设计______工作⟶______设计⟶化工______⟶车间______设计⟶______工程设计⟶为非工艺专业提供设计条件⟶编制概算书和设计文件。

9．方案设计的任务是确定______方法和工艺______，是整个工艺设计的基础。要求运用所掌握的各种信息，根据有关的基本理论进行不同生产方法和生产流程的对比分析。在设计时，首要工作是对可供选择的方案进行______和______，并进行定量的______比较和筛选，着重评价______和______。最终筛选出一条技术上先进、经济上合理、安全上可靠、符合环保要求、易于实施的工艺路线。

二、选择填空题

1．化工新技术开发过程中包括四种设计类型：(　　)设计、(　　)设计、(　　)设计和(　　)设计。

A．初步　　B．施工图　　C．概念　　D．基础

E．中试　　F．工程　　G．详细

2．国际通用设计体制把全部设计过程划分为由专利商提供的工艺包和工程公司承担的工程设计两大阶段。工程设计分为（　　）设计、(　　）工程设计和（　　）工程设计三个阶段。

A．初步　　B．施工图　　C．中试　　D．基础

E．详细　　F．工艺

3．国际通用设计体制的工艺设计的主要内容是把专利商提供的（　　）或把本公司开发的(　　)技术进行工程化，并转化为设计文件，提交用户审查，发给有关各设计专业作为开展工程设计的依据。工艺设计的文件包括文字说明（工艺说明）、图纸、表格三大内容。

A．专利　　B．基础设计　　C．中试技术　　D．工艺包

4．国际通用设计体制的详细工程设计内容与国内的（　　）设计相类似，即全面完成全套项目的施工图，确认供货商图纸，进行材料统计汇总，完成材料订货等工作。

A．初步　　B．基础　　C．施工图

5．化工厂设计的工作程序，国内通常是以现有生产技术或新产品开发的基础设计为依据，提出(　　)建议书；经业主或上级主管部门认可后写出(　　)研究报告；然后进行(　　)评价与(　　)评价，经业主和政府主管部门批准后，编写(　　)任务书，进行(　　)设计；最

后各专业派出设计代表参加基本建设的现场施工和安装，试车投产及验收。

A．投资　　B．科学　　C．可行性　　D．项目

E．计划　　F．设计　　G．工程　　H．环境影响

I．三废处理　　J．消防　　K．安全条件

6．基础工程设计是以“（　）”为单位编制的。基础工程设计比初步设计的内容更为深广。为了适应中国工程建设管理体制的特点，国内的“基础工程设计”需要在国外基础工程设计的基础上覆盖我国“初步设计”中的有关内容。具体地说，就是在国际通行的“用户审查版”的基础上，除在（　）内容基本上覆盖了初步设计的要求外，还要加上我国“初步设计”中供政府行政主管部门（　）所需要的内容，使其具备原来“初步设计”的报批功能，具有一定的可操作性。

A．产品　　B．设计　　C．文字　　D．存档

E．审查　　F．装置

7．化工计算包括工艺设计中的（　）衡算、（　）衡算、设备（　）与（　）三个内容。

A．原子　　B．热量　　C．物料　　D．尺寸

E．选型　　F．能量　　G．计算

8．化工车间工艺设计的程序：设计（　）工作⟶（　）设计⟶化工（　）⟶车间（　）设计⟶（　）工程设计⟶为非工艺专业提供（　）条件⟶编制概算书和设计文件。

A．计算　　B．布置　　C．准备　　D．设备

E．设计　　F．工艺　　G．配管　　H．方案

9．方案设计的任务是确定（　）方法和工艺（　），是整个工艺设计的基础。要求运用所掌握的各种信息，根据有关的基本理论进行不同生产方法和生产流程的对比分析。在设计时，首要工作是对可供选择的方案进行（　）和（　），并进行定量的（　）比较和筛选，着重评价（　）和（　）。最终筛选出一条技术上先进、经济上合理、安全上可靠、符合环保要求、易于实施的工艺路线。

A．工艺　　B．流程　　C．环评　　D．生产

E．技术方案　　F．安评　　G．总投资　　H．技术经济

I．安全环保　　J．生产成本　　K．产品质量

三、判断题（正确的打√；错误的打×）

1．化工新技术开发过程中包括四种设计类型：概念设计、中试设计、基础设计和详细工程设计。（　）

2．国际通用设计体制把全部设计过程划分为由专利商提供的工艺包和工程公司承担的工程设计两大阶段。工程设计分为工艺设计、基础工程设计和详细工程设计三个阶段。（　）

3．国际通用设计体制的工艺设计的主要内容是把专利商提供的中试技术或把本公司开发的专利技术进行工程化，并转化为设计文件，提交用户审查，发给有关各设计专业作为开展工程设计的依据。工艺设计的文件包括文字说明（工艺说明）、图纸、表格三大内容。（　）

4．国际通用设计体制的详细工程设计内容与国内的施工图设计相类似，即全面完成全套项目的施工图，确认供货商图纸，进行材料统计汇总，完成材料订货等工作。（　）

5．化工厂设计的工作程序，国内通常是以现有生产技术或新产品开发的基础设计为依

据，提出项目建议书；经业主或上级主管部门认可后写出可行性研究报告；然后进行环境影响评价与安全条件评价，经业主和政府主管部门批准后，编写设计任务书，进行详细工程设计；最后各专业派出设计代表参加基本建设的现场施工和安装，试车投产及验收。(　)

6．基础工程设计是以“产品”为单位编制的。基础工程设计比初步设计的内容更为深广。为了适应中国工程建设管理体制的特点，国内的“基础工程设计”需要在国外基础工程设计的基础上覆盖我国“初步设计”中的有关内容。具体地说，就是在国际通行的“用户审查版”的基础上，除在文字内容基本上覆盖了初步设计的要求外，还要加上我国“初步设计”中供政府行政主管部门审查所需要的内容，使其具备原来“初步设计”的报批功能，具有一定的可操作性。(　)

7．化工计算包括工艺设计中的物料衡算、能量衡算、设备选型与计算三个内容。(　)

8．化工车间工艺设计的程序：设计准备工作⟶工艺流程设计⟶化工计算⟶车间布置设计⟶配管工程设计⟶为非工艺专业提供设计条件⟶编制概算书和设计文件。(　)

9．方案设计的任务是确定生产方法和工艺流程，是整个工艺设计的基础。要求运用所掌握的各种信息，根据有关的基本理论进行不同生产方法和生产流程的对比分析。在设计时，首要工作是对可供选择的方案进行环评和安评，并进行定量的技术经济比较和筛选，着重评价总投资和生产成本。最终筛选出一条技术上先进、经济上合理、安全上可靠、符合环保要求、易于实施的工艺路线。(　)

第二章
工艺流程设计

第一节　生产方法和工艺流程的选择

一、主要内容

理解生产方法和工艺流程选择的原则，生产方法和工艺流程确定的步骤和内容。

二、重点

掌握生产方法和工艺流程选择的原则和确定的步骤。

三、考核知识点及要求

○应熟悉内容

在选择生产方法和工艺流程时，应该着重考虑以下三项原则。

1. 先进性。先进性是指在化工设计过程中技术上的先进程度和经济上的合理可行。判断一种生产路线是否可行，不仅要看它采用的技术先进与否，同时要看它在建成投产后是否能够创造利润和创造多大的利润。实际设计过程中，选择的生产方法应达到物料损耗较小、物料循环量较少并易于回收利用、能量消耗较少和有利于环境保护等要求。

2. 可靠性。可靠性主要是指所选择的生产方法和工艺流程是否成熟可靠。如果采用的技术不成熟，将会导致装置不能正常运行，达不到预期技术指标，甚至无法投产，从而造成极大的浪费。

3. 合理性。合理性是指在进行化工厂设计时，应该结合我国的国情，从实际情况出发，考虑各种问题，即宏观上的合理性。应该认真考虑国家资源的合理利用、建厂地区的发展规划、“三废”处理是否可行，生产是否安全可靠等，而不能单纯从技术、经济观点考虑问题。

第二节　工艺流程设计

一、主要内容

理解工艺流程设计的任务和工艺流程设计的方法。

二、重点和难点

重点：掌握工艺流程设计的步骤和内容，以及反应过程、原料预处理过程、产物的分离净化过程设计应考虑的问题。

难点：综合运用所学知识，以反应过程为核心，根据反应过程的特点，提出对原料预处理过程、产物的分离净化过程等的要求，组织工艺流程。

三、考核知识点及要求

○应熟悉内容

1．制定“三废”处理方案。对全流程中除了产品和副产品外所排出的“三废”，要尽量进行综合利用。如果有些副产品暂时无法回收利用，必须采用适当的方法进行处理（例如掩埋、焚烧等）。

2．制定安全生产措施。对设计出来的化工装置，在开车、停车、长期运转以及检修过程中可能存在的不安全因素进行认真分析，结合以往的经验教训，并遵照国家的各项有关规定制订出切实可靠的安全措施（例如设置阻火器、安全阀、防爆膜等）。

○应掌握内容

1．工艺流程设计的任务。主要包括两个方面：一是确定生产流程中各个生产过程的具体内容、顺序和组合方式，达到由原料制得所需产品的目的；二是绘制工艺流程图，要求以图解的形式表示生产过程中当原料经过各个单元操作过程制得产品时，物料和能量发生的变化及其流向，以及采用了哪些化工过程和设备，再进一步通过图解形式表示出化工管道流程和计量控制流程。

2．工艺流程设计步骤。为了使设计出来的工艺流程能够实现优质、高产、低消耗和安全生产，应该按下列步骤逐步进行设计：①确定整个流程的组成；②确定每个过程或工序的组成；③确定工艺操作条件；④确定控制方案；⑤原料与能量的合理利用；⑥制定“三废”处理方案；⑦制定安全生产措施。

3．工艺流程组成。可以将一个工艺流程分为四大部分，即原料预处理过程、反应过程、产物的后处理（分离净化）过程和“三废”的处理过程。

4．反应过程。反应过程是工艺流程设计的核心，应根据物料特性、反应过程的特点、产品要求、基本工艺操作条件来确定采用反应器类型以及决定是采用连续操作还是间歇性操作。另外，物料反应过程是否需外供能量或移出热量，都要在反应装置上增加相应的适当措施。如果反应需要在催化剂存在下进行，就需考虑催化反应的方式和催化剂的选择。

5．原料预处理过程。在确定主反应装置后，根据反应特点，必然对原料提出要求，如纯度、温度、压力以及加料方式等。这就应根据需要采取预热（冷）、汽化、干燥、粉碎筛分、提纯精制、混合、配制、压缩等措施。这些操作过程通常不是一台两台设备或简单过程可以完成的，需要把相应的化工单元操作设备进行组合才能完成原料预处理的任务，因而设计出不同的流程。

6．产物的分离净化。根据反应过程的特点、原料的特性和产品的质量要求，从反应过程出来的产物可能会出现以下几种情况：①除了得到目的产物外，由于副反应生成了一些副产物，因此需要通过进一步净化、分离，最终得到目的产品。②由于受化学反应平衡或反应时间等条件的限制，原料转化率较低，因而产物中必然存在剩余的未反应的原料，应把未参与反应的原料重新返回反应器继续进行反应。③在原料的预处理中有些杂质并未彻底除净，进而经过反应装置后带入产物中，或者杂质参与反应而生成无用且有害的物质，需要清除有害物质。④由于产物复杂的集聚状态，增加了后处理过程的流程。实际的化工生产中，有些反应过程是多相的，而最终产物却是单相的。即从反应器出来的产物是混合物，需要经过一系列的分离提纯过程，才能得到目的产品。

用于产物的净化、分离的化工单元操作过程，往往是整个工艺过程中最复杂、最关键的部分，有时是制约整个工艺生产能否顺利进行的关键环节，是保证产品质量的极为重要的步骤。因此，如何安排每一个分离净化的设备或装置以及操作步骤，它们之间如何连接，是否达到预期的净化效果和能力等，都是必须认真考虑的。

第三节　工艺流程图

一、主要内容

理解工艺流程图的种类、表达内容，管道仪表流程图的设备、管道、管件、阀门和仪表控制点的表达方法。

二、重点和难点

重点：掌握管道仪表流程图的设备、管道、管件、阀门和仪表控制点的表达内容和方法，以及管道标注内容和方法。

难点：如何确定管道等级，以及管道标注内容和表示方法。

三、考核知识点及要求

○应掌握内容

1. 带控制点的工艺流程图应画出所有工艺设备、工艺物料管线、辅助物料管线、主要阀门以及工艺参数（温度、压力、流量、液位、物料组成、浓度等）的测量点，并表示出自动控制的方案。

2. 管道仪表流程图中设备的绘制及标注。工艺管道仪表流程图上应按工艺流程顺序从左至右绘出全部和工艺生产有关的设备、机械和驱动机（包括新设备、原有设备以及需要就位的备用设备）。①图形：化工设备在图上一般可不按比例、用中线条、按规定的设备和机器图例画出能够显示设备形状特征的主要轮廓，并表示出设备类别特征以及内部、外部构件（内、外构件亦用中线条）。并用单实线画出机器设备上所有的接口（包括人孔、手孔、卸料口及排液口、放空口和仪表接口等）。②设备的标注：工艺管道仪表流程图上应标注设备位号及名称。设备位号由两部分组成，前部分用大写英文字母表示设备类别（如 T304a），后部分用阿拉伯数字表示设备所在位置（工序）及同类设备的顺序，一般数字为 3～4 位。图上通常要表示两处设备位号，第一处设备位号表示在设备旁，在设备位号线上部注写设备位号，不注设备名称；第二处位号表示在设备相对应位置的图纸上方或下方，在位号线上部注写设备位号，在位号线下部注写设备名称（如初馏塔）。

3．管道仪表流程图中管道的绘制及标注。装置内工艺管道仪表流程图要表示出全部工艺管道、阀门和主要管件，表示出与设备、机械、工艺管道相连接的全部辅助物料和公用物料的连接管道。①管道的画法：管道应按规定的图形符号绘制。绘制管道时，应尽量注意避免穿过设备或使管道交叉，不能避免时，应将其中一根管道断开一段，断开处的间隙应为线粗的 5 倍左右。管道要尽量画成水平和垂直，不用斜线。若斜线不可避免时，应只画出一小段，以保持图画整齐。②管道的标注：管道及仪表流程图的管道应标注的内容有四个部分，即管段号（由三个单元组成）、管径、管道等级和绝热（或隔声）代号，总称为管道组合号（如 PG-1301-300-A1A-H）。水平管道宜平行标注在管道的上方，竖直管道宜平行标注在管道的左侧。在管道密集、无处标注的地方，可用细实线引至图纸空白处水平（竖直）标注。

4．设备位号（T304a）由设备类别代号（T）、主项代号（3）、设备顺序号（04）及相同设备的顺序编号（a）组合而成。常用的设备类别代号：泵（P）、反应器（R）、换热器（E）、容器（V）、塔（T）、计量设备（W）等。

5．管道组合号（如 PG-1301-300-A1A-H）由物料代号（PG）、管段编号（1301）、管径（300）、管道等级（A1A）和绝热（或隔声）代号（H）组合而成。常用的物料代号：工艺气体（PG）、工艺液体（PL）、工艺固体（PS）、低压蒸汽（LS）、蒸汽冷凝水（SC）、导热油（HO）、循环冷却上水（CWS）、循环冷却回水（CWR）、生活用水（DW）、生产废水（WW）、冷冻盐水上水（RWS）、冷冻盐水回水（RWR）、真空排放气（VE）、放空（VT）、废气（WG）等。

6．管道的图纸接续标志：

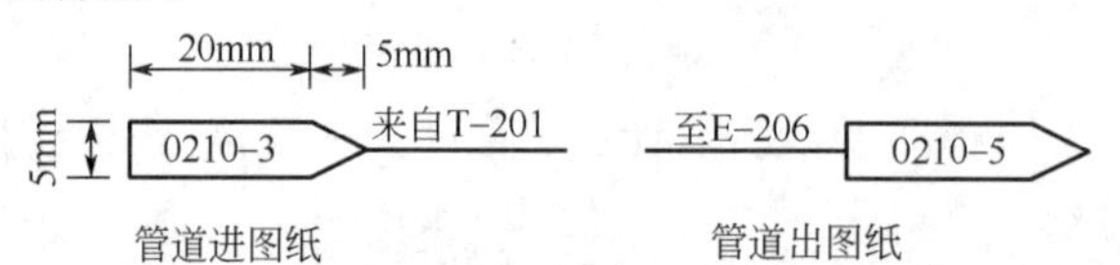

7．阀门与管件的表示方法。用细实线画出全部阀门和部分管件，如截止阀（ ）、闸阀（ ）、球阀（ ）、减压阀（ ）、疏水阀（ ）、视镜

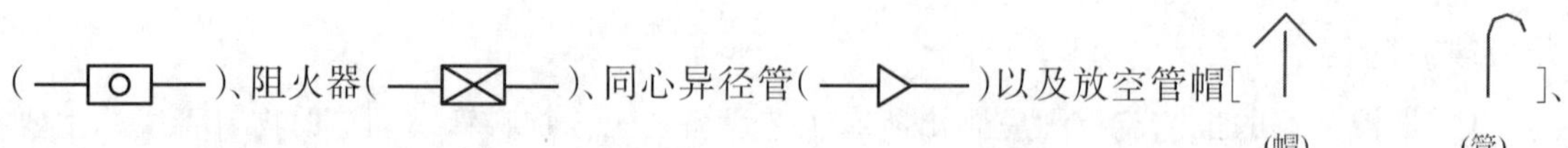

（ ）、阻火器（ ）、同心异径管（ ）以及放空管帽[ ]、

漏斗［ 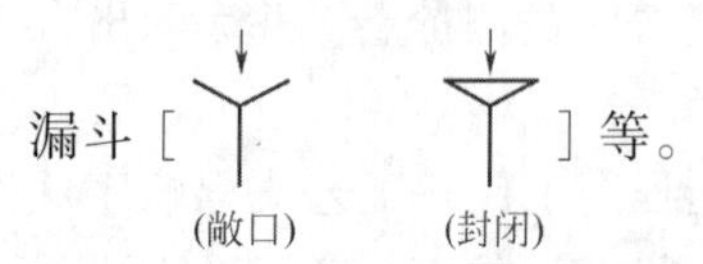 ］等。

8．仪表控制点的表示方法。管道仪表流程图上要以规定的图形符号和文字代号绘出和标注全部计量检测仪表（温度、压力、真空、流量、液面等）、调节控制系统、分析取样系统。仪表控制点应在有关的管道或设备上按大致安装位置引出的管线上，用图形符号、字母符号、数字编号来表示，检测、控制等仪表在图上用细实线圆（直径约 10mm）表示。

9．主要的仪表功能标志的字母代号。①首位字母，指单个表示被测变量或引发变量的字母，如：A（分析）、F（流量）、L（物位）、P（压力、真空）、T（温度）等；②后继字母，可以为一个字母（读出功能）或两个字母（读出功能+输出功能），如：A（报警）、C（控制）、I（指示）、R（记录）等。

10．仪表位号。仪表位号由字母代号和阿拉伯数字编号组成。仪表位号中第一位字母表示被测变量，后继字母表示仪表的功能。数字编号表示该仪表在同一主项中的编号。

第四节　典型设备的自控方案

一、主要内容

理解泵类、压缩机、换热器、反应器及蒸馏塔的自控方案的内容和方法，以及自控设计条件的内容。

二、重点和难点

重点：掌握泵类、压缩机、换热器、反应器及蒸馏塔的自控方案。

难点：如何确定操纵变量、主变量和副变量，以及控制方案的表达方法。

三、考核知识点及要求

○应熟悉内容

了解泵类、压缩机、换热器、反应器及蒸馏塔的自控方案（结合绘制工艺流程图考核）。

第五节　工艺流程图计算机绘制软件

一、主要内容

运用多媒体手段演示 PIDCAD（或 AutoCAD）绘制工艺流程图的过程，理解 PIDCAD（或 AutoCAD）的工作界面和绘制工艺流程图的步骤和方法。

二、重点和难点

重点：掌握设备、管道、管件、阀门和仪表控制点的绘制方法和管道标注内容和方法。

难点：绘制工艺流程图的顺序，以及各种管线的类型、线宽的确定，阀门类型的确定。

三、考核知识点及要求

○应熟悉内容

运用计算机绘制管道仪表流程图（结合绘制工艺流程图考核）。

第二章练习题

一、填空题

1．在选择生产方法和工艺流程时，应该着重考虑以下三项原则：①______________性；②______________性；③______________性。

2．工艺流程设计时应制定“三废”处理方案。即对全流程中除了产品和副产品外所排出的“三废”，要尽量进行____________。如果有些副产品暂时无法回收利用，必须采用____________进行处理（例如掩埋、焚烧等）。

3．工艺流程设计时应制定安全生产措施。针对设计出来的化工装置，在____________、____________、____________以及____________过程中可能存在的不安全因素进行认真分析，结合以往的经验教训，并遵照国家的各项有关规定制订出切实可靠的安全措施（例如设置阻火器、安全阀、防爆膜等）。

4．可以将一个化工生产工艺流程分为四大部分，即原料_______过程、_______过程、产物的________（分离净化）过程和“________”的处理过程。

5．带控制点的工艺流程图应画出所有________设备、工艺________管线、辅助物料管线、主要_______，以及工艺参数（温度、压力、流量、液位、物料组成、浓度等）的________点，并表示出__________的方案。

6．在工艺管道仪表流程图上的设备位号（如 T304a）中，T 表示设备______代号，3 表示______代号，04 表示设备______号，a 表示相同设备的顺序编号。

7．写出工艺管道仪表流程图常用的设备类别代号的设备类别名称：P _______、R _______、E _______、V _______、T _______、W（计量设备）等。

8．工艺管道仪表流程图要表示出全部______管道、_______和_______管件，表示出与设备、机械、工艺管道相连接的辅助物料和公用物料的________管道。

9．工艺管道仪表流程图中的管道应按规定的图形符号绘制。绘制管道时，应尽量注意避免__________________设备或使管道_______，不能避免时，应将其中一根管道断开一段，断开处的间隙应为线粗的 5 倍左右。管道要尽量画成_______和_______，不用斜线。

10．写出管道及仪表流程图中下列物料代号的物料名称：PG____________、PL ___________、PS____________（工艺固体）；LS ___________、SC____________、HO__________；CWS ___________、CWR____________、生活用水（DW）、生产废水（WW）；冷冻盐水上水（RWS）、冷冻盐水回水（RWR）；VE ____________、VT _______、废气（WG）。

11．注写管道及仪表流程图中下列阀门的名称：______________、______________、______________、______________、______________。

12．注写管道及仪表流程图中下列管件的名称：______________、______________、______________等。

13．工艺流程设计的任务主要包括两个方面：一是确定生产流程中各个生产过程的具体内容、________和_______方式，达到由原料制得所需产品的目的；二是绘制___________，要求以图解的形式表示生产过程中当原料经过各个单元操作过程制得产品时，物料和能量发生的变化及其流向，以及采用了哪些化工过程和设备，再进一步通过图解形式表示出化工管道流程和计量控制流程。

14．为了使设计出来的工艺流程能够实现优质、高产、低消耗和安全生产，应该按下列步骤逐步进行设计：①确定整个_______的组成；②确定每个_______或_______的组成；③确定_____操作条件；④确定_____方案；⑤原料与能量的__________；⑥制定“三废”处理方案；⑦制定______生产措施。

15．反应过程是工艺流程设计的核心，应根据物料特性、反应过程的特点、产品要求、基本工艺操作条件来确定采用反应器______以及决定是采用______操作还是______操作。另外，物料反应过程是否需外供______或移出______，都要在反应装置上增加相应的适当措施。

16．化工设备在工艺管道仪表流程图上一般可______比例、用____线条、按规定的设备和机器______画出能够显示设备______特征的主要轮廓，并用中线条表示出设备______特征以及内部、外部构件。

17．写出管道及仪表流程图的管道组合号（如 PG-1301-300-A1A-H）中符号及数字的含义：PG________、1301________、300________、A1A________和 H 绝热（或隔声）。

18．管道仪表流程图上的仪表的功能标志由 1 个首位字母和 1～3 个后继字母组成，第一个字母表示被测变量。写出下列被测变量符号的中文含义：A______，F______，L______，P______，T______。后继字母表示读出功能、输出功能，写出下列读出功能、输出功能符号的中文含义：A______，C______，I______，R______。

二、选择填空题

1．在选择生产方法和工艺流程时，应该着重考虑以下三项原则：①（　）性；②（　）性；③（　）性。

A．可靠　　B．实用　　C．先进　　D．多样

E．合理

2．工艺流程设计时应制定“三废”处理方案。即对全流程中除了产品和副产品外所排出的“三废”，要尽量进行（　）。如果有些副产品暂时无法回收利用，必须采用（　）进行处理（例如掩埋、焚烧等）。

A．循环利用　　B．综合利用　　C．生化处理方法　　D．适当的方法

3．工艺流程设计时应制定安全生产措施。针对设计出来的化工装置，在（　）、（　）、（　）以及（　）过程中可能存在的不安全因素进行认真分析，结合以往的经验教训，并遵照国家的各项有关规定制订出切实可靠的安全措施（例如设置阻火器、安全阀、防爆膜等）。

A．置换　　B．开车　　C．试车　　D．停车

E．长期运转　　F．维护　　G．检修

4．可以将一个化工生产工艺流程分为四大部分，即原料（　）过程、（　）过程、产物的（　）（分离净化）过程和“（　）”的处理过程。

A．反应　　B．三废　　C．预处理　　D．分离提纯

E．循环　　F．后处理

5．带控制点的工艺流程图应画出所有（　）设备、工艺（　）管线、辅助物料管线、主要（　），以及工艺参数（温度、压力、流量、液位、物料组成、浓度等）的（　）点，并表示出（　）的方案。

A．辅助　　B．阀门　　C．工艺　　D．主要

E．测量　　F．自动控制　　G．物料

6．在工艺管道仪表流程图上的设备位号（如 T304A）中，T 表示设备（　）代号，3 表示（　）代号，04 表示设备（　）号，A 表示相同设备的顺序编号。

A．位号　　B．顺序　　C．编号　　D．类别

E．工序　　F．主项　　G．项目

7. 写出工艺管道仪表流程图常用的设备类别代号的设备类别名称：P(　)、R(　)、E(　)、V（　）、T（　）、W（计量设备）等。

A. 塔　　B. 换热器　　C. 反应器　　D. 泵

E. 容器

8. 工艺管道仪表流程图要表示出全部（　）管道、（　）和（　）管件，表示出与设备、机械、工艺管道相连接的辅助物料和公用物料的（　）管道。

A. 物料　　B. 工艺　　C. 阀门　　D. 辅助管道

E. 连接　　F. 主要

9. 工艺管道仪表流程图中的管道应按规定的图形符号绘制。绘制管道时，应尽量注意避免（　）设备或使管道（　），不能避免时，应将其中一根管道断开一段，断开处的间隙应为线粗的5倍左右。管道要尽量画成（　）和（　），不用斜线。

A. 设备　　B. 水平　　C. 管件　　D. 穿过

E. 交叉　　F. 垂直

10. 写出管道及仪表流程图中下列物料代号的物料名称：PG（　）、PL（　）、PS（工艺固体）、LS（　）、SC（　）、HO（　）、CWS（　）、CWR（　）、生活用水（DW）、生产废水（WW）、冷冻盐水上水（RWS）、冷冻盐水回水（RWR）、VE（　）、VT（　）、废气（WG）等。

A. 循环冷却上水　　B. 循环冷却回水　　C. 导热油　　D. 工艺气体

E. 低压蒸汽　　F. 工艺液体　　G. 蒸汽冷凝水　　H. 放空

I. 真空排放气

11. 注写管道及仪表流程图中下列阀门的名称：（　）、（　）、（　）、（　）、（　）。

A. 球阀　　B. 闸阀　　C. 截止阀　　D. 疏水阀

E. 减压阀

12. 注写管道及仪表流程图中下列管件的名称：（　）、（　）、（　）等。

A. 阻火器　　B. 视镜　　C. 减压阀　　D. 同心异径管

13. 工艺流程设计的任务主要包括两个方面：一是确定生产流程中各个生产过程的具体内容、（　）和（　）方式，达到由原料制得所需产品的目的；二是绘制（　），要求以图解的形式表示生产过程中当原料经过各个单元操作过程制得产品时，物料和能量发生的变化及其流向，以及采用了哪些化工过程和设备，再进一步通过图解形式表示出化工管道流程和计量控制流程。

A. 工序　　B. 组合　　C. 顺序　　D. 流程草图

E. 工艺流程图

14. 为了使设计出来的工艺流程能够实现优质、高产、低消耗和安全生产，应该按下列步骤逐步进行设计：①确定整个（　）的组成；②确定每个（　）或（　）的组成；③确定（　）操作条件；④确定（　）方案；⑤原料与能量的（　）；⑥制定“三废”处理方案；⑦制定（　）生产措施。

A. 生产过程　　B. 过程　　C. 流程　　D. 工序

E. 生产　　F. 工艺　　G. 安全　　H. 合理利用

I. 控制

15. 反应过程是工艺流程设计的核心，应根据物料特性、反应过程的特点、产品要求、基本工艺操作条件来确定采用反应器（　）以及决定是采用（　）操作还是（　）操作。另外，物料反应过程是否需外供（　）或移出（　），都要在反应装置上增加相应的适当措施。

A. 间歇性　　B. 热量　　C. 尺寸　　D. 结构

E. 类型　　F. 连续　　G. 能量

16. 化工设备在工艺管道仪表流程图上一般可（　）比例、用（　）线条、按规定的设备和机器（　）画出能够显示设备（　）特征的主要轮廓，并用中线条表示出设备（　）特征以及内部、外部构件。

A. 不按　　B. 按　　C. 外形　　D. 中

E. 粗　　F. 图例　　G. 形状　　H. 类别

17. 写出管道及仪表流程图的管道组合号（如 PG-1301-300-A1A-H）中符号及数字的含义：PG（　）、1301（　）、300（　）、A1A（　）和 H 绝热（或隔声）。

A. 管段　　B. 物料代号　　C. 管线　　D. 管径

E. 管段编号　　F. 管道等级

18. 管道仪表流程图上的仪表的功能标志由 1 个首位字母和 1～3 个后继字母组成，第一个字母表示被测变量。写出下列被测变量符号的中文含义：A（　），F（　），L（　），P（　），T（　）。后继字母表示读出功能、输出功能，写出下列读出功能、输出功能符号的中文含义：A（　），C（　），I（　），R（　）。

A. 数字　　B. 分析　　C. 字母　　D. 压力

E. 温度　　F. 流量　　G. 物位　　H. 控制

I. 记录　　J. 报警　　K. 指示

三、判断题（正确的打√；错误的打×）

1. 在选择生产方法和工艺流程时，应该着重考虑以下三项原则：①先进性；②可靠性；③安全性。（　）

2. 工艺流程设计时应制定“三废”处理方案。即对全流程中除了产品和副产品外所排出的“三废”，要尽量进行综合利用。如果有些副产品暂时无法回收利用，必须采用适当的方法进行处理（例如掩埋、焚烧等）。（　）

3. 工艺流程设计时应制定安全生产措施。针对设计出来的化工装置，在开车、停车、试生产以及检修过程中可能存在的不安全因素进行认真分析，结合以往的经验教训，并遵照国家的各项有关规定制订出切实可靠的安全措施（例如设置阻火器、安全阀、防爆膜等）。（　）

4. 可以将一个化工生产工艺流程分为四大部分，即原料预处理过程、分离过程、产物的后处理（分离净化）过程和“三废”的处理过程。（　）

5. 带控制点的工艺流程图应画出所有工艺设备、工艺物料管线、辅助物料管线、主要阀门，以及工艺参数（温度、压力、流量、液位、物料组成、浓度等）的测量点，并表示出自动控制的方案。（　）

6. 在工艺管道仪表流程图上的设备位号（如 T304A）中，T 表示设备类别代号，3 表示

主项代号，04 表示设备顺序号，A 表示相同设备的顺序编号。(   )

7. 工艺管道仪表流程图常用的设备类别代号的设备类别名称：P（泵）、R（反应器）、E（换热器）、V（容器）、T（塔）、W（计量设备）等。(   )

8. 工艺管道仪表流程图要表示出全部物料管道、阀门和主要管件，表示出与设备、机械、工艺管道相连接的辅助物料和公用物料的连接管道。(   )

9. 工艺管道仪表流程图中的管道应按规定的图形符号绘制。绘制管道时，应尽量注意避免穿过设备或使管道交叉，不能避免时，应将其中一根管道断开一段，断开处的间隙应为线粗的 5 倍左右。管道要尽量画成水平和垂直，不用斜线。(   )

10. 管道及仪表流程图中下列物料代号的物料名称：PG（工艺气体）、PL（工业废液）、PS（工艺固体）、LS（低压蒸汽）、SC（蒸汽冷凝水），HO（导热油）、CWS（循环冷却上水）、CWR（循环冷却回水）、自来水（DW）、生产废水（WW）、冷冻盐水上水（RWS）、冷冻盐水回水（RWR）、VE（真空排放气）、VT（放空）、废气（WG）等。(   )

11. 管道及仪表流程图中下列阀门的名称：—⋈—（控制阀）、—⋈—（闸阀）、—⋈—（球阀）、→⊠—（减压阀）、→●—（疏水阀）。(   )

12. 管道及仪表流程图中下列管件的名称：—◻—（视镜）、—⊠—（阻火器）、—▷—（同心异径管）等。(   )

13. 工艺流程设计的任务主要包括两个方面：一是确定生产流程中各个生产过程的具体内容、顺序和组合方式，达到由原料制得所需产品的目的；二是绘制工艺流程图，要求以图解的形式表示生产过程中当原料经过各个单元操作过程制得产品时，物料和能量发生的变化及其流向，以及采用了哪些化工过程和设备，再进一步通过图解形式表示出化工管道流程和计量控制流程。(   )

14. 为了使设计出来的工艺流程能够实现优质、高产、低消耗和安全生产，应该按下列步骤逐步进行设计：①确定整个过程的组成；②确定每个过程或工序的组成；③确定工艺操作条件；④确定控制方案；⑤原料与能量的合理利用；⑥制定“三废”处理方案；⑦制定安全生产措施。(   )

15. 反应过程是工艺流程设计的核心，应根据物料特性、反应过程的特点、产品要求、基本工艺操作条件来确定采用反应器类型以及决定是采用连续操作还是间歇性操作。另外，物料反应过程是否需外供能量或移出热量，都要在反应装置上增加相应的适当措施。(   )

16. 化工设备在工艺管道仪表流程图上一般可不按比例、用粗线条、按规定的设备和机器图例画出能够显示设备形状特征的主要轮廓，并用中线条表示出设备类别特征以及内部、外部构件。(   )

17. 管道及仪表流程图的管道组合号（如 PG-1301-300-A1A-H）中符号及数字的含义：PG（物料代号）、1301（管段编号）、300（管径）、A1A（管道等级）和 H 绝热（或隔声）。(   )

18. 管道仪表流程图上的仪表的功能标志由 1 个首位字母和 1～3 个后继字母组成，第一个字母表示被测变量。下列被测变量符号的中文含义：A（分析），F（流量），L（液体），P（压力、真空），T（温度）。后继字母表示读出功能、输出功能，下列读出功能、输出功能符号的中文含义：A（报警），C（控制），I（指示），R（记录）。(   )

第三章
物料衡算与能量衡算

第一节　物料衡算的基本方法

一、主要内容

了解物料衡算的基本步骤，理解物料衡算中的时间基准、质量基准、体积基准及其单位。

二、重点

理解连续过程与间歇过程应选用不同的时间基准；正确选择基准物质和质量基准；气体物料应选择标准状态下的体积作为体积基准。

三、考核知识点及要求

○应熟悉内容

1．连续操作过程常以小时为时间基准，间歇操作过程常以一批料的生产周期为时间基准。

2．化学反应过程常用物质的量（mol）作为质量基准，基准物质可选择反应原料或反应产物。

3．在标准状态下，1mol 气体相当于 $22.4\times10^{-3}m^3$ 标准体积的气体。气体混合物中组分的体积分数与摩尔分数在数值上是相同的。

第二节　反应过程的物料衡算

一、主要内容

结合具体实例，深刻理解转化率、选择性和收率的定义和计算方法，在此基础上能熟练地选择衡算基准，并进行化学反应过程的物料衡算。

二、重点和难点

重点

1．掌握连续反应过程的物料衡算；

2．熟悉转化率、选择性和收率的定义和计算方法，正确选择物料衡算的基准（包括基准物流的名称和衡算单位选择），并能熟练地运用直接推算法进行反应过程的物料衡算；

3．能熟练地对带有循环及旁路的反应过程进行物料衡算。

难点

1．正确理解转化率、选择性和收率的定义和计算方法，并能熟练地应用它们进行反应过程的物料衡算；

2．正确理解循环物流及计算方法，并能熟练地进行带有循环及旁路反应过程的物料衡算。

三、考核知识点及要求

○应熟悉内容

1．正确理解转化率、选择性和收率的定义和计算方法。

（1）转化率 x：是指某种原料参加化学反应的量(B)占此种原料进入反应器的总量(A)的百分数，即 $x=\frac{B}{A}\times100\%$。

（2）收率 η：是指主产物的实际收得量与按投入原料计算的理论产量之比值，η=主产物的实际产量(D)/按原料计算的理论产量(C)，即 $\eta=\frac{D}{C}\times100\%$，或 η=产物的实际产量折算成相应原料量/投入反应器的原料量。

（3）选择性 Φ：是指生成主产物所消耗的原料量(E)占原料总耗量(F)的分率，即 $\Phi=\frac{E}{F}\times100\%$，或 Φ=主产物生成量折成原料量/反应消耗掉的原料量。

（4）对反应过程进行物料衡算时，所有的原料、产物的量的单位均为 mol 或 kmol。

（5）转化率、收率及选择性三者的关系为

$$\eta=x\,\Phi$$

现以乙炔与氯化氢反应为例，说明三者的关系。已知进口原料 100kmol 乙炔和 108kmol 氯化氢，经催化转化后，出口气体组成为：0.05kmol 乙炔、8.5kmol 氯化氢、98.5kmol 氯乙烯和 0.5kmol 二氯乙烷。计算转化率、选择性和收率。

从原料配比可以看出，氯化氢用量超过 100kmol。因此，氯化氢为过量反应物，乙炔为限制反应物。

由此可见，转化率(x)是特指乙炔的转化率：

$$x=\frac{(100-0.05)}{100}\times100\%=99.95\%$$

一般收率和选择性均指主产物的收率和选择性。由此可见收率和选择性是特指氯乙烯的收率和选择性：

$$\eta=\frac{98.5}{100}\times100\%=98.5\%$$

$$\Phi=\frac{98.5}{99.95}\times100\%=98.55\%$$

转化率、收率及选择性三者的关系为

$$\eta=x\Phi=99.95\%\times98.55\%=98.5\%$$

（6）特别注意主产物的实际收得量(D)与生成主产物所消耗的原料量(E)之间存在化学计

量关系。

化学方程式中各物质化学式前面的“系数”即化学计量数。化学方程式中的化学计量数之比等于参加反应各物质的物质的量之比。

2．正确理解单程转化率和单程收率。

许多化工过程由于受热力学因素或其他因素限制，反应物的转化率较低。为了提高原料的利用率，须将未反应的原料分离出来重新回到反应系统，以提高总转化率，这就是化工单元操作中的再循环过程。此时，反应器的总进料(M)是新鲜反应物(F)和循环物流(R)两股物流的混合物。而离开反应器的总产物(Q)经分离后分为净产品(P)和循环物流(R)。见图 3-1。

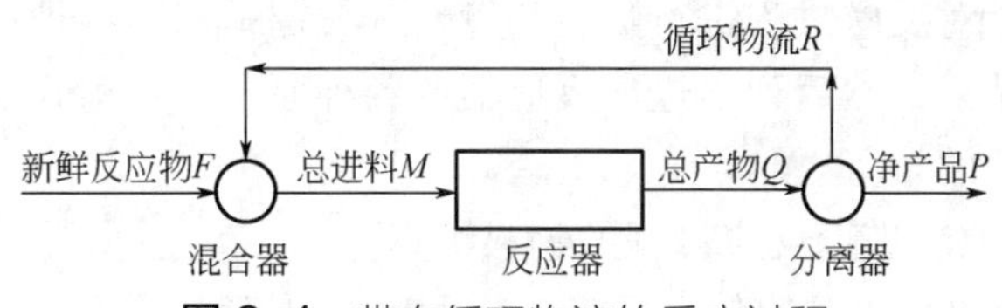

图 3-1 带有循环物流的反应过程

如果对反应器进行物料衡算，进料为总进料(M)，出料为总产物(Q)。与之相应的是单程转化率和单程收率。单程转化率是进入反应器的反应物转化为最终产物的比例。

$$单程转化率=\frac{进入反应器的反应物量-从反应器输出的反应物量}{进入反应器的反应物量}\times100\%$$

3．正确理解总转化率和总收率。

如果对整个系统进行物料衡算，进料为新鲜反应物(F)，出料为净产品(P)，与之相应的是总转化率和总收率。总转化率是新鲜进料的反应物转化为最终产物的比例。

$$总转化率=\frac{进入系统的新鲜反应物量-从系统输出的反应物量}{进入系统的新鲜反应物量}\times100\%$$

4．正确理解循环比。

带有循环物流的反应过程的循环比，常用循环反应物量对新鲜反应物量之比表示：

$$循环比=\frac{循环反应物量}{新鲜反应物量}\times100\%$$

以苯催化合成环己烷为例说明单程转化率、总转化率及循环比的计算方法。净产品 P=104.13kmol/h，其中环己烷 100kmol/h、氢 3.12kmol/h、苯 1.01kmol/h。新鲜反应物 F=404.13kmol/h，其中苯 101.01kmol/h、氢 303.12kmol/h。循环氢气 R=100.92kmol/h。总进料 M=505.05kmol/h，其中苯 101.01kmol/h、氢 404.04kmol/h。总产物 Q=205.05kmol/h，其中环己烷 100kmol/h、苯 1.01kmol/h、氢气 104.04kmol/h。

氢的单程转化率：

$$x_{单}=\frac{404.04-104.04}{404.04}\times100\%=74.25\%$$

氢的总转化率：

$$x_{总}=\frac{303.12-3.12}{303.12}\times100\%=98.97\%$$

氢气的循环比：

$$r_{氢} = \frac{100.92}{303.12} = 0.33$$

5．学会用原子平衡法进行反应过程的物料衡算。

有些石油化工反应过程中的化学反应比较复杂，无法列出所有的化学反应方程式，即无法采用直接推算法进行物料衡算。此时可以考虑采用原子平衡法进行物料衡算。化学反应过程中，虽然反应前后的物质的量（mol）不相同，但进出反应器的原子总数以及各种元素的原子种类和数目总保持守恒。据此，我们利用反应前后原子的种类和数目保持不变的原理，列出原子平衡方程式，对反应过程进行物料衡算。其关键是列出各种进出反应器的物料的质量和物质的量的计算结果，然后列出进出反应器的各种原子的平衡式，联立求解，即可计算出进出反应器的各物流的量。

6．学会用平衡常数法进行反应过程的物料衡算。

化学反应中，各种初始物料的化学反应（正反应）总伴随有各种反应产物的化学反应（逆反应）。最终，当正反应与逆反应的反应速率相等时，即达到化学平衡，在定温、定压且反应物的浓度不变时，平衡将保持稳定。

对反应

$$a\mathrm{A}+b\mathrm{B}=c\mathrm{C}+d\mathrm{D}$$

平衡时，其平衡常数为：

$$K = \frac{[\mathrm{C}]^c[\mathrm{D}]^d}{[\mathrm{A}]^a[\mathrm{B}]^b}$$

式中，K 为化学反应的平衡常数，其可以表示为 K_0（浓度以 $\mathrm{mol \cdot L^{-1}}$ 表示）、K_p（浓度以分压 p 表示）、K_n（浓度以摩尔分数表示）。

将组分的浓度或浓度的计算式代入平衡常数表达式中求解，即可求出各股物流的量。

7．学会用联系组分法进行反应过程的物料衡算。

联系物是指系统中的特定组分，如生产过程中不参加反应的惰性物质，由于它的数量在反应过程的进出料中不发生变化，因而可以利用它与其他物料在组成中的比例关系来计算其他物料的数量。

○应掌握内容

1．直接推算法。

对于一般的反应过程，根据化学反应方程式、反应的转化率和选择性（或收率）运用化学计量系数进行计算的方法，称为直接推算法。

（1）计算条件：①所有主、副反应方程式及收率（或选择性）；②原料的配比及转化率。

（2）计算步骤：①根据产品的量和收率计算关键原料的进料量；②根据关键原料的进料量和原料配比计算其他原料的进料量；③根据各主、副反应方程式及收率（或选择性），利用化学计量关系计算各种原料的消耗量及各种产物的生成量；④完成计算，并汇总成物料平衡表。

2．带有循环物流的物料衡算。

已知单程转化率和单程收率时：

（1）计算条件：①所有主、副反应方程式及单程收率（或选择性）；②原料的配比及单程转化率；③反应器的混合进料组成。

（2）计算步骤：①以反应器的混合进料量为衡算基准，对反应器进行物料衡算；②根据各主、副反应方程式的单程收率和化学计量系数计算各种原料的消耗量及各种产物的生成量；③对分离部分及混合、分流节点进行物料衡算；④将衡算结果换算成实际生产任务下的物料衡算；⑤完成计算，后汇总成物料平衡表。

已知总转化率和总收率时：

把净产品（$F3$）和放空（$F4$）看作是由新鲜原料（$F1$）直接生成的；把循环物流（R）看作是不参与反应的，且其组成和数量不变。

（1）计算条件：①所有主、副反应方程式及总收率（或选择性）；②原料的配比及总转化率；③反应器的混合进料组成及产物的组成。

（2）计算步骤：①以新鲜原料的进料量为衡算基准，对整个体系进行物料衡算；②根据各主、副反应方程式的总收率和化学计量系数计算各种原料的消耗量及各种产物的生成量；③对分离部分及混合、分流节点进行物料衡算；④完成计算，并汇总成物料平衡表。

第三节　反应过程的能量衡算

一、主要内容

结合具体实例，理解以反应热为基础和以生成热为基础两种反应过程能量衡算方法的计算原理和计算方法。

二、重点和难点

重点：掌握两种衡算方法的衡算基准和热量衡算表达式中各项的物理意义和计算方法。

难点：如何正确选择热量衡算的基准（包括温度、压力和相态）、有相变时其热量的正负符号的取向，以及如何正确判定热量衡算表达式中的初始和终了温度。

三、考核知识点及要求

○应掌握内容

1．简单反应过程。

假定位能与动能忽略不计，系统不做功，即不考虑能量的转换而只考虑热量变化时，则反应过程的能量衡算就是计算反应过程的焓变（ΔH）。ΔH 为正值表示外界供给体系的热量，ΔH 为负值表示从体系取出的热量。

2．掌握以标准反应热为基础进行反应过程的热量衡算（过程示意图见图 3-2）。

此时计算反应过程的焓变的方程式为

$$\Delta H = \Delta H_1 + \sum \Delta H^{\theta}_{r,298\mathrm{K}} + \Delta H_2$$

式中，ΔH_1 为进反应器物料在等压（p=0.1013MPa）变温（从 T_1 变至 T_0）过程中的焓变和从进料相态转变成标准相态时相变（PH_1 变至 PH_0）的焓变之和：

$$\Delta H_1 = \int_{T_1}^{298} \sum_{i=1}^{n} M_i C_{pi} \mathrm{d}T + \sum_{i=1}^{n} M_i \Delta H_i$$

ΔH_2 为出反应器物料在等压（p=0.1013MPa）变温（从 T_0 变至 T_2）过程中的焓变和从基准相态（PH_0）转变成出料相态时（PH_2）相变的焓变之和：

$$\Delta H_2 = \int_{298}^{T_2} \sum_{i=1}^{m} M_i' C_{pi}' \mathrm{d}T + \sum_{i=1}^{m} M_i' \ \Delta H_i'$$

$\sum \Delta H^{\theta}_{r,298\mathrm{K}}$ 为标准状态下所有主、副反应的反应热的总和。

其中，M_i, M_i' 为进、出反应器物料 i 的量，kmol/h；C_{pi}, C_{pi}' 为进、出反应器物料 i 的等压热容，kJ/(mol・℃)；ΔH_i 为进反应器物料从进料相态（PH_1）转变成基准相态时（PH_0）的焓变，kJ/mol；$\Delta H_i'$ 为出反应器物料从基准相态（PH_0）转变成出料相态时（PH_2）相变的焓变，kJ/mol。

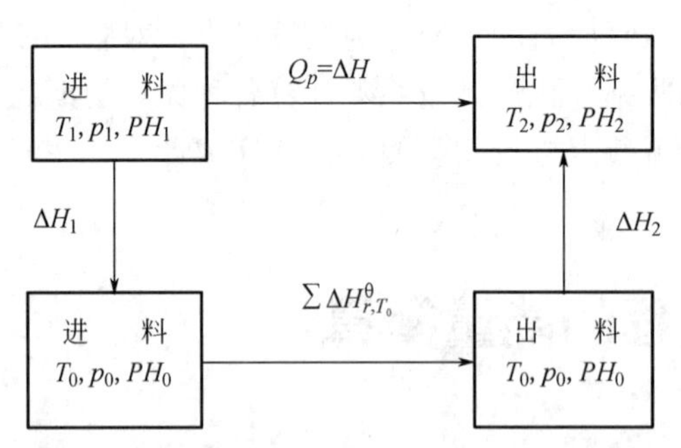

图 3-2 以标准反应热为基础进行反应过程的热量衡算

$$Q_p = \Delta H = \Delta H_1 + \sum \Delta H^{\theta}_{r,T_0} + \Delta H_2$$

在标准条件下，纯组分压力为 0.1013MPa、温度为 25℃，反应进行时吸收或放出的热量为标准反应热。

通过不同的反应物或产物的量(n_i)利用标准反应热计算反应过程的反应热时，应除以化学计量系数(μ_i)。

如某一反应在标准状态下的反应热 Q_p^{θ}：$Q_p^{\theta} = \dfrac{\Delta H^{\theta}_{r,T_0}}{\mu_i} \times n_i$

式中，$\Delta H^{\theta}_{r,T_0}$ 为标准反应热；μ_i 为该反应中组分 i 的化学计量系数；n_i 为组分 i 在反应中生成的或反应掉的量。

以计算碳酸钠与盐酸反应制备二氧化碳的反应热效应为例，其反应方程式如下：

$$Na_2CO_3(s)+2HCl(g)=\!=2NaCl(s)+CO_2(g)+H_2O(l)$$

其反应热为 $\Delta H^{\theta}_{r,298\mathrm{K}}$ =−10.70kJ/mol。应该正确理解为：1mol 固态 Na_2CO_3 和 2mol 气态 HCl 完全反应，生成 2mol 固态 NaCl、1mol 气体 CO_2 和 1mol 液态 H_2O 时将放出 10.70kJ 的热量。

通过物料衡算，已知反应掉的 HCl 为 3mol。计算标准状态下反应过程的反应热：

反应热效应为-10.70kJ/mol，HCl 的化学计量系数为 2，反应掉的 HCl 为 3mol。因此，反应放出热量为

$$Q_p^{\theta} = \frac{\Delta H^{\theta}_{r,T_0}}{\mu_i} \times n_i = \frac{-10.70}{2} \times 3 = -16.05\mathrm{kJ}$$

同样，通过物料衡算，已知反应生成的 CO_2 为 1.5mol。计算标准状态下反应过程的反应热：反应热效应为-10.70kJ/mol，CO_2 的化学计量系数为 1，生成的 CO_2 为 1.5mol。因此，反

应放出热量为

$$Q_p^{\theta} = \frac{\Delta H_{r,T_0}^{\theta}}{\mu_i} \times n_i = \frac{-10.70}{1} \times 1.5 = -16.05\text{kJ}$$

计算结果相同，反应过程将放出 16.05kJ 的热量。

3．以组分的标准生成热为基础进行反应过程的热量衡算（过程示意图见图 3-3）。

反应过程的焓变可以下式表达：

$$Q_p = \Delta H = H_2 - H_1 = \sum (n_i H_i)_{出} - \sum (n_i H_i)_{进}$$

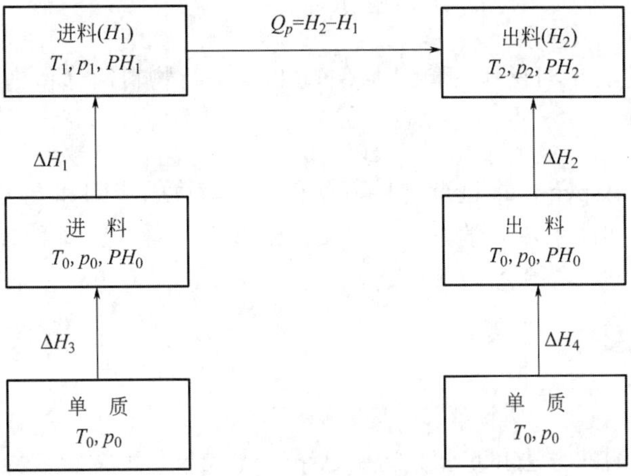

进料(H_1) T_1, p_1, PH_1 —— $Q_p=H_2-H_1$ → 出料(H_2) T_2, p_2, PH_2

ΔH_1 ↑ 进 料 T_0, p_0, PH_0 ；ΔH_2 ↑ 出 料 T_0, p_0, PH_0

ΔH_3 ↑ 单 质 T_0, p_0 ；ΔH_4 ↑ 单 质 T_0, p_0

图 3-3 以标准生成热为基础进行反应过程的热量衡算

计算热焓的起始基准（包括温度、压力、单质及相态）应完全相同。显然，反应前后的物质是不相同的。但反应前后的单质的种类和数目是相同的，因此，应将标准状态下的单质作为计算热焓的起始基准。

$$H_1 = \Delta H_1 + \Delta H_3$$

$$H_2 = \Delta H_2 + \Delta H_4$$

其中

$$\Delta H_3 = \sum_{i=1}^{n} (n_i \Delta H_{f,298\text{K}}^{\theta})$$

式中，n_i 是进料中组分 i 的量，kmol/h；$\Delta H_{f,298\text{K}}^{\theta}$ 是组分 i 的标准生成热，kJ/mol。

4．对于等温反应器。

$T_{进}=T_{出}=T_E$，若忽略动能、势能的变化，则普遍能量平衡式可写成

$$Q = \Delta H_{输入} - \Delta H_{输出}$$

如果反应器内进行的化学反应是放热反应，为保持反应器体系的温度恒定，必须设法使体系放出部分热量，即 Q 值为负；如果进行的化学反应是吸热反应，则 Q 值为正。可见，等温反应器总是与外界存在着热量交换。对等温反应器进行能量衡算的目的是确定必须供给或排出反应器的热量。

5．绝热反应过程中与外界完全没有热量交换。

Q=0，则 $\Delta H_{输入} = \Delta H_{输出}$，即绝热反应器进口物料输入的总焓等于出口物料带出的总焓。但由于进、出反应器的物料组成不相同，它们的温度也不相同，即 T_2 可能大于或小于 T_1。如果绝热反应器内进行化学反应的总结果是放热的，$\Delta H < 0$，则 $T_2 > T_1$，反应产物被加热；若

$\Delta H>0$，则 $T_2<T_1$，反应产物被冷却。因此，对绝热反应过程的热量衡算主要是确定出口反应产物的温度或确定出口反应产物的组成。

第四节　应用 Aspen Plus 进行化工过程的物料衡算及能量衡算

一、主要内容

通过一个实例，进行上机操作，理解用 Aspen Plus 进行物料衡算和热量衡算的步骤和方法。

二、重点和难点

重点：掌握运用 Aspen Plus 进行物料衡算和热量衡算的步骤和方法。

难点：设备模型和体系热力学方法的定义，模型反应器的选择和参数的输入，以及换热过程和分离过程的模型选择和参数输入。

三、考核知识点及要求

○应熟悉内容

依据上机指导介绍的方法和步骤，运用 Aspen 完成苯与丙烯合成异丙基苯项目简单的流程模拟，并在老师的指导下，根据上机指导的思路和方法完成规定任务。

四、应用实例精讲

以下内容是对《化工设计》教材第三章第四节展开的详细介绍。

以苯和丙烯为原料合成异丙基苯为例，用 Aspen 进行简单的流程模拟，应用 Aspen 进行物料衡算，获得各流股信息。

苯和丙烯的原料物流 FEED 进入反应器 REACTOR，反应后经冷凝器 COOL 冷凝，进入分离器 SEP。分离器顶部物流 RECYCLE 循环回反应器，底部为产品物流 PRODUCT。原料物流的温度 220℉，压力 36psi（1psi=6.89kPa），苯和丙烯的摩尔流率均为 40 lbmol/hr（1 lbmol/hr=0.4536kmol/h）。反应器压降和热负荷均为 0。反应式为 $C_6H_6+C_3H_6 \longrightarrow C_9H_{12}$。丙烯的转化率为 90%；冷凝器温度 130℉，压降 0.1psi；分离器压力 1atm（1atm=101.325kPa），热负荷 0。

1. 打开 Aspen Plus

（1）启动 Aspen Plus 软件

进入模板选择对话框，系统中会出现“Open”和“New”两个选项（图 3-4），其中点击“Open”选项可以选择打开一个已经建好的模拟文件，点击“New”选项会提示选择空白模拟或者系统模板，建议选择系统模板。

（2）选择单位制

对于每个模板，用户可以选择使用公制或英制单位，也可以自行设定常用的单位。其中，ENG 和 METCBAR 分别为英制单位模板和公制单位模板默认的单位集。默认是 English（英制单位），可以根据需要选择 Metric Units（米制单位）或其他单位。在“New”窗口中选择

“User”选项内的“General with Metric Units”（图 3-5）。

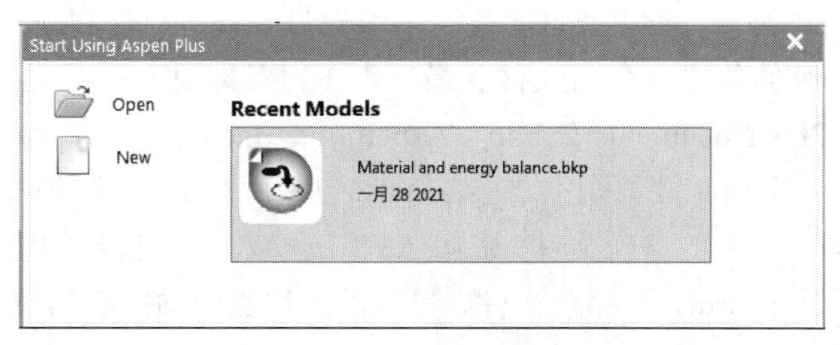

图 3-4　选择模板

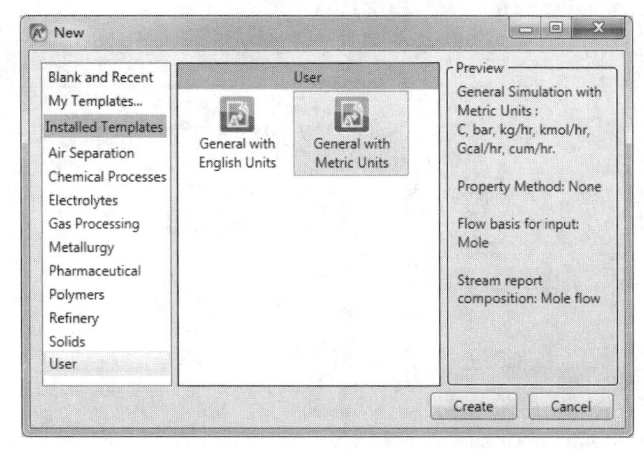

图 3-5　选择单位制

（3）建立模拟文件

点击图 3-5 中的“Create”，建立一个名为 Simulation1 的模拟文件，如图 3-6 所示的模拟图形界面。从图 3-6 中可以看出，Aspen Plus V11 主要分为四个界面，即 Properties 界面（物性界面）、Simulation 界面（模拟界面）、Safety Analysis 界面（安全分析界面）和 Energy Analysis 界面（能量分析界面）。

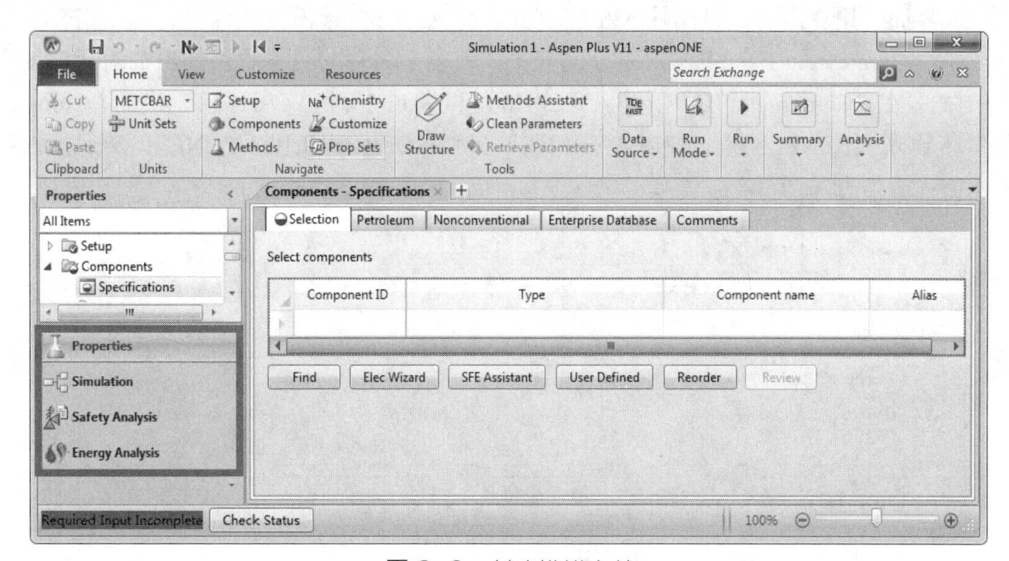

图 3-6　创建模拟文件

（4）保存文件

在建立模拟流程之前，为防止文件丢失，一般先将文件进行保存。点击 File/Save As，并选择保存文件类型、存储位置，命名文件，最后点击保存即可。系统设置了三种文件保存类型，即.apw（Aspen Plus Document）、.bkp（Aspen Plus Backup）和.apwz（Compound File）。其中，.apw 格式是一种文档文件，采用二进制存储，包括所有输入、结果及中间收敛信息；.bkp 格式是 Aspen Plus 运行过程的备份文件，采用 ASCII 存储，包括模拟的所有输入及结果信息，但不包括中间收敛信息；.apwz 是综合文件，包含模拟过程中的所有信息。本例题保存为.bkp 文件格式（图 3-7）。

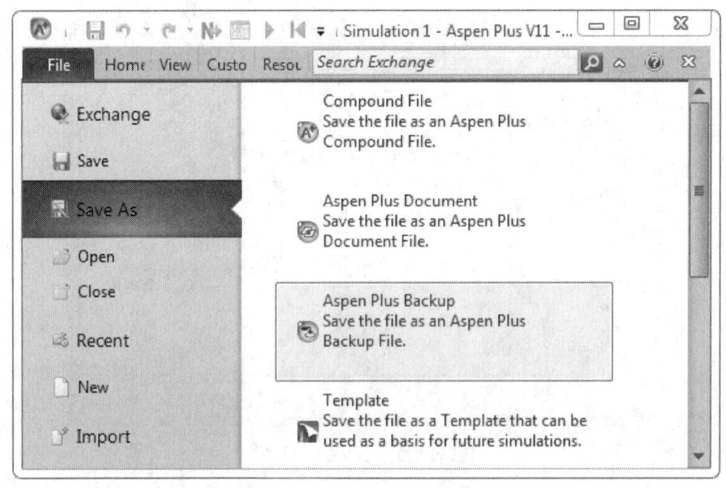

图 3-7　保存模拟文件

2. 定义系统物料组成和热力学方法

（1）Components

模拟文件创立完成后，Aspen Plus V11 系统默认进入物性环境 Components | Specifications | Selection 界面，用户需在此界面输入相应组分。在 Aspen Plus 模拟软件中，每个组分有唯一的 ID，在“Component ID”中输入组分的分子式或英文名称均可（利用弹出的对话框区别同分异构体）。在“Component ID”下输入“C6H6”、“C3H6-2”和“C9H12-2”或在“Component name”下输入“BENZENE”、“PROPYLENE”和“ISOPROPYLBENZENE”，然后点击回车出现所需物质信息（图 3-8）。

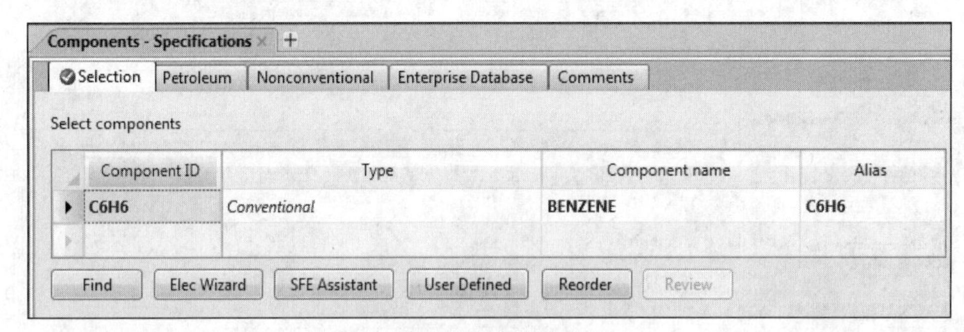

图 3-8　输入模拟流程组分

若点击回车后系统并不识别输入的物质，此时需要用查找（Find）功能。在本例中，以C_9H_{12}为例，首先选中第三行，然后点击“Find”按钮，在“Find Compounds”界面上输入异丙基苯的分子式“C9H12”或者输入异丙基苯的 CAS 号“98-82-8”，点击“Find Now”按钮，系统会从纯组分数据库中搜索与筛选出符合条件的物质，如图 3-9 所示。此外，输入分子式时，若该物质含有同分异构体，如本题中的异丙基苯，则可以输入“C9H12-”，从列表中选择所需要的物质，点击下方的“Add selected compounds”按钮，然后点击“Close”按钮，回到 Components | Specifications | Selection 页面，如图 3-10 所示。

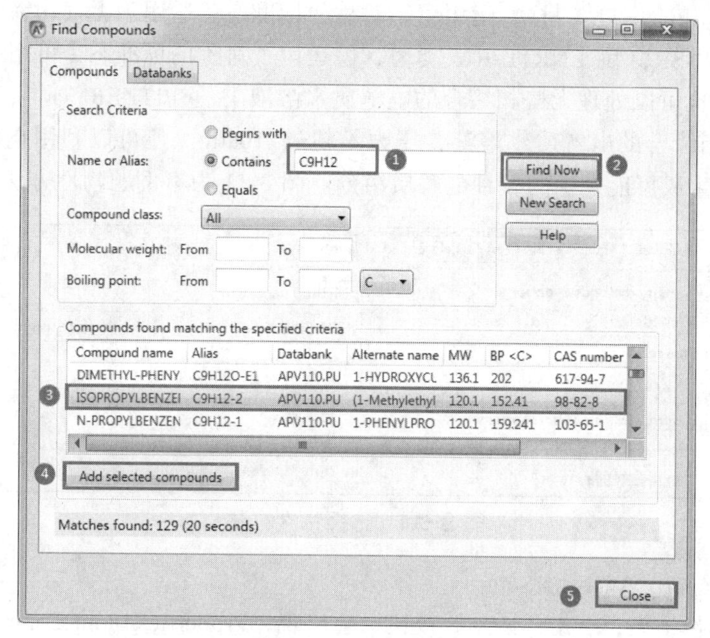

图 3-9　组分搜索

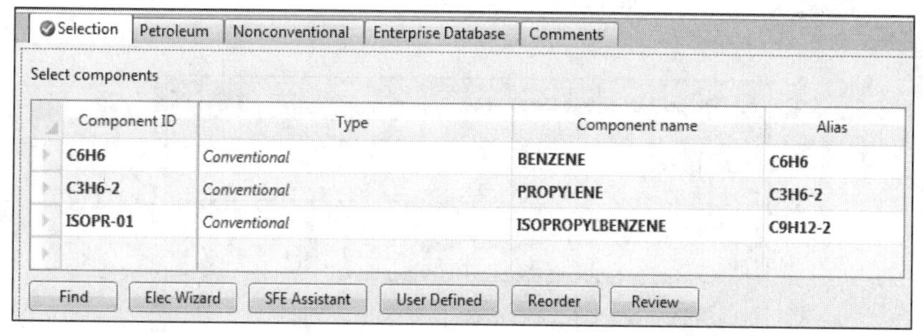

图 3-10　组分设定

（2）Properties

组分设定完成后，单击“Next”按钮进入 Method | Specifications | Global 界面（即物性计算方法和模型选用界面）。选择正确且合理的物性方法是一个模拟成功的关键，物性方法的选择取决于物系的非理想程度和操作条件，一般采用经验选取和 Aspen Plus 帮助系统两种方法进行选择。

Aspen Plus 提供了丰富的物性计算方法与模型，需根据物系特点、温度和压力条件适当选用，Aspen 用户手册对每个工艺过程类型都推荐了一个物性方法列表。一般压力不大于

10bar[1]时可选用活度系数法，如 NRTL、Wilson、UNIQUAC 或 UNIFAC。但是还需要考虑以下几个方面：羧酸是否存在，Henry 组分（不可压缩组分）、电解质体系、HF 是否存在和双液相是否存在。还可以利用右侧（Methods Assistant）物性方法选择助手中 Property Method Selection Assistant 工具帮助缩小适用方法的范围。

如果系统包含水和在水中会发生电离的电解质（Electrolytes），可以用：①ELECNRTL，是带有 Redlich-Kwong 状态方程的电解质 NRTL 模型（适用于含水体系或适用于具有多溶剂和溶解气体的溶液，适合于压力低于 10atm 的中低压体系）；②ENRTL-RK，是 ELECNRTL 的加强版，与 ELECNRTL 一样，运用了不对称的标准态（适用于无气相缔合的含水电解质溶液）；③ENRTL-SR，和 ENRTL-RK 类似，但运用了对称的标准态（可用于含水或不含水的电解质体系，也可以处理无气相缔合的电解质水溶液）；④PITZER，适用于离子强度低于 6mol/kg、无气相缔合的电解质水溶液，压力不超过 10atm。还可以利用电解质向导（Elec Wizard）来帮助生成可能发生的各种电解质组分。图 3-11 为本例题物性方法的设定界面。

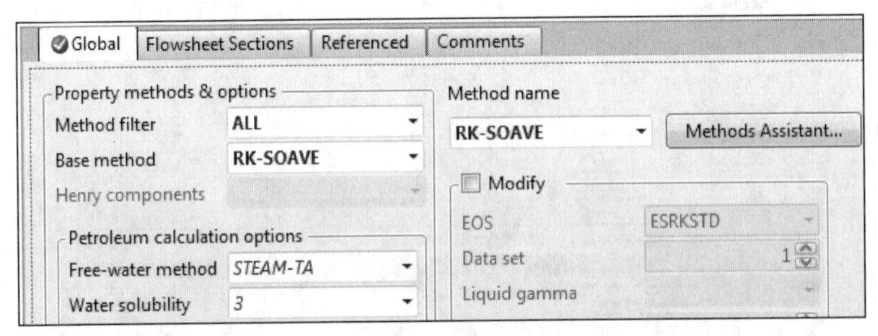

图 3-11 选择物性方法

（3）Run Property Analysis/Setup

物性方法选择结束，点击“Next”按钮，会出现“Properties Input Complete”提示界面，此时需要选择“Run Property Analysis/Setup”，点击“OK”按钮进行物性分析（图 3-12），运行结果见图 3-13。

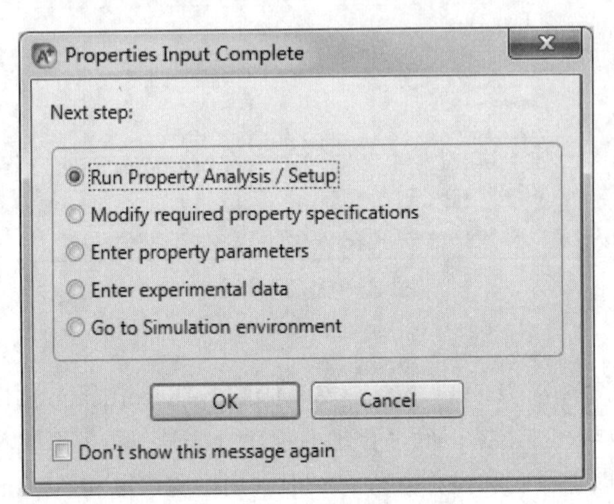

图 3-12 运行物性分析

[1] 1bar=10^5 Pa，全书余同。

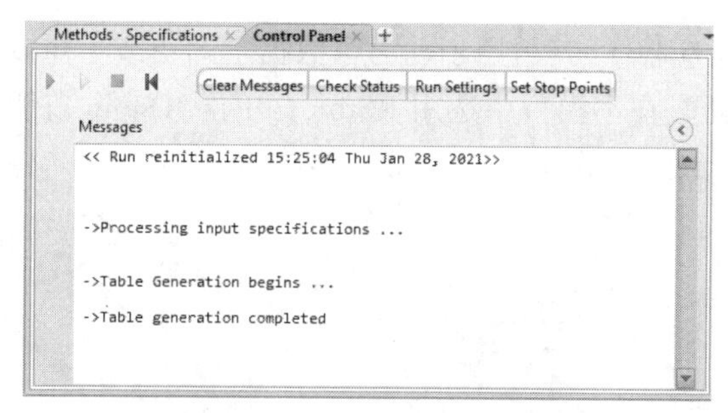

图 3-13　物性分析运行结果

3. 绘制流程图

物性分析完成后，点击左侧“Simulation”进入 Simulation 界面（图 3-14）。Simulation 界面是在已设定完成的物质以及已经选择好的物性方法的基础上，建立所需的模拟流程，并设定相应的模块参数，运行模拟，得到相应的数据。

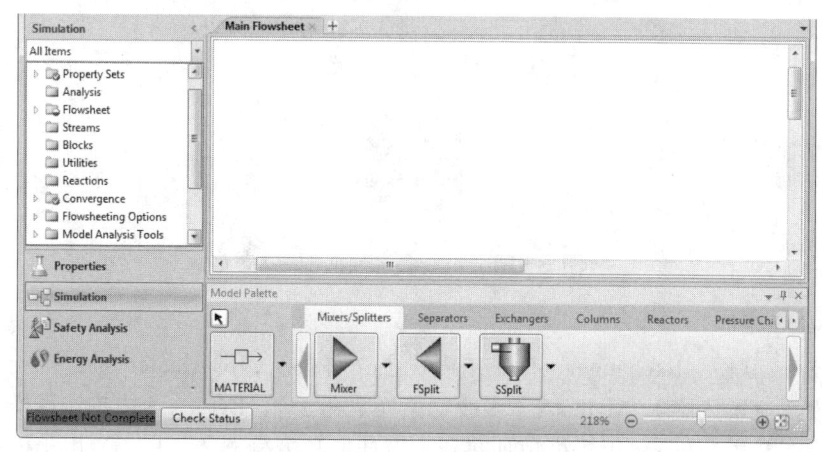

图 3-14　流程模拟界面

Flowsheet 是 Aspen Plus 模拟软件中最常用的运行类型，可以使用基本的工程关系式，如质量、能量、相态和化学平衡以经济反应动力学去预测一个工艺过程。在 Aspen Plus 的运行环境中，只要给出合理的热力学数据、实际操作条件和严格的平衡模型，就能够模拟实际装置，帮助设计更好的方案、优化现有的装置和流程，提高工程利润。

Aspen Plus 设置了各种单元操作模型来模拟实际装置中的不同设备，主要包括：混合器/分流器、分离器、换热器、塔、反应器、压力变换器等。选择相应合理的模型对整个模拟流程至关重要，每个不同类型的设备下均内置了不同类型的设备，需根据实际情况进行选择。

（1）选择反应器

Aspen Plus 根据反应类型的不同，内置了七种不同的反应器模块。化学计量反应器（RStoic）和产率反应器（RYield）是基于物料平衡的反应器，不考虑热力学可能性和动力学可行性；平衡反应器（REquil）和吉布斯反应器（RGibbs）是基于化学平衡的反应器，不考虑动力学可行性；全混釜反应器（RCSTR）、平推流反应器（RPlug）和间歇釜反应器（RBatch）是动力学反应器。在流程图窗口中，单击模型库中的“Reactors”标签，出现一系列反应器的模块（图 3-15），将鼠标放置在各个模块上，会出现相应的说明。本例题中选择 REACTOR

模型 RStoic（化学计量反应器），其适用于动力学数据不知道或不重要，但知道化学计量数据和反应程度的情况。因此，在本模拟中选用 RStoic，单击 RStoic 右侧的三角形，出现可用的图标，点击图 3-15 中所示框内的模型，出现图 3-16 所示的界面，将反应器名称重新命名为 REACTOR。

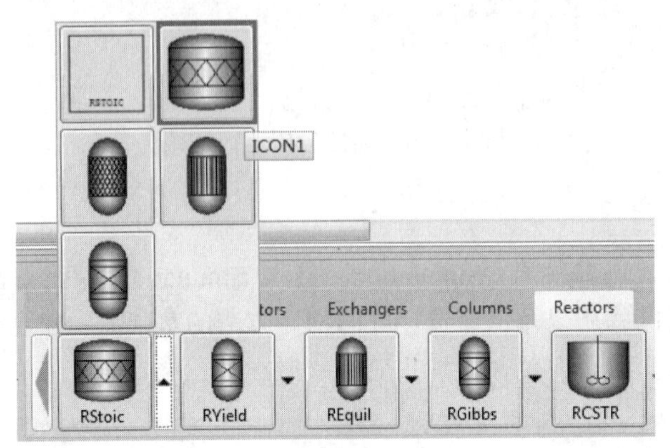

图 3-15　反应器选择

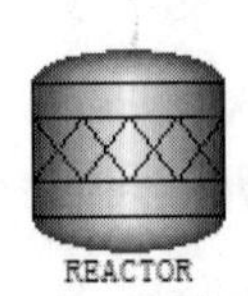

图 3-16　重新命名反应器名称

（2）选择冷凝器

Aspen Plus 软件“Exchanger”标签中内置了 7 种模块，即 Heater（加热器或冷却器）、HeatX（两股物流换热器）、MHeatX（多股物流换热器）和 HXFlux（传热计算模型）等，如图 3-17 所示。其中，Heater 用于模拟加热器、冷却器和冷凝器等；HeatX 用于模拟两流股之间的换热，当换热器确定时也可以校核管壳式换热器，完成具有单相和两相物流的传热系数和压降估算的全区域分析，能够进行污垢热阻的估算。本例题中冷凝器选择 Heater 模型下普通换热器即可，如图 3-17 框内的换热器模型。

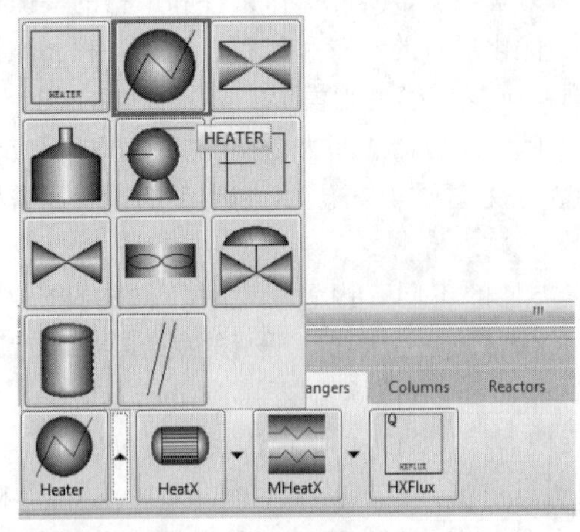

图 3-17　选择换热器

（3）选择分离器

“Separators”内置了 3 种类型的分离器模块，即 Flash（闪蒸罐）、Decanter（液-液倾析器）和 Sep（组分分离器），如图 3-18 所示。其中，Flash 模块包含 Flash2（两股出口物流闪蒸罐）和 Flash3（三股出口物流闪蒸罐）2 个模块。Flash2 采用严格的气-液或气-液-液平衡把进料物流分成 2 股出口物流，可用做单级相平衡分离器、闪蒸罐和蒸发器。本例题，单击 Flash2 右侧的三角形，出现可用的图标，点击框内的图标（图 3-18），按要求输入分离器的名称。

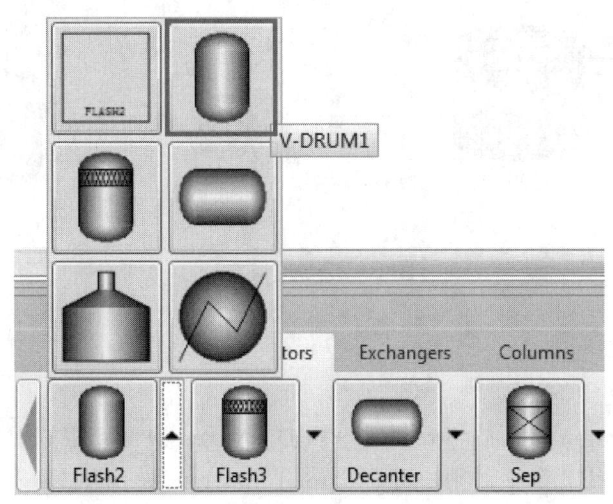

图 3-18　选择分离器

即选择完成如图 3-19 所示的所需工艺设备。

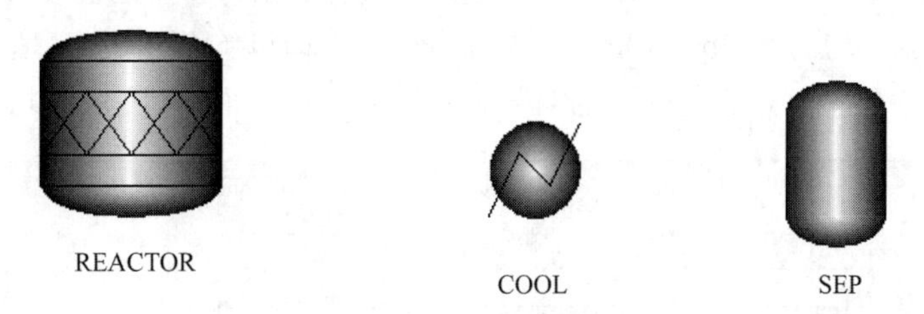

图 3-19　工艺设备选择完成界面

（4）连接物流

设备选择好后，点击左下方的 MATERIAL 图标右侧箭头，选择“MATERIAL”按钮（图 3-20），此时各个单元模块会出现物料流进、流出线（图 3-21），其中红色箭头为必须连接的流股，蓝色为可选的物流。在 MATERIAL 图标处单击鼠标，并移动至连接的端口，单击红色亮显端口使之连接，并对流股进行命名。重复此操作完成所有物料流股的连接，当整个流程流股连接完成后，红色标记消失（图 3-22）。按“Next”按钮，系统提示需要进行的下一步工作（即定义物流）。

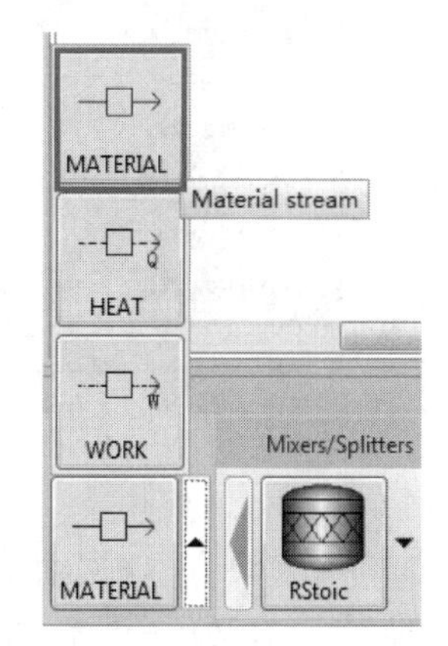

图 3-20　选择 Material 流股

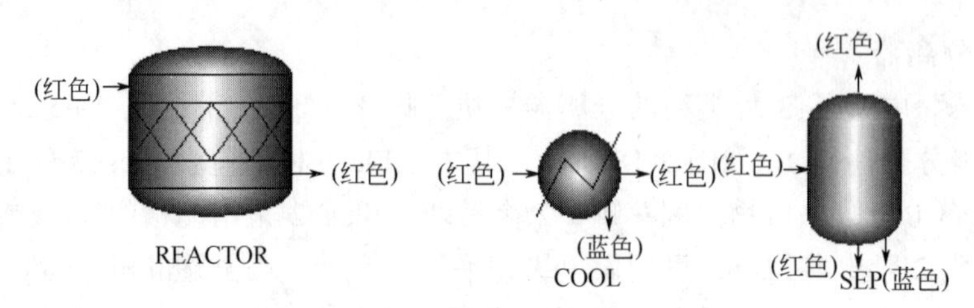

图 3-21　物流流股连接界面示意

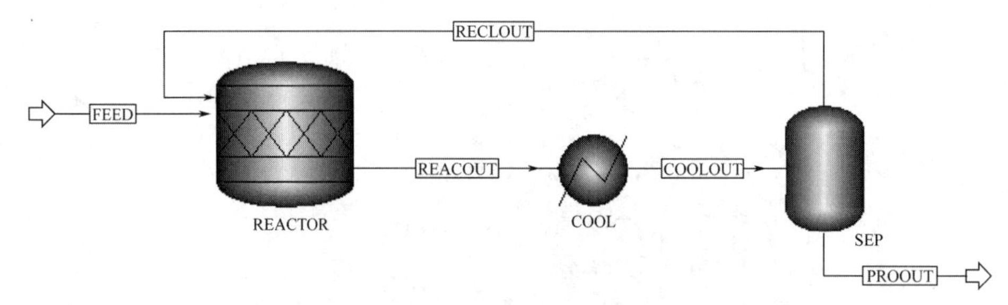

图 3-22　连接物流

4. 输入流股及设备参数

（1）Streams（定义物流）

进入左侧 Simulation 栏下的 Streams | FEED | Mixed 页面，根据要求输入物流的温度、压力或气相分数中的任意两项；用户可在“Total flow rate”一栏中输入物流的总流量，可以选择质量流量、摩尔流量、标准液体体积流量或体积流量，再在 Composition 下输入各组分流量或物流组成。值得注意的是，用户也可不输入物流总流量，仅需在 Composition 下输入物流中各组分的流量。本例只需定义 FEED（原料）物流，原料物流的温度 220℉，压力 36psi，苯和乙烯的摩尔流率均为 40 lbmol/hr，输入时注意单位即可（图 3-23）。填写完成后，Mixed 前原红色标识标签全部变成蓝色标识的对号，后续各输入界面输入完成后均会发生相同变化。

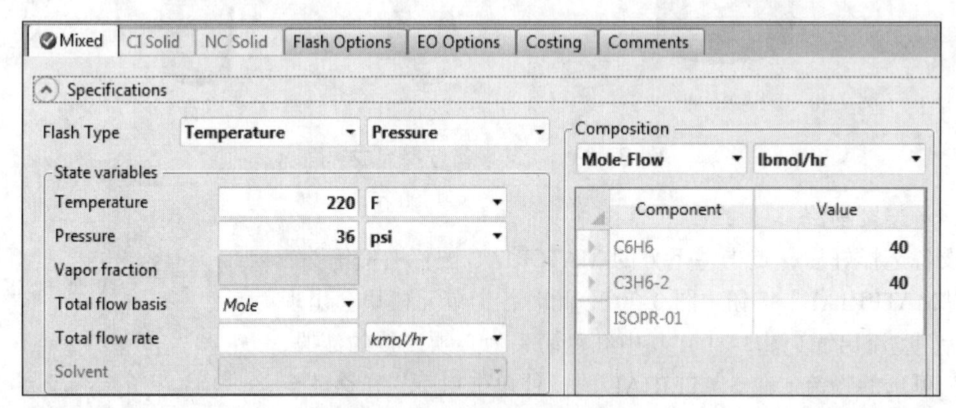

图 3-23　物流信息设定

（2）Block 模块

各个模块［本例需指定三个模块即 COOL（冷凝器）、REACTOR（反应器）和 SEP（分离器）］均有必须输入的数据，如图 3-24 至图 3-28 所示。

① 换热器（冷凝器）：单击 Blocks 中 COOL 选项，弹出如下对话框，依次填入相应的

数据，冷凝器温度 130℉，压降 0.1psi，Pressure 为负值表示压降，即在“Pressure”栏后输入 −0.1 psi（图 3-24）。

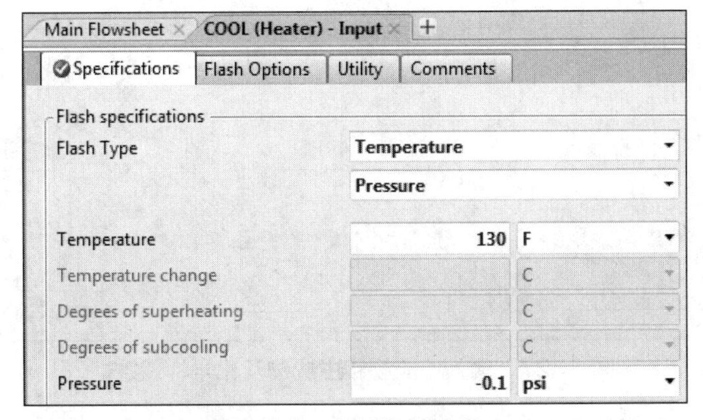

图 3-24　COOL 模块设定

② 反应器：模块 REACTOR 的定义包含 Specifications 和 Reactions 两部分。图 3-25 为 Specifications 部分，需要对压力和温度作出定义，此例中反应器的压降和热负荷分别输入 0 psi 和 0 Gcal/hr。图 3-26 和图 3-27 是 Reactions 部分，对反应方程式、转化率等作出定义。反应式为 $C_6H_6+C_3H_6 \longrightarrow C_9H_{12}$，丙烯的转化率为 90%，注意反应物的计量系数为负值。单击“New”键（图 3-26），出现输入反应物和生成物的界面，输入相应的物质与化学计量系数，如图 3-27 所示。单击“Next”按钮进入下一步 SEP 部分。

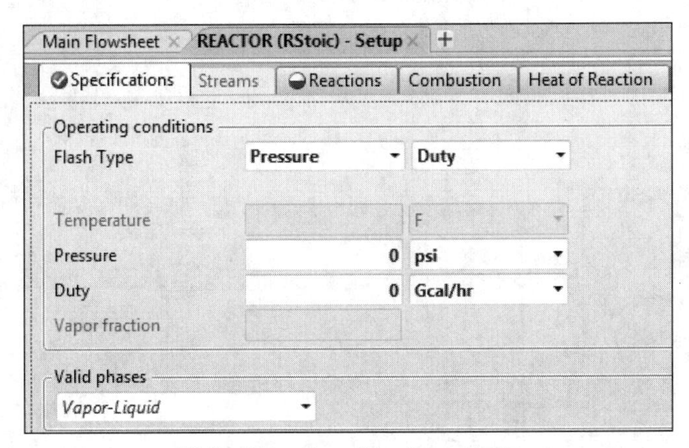

图 3-25　Specifications 设定

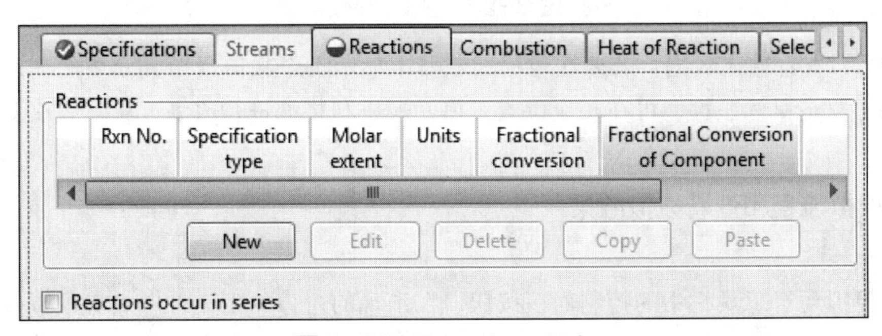

图 3-26　Reactions 设定

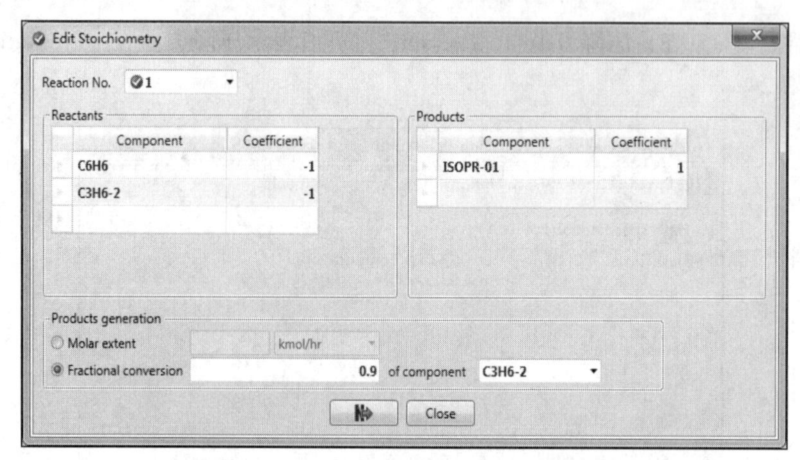

图 3-27　输入反应物和生成物及化学计量系数

③ 分离器：SEP 部分需对压力和温度做出定义，分离器压力 1 atm，热负荷为 0 Btu/hr（1 Btu/s=1.055kW）（图 3-28）。

至此，物性指定和数据输入已全部完成，左下角状态域的文字由红色的“Required Input Incomplete”变成正常颜色的“Required Input complete”，表示已完成必需的输入（图 3-28）。返回至流程窗口。

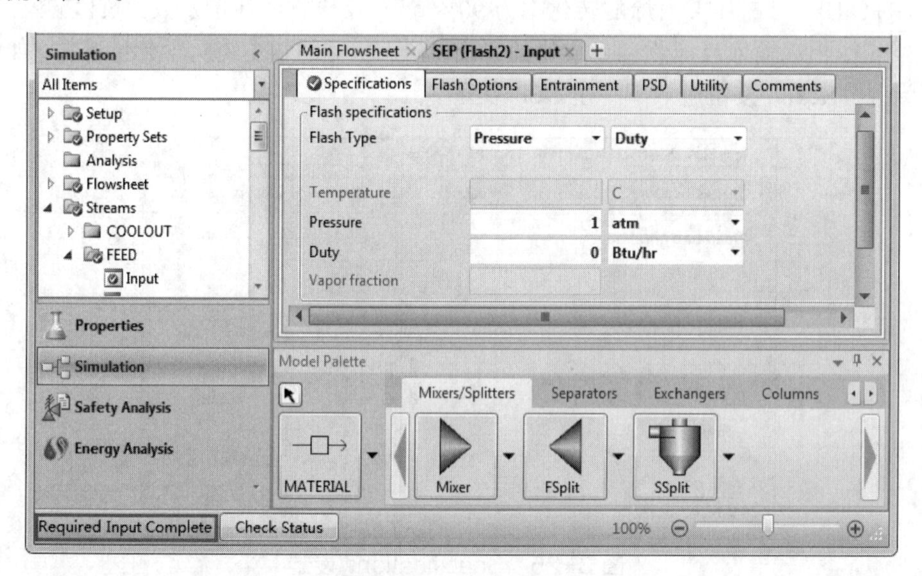

图 3-28　分离器设定

④ 修改/查看输入数据：若要在数据浏览器中显示一个物流或单元模块的输入表，则需在该对象上双击鼠标左键，可在相应位置对单元模块和物流进行改名、删除、改变输入数据等操作。

5. 运行模拟流程和查看模拟结果

（1）运行

点击模拟运行工具栏中的控制面板按钮，在出现的窗口的工具栏中点击运行按钮（图标为三角形），程序开始计算（图 3-29）。运行结束后，Aspen 界面左下角状态域的文字变成蓝色的“Results Available”；若左下角状态域为红色或黄色，则表示程序有错误或警告信息，系统一般会指出原因，可以据此查错进行修改。

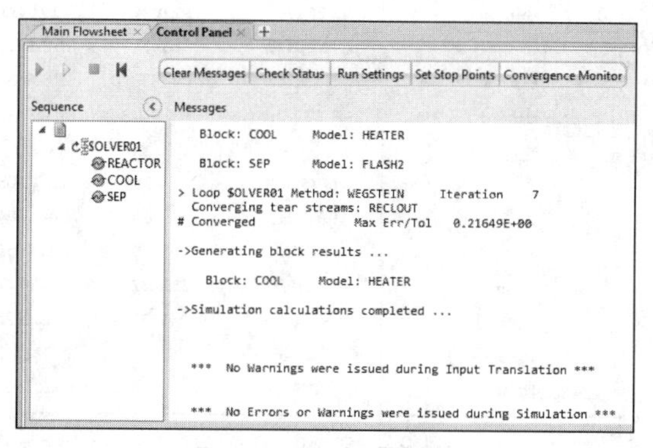

图 3-29 运行模拟

（2）查看结果

由导航面板选择对应选项，即可查看结果。可通过 Results Summary | Streams | Material 页面查看所有物流信息（图 3-30）。（注：还包括温度、压力等详细信息。）

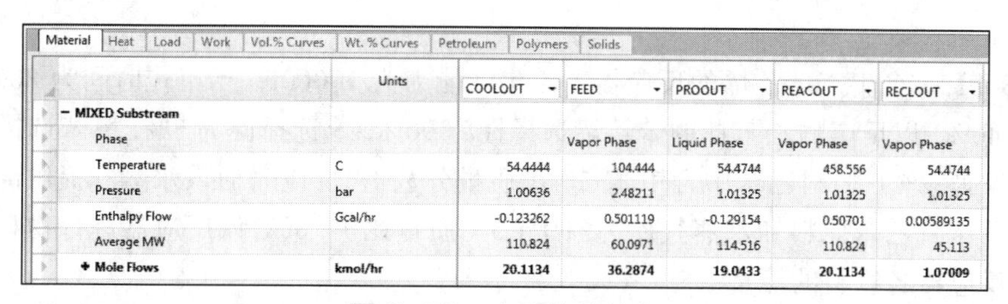

Material | Heat | Load | Work | Vol.% Curves | Wt. % Curves | Petroleum | Polymers | Solids

	Units	COOLOUT	FEED	PROOUT	REACOUT	RECLOUT
− MIXED Substream						
Phase			Vapor Phase	Liquid Phase	Vapor Phase	Vapor Phase
Temperature	C	54.4444	104.444	54.4744	458.556	54.4744
Pressure	bar	1.00636	2.48211	1.01325	1.01325	1.01325
Enthalpy Flow	Gcal/hr	-0.123262	0.501119	-0.129154	0.50701	0.00589135
Average MW		110.824	60.0971	114.516	110.824	45.113
+ Mole Flows	kmol/hr	20.1134	36.2874	19.0433	20.1134	1.07009

图 3-30 查看物流信息

（3）定制报告

选择左侧项目栏 Setup/Report Options，可定制性选择用户所需要的 Block 和 Stream 等信息（图 3-31）。如选定更为详细的输出信息后，查看 Stream 信息，可获得如图 3-32 所示的信息。通过点击表格中左上角的空白格将该信息复制到剪贴板，可以直接粘贴到 EXCEL 表中进行编辑。

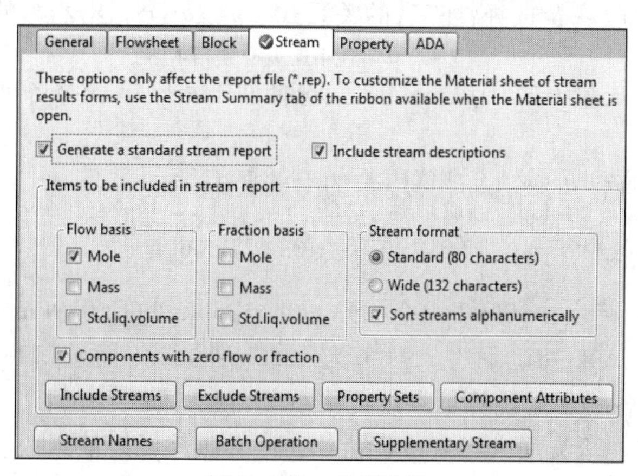

图 3-31 定制报告

Material | Heat | Load | Work | Vol.% Curves | Wt. % Curves | Petroleum | Polymers | Solids

	Units	COOLOUT	FEED	PROOUT	REACOUT	RECLOUT
− Mole Flows	**kmol/hr**	**20.1134**	**36.2874**	**19.0433**	**20.1134**	**1.07009**
C6H6	kmol/hr	0.922177	18.1437	0.899615	0.922177	0.0225612
C3H6-2	kmol/hr	1.91601	18.1437	0.899593	1.91601	1.01639
ISOPR-01	kmol/hr	17.2752	0	17.2441	17.2752	0.031134
− Mole Fractions						
C6H6		0.0458489	0.5	0.0472405	0.0458489	0.0210835
C3H6-2		0.0952603	0.5	0.0472394	0.0952603	0.949822
ISOPR-01		0.858891	0	0.90552	0.858891	0.0290947
− Mass Flows	**kg/hr**	**2229.04**	**2180.77**	**2180.77**	**2229.04**	**48.2749**
C6H6	kg/hr	72.0346	1417.27	70.2722	72.0346	1.76234
C3H6-2	kg/hr	80.6269	763.498	37.8555	80.6269	42.7705
ISOPR-01	kg/hr	2076.38	0	2072.64	2076.38	3.74212

图 3-32 流股结果

第五节　本章例题详解

【例 3-1】 一台生产苯乙烯的反应器，年生产能力为 10000t，年工作时间为 8000h，苯乙烯收率为 40%，以反应物乙苯计的苯乙烯选择性为 90%，苯选择性为 3%，甲苯选择性为 5%，焦油选择性为 2%。原料乙苯中含甲苯 2%（质量分数），反应时通入水蒸气提供部分热量并降低乙苯分压，乙苯原料和水蒸气比为 1∶1.5（质量比）。试对该反应器进行物料衡算，即计算进出反应器各物料的流量。

详解

1．本题的已知条件适用直接算法。

2．以 1000kg/h 乙苯进料量作为衡算基准。即进入反应器的纯乙苯量为

$$1000\times98\%=980\text{kg/h}=9.245\text{kmol/h}$$

3．再按苯乙烯收率为 40%计算出进入反应器的乙苯进料量：

$$12.019\div40\%=30.0475\text{kmol/h}$$

4．利用转化率、收率及选择性三者的关系式（$\eta=x\Phi$）算出乙苯的转化率：

$$x=\eta/\Phi=0.4/0.9=0.4444$$

5．由苯乙烯的生成量（12.019kmol/h）及选择性（90%），根据各种生成物的选择性计算其生成量。

如根据甲苯的选择性（5%），计算甲苯的生成量：

$$12.019\times\frac{5\%}{90\%}=0.6677\text{kmol/h}$$

6．苯乙烯的实际产量为 10000×1000kg/8000h=1250kg/h(12.019kmol/h)，计算得苯乙烯生成量 3.698 kmol/h(384.60kg/h)；而生产任务为 1250kg/h。比例系数 1250/384.60=3.25。

因此，应将上述各物料的计算值乘以比例系数（3.25）。

【例 3-2】 将碳酸钠溶液加入石灰进行苛化，已知碳酸钠溶液组成（质量分数）为 NaOH 0.59%，Na_2CO_3 14.88%，H_2O 84.53%，反应后的苛化液含 $CaCO_3$ 13.48%，$Ca(OH)_2$ 0.28%，

Na_2CO_3 0.61%，NaOH 10.36%，H_2O 75.27%。计算：（1）每 100kg 苛化液需加石灰的质量及石灰的组成；（2）每 100kg 苛化液需用碳酸钠溶液的质量。

详解

1．缺乏过程中所有的化学反应方程式，无法采用直接推算法进行物料衡算，可以用反应前后原子的种类和数目保持不变的原理，列出原子平衡方程式，对反应过程进行物料衡算。

2．原子平衡法进行物料衡算时，往往要假设未知物流的组成和数量。本题设碳酸钠溶液的质量为 F(kg)，石灰的质量为 W(kg)，石灰中 $CaCO_3$、CaO 及 $Ca(OH)_2$ 的质量分别设为 x、y 和 z，则石灰中各物质的组成可表示为：x/W、y/W、z/W。

3．以 100kg 苛化液为衡算基准，列出各种物料的质量和物质的量计算结果。

4．列元素平衡式和总物料平衡式，联立求解，即可求出未知物流的量和组成。

【例 3-3】试计算合成甲醇过程中反应混合物的平衡组成。设原料气中 H_2 与 CO 物质的量比为 4.5∶1.0，惰性组分(I)含量为 13.8%，压力为 30MPa，温度为 365℃，平衡常数 $K_p=2.505\times10^{-3}MPa^{-2}$。

详解

1．本题的反应平衡常数中的组分浓度为分压，且氢气的化学计量系数为 2，因此，平衡常数表达式中要用氢气分压的平方。

2．从反应方程式可知，不考虑其他副反应，即甲醇的选择性为 100%。根据转化率、选择性与收率的关系式，选择性已知，则转化率、收率中只有一个自由变量，因此，本题假设转化率为 x。

3．以 1mol 原料气为衡算基准，计算出进料中各组分的量，然后根据转化率计算出出口组成。

4．将进、出口各组分的量和总压的数值代入各组分分压表达式中，然后将分压值代入平衡常数表达式中，可计算出出口物流组成。

【例 3-4】由氢和氮生产合成氨时，原料气中总含有一定量的惰性气体，如氩和甲烷。为了防止循环氢、氮气中惰性气体的积累，因而需设置放空装置，如图 3-33 附图所示。

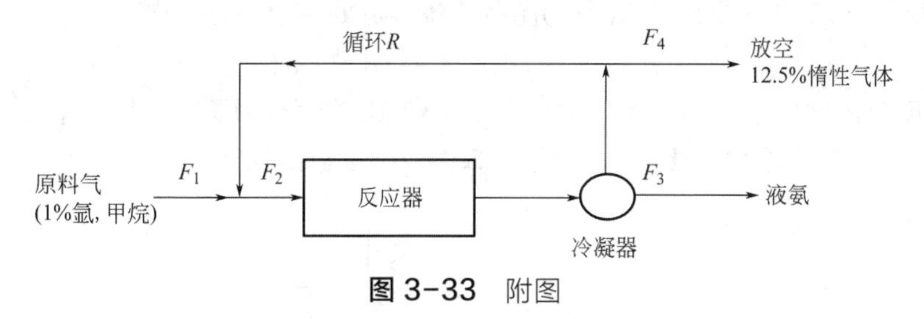

图 3-33 附图

假定原料气的组成（摩尔分数）为 N_2 24.75%，H_2 74.25%，惰性气体 1.00%；N_2 的单程转化率为 25%；循环物流中惰性气体为 12.5%，NH_3 3.75%（摩尔分数）。

试计算：（1）N_2 的总转化率；（2）放空气与原料气的物质的量比；（3）循环物流量与原料气的物质的量比。

详解

1．原料气(F_1)中的氢气与氮气比例（N_2 24.75，H_2 74.25）经反应后仍保持原来的比例

$\frac{74.25}{24.75}=3$。因此，循环物流(R)中的氢气与氮气之比为3。

2．循环物流(R)和放空物流(F_4)的组成是相同的。因此，循环物流(R)中惰性气体和氨的含量（摩尔分数）分别为x_I=0.125，x_{NH_3}=0.0375。

已知循环物流中I和NH_3含量：x_I=0.125，x_{NH_3}=0.0375。则H_2+ N_2的含量为

$$1-(0.125+0.0375)=0.8375$$
$$H_2/N_2=3$$

则循环物流(R)中的氢气含量：$0.8375\times\frac{3}{3+1}=0.6281$

循环物流(R)中的氮气含量：$0.8375\times\frac{1}{3+1}=0.2094$

3．进料中的惰性气体量与放空中的惰性气体量应相等，才能保证惰性气体不在体系中积累。由此可计算出放空量(F_4)，取原料气100mol为基准：

$$100\times0.01=0.125F_4，F_4=8mol$$

【例3-5】试计算年产15000t福尔马林（甲醛溶液）所需的工业甲醇原料消耗量，并求甲醇转化率和甲醛收率。已知条件：

① 氧化剂为空气，用银催化剂固定床气相氧化；

② 过程损失为甲醛总量的2%（质量分数），年开工8000小时；

③ 有关数据为

工业甲醇组成（质量分数）：CH_3OH 98%，H_2O 2%

反应尾气组成（体积分数）：CH_4 0.8%，O_2 0.5%，N_2 73.7%，CO_2 4.0%，H_2 21%

福尔马林组成（质量分数）：HCHO 36.22%，CH_3OH 7.9%，H_2O 55.82%

流程图如图3-34附图，物料衡算范围包括反应器和吸收塔。

主、副反应式如下：

主反应

$$CH_3OH+1/2O_2\longrightarrow HCHO+H_2O \quad (1)$$
$$CH_3OH\longrightarrow HCHO+H_2 \quad (2)$$

副反应

$$CH_3OH+3/2O_2\longrightarrow CO_2+2H_2O \quad (3)$$
$$CH_3OH+H_2\longrightarrow CH_4+H_2O \quad (4)$$

主、副反应的比例未知，但尾气中所含的甲烷和二氧化碳可以认为是由副反应生成，氢气是反应式（2）及式（4）的结果，由此推算主、副反应的比例。

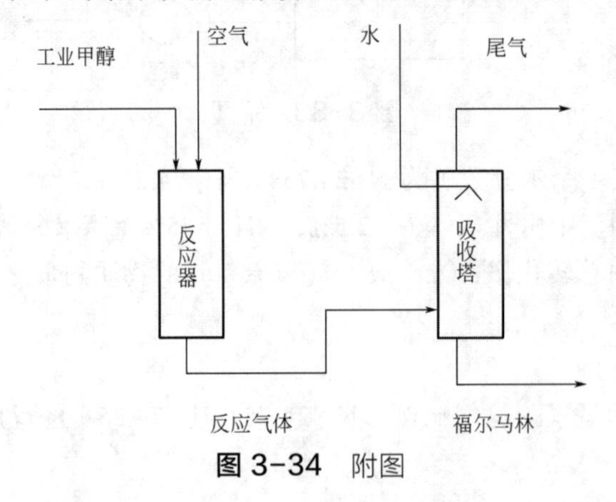

图3-34　附图

详解

1．空气中的氮不参与反应，进料中氮的量与出口尾气中氮的量一样。因此，氮为联系物。

2．衡算基准物流中应包括氮。考虑到出口气体组成已知，且其中包含几种反应，以生成 $100m^3$（标准状态）尾气为衡算基准。

3．尾气中各种气体的量（标准状态）为：CH_4 $0.8m^3$，O_2 $0.5m^3$，N_2 $73.7m^3$，CO_2 $4.0m^3$ $H_2 21m^3$。由联系物氮的量 $73.7m^3$，可计算进料空气量：$V_{空气}=\frac{73.7}{0.79}=93.3m^3$，相当于 4165mol，其中氧量 875 mol。

4．由此可计算出反应耗氧量，甲醇消耗量，生成的氢和消耗氢的量。

【例 3-6】氨氧化反应器的能量衡算

氨氧化反应式为：

$$4NH_3(气)+5O_2(气)\longrightarrow 4NO(气)+6H_2O(气)$$

此反应在 25℃、101.3kPa 下的反应热为 $\Delta H_r^\theta=-904.6kJ$。现有 25℃氨气 100mol /h 和氧气 200mol/h 连续进入反应器，氨在反应器内全部反应，产物在 300℃呈气态离开反应器。操作压力为 101.3kPa，计算反应器应输入或输出的热量。

由物料衡算得到的各组分的摩尔流率示于图 3-35 附图中。

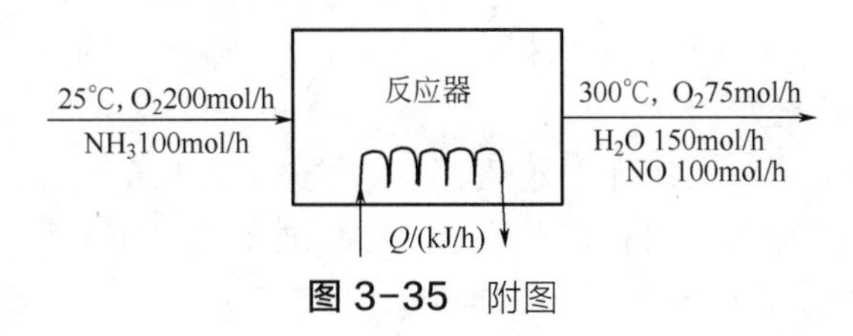

图 3-35 附图

详解

1．反应过程热量衡算基准包括物质的相态、温度和压力，其基准态应与标准反应热所属反应的物质的相态、温度和压力相同。本题中的基准态：25℃，101.3kPa，NH_3(气)，O_2(气)，NO(气)，H_2O(气)。且反应过程为常压，可视为理想气体。

2．计算反应过程焓变时，温度变化引起的焓变即指物料从基准温度至物料温度的焓变（或物料从物料温度至基准温度的焓变）；相变引起的焓变即指物料从基准相态至物料相态的焓变（或物料从物料相态至基准相态的焓变）。

3．反应进口两股物料的压力、相态及温度均与基准态相同，故其焓变均为零。

4．出口物料的压力、相态均与基准态相同，但温度与基准温度不同，因此应计算从基准温度至出口温度的焓变。

5．标准反应热 $\Delta H_r^\theta=-904.6kJ/mol$，表示反应掉 $4molNH_3$ 和 $5molO_2$，生成 4molNO 和 6 $molH_2O$ 时放出的热量。已知氨的消耗量为 100mol/h，反应的标准反应热 $\Delta H_r^\theta=-904.6kJ/mol$，则反应放出的热量：

$$\frac{n_{AR}\Delta H_r^\theta}{\mu_A}=\frac{100\times(-904.6)}{4}=-22615kJ/h$$

【例 3-7】甲烷在连续式反应器中以空气氧化生产甲醛，副反应是甲烷完全氧化生成 CO_2 和 H_2O。反应式如下：

$$CH_4(气)+O_2\longrightarrow HCHO(气)+H_2O(气)$$

$$CH_4(气)+2O_2 \longrightarrow CO_2+2\ H_2O(气)$$

以 100mol 进反应器的甲烷为基准，物料衡算结果如图 3-36 附图所示。

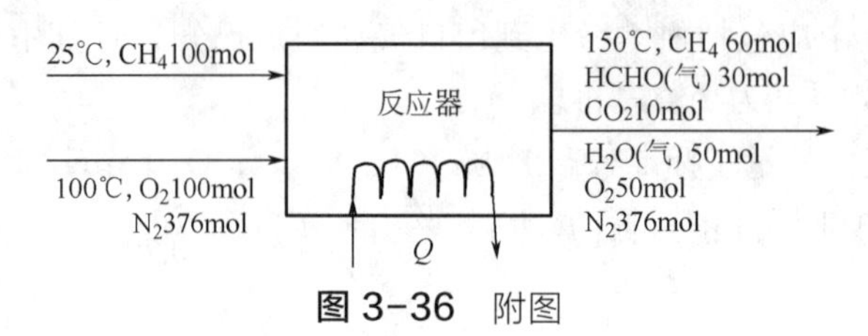

图 3-36 附图

假定反应在足够低的压力下进行，气体便可以看作理想气体，甲烷于 25℃进反应器，空气于 100℃进反应器，如要保持出口产物为 150℃，需从反应器取走多少热量？

详解

1．进料中 O_2 和 N_2 均为单质，且无相态的变化，不考虑标准生成热，只考虑从 25℃升温至 100℃时的焓变。

2．进料 CH_4 不是单质，因此，应考虑从单质（C、H_2）生成 CH_4 时的标准生成热。但其进料温度（25℃）与基准温度（25℃）相同，进料相态与基准相态（气）相同，因此，不考虑 CH_4 因温变和相变引起的焓变。

3．出料中 O_2 和 N_2 均为单质，且无相态的变化，不考虑标准生成热和相变热，只考虑从 25℃升温至 150℃时的焓变。

4．出料中 CH_4、HCHO、CO_2 不是单质，因此，应考虑从单质（C、H_2、O_2）生成 CH_4、HCHO、CO_2 时的标准生成热。出料相态（气）和基准相态（气）相同，因此，不考虑相变引起的焓变。但其出料温度（150℃）与基准温度（25℃）不同，应考虑温变引起的焓变。

第三章练习题

一、概念计算题

1．利用环己烯与联苯合成环己基联苯：

$$C_6H_{10}+C_{12}H_{10} \longrightarrow C_{18}H_{20}$$

已知进料联苯 4kmol/h，环己烯 2kmol/h；出口物流中环己烯 0.2kmol/h，联苯 2.2kmol/h，环己基联苯 1.7kmol/h。计算：环己烯的转化率；环己基联苯的收率和反应的选择性。

2．利用甲苯与氯苄合成二苄基甲苯：

$$2C_6H_5CH_2Cl+C_6H_5CH_3 \longrightarrow C_{21}H_{20}+2HCl$$

已知进料甲苯 4kmol/h，氯苄 2kmol/h。出料甲苯 3.1kmol/h，氯苄 0.2kmol/h，二苄基甲苯 0.85kmol/h。计算：氯苄的转化率；二苄基甲苯的收率和反应的选择性。

3．二甲苯与苯乙烯反应生成 1-苯基-1-二甲苯基乙烷（又称二芳基乙烷）：

$$C_6H_5CH{=}CH_2+C_6H_4(CH_3)_2 \longrightarrow C_{16}H_{18}$$

已知进料二甲苯 6kmol/h，苯乙烯 1kmol/h。出料甲苯 5.06kmol/h，苯乙烯 0.05kmol/h，二芳基乙烷 0.94kmol/h。计算：苯乙烯的转化率；二芳基乙烷的收率和反应的选择性。

4．利用环己烯与苯生产二环己基苯：

$$2C_6H_{10}+C_6H_6 \longrightarrow C_{18}H_{26}$$

已知进料苯 4kmol/h，环己烯 2kmol/h。出料苯 3.15kmol/h，环己烯 0.2kmol/h，二环己基苯 0.85kmol/h。计算：环己烯的转化率；二环己基苯的收率和反应的选择性。

提示：1mol 苯与 2mol 环己烯反应生成 1mol 二环己基苯，因此，以环己烯计算二环己基苯收率时，二环己基苯的量应乘以化学计量系数 2。

5．利用丙烯与联苯生产二异丙基联苯：

$$2C_3H_6+C_{12}H_{10} \longrightarrow C_{18}H_{22}$$

已知进料联苯 2kmol/h，丙烯 2kmol/h。出料联苯 1.15kmol/h，丙烯 0.2kmol/h，二异丙基联苯 0.85kmol/h。计算：丙烯的转化率；二异丙基联苯的收率和反应的选择性。

提示：1mol 联苯与 2mol 丙烯反应生成 1mol 二异丙基联苯，因此，以丙烯计算二异丙基苯收率时，二异丙基联苯的量应乘以化学计量系数 2。

二、直接推算法试题

1．利用环己烯与联苯合成环己基联苯：

$$C_6H_{10}+C_{12}H_{10} \longrightarrow C_{18}H_{20}$$

已知进料联苯 4kmol/h，环己烯 2kmol/h；环己烯的转化率为 90%，反应的选择性为 94.44%。试计算反应器出口物流的组成。

2．利用甲苯与氯苄合成二苄基甲苯：

$$2C_6H_5CH_2Cl+C_6H_5CH_3 \longrightarrow C_{21}H_{20}+2HCl$$

已知进料甲苯 4kmol/h，氯苄 2kmol/h。氯苄的转化率为 90%，二苄基甲苯的收率 85%。计算反应器出口物流的组成。

3．二甲苯与苯乙烯反应生成 1-苯基-1-二甲苯基乙烷（又称二芳基乙烷）：

$$C_6H_5CH{=}CH_2+C_6H_4(CH_3)_2 \longrightarrow C_{16}H_{18}$$

已知进料二甲苯 6kmol/h，苯乙烯 1kmol/h。苯乙烯的转化率 95%，二芳基乙烷的收率 94%。计算出料组成和反应选择性。

4．利用环己烯与苯生产二环己基苯：

$$2C_6H_{10}+C_6H_6 \longrightarrow C_{18}H_{26}$$

已知进料苯 4kmol/h，环己烯 2kmol/h。环己烯的转化率 90%，反应的选择性 94.44%。计算反应器出料组成。

5．利用丙烯与联苯生产二异丙基联苯：

$$2C_3H_6+C_{12}H_{10} \longrightarrow C_{18}H_{22}$$

已知进料联苯 2kmol/h，丙烯 2kmol/h。丙烯的转化率 90%，反应的选择性 94.44%。计算反应器出口物流的组成。

三、热量衡算试题

1．利用环己烯与联苯合成环己基联苯：

$$C_6H_{10}(g)+C_{12}H_{10}(g) \longrightarrow C_{18}H_{20}(l)$$

$$\text{标准反应热 } \Delta H^{\theta}_{r,298K}=-106\text{kJ/mol}$$

已知进料温度为 25℃，压力为常压，进料组成为联苯(l)4kmol/h，环己烯(l)2kmol/h；出口温度为 80℃，压力为常压，出口物流中环己烯(l)0.2kmol/h，联苯(l)2.2kmol/h，环己基联苯(l)1.7kmol/h。

各组分的热力学数据如下：

组分	汽化热（25℃）	液相比热容	气相比热容
联苯	13931cal[1]/mol	68.30cal/(mol · K)	46.30cal/(mol · K)
环己烯	7700cal/mol	38.36cal/(mol · K)	35.67cal/(mol · K)
环己基联苯	80.2kJ/mol	328.2J/(mol · K)	248.7J/(mol · K)

试计算反应过程中放出（或吸收）的热量。

2．利用甲苯与氯苄合成二苄基甲苯：

$$2C_6H_5CH_2Cl(g)+C_6H_5CH_3(g) \longrightarrow C_{21}H_{20}(l)+2HCl(g)$$

标准反应热 $\Delta H^{\theta}_{r,298K}$=-286kJ/mol

已知进料温度为25℃，压力为常压，进料液体为甲苯4kmol/h，氯苄2kmol/h。出口温度为100℃，压力为常压，出料液体为甲苯3.1kmol/h、氯苄0.2kmol/h、二苄基甲苯0.85kmol/h和出口气体氯化氢1.7kmol/h。

各组分的热力学数据如下：

组分	汽化热（25℃）	液相比热容	气相比热容
甲苯	8739cal/mol	39.621cal/(mol · K)	29.43cal/(mol · K)
氯苄	11083cal/mol	45.76cal/(mol · K)	38.31cal/(mol · K)
二苄基甲苯	107.56kJ/mol	495.7 J/(mol · K)	
氯化氢			27.2J/(mol · K)

试计算反应过程中放出（或吸收）的热量。

3．二甲苯与苯乙烯反应生成1-苯基-1-二甲苯基乙烷（又称二芳基乙烷）：

$$C_6H_5CH{=}CH_2(g)+C_6H_4(CH_3)_2(g) \longrightarrow C_{16}H_{18}(g)$$

标准反应热 $\Delta H^{\theta}_{r,298K}$=-296kJ/mol

已知：（1）进料温度为25℃，压力为常压，进料液体中二甲苯6kmol/h，苯乙烯1kmol/h。出口温度为100℃，压力为常压，出料液体中二甲苯5.06kmol/h，苯乙烯0.05kmol/h，二芳基乙烷0.94kmol/h。

（2）各组分的热力学数据如下：

组分	汽化热（25℃）	液相比热容	气相比热容
二甲苯	9582cal/mol	49.07cal/(mol · K)	35.56cal/(mol · K)
苯乙烯	9577cal/mol	45.70cal/(mol · K)	33.58cal/(mol · K)
二芳基乙烷	63.99kJ/mol	306.9J/(mol · K)	236.69J/(mol · K)

试计算反应过程中放出（或吸收）的热量。

4．利用环己烯与苯生产二环己基苯：

$$2C_6H_{10}(g)+C_6H_6(g) \longrightarrow C_{18}H_{26}(g)$$

[1] 1 cal=4.18J，全书余同。

标准反应热 $\Delta H^{\theta}_{r,298K}$=-216kJ/mol

已知：（1）进料温度为 25℃，压力为常压，进料液中苯 4kmol/h，环己烯 2kmol/h。出口温度为 100℃，压力为常压，出料液中苯 3.15kmol/h，环己烯 0.2kmol/h，二环己基苯 0.85kmol/h。

（2）各组分的热力学数据如下：

组分	汽化热（25℃）	液相比热容	气相比热容
苯	7353cal/mol	35.698cal/(mol · K)	33.46cal/(mol · K)
环己烯	7700cal/mol	38.36cal/(mol · K)	35.67cal/(mol · K)
二环己基苯	66.44kJ/mol	373.8J/(mol · K)	288.55J/(mol · K)

试计算反应过程中放出（或吸收）的热量。

5．利用丙烯与联苯生产二异丙基联苯：

$$2C_3H_6(g)+C_{12}H_{10}(g)\longrightarrow C_{18}H_{22}(g)$$

标准反应热 $\Delta H^{\theta}_{r,298K}$=-206kJ/mol

已知：（1）进料温度为 25℃，压力为常压，进料液联苯 2kmol/h，进料气体丙烯 2kmol/h。出口温度为 80℃，压力为常压，出料液中联苯 1.15kmol/h，二异丙基联苯 0.85kmol/h；出料气体丙烯 0.2kmol/h。

（2）各组分的热力学数据如下：

组分	汽化热（25℃）	液相比热容	气相比热容
联苯	13931cal/mol	68.30cal/(mol · K)	46.30cal/(mol · K)
丙烯	2797cal/mol	31.35cal/(mol · K)	3.62cal/(mol · K)
二异丙基联苯	81.80kJ/mol	335.2J/(mol · K)	257.73J/(mol · K)

试计算反应过程中放出（或吸收）的热量。

四、上机练习题

利用环己烯与苯为原料合成二环己基苯。原料物流温度为 80℃，压力为 1atm，苯和环己烯摩尔流率分别为 4kmol/h 和 2kmol/h。若已知反应温度为 80℃，环己烯的转化率为 90%，反应的选择性为 94.44%。用 Aspen 进行简单的流程模拟，应用 Aspen 进行物料衡算，计算反应器的出料组成。（注：物性方法选 RK-SOAVE）

第四章
设备的工艺设计及化工设备图

第一节　化工设备选用概述

一、主要内容

理解化工设备选型和工艺设计的一般原则和设备工艺设计的步骤。理解非定型设备设计的主要内容和工作程序。

二、重点

理解设备选型和工艺设计的合理性和安全性的要求，掌握非定型设备基本设计的内容和方法，正确选择并填写非定型设备设计条件单。

三、考核知识点及要求

○应熟悉内容

1. 化工设备选型和工艺设计时要考虑的技术合理性是指设计必须满足工艺要求，所选设备与工艺流程、生产规模、操作条件、工艺控制水平相适应，设备的效能应达到行业先进水平。

2. 化工设备选型和工艺设计时要考虑的安全性是指要求设备的运转安全可靠、自控水平合适、操作稳定、弹性好、无事故隐患；对工艺和建筑、地基、厂房等无苛刻要求；减小劳动强度，尽量避免高温、高压、高空作业；尽量不用有毒有害的设备附件、附料。

3. 化工设备选型和工艺设计时要考虑的经济性是指要合理选材，节省设备制造和购买费用；设备要易于加工、维修、更新，没有特殊的维护要求；减少运行成本；考虑生产装置可否露天放置。

4. 设备工艺设计的步骤：①确定化工单元操作设备的基本类型；②确定设备的材质；③确定设备的基本尺寸和主要工艺参数；④确定标准设备的规格型号和数量；⑤非标设备的设计，对非标设备，根据工艺设计结果，向化工设备专业设计人员提供设计条件单，向土建人员提出设备操作平台等设计条件要求；⑥编制工艺设备一览表；⑦设备图纸会签归档。

5. 设备工艺设计应按照带控制点工艺流程图和工艺控制的要求，确定设备上的控制仪表或测量元件的种类、数目、安装位置、接头形式和尺寸；通过流体力学计算确定工艺和公用工程连接管口、安全阀接口、放空口、排污口等连接管口的直径及在设备上的安装位置。

6．常见的标准设备如泵、风机、离心机、反应釜等是成批、系列生产的设备，只需要根据介质特性和工艺参数在产品目录或手册样本中选择合适的类型、型号和数量。对于已有标准图的设备如储罐、换热器等，只需根据计算结果选型并确定标准图的图号和型号。

○应掌握内容

设备类型不同，其工艺设计参数也不同。如泵的基本参数是流量和扬程；风机则需要确定风量和风压；换热器设计的关键是选择合适的冷热流体的种类、热负荷及换热面积；对塔设备，其关键参数则是塔径、塔高、塔内件结构、填料类型与高度或塔板数、设备的管口及人孔、手孔的数目和位置等，对于精馏塔还要考虑塔顶冷凝器和塔釜再沸器的热负荷参数，从而确定其换热设备尺寸和型式。

第二节　化工设备选型和工艺计算

一、主要内容

理解物料输送设备和贮存容器的选型、换热器的选型与工艺计算、塔器和反应器的工艺设计。

二、重点和难点

重点：换热器、塔器和反应器的工艺设计。

难点：用计算机对换热器、塔器和反应器进行设备选型和工艺计算。

三、考核知识点及要求

○应熟悉内容

1．对于非标设备，工艺设计人员需要向设备专业提供“设备设计条件单”，以进行非标设备设计。“条件单”包括工艺设计参数（工作介质、温度、压力），设备外形尺寸、内部结构、材料，设计、制造、检验要求，管口规格、用途等详细信息，并需附设备简装图，明确各部件定位尺寸和管口位置。

2．有条件的院校，按照上机指导的方法和步骤，结合本教材的实例，独立完成换热器、塔器及反应器的选型及工艺设计，并在老师的指导下，基本上能完成上机指导中规定的换热器、塔器及反应器的选型及工艺设计任务。

第三节　化工设备图

一、主要内容

结合具体实例，理解化工设备图的基本知识，化工设备图的基本内容和表格形式、化工设备图的表达特点，化工设备图的件号、管口和尺寸标注内容和方法，化工设备图的绘制方法和步骤，化工设备图的阅读方法和步骤。

二、重点和难点

重点：掌握化工设备图的有关规范、相关表格的填写，化工设备图的视图表达特点，化工设备图尺寸标注内容和标注基准，掌握阅读化工设备图的方法和步骤。

难点：如何确定化工设备的主、辅视图，化工设备图的尺寸标注内容、标注基准和方法。

三、考核知识点及要求

○应熟悉内容

1．对于过高或过长的化工设备，如塔、换热器及贮罐等，为了采用较大的比例清楚地表达设备结构和合理地使用图幅，常使用断开画法，即用双点划线将设备中重复出现的结构或相同的结构断开，使图形缩短。

2．化工设备图中接管法兰的简化画法：图形中螺栓孔用中心线表示，螺栓连接用中线上的“×”表示，法兰用矩形表示。

3．化工设备图中标准化零部件的简化画法：已有标准图的标准化零部件在化工设备图中不必详细画出，可按比例画出反映其特征外形的简图。而在明细表中注明其名称、规格、标准号等。

4．化工设备图中外购部件的简化画法：在化工设备图中，可以只画其外形轮廓简图。但要求在明细表中注明名称、规格、主要性能参数和“外购”字样等。

5．化工设备中按一定规律排列的管束，在设备图中可只画一根，其余的用点划线表示其安装位置。

6．化工设备中按一定规律排列、并且孔径相同的孔板，如换热器中的管板、折流板、塔器中的塔板等，若为圆孔按同心圆均匀分布的管板或为圆孔按正三角形分布的管板，设备图中用交错网线表示各孔的中心位置，并画出几个孔；若为要求不高的孔板（如筛板）的简化画法，对孔数不作严格要求时，设备图中只要求画出钻孔范围，用局部放大图表示孔的分布情况，并标注孔径及孔间的定位尺寸。

7．化工设备中（主要是塔器）规格、材质和堆放方法相同的填料，如各类环（瓷环、钢环及塑料环等）、卵石、塑料球、波纹瓷盘及木格子等，在设备图中均可在堆放范围内用交叉细实线示意表达。

8．在已有零件图、部件图、剖视图、局部放大图等能清楚表示出结构的情况下，装配图中的这些零部件可按比例简化为单线（粗实线）表示；但尺寸标注基准应在图纸“注”中说明，如法兰尺寸以密封平面为基准，塔盘标高尺寸以支承圈上表面为基准等。

9．化工设备中较多的零部件都已标准化、系列化，如封头、支座、管法兰、设备法兰、人（手）孔、视镜、液面计、补强圈等。一些典型设备中部分常用零部件如填料箱、搅拌器、波形膨胀节、浮阀及泡罩等也有相应的标准。在设计时可根据需要直接选用，并在明细栏中注明规格和材料，并在备注栏内注明“尺寸按 xxx 标准”字样。化工设备图中有些零部件不需单独绘制图样。

10．化工设备图应标注的其他尺寸，即零部件的规格尺寸（如接管尺寸、瓷环尺寸），不另行绘制图样的零部件的结构尺寸或某些重要尺寸，设计计算确定的尺寸（如主体壁厚、搅拌轴直径等），焊缝的结构型式尺寸等。

○应掌握内容

1．由于化工设备的主体结构多为回转体，其基本视图常采用两个视图。立式设备一般用主、俯视图，卧式设备一般用主、左（右）视图来表达设备的主体结构。

2．由于化工设备的各部分结构尺寸相差悬殊，因此，化工设备图中多用局部放大图（节点详图）和夸大画法来表达这些细部结构，并标注尺寸。

3．化工设备壳体上分布有众多的管口、开口及其他附件，为了在主视图上表达它们的结构形状及位置高度，可使用多次旋转的表达方法。

4．化工设备图应标注规格性能尺寸，即反映化工设备的规格、性能、特征及生产能力的尺寸。如贮罐、反应罐内腔容积尺寸（筒体的内径、高或长度），换热器传热面积尺寸（列管长度、直径及数量）等。

5．化工设备图应标注装配尺寸，即反映零部件间的相对位置尺寸，它们是制造化工设备的重要依据。如设备图中接管间的定位尺寸，接管的伸出长度，罐体与支座的定位尺寸，塔器的塔板间距，换热器的折流板、管板间的定位尺寸等。

6．化工设备图应标注外形尺寸，即表达设备的总长、总高、总宽（或外径）的尺寸。这类尺寸较大，对于设备的包装、运输、安装及厂房设计是必要的依据。

7．化工设备图应标注安装尺寸，即化工设备安装在基础或其他构件上所需要的尺寸，如支座、裙座上的地脚螺栓的孔径及孔间定位尺寸等。

8．化工设备尺寸标注的基准面，一般从设计要求的结构基准面开始，如设备筒体和封头的轴线；设备筒体与封头的环焊缝；设备法兰的连接面；设备支座、裙座的底面；接管轴线与设备表面交点。

9．化工设备图阅读的基本要求

① 了解设备的性能、作用和工作原理；

② 了解设备的总体结构、局部结构及各零件之间的装配关系和安装要求；

③ 了解设备各零部件的主要形状、材料、结构尺寸及强度尺寸和制造要求；

④ 了解设备在设计、制造、检验和安装等方面的技术要求。

10．阅读化工设备图的方法和步骤

（1）概括了解

① 通过标题栏，了解设备名称、规格、材料、重量、绘图比例等内容。

② 通过明细栏、管口表、设计数据表及技术要求等，了解设备零部件和接管的名称、数量，了解设备在设计、施工方面的要求。对照零部件序号和管口符号在设备图上查找到其所在位置。

（2）视图分析

对视图进行分析，了解表达设备所采用的视图数量和表达方法，找出各视图、剖视等的位置及各自的表达重点。从设备图的主视图入手，结合其他基本视图，详细了解设备的装配关系、形状、结构，各接管及零部件方位。并结合辅助视图了解各局部相应部位的形状、结构的细节。

（3）零部件分析

按明细表中的序号，将零部件逐一从视图中找出，了解其主要结构、形状、尺寸、与主体或其他零部件的装配关系等。对组合体应从其部件装配图中了解其结构。

（4）设备分析

通过对视图和零部件的分析，对设备的总体结构全面了解，并结合有关技术资料，进一步了解设备的结构特点、工作原理和操作过程等内容。

建议在生产实习中，选择几种现场设备图纸，指导学生阅读化工设备图。

第四节　本章例题详解

【例 4-1】常压下用 90℃的热水加热 200kg/h 的乙醇，要求将乙醇从 25℃加热到 75℃，热水自身被冷却到 40℃。试设计此换热器。（采用 EDR 软件设计）

详解

换热器是实现化工生产过程中热量交换和传递不可缺少的设备，其重量约占整个工艺设备的 20%～30%。换热器的类型很多，按工艺功能可分为加热器、冷却器、再沸器、冷凝器、蒸发器等；按传热原理和热交换方法可分为直接接触式换热器、间壁式换热器和蓄热式换热器三类，其中间壁式换热器的应用最广泛。每种型式都有特定的应用范围，在某一种场合下性能良好的换热器，在另一种场合下其传热效果和性能会发生很大改变。因此，针对具体情况能够正确选择换热器的类型是非常重要的。进行换热器选型，需要考虑多方面的因素，主要包括：①流体的性质；②热负荷与流量大小；③温度、压力及允许压降范围；④清洗、维修的要求；⑤设备结构、材料、尺寸与重量；⑥价格、使用安全性及寿命。除此之外，还需对结构强度、材料来源、加工条件、密封性等方面进行考虑。所有这些因素经常会相互制约、相互影响，需要通过设计优化加以解决。针对不同情况下的工艺条件及操作工况，有时会选择使用特殊型式的换热器或特殊的换热管，实现降低换热成本。因此，应当综合考虑型式选择、经济运行及成本等方面，必要时通过计算进行技术与经济指标分析，以获得具体操作工况下的最佳设计。

1. EDR 软件启动和换热器选型

单击开始菜单，找到 Aspen EDR 文件夹，单击“Aspen Exchanger Design and Rating”，启动 EDR 软件。进入模板选择对话框，系统中会出现“Open”和“New”两个选项，点击“New”新建一个空白模板。此时，需要选择换热器类型，本设计选择“Shell & Tube”（管壳式换热器），然后点击“Creat”按钮（图 4-1），进入 EDR 主页面，如图 4-2 所示，将文件保存为 Exchanger Design.EDR。

2. 信息输入

逐一填写带 的子选项，当系统中所有的 消失后，表示文件可以进行运行。

（1）点击左侧选项卡中 Input | Problem Definition | Application Options，进入如图 4-3 所示的界面。Calculation mode 默认选择“Design（Sizing）”；流体流动途径，热流体（水）走

壳层，故 Location of hot fluid 选择默认“Shell side”；Select geometry based on this dimensional standard 选择“SI”，Calculation method 默认选择“Advanced method”；其他为默认选项，无需进行设置。

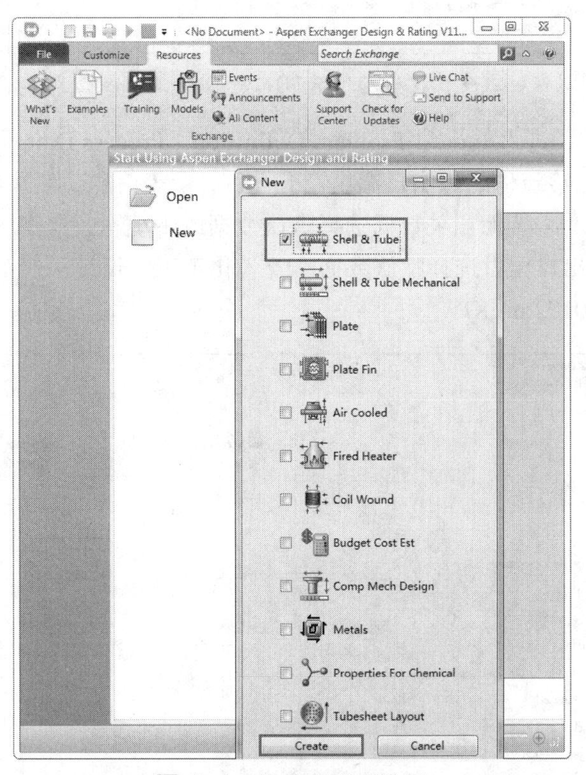

图 4-1　换热器类型选择

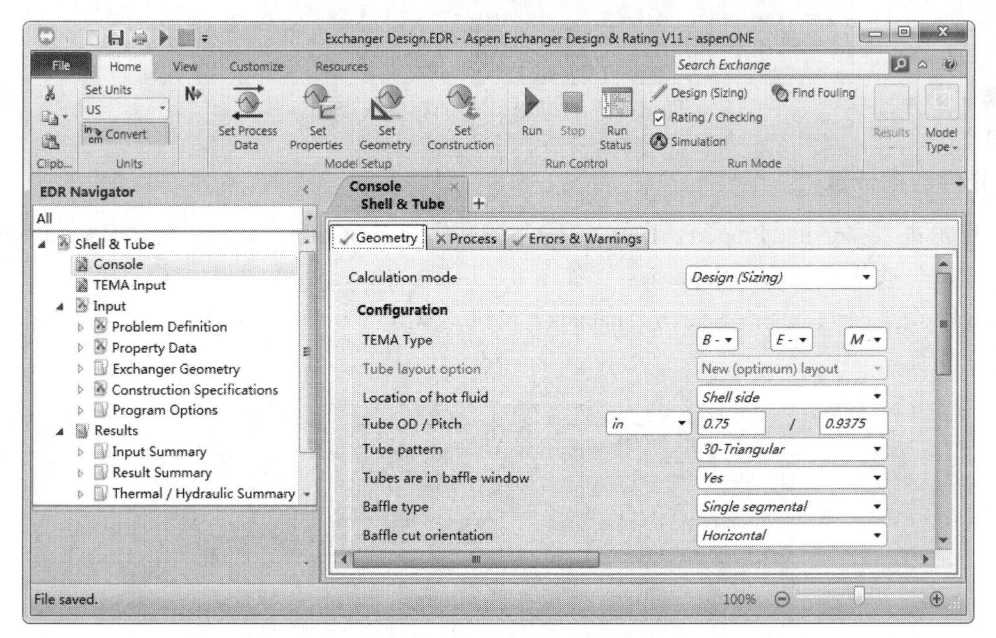

图 4-2　EDR 主页面

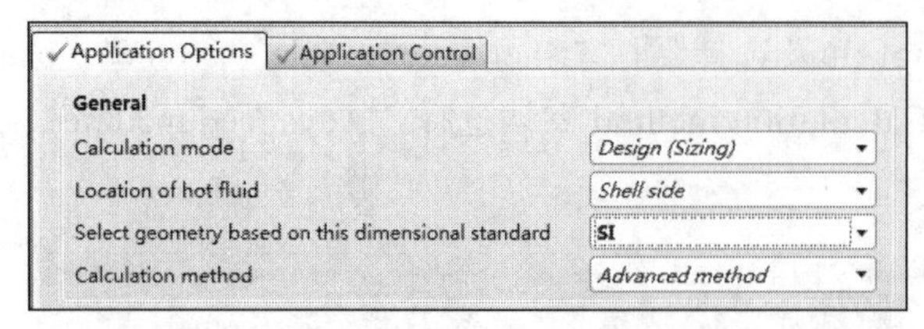

图 4-3　Application Options 页面设置

（2）点击“Next”，进入 Input | Problem Definition | Process Data 页面，根据本例题设计要求，输入换热器热、冷流体的进出口温度、压力和流量等信息，如图 4-4 所示。“Vapor mass fraction”根据实际填写，若无相关数据选择默认数据或不填写；本例题中冷热流体的进口压力均设置为 1 atm，出口压力选择默认数据；查《化工工艺设计手册》获得热、冷流体两侧的污垢系数均取 0.000172 $m^2 \cdot K/W$。

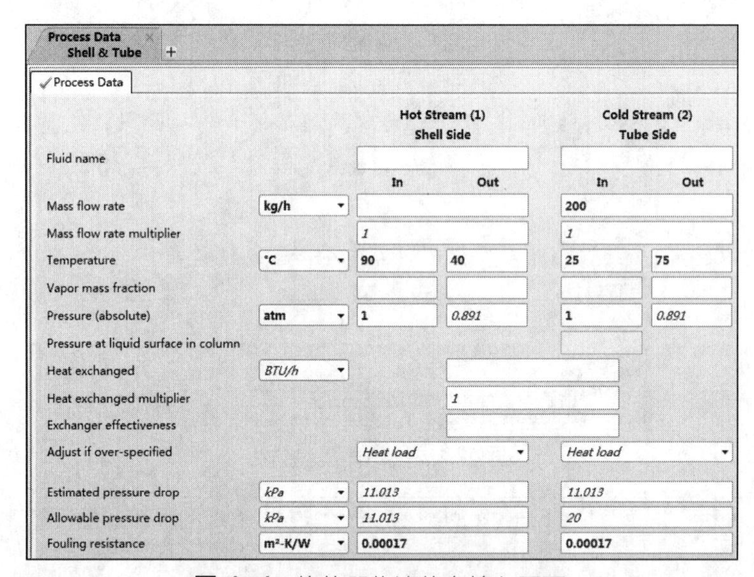

图 4-4　换热器物流信息输入页面

3. 物性数据计算

点击进入 Input | Property Data | Hot Stream Compositions 页面，将“User specified properties”改为“Aspen Properties”，如图 4-5 所示。待 Aspen 数据库加载完成后，出现如图 4-6 所示的页面；单击“Search Databank”按钮，弹出“Find Compounds”对话框，如图 4-7 所示的页面。

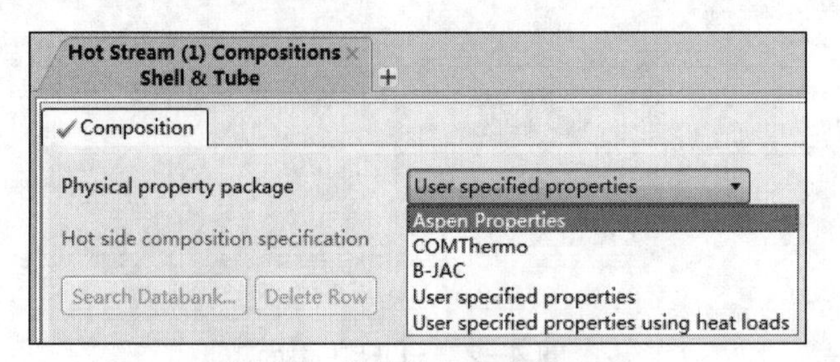

图 4-5　物性数据包选择页面

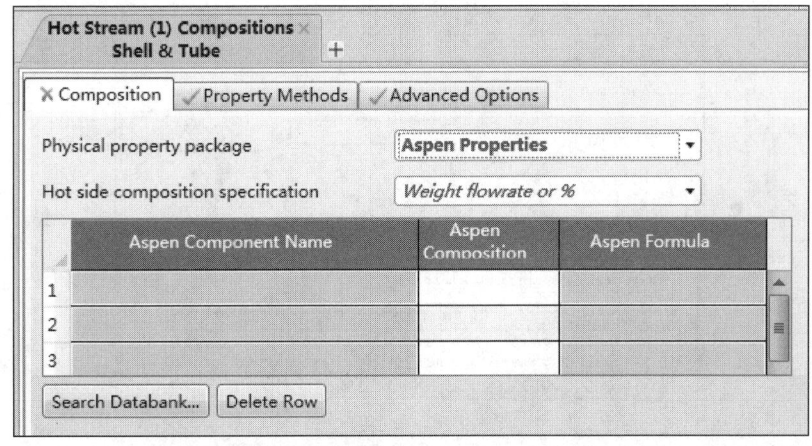

图 4-6　设置 Physical property package

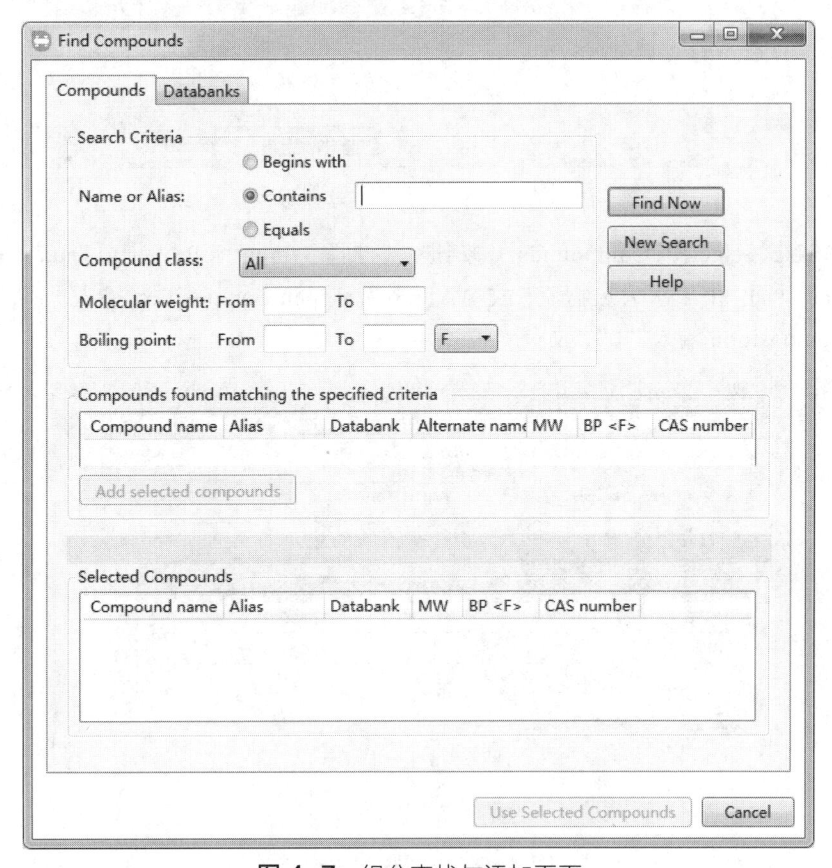

图 4-7　组分查找与添加页面

在“Find Compounds”对话框 Name or Alias 选项后选择“Contains”(默认),并输入组分 H_2O,点击“Find Now”按钮,系统会从纯组分数据库中搜索出符合条件的物质,从 Compounds found matching the specified criteria 列表中选择查找的物质(此处为 WATER),并点击下方的“Add selected compounds”按钮进行组分添加[注:单击 Compounds found matching the specified criteria 栏中子项标题(如 MW)可以进行排序];再以相同的步骤查找并添加物质乙醇(C_2H_6O),如图 4-8 所示。

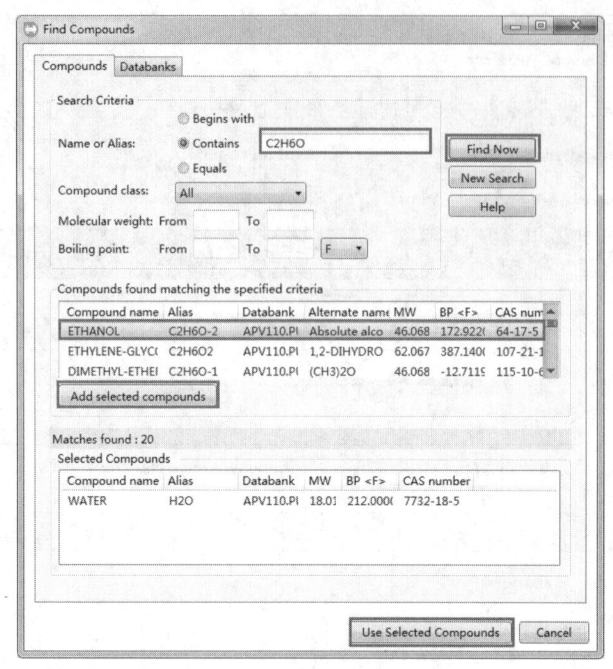

图 4-8 组分查找与添加

点击“Use Selected Compounds”按钮，返回至 Input | Property Data | Hot Stream Compositions 页面。由于水为热物流，故 WATER 后 Aspen Composition 输入“1”，ETHANOL 后 Aspen Composition 输入“0”，如图 4-9 所示。

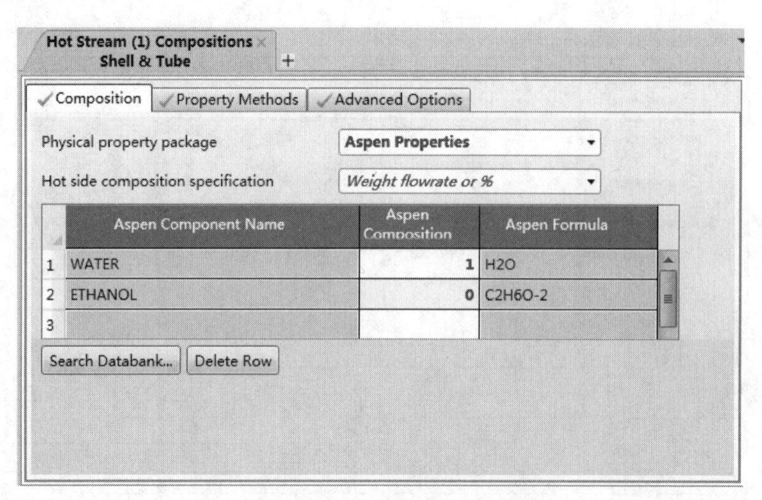

图 4-9 定义热物流组分

组分定义完成后，然后单击切换至 Property Methods 选项卡，选择物性方法。对于水和蒸汽，推荐使用的物性方法为 STEAMNBS 和 STEAM-TA。本设计中 Aspen property method 选择“STEAM-TA”，如图 4-10 所示。

进入 Input | Property Data | Hot Stream Properties 页面，计算物性。选择物性计算的温度、压力范围和制性点数，使其能够覆盖物流在换热过程中的变化范围（对于有相变的过程，可适当添加物性点数）。选择默认的温度和压力范围，将 Temperature Points 的 Number 改为 20，

温度区间默认，点击左上角“Get Properties”按钮，得到物性参数，单位可根据习惯或要求进行切换，如图 4-11 所示。

Hot Stream (1) Compositions
Shell & Tube

Composition | Property Methods | Advanced Options

Aspen Properties Databank

Aspen property method	STEAM-TA
Aspen free-water method	STEAM-TA
Aspen water solubility	3
Aspen flash option	Vapor-Liquid-Liquid

Methods Assistant

图 4-10　选择热物流物性方法

根据热物流物性数据计算的操作步骤，进行冷物流物性数据的计算。进入 Input | Property Data | Cold Stream Compositions 页面，设置 Composition 选项卡内信息，将 Physical property package 改为选择“Aspen Properties”，WATER 与 ETHANOL 的 Aspen Composition 后分别填入“0”和“1”，如图 4-12 所示；切换至 Property Methods 选项卡，Aspen property method 选择“NRTL”，如图 4-13 所示；进入 Input | Property Data | Cold Stream Properties 界面，将 Temperature Points 的 Number 改为 20，温度区间默认，点击“Get Properties”，得到物性参数，如图 4-14 所示。

Properties | Phase Composition | Component Properties | Property Plots

Get Properties　Overwrite Properties　Restore Defaults　Pivot Table

Temperature Points: Number 20; Temperatures Specify range; Range 90 40 °C

Pressure Levels: Number 2; Pressures 1, 0.891 atm; Add Set; Delete Set

		9	10	11	12	13	14
Temperature	°C	74.21	71.58	68.95	66.32	63.68	61.05
Liquid density	kg/m³	975.32	976.88	978.4	979.88	981.33	982.73
Liquid specific heat	kJ/(kg-K)	4.186	4.184	4.182	4.181	4.18	4.178
Liquid viscosity	Pa-s	0.000382	0.000395	0.00041	0.000425	0.000442	0.000459
Liquid thermal cond.	W/(m-K)	0.6655	0.6636	0.6616	0.6595	0.6572	0.6548
Liquid surface tension	N/m	0.0637	0.0642	0.0647	0.0651	0.0656	0.0661
Liquid molecular weight		18.01528	18.01528	18.01528	18.01528	18.01528	18.01528
Specific enthalpy	kJ/kg	-15660.3	-15671.3	-15682.3	-15693.3	-15704.3	-15715.3
Vapor mass fraction		0	0	0	0	0	0
Vapor density	lb/ft³						

图 4-11　热物流物性计算

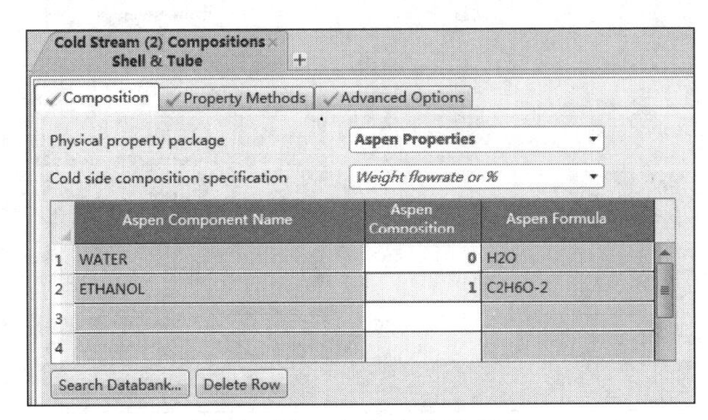

图 4-12　定义冷物流组分

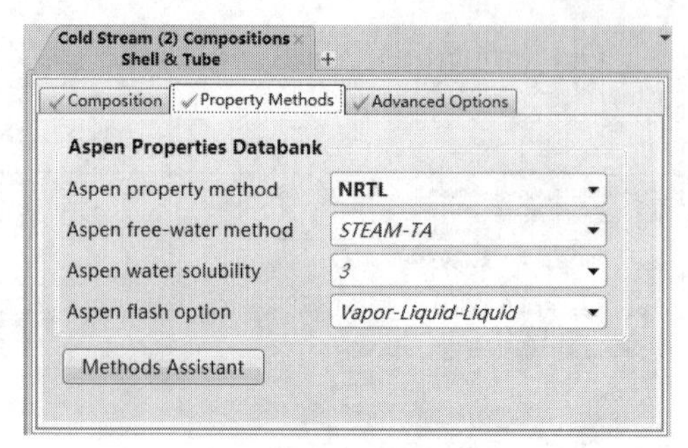

图 4-13　选择冷物流物性方法

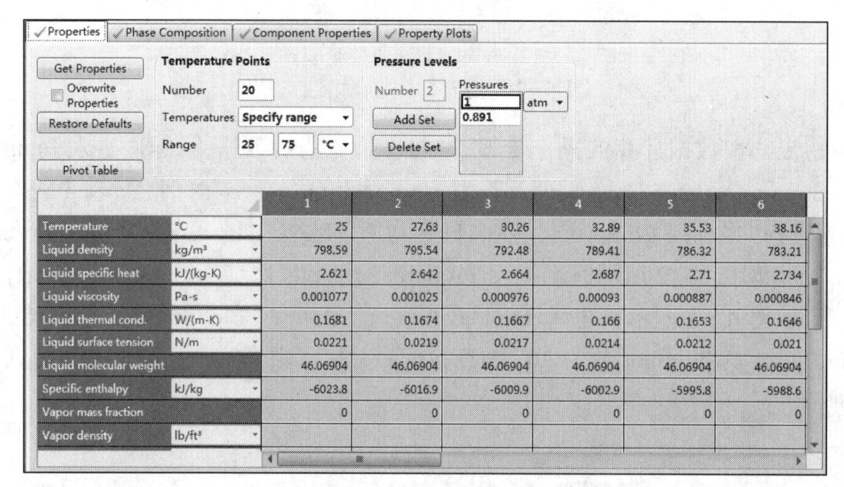

		1	2	3	4	5	6
Temperature	°C	25	27.63	30.26	32.89	35.53	38.16
Liquid density	kg/m³	798.59	795.54	792.48	789.41	786.32	783.21
Liquid specific heat	kJ/(kg-K)	2.621	2.642	2.664	2.687	2.71	2.734
Liquid viscosity	Pa-s	0.001077	0.001025	0.000976	0.00093	0.000887	0.000846
Liquid thermal cond.	W/(m-K)	0.1681	0.1674	0.1667	0.166	0.1653	0.1646
Liquid surface tension	N/m	0.0221	0.0219	0.0217	0.0214	0.0212	0.021
Liquid molecular weight		46.06904	46.06904	46.06904	46.06904	46.06904	46.06904
Specific enthalpy	kJ/kg	-6023.8	-6016.9	-6009.9	-6002.9	-5995.8	-5988.6
Vapor mass fraction		0	0	0	0	0	0
Vapor density	lb/ft³						

图 4-14　冷物流物性计算

4. 换热器结构设置

点击左侧选项卡 Input | Exchanger Geometry | Geometry Summary，进入换热器结构参数设置页面，如图 4-15 所示。

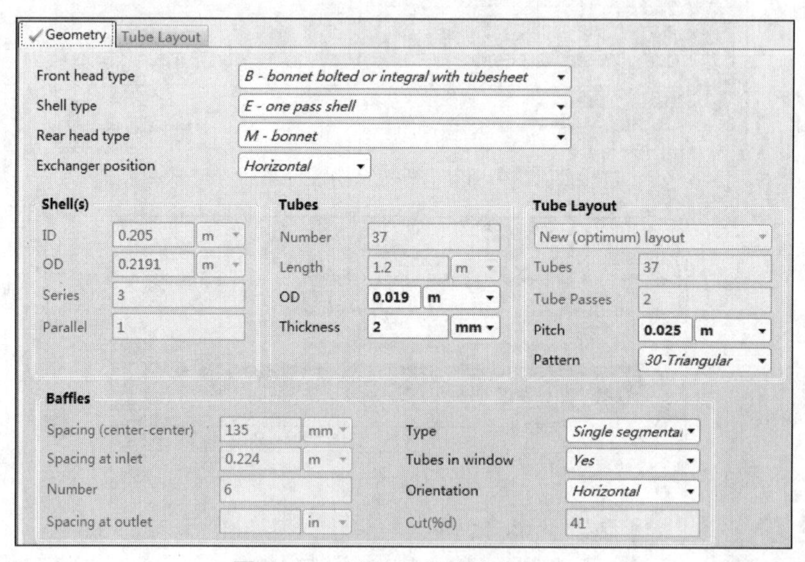

图 4-15　换热器结构参数设置

本换热过程温差和流体黏度不大，根据换热器选型原则，选用 BEM 型换热器，即采用封头管箱、单壳程、固定管板式后端。故 Front head type 选择“B-bonnet bolted or integral with tubesheet”、Shell type 选择“E-one pass shell”、Rear head type 选择“M-bonnet”；换热器为卧式，Exchanger position 选择“Horizontal”；其他结构参数具体设定为：OD（管外径）19 mm，Thickness（管壁厚）2 mm，Pitch（管心距）25mm，Pattern（排列方式）采用 30-Triangular，Baffles/Type（挡板类型）采用 Single segmental，Orientation 采用 Horizontal（横向放置）。除了可以在“Geometry Summary”中设定换热器的主要结构外，还可以在“Tubes”、“Shell Head/Flanges/Tubesheets”、“Baffles/Supports”等对话框中进行更详细的设置。

进入 Input | Construction Specifications | Materials of Construction 页面，进行换热器材料选择。在设计温度和压力下，由于乙醇和水无较强腐蚀性和特殊要求，故材料类型均选择普通碳钢，如图 4-16 所示。

✓Vessel Materials | ✓Cladding/Gasket Materials | ✓Tube Properties

Default exchanger material: Carbon Steel, 1

Component	Material	Designator
Cylinder - hot side	Carbon Steel	1
Cylinder - cold side	Carbon Steel	1
Tubesheet	Carbon Steel	1
Double tubesheet (inner)	Set Default	0
Baffles	Carbon Steel	1
Tube material	Carbon Steel	1
Fin material	Set Default	0

Databank Search

图 4-16 选择换热器材料

点击“Next”按钮，弹出“Aspen EDR”对话框（图 4-17），点击“是”按钮，运行模拟。运行结果会给出错误与警告，需要详细阅读后根据提示进行调整。

进入 Results | Result Summary | TEMA Sheet 页面，查看设备数据。可知换热器的面积为 2.5 m^2，三台换热器并联操作，水流量为 142 kg/h，封头内径为 205 mm、外径 219 mm，管长 1200 mm，共 37 根换热管，挡板数 6 块，板间距 135 mm，圆缺率 41.49%，如图 4-18 所示。

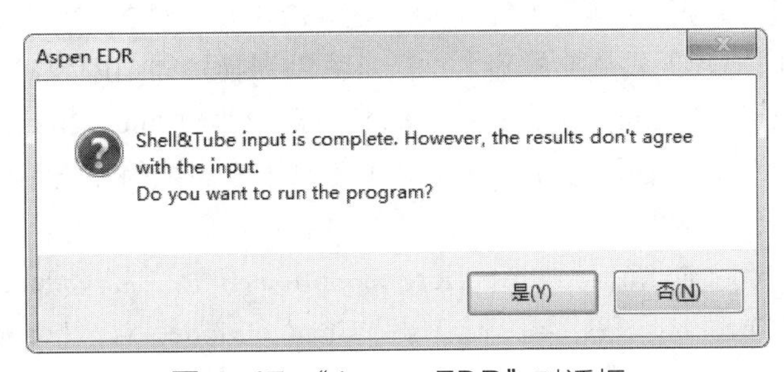

图 4-17 “Aspen EDR”对话框

TEMA Sheet

5	Date:	Rev No.:	Job No.:			
6	Size: 0.205 - 1.2 m		Type: BEM	Horizontal	Connected in: 1 parallel	3 series
7	Surf/unit(eff.) 7.4 m²		Shells/unit 3		Surf/shell(eff.)	2.5 m²
8	PERFORMANCE OF ONE UNIT					
9	Fluid allocation		Shell Side		Tube Side	
10	Fluid name					
11	Fluid quantity, Total	kg/h	137		200	
12	Vapor (In/Out)	kg/h	0	0	0	0
13	Liquid	kg/h	137	137	200	200
14	Noncondensable	kg/h	0	0	0	0
15						
16	Temperature (In/Out)	°C	90	40	25	75
17	Bubble / Dew point	°C	99.99 / 99.99	99.94 / 99.94	78.31 / 78.31	78.2 / 78.2
18	Density Vapor/Liquid	lb/ft³	/ 60.257	/ 61.953	/ 49.854	/ 46.059
19	Viscosity	cp	/ 0.3144	/ 0.6533	/ 1.0774	/ 0.4613
20	Molecular wt, Vap					
21	Molecular wt, NC					
22	Specific heat	kJ/(kg-K)	/ 4.198	/ 4.173	/ 2.621	/ 3.158
23	Thermal conductivity	W/(m-K)	/ 0.6745	/ 0.6301	/ 0.1681	/ 0.1549
24	Latent heat	kJ/kg				
25	Pressure (abs)	kPa	101.325	101.142	101.325	100.895
26	Velocity (Mean/Max)	m/s	0 / 0		0.02 / 0.02	
27	Pressure drop, allow./calc.	kPa	11.013	0.183	20	0.43
28	Fouling resistance (min)	m²-K/W	0.00017		0.00017	0.00022 Ao based
29	Heat exchanged 8	kW			MTD (corrected) 10.52	°C
30	Transfer rate, Service 101.7		Dirty 105.9		Clean 110.4	W/(m²-K)
31	CONSTRUCTION OF ONE SHELL				Sketch	
32			Shell Side	Tube Side		
33	Design/Vacuum/test pressure	kPa	300 / /	300 / /		
34	Design temperature / MDMT	°C	125 /	110 /		
35	Number passes per shell		1	2		
36	Corrosion allowance	m	0.0032	0.0032		
37	Connections In	m	1 0.0127 / -	1 0.0127 / -		
38	Size/Rating Out		1 0.0127 / -	1 0.0127 / -		
39	Nominal Intermediate		1 0.0127 / -	1 0.0127 / -		
40	Tube # 37	OD: 0.019	Tks. Average 0.002 m	Length: 1.2 m	Pitch: 0.025 m	Tube pattern: 30
41	Tube type: Plain		Insert: None	Fin#: #/in	Material: Carbon Steel	
42	Shell Carbon Steel	ID 0.205	OD 0.2191 m		Shell cover	-
43	Channel or bonnet		Carbon Steel		Channel cover	-
44	Tubesheet-stationary		Carbon Steel -		Tubesheet-floating	-
45	Floating head cover	-			Impingement protection	None
46	Baffle-cross Carbon Steel		Type Single segmental	Cut(%d) 41.49	H Spacing: c/c 135	mm
47	Baffle-long -		Seal Type		Inlet 0.224	m
48	Supports-tube	U-bend 0		Type		

图 4-18 EDR 界面换热器设计运行结果

5. 标准选型与 EDR 核算

（1）根据 EDR 初步计算结果，进行换热器的选型

查《化工工艺设计手册》（第五版）上册，从 GB/T 28712.2—2012《热交换器型式与基本参数 第 2 部分：固定管板式热交换器》中选标准系列换热器 BEM219-1.6-2.8-1.5/19-1 I，单管程、单壳程，壳径 219 mm，换热面积 2.8 m^2，换热管 ϕ19mm×2mm，管长 1500 mm，管数 33 根，三角形排列，管心距 25 mm，I 级管束（采用较高级的冷拔钢管）。

（2）输入换热器结构参数

进入 Input | Problem Definition | Application Options 页面，将 Calculation mode（计算模式）更改为“Rating/Checking”（图 4-19），弹出“Change Mode”对话框，点击 “Use Current”按钮，如图 4-20 所示。

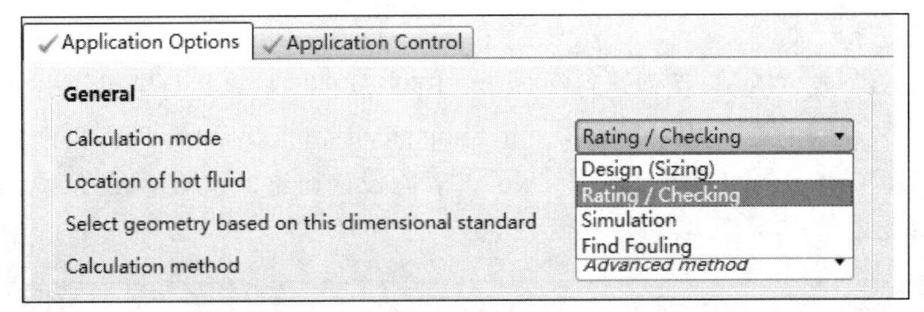

图 4-19　Calculation mode（计算模式）更改

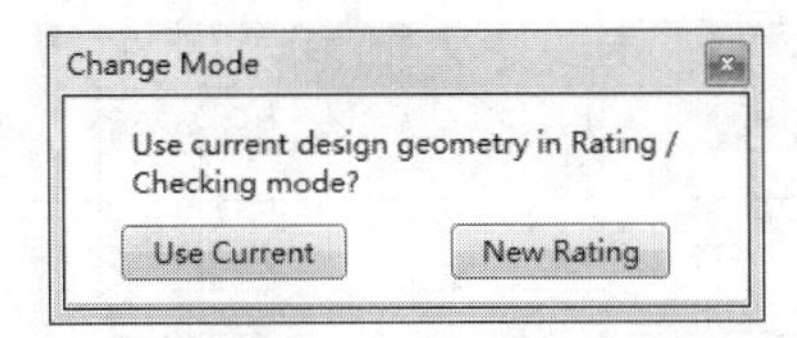

图 4-20　换热器结构设计计算模式选择页面

进入 Input | Exchanger Geometry | Geometry Summary 页面，输入换热器结构参数，Front head type 选择“B-bonnet bolted or integral with tubesheet”、Shell type 选择“E-one pass shell”、Rear head type 选择“M-bonnet”以及 Exchanger position 选择“Horizontal”。Shell（壳）ID（内径）输入 205 mm、OD（外径）输入 219 mm；Tubes（管）Number 输入 33，Length 输入 1500 mm、OD 输入 19 mm、Thickness 输入 2 mm；Pitch（管心距）为 25 mm，Pattern（排列方式）采用 30-Triangular；Baffles/Type（挡板类型）采用 Single segmental，Orientation 采用 Horizontal（横向放置），Cut（%d）为 41%；Baffles（折流板）参数输入，即 Spacing（center-center）输入 200 mm，Spacing at inlet 输入 200 mm、Number 为 6、Spacing at outlet 自动计算，如图 4-21 所示。

Geometry　Tube Layout

Front head type	B - bonnet bolted or integral with tubesheet
Shell type	E - one pass shell
Rear head type	M - bonnet
Exchanger position	Horizontal

Shell(s)			Tubes			Tube Layout	
ID	205	mm	Number	33		New (optimum) layout	
OD	219	mm	Length	1500	mm	Tubes	43
Series	3		OD	19	mm	Tube Passes	1
Parallel	1		Thickness	2	mm	Pitch	25 mm
						Pattern	30-Triangular

Baffles				
Spacing (center-center)	200	mm	Type	Single segmental
Spacing at inlet	200	mm	Tubes in window	Yes
Number	6		Orientation	Horizontal
Spacing at outlet	222.95	mm	Cut(%d)	41

图 4-21　EDR 核算——换热器结构参数设置

（3）核算运行

点击“Next”或“Run”按钮运行换热器，EDR 软件的核算运行结果给出 3 个警告，问题不严重，无需调整。进入 Results | Result Summary | Optimization Path 页面，其列出了换热器主要数据，Operational Issues 显示“No”，表明设计通过，如图 4-22 所示。EDR 计算完成后生成大量数据，其中换热器设备数据如图 4-23 所示。

Optimization Path

Current selected case 1 Select

		Shell	Tube Length			Pressure Drop				Baffle		Tube		Units		Total	Operational Issues		
	Item	Size	Actual	Reqd.	Area ratio	Shell	Dp Ratio	Tube	Dp Ratio	Pitch	No.	Tube Pass	No.	P	S	Price	Vibration	Rho-V-Sq	Unsupported tube length
		m	m	m		kPa		kPa		m						Dollar(US)			
1	1	0.205	1.5	0.985	1.52	0.22	0.02	0.419	0.02	0.2	6	1	33	1	3	26997	No	No	No
2																			
3	1	0.205	1.5	0.985	1.52	0.22	0.02	0.419	0.02	0.2	6	1	33	1	3	26997	No	No	No

图 4-22　EDR 核算运行结果

Heat Exchanger Specification Sheet

1	Company:					
2	Location:					
3	Service of Unit:	Our Reference:				
4	Item No.:	Your Reference:				
5	Date: Rev No.:	Job No.:				
6	Size: 0.205 - 1.5 m	Type: BEM Horizontal		Connected in: 1 parallel 3 series		
7	Surf/unit(eff.) 8.4 m²	Shells/unit 3		Surf/shell(eff.) 2.8 m²		
8	PERFORMANCE OF ONE UNIT					
9	Fluid allocation		Shell Side		Tube Side	
10	Fluid name					
11	Fluid quantity, Total	kg/h	142		200	
12	Vapor (In/Out)	kg/h	0	0	0	0
13	Liquid	kg/h	142	142	200	200
14	Noncondensable	kg/h	0	0	0	0
15						
16	Temperature (In/Out)	°C	90	40	25	75
17	Bubble / Dew point	°C	99.99 / 99.99	99.93 / 99.93	78.31 / 78.31	78.21 / 78.21
18	Density Vapor/Liquid	kg/m³	/ 965.23	/ 992.39	/ 798.59	/ 737.79
19	Viscosity	cp	/ 0.3144	/ 0.6533	/ 1.0774	/ 0.4613
20	Molecular wt, Vap					
21	Molecular wt, NC					
22	Specific heat	kJ/(kg-K)	/ 4.198	/ 4.173	/ 2.621	/ 3.158
23	Thermal conductivity	W/(m-K)	/ 0.6745	/ 0.6301	/ 0.1681	/ 0.1549
24	Latent heat	kJ/kg				
25	Pressure (abs)	kPa	101.325	101.104	101.325	100.906
26	Velocity (Mean/Max)	m/s	0 / 0		0.01 / 0.01	
27	Pressure drop, allow./calc.	kPa	11.013	0.22	20	0.419
28	Fouling resistance (min)	m²-K/W	0.00017		0.00017	0.00022 Ao based
29	Heat exchanged 8.1 kW			MTD (corrected) 14.24 °C		
30	Transfer rate, Service 67.7		Dirty 103.1	Clean 107.4 W/(m²-K)		
31	CONSTRUCTION OF ONE SHELL				Sketch	
32			Shell Side	Tube Side		
33	Design/Vacuum/test pressure	kPa	300 / /	300 / /		
34	Design temperature / MDMT	°C	125 /	110 /		
35	Number passes per shell		1	1		
36	Corrosion allowance	m	0.0032	0.0032		
37	Connections In	m	1 0.0139 / -	1 0.0139 / -		
38	Size/Rating Out		1 0.0139 / -	1 0.0139 / -		
39	ID Intermediate		1 0.0139 / -	1 0.0139 / -		
40	Tube # 33 OD: 19 Tks. Average 2 mm		Length: 1500 mm	Pitch: 25 mm	Tube pattern: 30	
41	Tube type: Plain	Insert: None	Fin#: #/in	Material: Carbon Steel		
42	Shell Carbon Steel ID 205 OD 219 mm			Shell cover -		
43	Channel or bonnet Carbon Steel			Channel cover -		
44	Tubesheet-stationary Carbon Steel -			Tubesheet-floating -		
45	Floating head cover -			Impingement protection None		
46	Baffle-cross Carbon Steel	Type Single seqmental	Cut(%d) 39.44	H Spacing: c/c 200 mm		
47	Baffle-long -	Seal Type		Inlet 0.2 m		

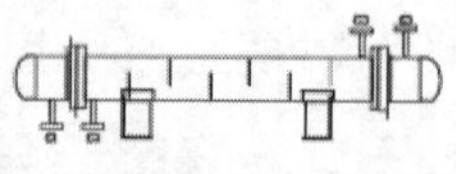

图 4-23　换热器设备数据

进入 Results | Mechanical Summary | Setting Plan & Tubesheet Layout 页面，在 Setting Plan 和 Tubesheet Layout 选项卡下分别可以查看换热器装配图与布置管图结果，如图 4-24 和 4-25 所示。

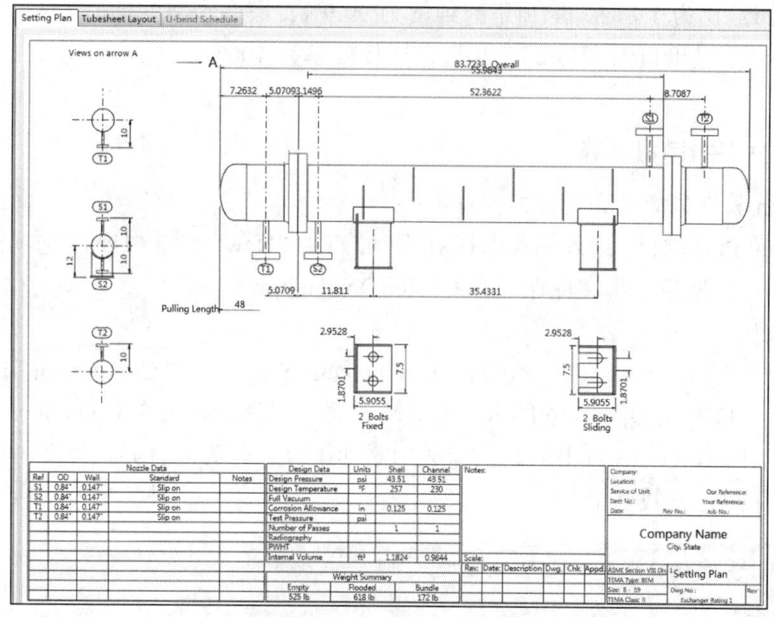

图 4-24　换热器装配图

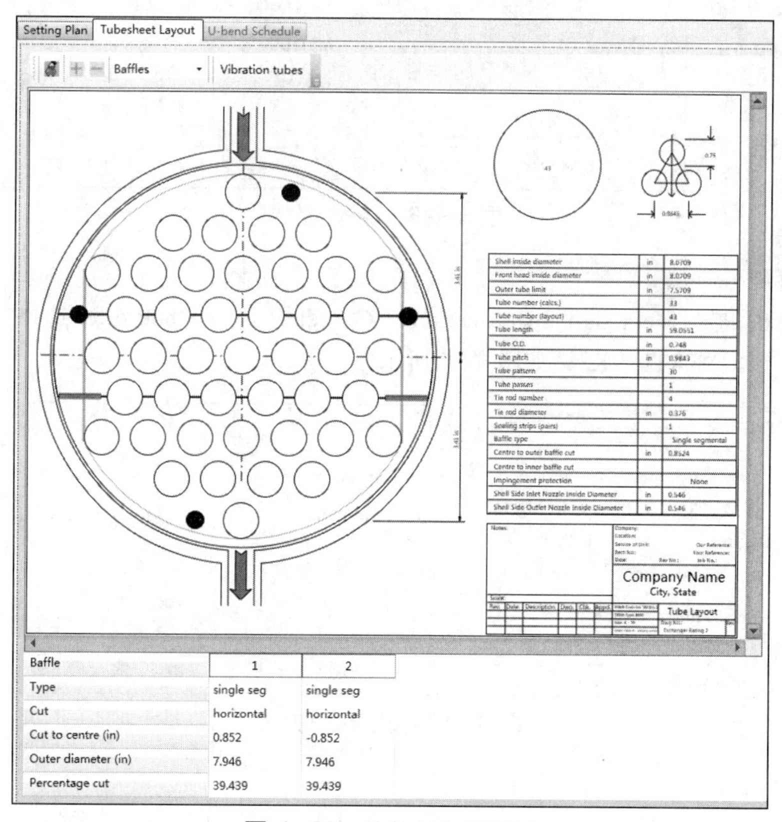

图 4-25　换热器布置管图

【例 4-2】甲醇分离塔塔顶冷凝器的设计。某甲醇分离塔，将质量分数为 60%的甲醇水溶液提纯。已知甲醇原料液的温度为 20℃，压力为 1.2 bar，流率为 1000 kg/h。分离塔理论板数为 20，在第 12 块板进料，塔顶全凝器压力为 1 bar，塔板压降为 0.0068 bar。当塔顶采出率为 0.458，回流比为 1.7 时，塔顶甲醇纯度为 99.9%，塔底水纯度近似为 1。

设循环冷却水进出口温度为 25～40℃，塔板效率为 100%。

详解

1. 甲醇精馏过程的模拟计算

（1）Aspen 软件的启动和文件的保存

启动 Aspen Plus 软件，进入模板选择对话框，点击“New”窗口“User”选项内的“General with Metric Units”模板，将文件保存为 Cooler Design.bkp。

（2）输入组分

软件默认在 Components | Specifications | Selection 页面，在 Component ID 中依次输入“CH3OH”和“H2O”，如图 4-26 所示。组分输入时，具体操作为在 Component ID 下方输入组分分子式（如“H2O”），点击回车，即成功添加组分；若为同分异构体等组分，可利用下方“Find”按钮进行查找确定。

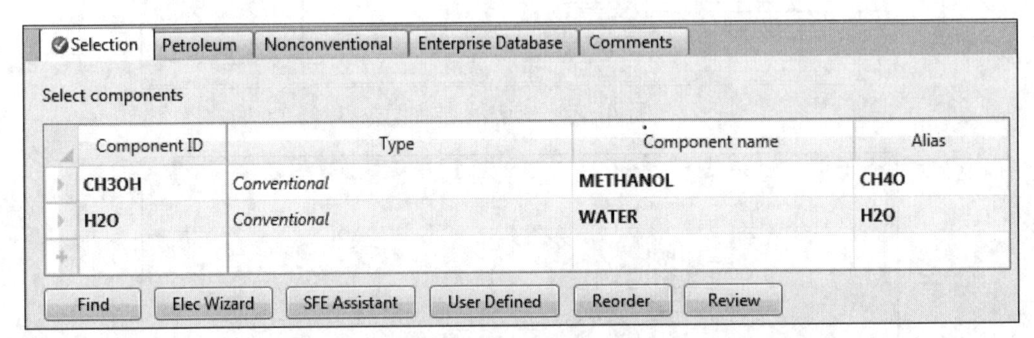

图 4-26　输入组分

（3）选择物性方法

点击“Next”进入 Methods | Specifications | Global 页面，Method filter 选择“COMMON”，Base method 选择“NRTL-RK”，如图 4-27 所示。

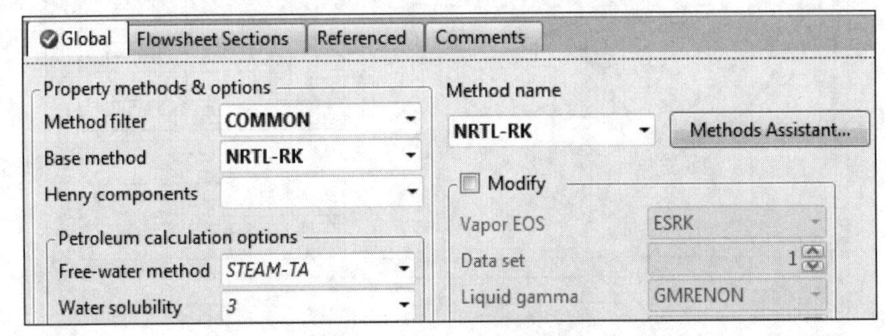

图 4-27　选择物性方法

（4）绘制流程图

进入 Simulation | Main Flowsheet 页面，精馏塔选用“RadFrac”严格计算模块里面的

“FRACT1”模块，命名为“TOWER”。设备选好后，点击左下方的 Material 图标右侧箭头，选择“MATERIAL”按钮，此时单元模块会出现物料流进、流出线，连接好物料线，画出工艺流程图，如图 4-28 所示。

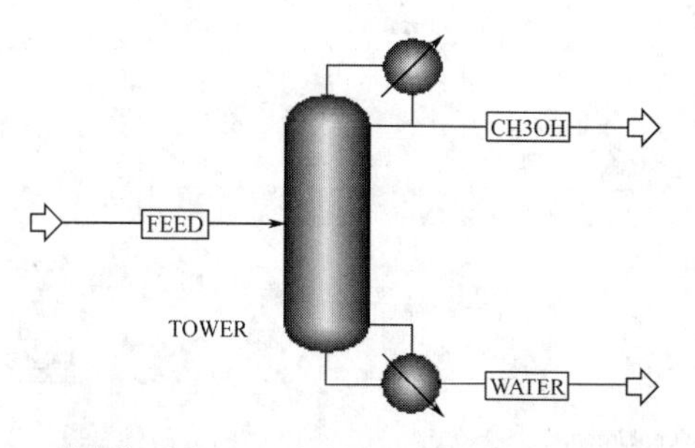

图 4-28 甲醇分离工艺流程图绘制

点击“Next”，进入 Setup | Comp | GLOBAL | Component List 页面，选择组分 H_2O 和 CH_3OH。

（5）设置流股信息

点击“Next”，进入 Streams | FEED | Input | Mixed 页面，根据例题要求输入甲醇原料液（FEED）物流信息，进料温度为 20℃，压力为 1.2 bar，流率为 1000 kg/h，甲醇进料液中甲醇的质量分数为 60%，水为 40%，具体操作见图 4-29 所示。

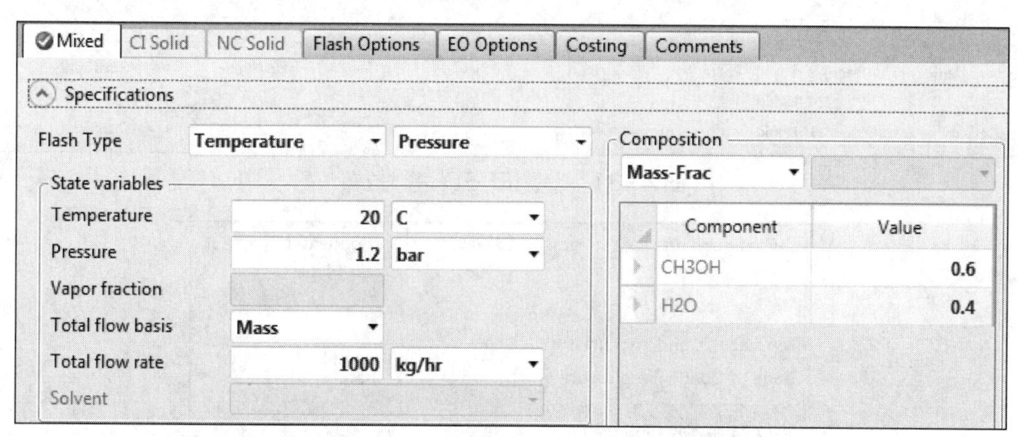

图 4-29 输入甲醇原料液 FEED 物流信息

（6）输入精馏塔参数

点击“Next”按钮，进入 Blocks | Tower | Specifications | Setup | Configuration 页面，输入精馏塔参数，Calculation type 选择“Equilibrium”，Number of stages 输入 20，Condenser 选择“Total”，Reboiler 默认选择“Kettle”，Valid phases 选择“Vapor-Liquid”，Convergence 选择“Standard”，Distillate to feed ratio 为 0.458，Reflux ratio 为 1.7，如图 4-30 所示。

点击“Next”按钮，切换至 Streams 选项卡，设置 FEED 由第 12 块板上方进料，其他如图 4-31 所示；点击“Next”按钮，切换至 Pressure 选项卡，塔顶全凝器压力为 1 bar，塔板压降为 0.0068 bar，如图 4-32 所示。

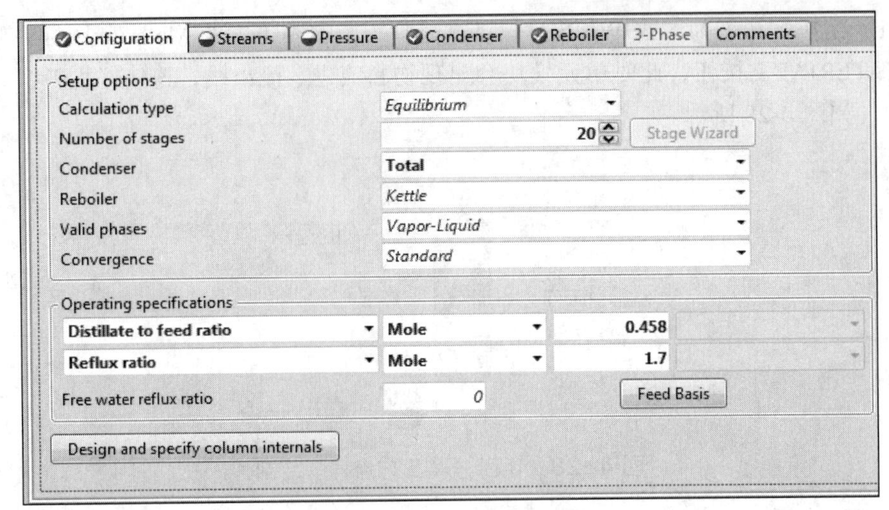

图 4-30　输入精馏塔参数

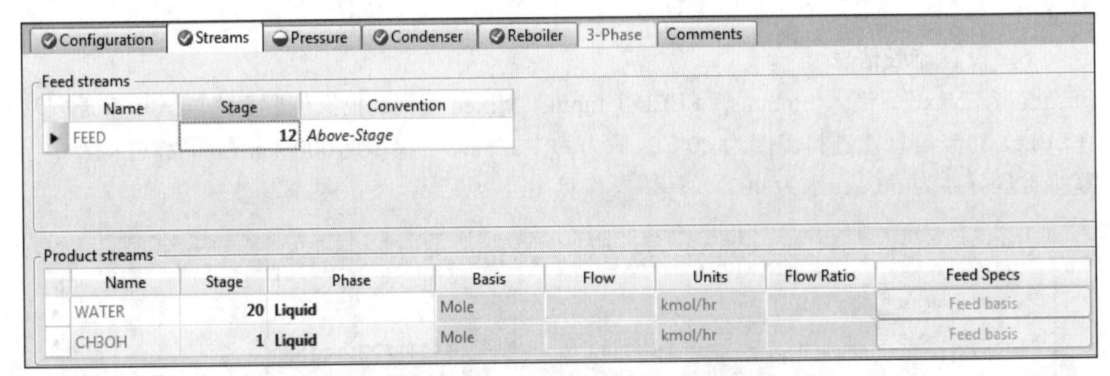

图 4-31　设置 FEED 进料位置

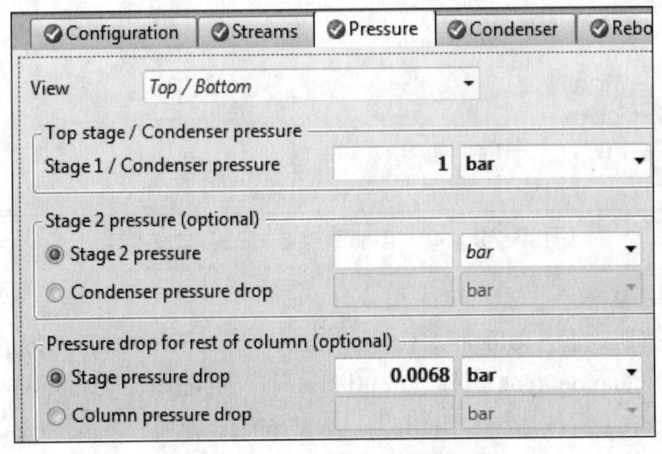

图 4-32　设置精馏塔操作压力

（7）运行精馏流程

至此，信息输入完毕，右下方状态变为“Required Input Complete”。点击“Next”或“Run”按钮，运行甲醇分离工艺，流程收敛。进入 Results Summary | Streams | Material 页面，查看甲醇精馏塔模拟结果，如图 4-33 所示。

Material | Heat | Load | Work | Vol.% Curves | Wt. % Curves | Petroleum | Polymers | Solids

	Units	CH3OH	FEED	WATER
Mass Entropy	cal/gm-K	-1.70389	-1.93721	-1.92669
Molar Density	kmol/cum	23.2499	35.2622	50.7754
Mass Density	kg/cum	744.524	861.552	914.928
Enthalpy Flow	Gcal/hr	-1.05047	-2.59496	-1.48239
Average MW		32.0226	24.4327	18.0191
− Mole Flows	**kmol/hr**	**18.7453**	**40.9287**	**22.1834**
CH3OH	kmol/hr	18.7193	18.7253	0.0060751
H2O	kmol/hr	0.0260919	22.2034	22.1773
+ Mole Fractions				
+ Mass Flows	**kg/hr**	**600.275**	**1000**	**399.725**
+ Mass Fractions				
Volume Flow	cum/hr	0.806254	1.1607	0.436892

图 4-33 甲醇精馏塔模拟结果

2. 冷凝器的简捷设计计算

（1）建立冷凝器模拟流程图

切换至 Simulation 环境，在 Main Flowsheet 页面添加换热器，换热器类型选择“HextX”里面的“GEN-HS”模块，命名为“COOLER”，从精馏塔中部引出虚拟物流（Pseudo Stream）并移动到塔顶冷凝器顶部，对虚拟物流定义后作为塔顶气相物流，添加物流，连接冷却水，建立如图 4-34 所示的流程图。

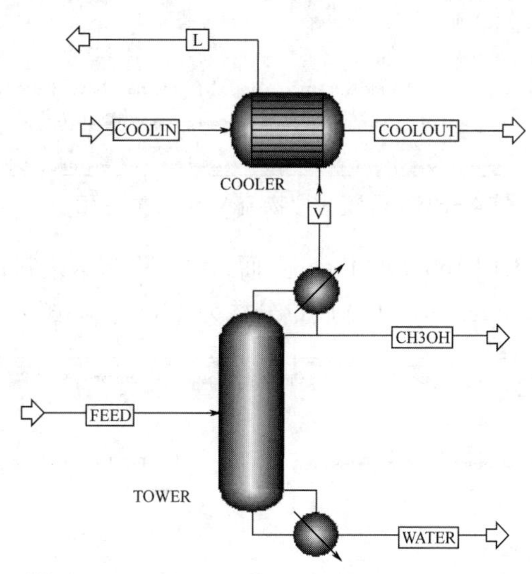

图 4-34 绘制精馏塔与冷凝器工艺流程图

（2）选择物性方法

进入 Blocks | COOLER | Block Options | Properties 页面，为冷却水选择“STEAM-TA”物性计算模型，即 Cold side 的 Property method（物性方法）改选为“STEAM-TA”，如图 4-35 所示。

（3）设置物流信息

进入 Blocks | Tower | Specifications | Setup | Streams 页面，对 V（虚拟物流）进行定义，选择第 2 块塔板上的气相物流，如图 4-36 所示。

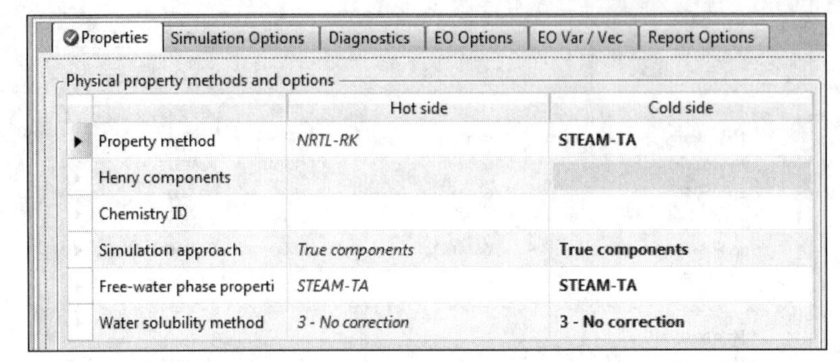

图 4-35　选择冷却水物性方法

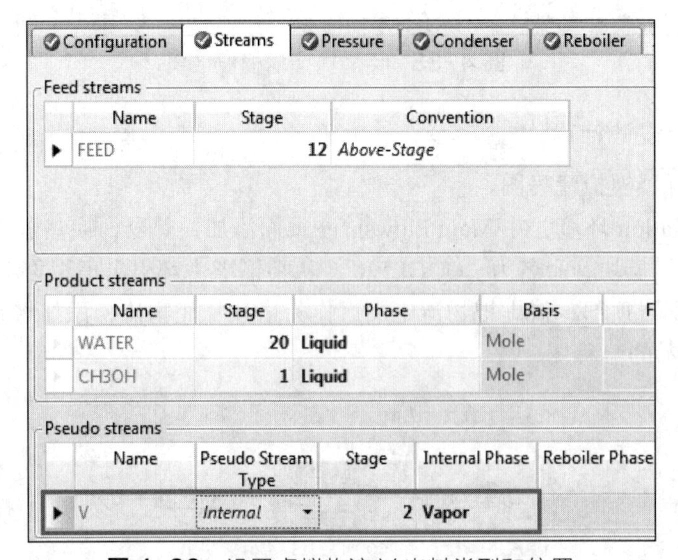

图 4-36　设置虚拟物流 V 出料类型和位置

进入 Streams | COOLIN | Input | Mixed 页面，输入冷却水进料信息，温度为 25℃，压力为 1 bar，流率先填写 100000 kg/h，H_2O 质量分数为 100%，如图 4-37 所示。

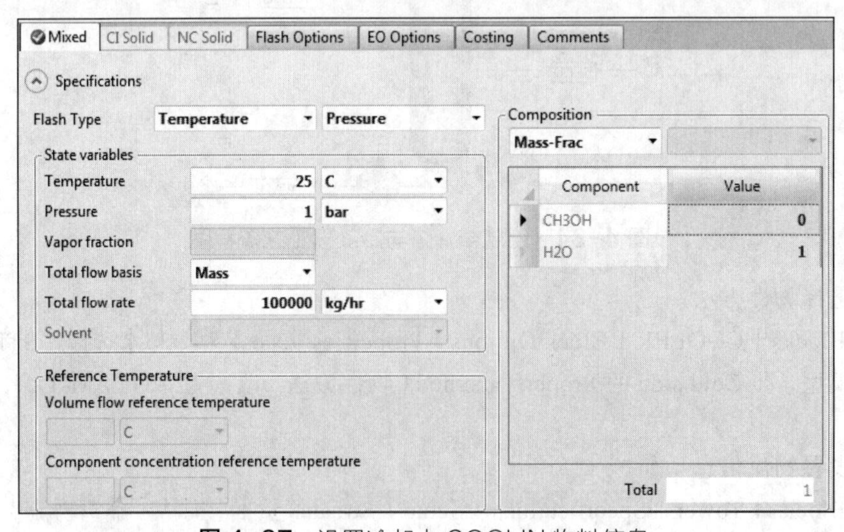

图 4-37　设置冷却水 COOLIN 物料信息

（4）设置模块信息

点击“Next”，进入 Blocks | COOLER | Setup | Specifications 页面，定义冷凝器采用简捷（Shortcut）设计型计算，即 Model fidelity 选择“Shortcut”（简捷计算）；设置蒸气冷凝液汽化分率为零，即 Calculation mode 选择“Design”，Specification 选择“Hot stream outlet vapor fraction”，Value 输入“0”，如图 4-38 所示。

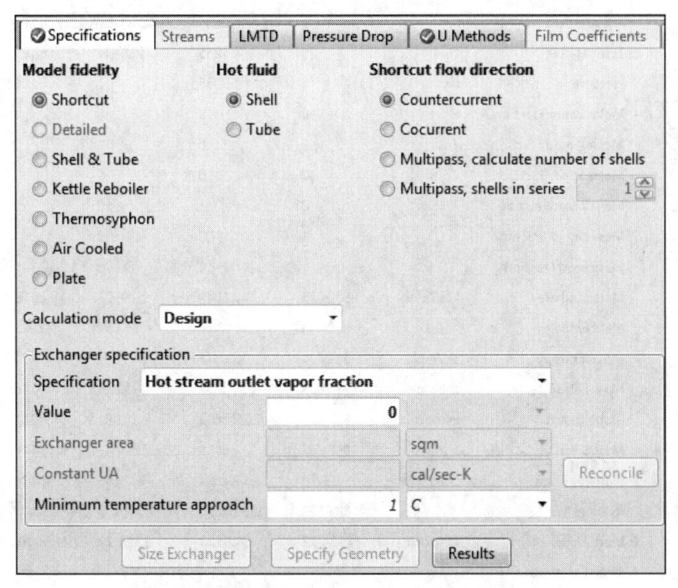

图 4-38　设置换热器计算类型和规定

（5）使用“Sensitivity”（灵敏度分析）功能或“Design Specs”（设计规定）功能调整或计算循环冷却水的用水量

控制冷凝器进口温度为 25℃时，冷却水（COOLIN）流率为 28550 kg/h。进入 Streams | COOLIN | Input | Mixed 页面，将冷却水流率改为 28550 kg/h，如图 4-39 所示。

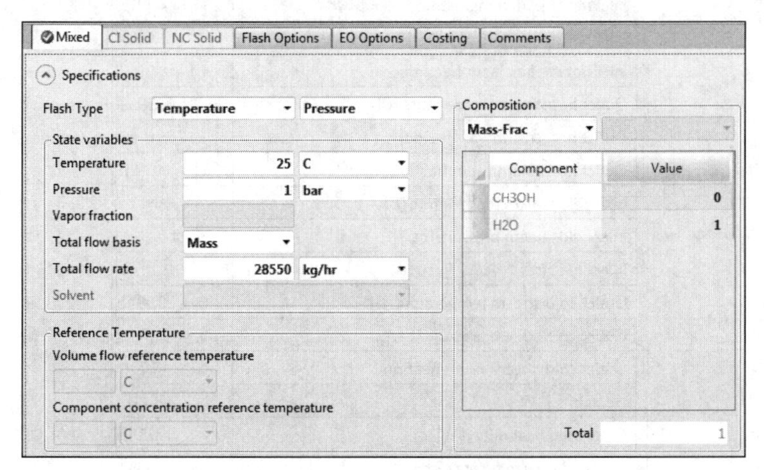

图 4-39　设置冷却水流率

（6）运行流程

设定完毕，点击“Next”或“Run”，流程收敛，运行得到简捷计算结果。得到两股流体温度、压力、相态的变化，如图 4-40 所示；显示冷凝器的热负荷为 496.19 kW，换热器面积为 18.6 m^2，图 4-41 所示。

	Units	COOLIN	V	COOLOUT	L
- MIXED Substream					
Phase		Liquid Phase	Vapor Phase	Liquid Phase	Liquid Phase
Temperature	C	25	64.4255	39.9947	64.3939
Pressure	bar	1	1.0068	1	1.0068
Molar Vapor Fraction		0	1	0	0
Molar Liquid Fraction		1	0	1	1
Molar Solid Fraction		0	0	0	0
Mass Vapor Fraction		0	1	0	0
Mass Liquid Fraction		1	0	1	1
Mass Solid Fraction		0	0	0	0
Molar Enthalpy	kcal/mol	-68.2685	-47.6049	-67.9993	-56.0345
Mass Enthalpy	kcal/kg	-3789.48	-1486.6	-3774.54	-1749.84
Molar Entropy	cal/mol...	-38.9834	-29.578	-38.1024	-54.5505
Mass Entropy	cal/gm-K	-2.1639	-0.923658	-2.115	-1.7035
Molar Density	kmol/c...	55.3512	0.0363669	55.081	23.243
Mass Density	kg/cum	997.167	1.16456	992.3	744.302
Enthalpy Flow	Gcal/hr	-108.19	-2.4094	-107.763	-2.83604
Average MW		18.0153	32.0226	18.0153	32.0226
+ Mole Flows	**kmol/hr**	**1584.77**	**50.6124**	**1584.77**	**50.6124**
+ Mole Fractions					
+ Mass Flows	**kg/hr**	**28550**	**1620.74**	**28550**	**1620.74**
+ Mass Fractions					
Volume Flow	cum/hr	28.6311	1391.72	28.7715	2.17753

图 4-40　冷凝器物流信息模拟结果

HeatX	
Inlet hot stream temperature [C]	64.4255
Inlet hot stream pressure [bar]	1.0068
Inlet hot stream vapor fraction	1
Outlet hot stream temperature [C]	64.3939
Outlet hot stream pressure [bar]	1.0068
Outlet hot stream vapor fraction	0
Inlet cold stream temperature [C]	25
Inlet cold stream pressure [bar]	1
Inlet cold stream vapor fraction	0
Outlet cold stream temperature [C]	39.9947
Outlet cold stream pressure [bar]	1
Outlet cold stream vapor fraction	0
Heat duty [kW]	496.185
Calculated heat duty [kW]	496.185
Required exchanger area [sqm]	18.6388
Actual exchanger area [sqm]	18.6388
Average U (Dirty) [kcal/hr-sqm-K]	730.868

图 4-41　冷凝器模拟结果

3. 采用 EDR 软件设计冷凝器

（1）数据传递

进入 Blocks | COOLER | Setup | Specifications 页面，将“Model fidelity”类型切换为“Shell & Tube”，表示用 EDR 软件详细设计（严格计算），弹出“Convert to Rigorous Exchanger”对话框，如图 4-42 所示。点击“Convert”按钮，弹出“EDR Sizing Console-Size Shell &Tube（COOLER）”界面，将 Aspen Plus 对换热器的简捷设计结构传导到 EDR 文件中，如图 4-43 所示。

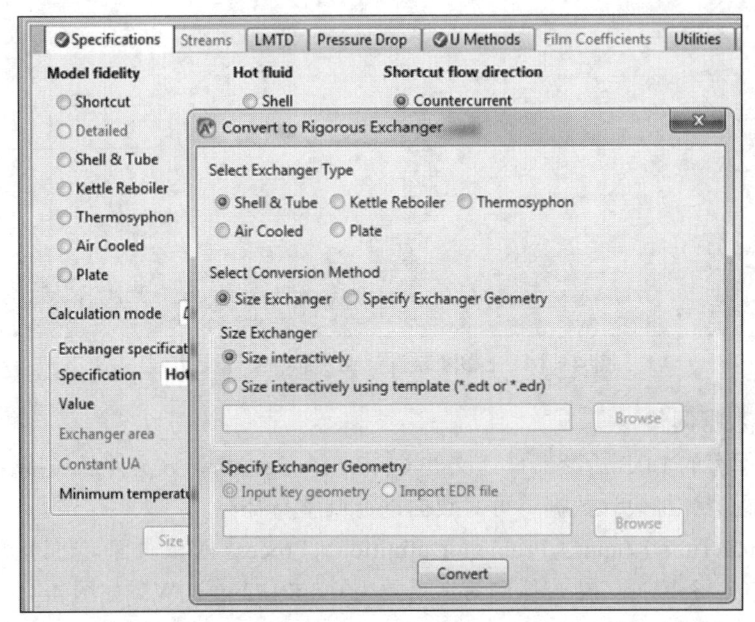

图 4-42　Convert to Rigorous Exchanger 对话框

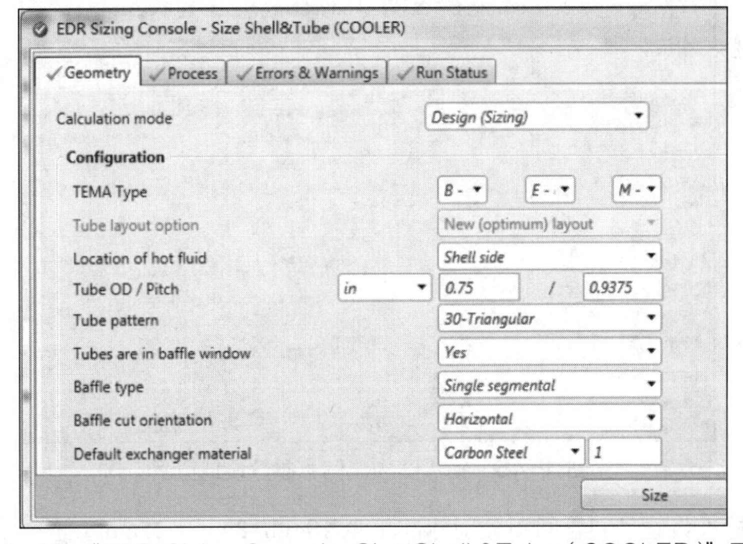

图 4-43　“EDR Sizing Console-Size Shell &Tube（COOLER）”界面

点击“Size”按钮，EDR 软件进行运行优化，运行完成后，给出 EDR 软件计算的换热器设计结果，如图 4-44 所示。点击下方的“Save”按钮，将生成的结果保存为 Cooler Design.edr 文件。然后点击下方的“Accept Design”按钮。

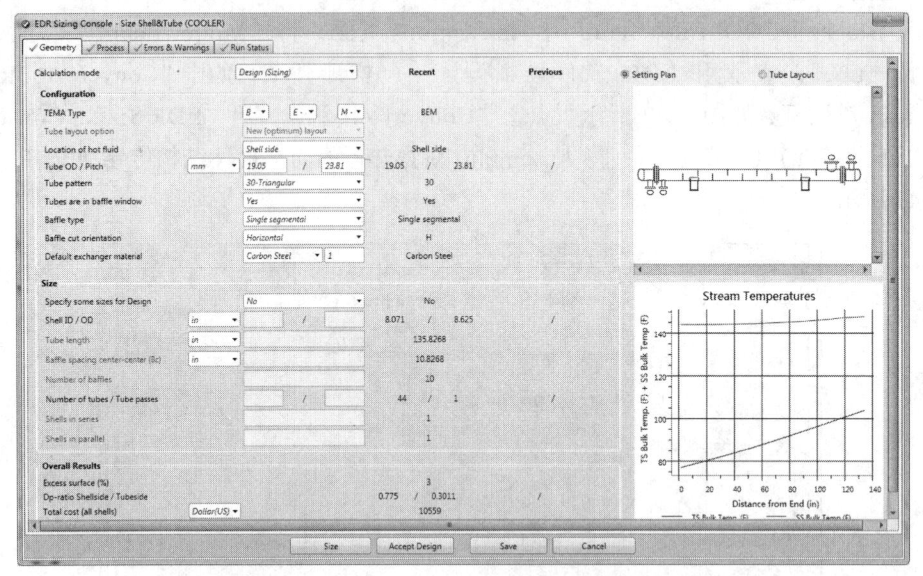

图 4-44　EDR 软件计算的换热器设计结果

（2）EDR 数据调整

打开已经保存的 EDR 冷凝器设计文件 Cooler Design.edr，该文件已经接受了 Aspen Plus 软件传递的冷凝器详细设计数据，可对数据进行调整与补充。

进入 Shell & Tube | Input | Problem Definition | Process Data 页面，将该页面的数据进行仔细检查、补充。补充冷、热流体侧污垢系数为 0.000172m^2·K/W，如图 4-45 所示。

Process Data

		Hot Stream (1) Shell Side		Cold Stream (2) Tube Side	
Fluid name		V		COOLIN	
		In	Out	In	Out
Mass flow rate	kg/h	1621		28550	
Mass flow rate multiplier		1		1	
Temperature	°C	64.43		25	
Vapor mass fraction		1		0	
Pressure (absolute)	kPa	100.68	89.673	100	89
Pressure at liquid surface in column					
Heat exchanged	kW		496.2		
Heat exchanged multiplier			1		
Exchanger effectiveness					
Adjust if over-specified		Heat load		Heat load	
Estimated pressure drop	kPa	0		0	
Allowable pressure drop	kPa	11.007		20	
Fouling resistance	m²-K/W	0.000172		0.000172	

图 4-45　换热器物流信息参数设置页面

按照国家标准将管径和管间距分别标准化为 19mm×2mm、25mm。进入换热器结构参数设置 Shell & Tube | Input | Exchanger Geometry | Geometry Summary | Geometry 页面，将管外径（OD）设为 19 mm，管壁厚（Thickness）设为 2 mm，管心距（Pitch）设为 25 mm，如

图 4-46 所示。点击“Next”或“Run”按钮，运行模拟。运行结果会给出错误与警告，需要详细阅读后根据提示进行调整。本例 1 个警告，问题不严重，无需调整。

Geometry | Tube Layout

Front head type: B - bonnet bolted or integral with tubesheet
Shell type: E - one pass shell
Rear head type: M - bonnet
Exchanger position: Horizontal

Shell(s)
ID: 205 mm
OD: 219.08 mm
Series: 1
Parallel: 1

Tubes
Number: 44
Length: 3450 mm
OD: 19 mm
Thickness: 2 mm

Tube Layout
New (optimum) layout
Tubes: 64
Tube Passes: 1
Pitch: 25 mm
Pattern: 30-Triangular

Baffles
Spacing (center-center): 275 mm
Spacing at inlet: 17.6762 in
Number: 10
Spacing at outlet: in
Type: Single segmenta
Tubes in window: Yes
Orientation: Horizontal
Cut(%d): 40

图 4-46　换热器结构参数设置页面

进入 Shell & Tube | Results | Result Summary | TEMA Sheet 页面，给出换热器初步设计结果，如图 4-47 所示。运行结果显示，冷凝器默认选型为 BEM 型，换热面积 16.9m^2，单管程、单壳程，封头外径为 273.05 mm，管根数为 64，管外径 19 mm，管长 4500 mm，管心距 25mm；挡板数为 16，挡板间间距为 250　mm，圆缺率为 41.59%。新换热器的总传热系数是 1601.4 W/（m^2·K），旧换热器的总传热系数是 985.9 W/（m^2·K）。

TEMA Sheet

No.	Item	Unit	Shell Side (In)	Shell Side (Out)	Tube Side (In)	Tube Side (Out)
6	Size: 0.257 - 4.5 m　Type: BEM Horizontal　Connected in: 1 parallel 1 series					
7	Surf/unit(eff.) 16.9 m²　Shells/unit 1　Surf/shell(eff.) 16.9 m²					
8	PERFORMANCE OF ONE UNIT					
9	Fluid allocation		Shell Side		Tube Side	
10	Fluid name		V		COOLIN	
11	Fluid quantity, Total	kg/h	1621		28550	
12	Vapor (In/Out)	kg/h	1621	9	0	0
13	Liquid	kg/h	0	1612	28550	28550
14	Noncondensable	kg/h	0	0	0	0
15						
16	Temperature (In/Out)	°C	64.43	62.56	25	40
17	Bubble / Dew point	°C	64.39 / 64.43	62.56 / 62.59	/	/
18	Density　Vapor/Liquid	kg/m³	1.16 /	1.09 / 746.66	/ 997.17	/ 992.3
19	Viscosity	cp	0.011 /	0.011 / 0.3516	/ 0.8904	/ 0.6533
20	Molecular wt, Vap		32.02	32.02		
21	Molecular wt, NC					
22	Specific heat	kJ/(kg-K)	1.475 /	1.47 / 3.329	/ 4.174	/ 4.172
23	Thermal conductivity	W/(m-K)	0.019 /	0.0188 / 0.1894	/ 0.6067	/ 0.6301
24	Latent heat	kJ/kg	1102.1	1104.6		
25	Pressure (abs)	kPa	100.68	93.616	100	95.464
26	Velocity (Mean/Max)	m/s	9.17 / 21.23		0.7 / 0.71	
27	Pressure drop, allow./calc.	kPa	11.007	7.064	20	4.536
28	Fouling resistance (min)	m²-K/W	0.00017		0.00017	0.00022 Ao based
29	Heat exchanged 496.2 kW　MTD (corrected) 30.2 °C					
30	Transfer rate, Service 972.3　Dirty 985.9　Clean 1601.4 W/(m²-K)					
31	CONSTRUCTION OF ONE SHELL					Sketch
32			Shell Side		Tube Side	
33	Design/Vacuum/test pressure	kPa	300 / /		300 / /	
34	Design temperature / MDMT	°C	100 /		100 /	
35	Number passes per shell		1		1	
36	Corrosion allowance	m	0.0032		0.0032	
37	Connections　In	m	1 0.1524 / -		1 0.0762 / -	
38	Size/Rating　Out		1 0.0508 / -		1 0.0762 / -	
39	Nominal　Intermediate		/ -		/ -	
40	Tube # 64　OD: 0.019　Tks. Average 0.002 m　Length: 4500 mm　Pitch: 25 mm　Tube pattern: 30					
41	Tube type: Plain　Insert: None　Fin#: #/in　Material: Carbon Steel					
42	Shell Carbon Steel　ID 257.45　OD 273.05 mm				Shell cover -	
43	Channel or bonnet　Carbon Steel				Channel cover -	
44	Tubesheet-stationary　Carbon Steel -				Tubesheet-floating -	
45	Floating head cover -				Impingement protection None	
46	Baffle-cross Carbon Steel　Type Single segmental　Cut(%d) 41.59　H Spacing: c/c 250 mm					
47	Baffle-long -　Seal Type				Inlet 336.48 mm	

图 4-47　冷凝器设备数据

4. 冷凝器选型、核算

（1）根据 EDR 初步计算结果，进行冷凝器的选型

查《化工工艺设计手册》（第五版）上册，从 GB/T 28712.2—2012《热交换器型式与基本参数 第 2 部分：固定管板式热交换器》中选标准系列换热器 BEM325-1.6-17.1-3/19-1 I，单管程、单壳程，壳径 325 mm，换热面积 17.1 m^2，换热管 ϕ19 mm×2 mm，管长 3000 mm，管数 99 根，三角形排列，管心距 25 mm。

（2）换热器核算设置

进入 Shell & Tube | Input | Problem Definition | Application Options 页面，将 Calculation mode（计算模式）更改为 Rating/Checking（核算），弹出“Change Mode”对话框，点击“Use Current”按钮。

进入 Shell & Tube | Input | Exchanger Geometry | Geometry Summary 页面，根据选取的换热器结构参数在 EDR 软件内修改换热器结构参数，如图 4-48 所示。

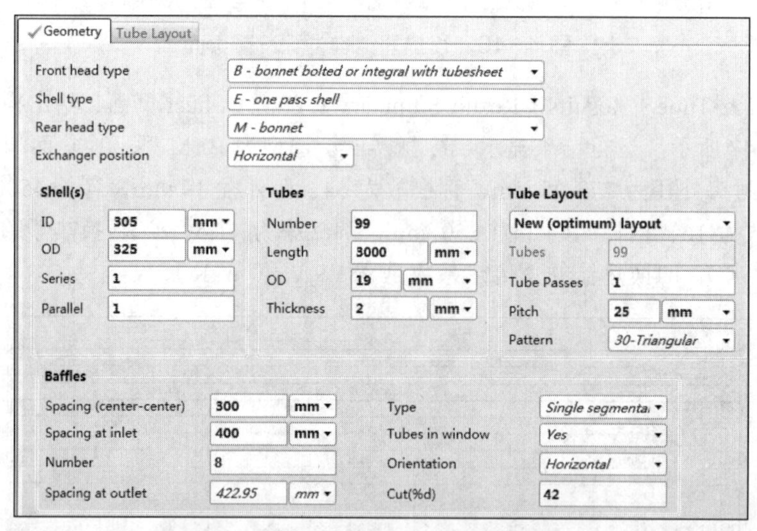

图 4-48 换热器结构参数设置页面

点击“Next”或“Run”按钮运行换热器，EDR 软件的核算结果给出 2 个警告，问题不严重，无需调整。进入 Results | Result Summary | Optimization Path 页面，其列出了换热器主要数据，Operational Issues 显示“No”，表明设计通过，如图 4-49 所示。

Optimization Path

Baffle		Tube		Units		Total	Operational Issues		
Pitch	No.	Tube Pass	No.	P	S	Price	Vibration	Rho-V-Sq	Unsupported tube length
mm						Dollar(US)			
300	8	1	99	1	1	13994	No	No	No
300	8	1	99	1	1	13994	No	No	No

图 4-49 EDR 核算运行结果

EDR 计算完成后生成大量数据，进入 Results | Result Summary | TEMA Sheet 页面，查

看换热器设备数据，如图 4-50 所示。同样，进入 Results | Mechanical Summary | Setting Plan & Tubesheet Layout 页面，在“Setting Plan”和“Tubesheet Layout”选项卡下分别可以查看换热器装配图与布置管图结果。

TEMA Sheet

No.	Item	Unit	Shell Side		Tube Side	
6	Size: 0.305 - 3 m; Type: BEM Horizontal; Connected in: 1 parallel 1 series					
7	Surf/unit(eff.) 17.3 m²; Shells/unit 1; Surf/shell(eff.) 17.3 m²					
8	PERFORMANCE OF ONE UNIT					
9	Fluid allocation		Shell Side		Tube Side	
10	Fluid name		V		COOLIN	
11	Fluid quantity, Total	kg/h	1621		28550	
12	Vapor (In/Out)	kg/h	1621	3	0	0
13	Liquid	kg/h	0	1618	28550	28550
14	Noncondensable	kg/h	0	0	0	0
15						
16	Temperature (In/Out)	°C	64.43	63.8	25	39.99
17	Bubble / Dew point	°C	64.39 / 64.43	63.8 / 63.84	/	/
18	Density Vapor/Liquid	kg/m³	1.16 /	1.14 / 745.06	/ 997.17	/ 992.3
19	Viscosity	cp	0.011 /	0.011 / 0.3473	/ 0.8904	/ 0.6533
20	Molecular wt, Vap		32.02	32.02		
21	Molecular wt, NC					
22	Specific heat	kJ/(kg-K)	1.475 /	1.474 / 3.346	/ 4.174	/ 4.172
23	Thermal conductivity	W/(m-K)	0.019 /	0.019 / 0.1891	/ 0.6067	/ 0.6301
24	Latent heat	kJ/kg	1102.1	1103.2		
25	Pressure (abs)	kPa	100.68	98.364	100	97.086
26	Velocity (Mean/Max)	m/s	6.57 / 15.22		0.46 / 0.46	
27	Pressure drop, allow./calc.	kPa	11.007	2.316	20	2.914
28	Fouling resistance (min)	m²-K/W	0.00017		0.00017	0.00022 Ao based
29	Heat exchanged 496.2 kW; MTD (corrected) 30.94 °C					
30	Transfer rate, Service 928.5; Dirty 844; Clean 1257.9 W/(m²-K)					

No.	CONSTRUCTION OF ONE SHELL	Unit	Shell Side	Tube Side
32			Shell Side	Tube Side
33	Design/Vacuum/test pressure	kPa	300 / /	300 / /
34	Design temperature / MDMT	°C	100 /	100 /
35	Number passes per shell		1	1
36	Corrosion allowance	m	0.0032	0.0032
37	Connections In	m	1 0.1541 / -	1 0.0779 / -
38	Size/Rating Out		1 0.0525 / -	1 0.0779 / -
39	ID Intermediate		/ -	/ -

Sketch

40	Tube # 99 OD: 0.019 Tks. Average 0.002 m Length: 3000 mm Pitch: 25 mm Tube pattern: 30
41	Tube type: Plain Insert: None Fin#: #/in Material: Carbon Steel
42	Shell Carbon Steel ID 305 OD 325 mm; Shell cover -
43	Channel or bonnet Carbon Steel; Channel cover -
44	Tubesheet-stationary Carbon Steel -; Tubesheet-floating -
45	Floating head cover -; Impingement protection None
46	Baffle-cross Carbon Steel Type Single segmental Cut(%d) 42.9 H Spacing: c/c 300 mm
47	Baffle-long Seal Type Inlet 400 mm

图 4-50　甲醇分离塔塔顶冷凝器设备数据

冷凝器需要的换热面积是 16.9 m^2，校核的换热面积为 17.3 m^2，富余 2.4%，可用。新换热器的总传热系数是 1257.9 W/（m^2·K），旧换热器的总传热系数是 844 W/（m^2·K），平均传热温差 30.94℃。冷凝器壳程与管程两侧的压降都小于 0.1 bar，合适。管程内的最大流速是 0.46 m/s，符合要求；壳程最大流速是 15.22 m/s，正常。因为软件计算结果未报警，故所选冷凝器可用。

【例 4-3】采用 4bar 饱和水蒸气作为加热蒸汽，对【例 4-2】中甲醇精馏塔的再沸器进行设计选型。

详解

1. 设计方案的确定

选择立式热虹吸式再沸器进行设计，其具有传热系数大、投资费用低、加热滞留时间短、配管容易等优点。

2. 甲醇精馏过程的模拟计算

打开 Aspen Plus 软件，进入模板选择对话框，点击“New”窗口“User”选项内的“General with Metric Units”模板，将文件保存为 Reboiler Design.bkp。如【例 4-2】所述，建立甲醇精馏模拟流程并进行相关参数设置，模拟步骤同【例 4-2】。或者打开【例 4-2】模拟文件 Cooler Design.bkp，删除设计用的冷凝器 COOLER，运行模拟，并将文件另存为 Reboiler Design.bkp。

3. 再沸器的简捷设计计算

（1）设置热虹吸式再沸器流程

进入 Blocks | Tower | Specifications | Setup | Reboiler 页面，如图 4-51 所示。点击“Reboiler Wizard”按钮，弹出“Reboiler Wizard”对话框，在 Pseudo stream ID 输入“PS1”，Block ID 选择“REBOILER”，Type（计算类型）选择“Shortcut”（简捷计算），Mode 选择“Design”，Flash block ID 选择“FLASH”，First calculator block ID 输入“TOWER”（使得 REBOILER 的热负荷与精馏塔再沸器的热负荷一致），如图 4-52 所示。然后点击“OK”按钮，进入 Main Flowsheet 页面，工艺流程由单一精馏塔变成如图 4-53 所示的热虹吸式再沸器流程。

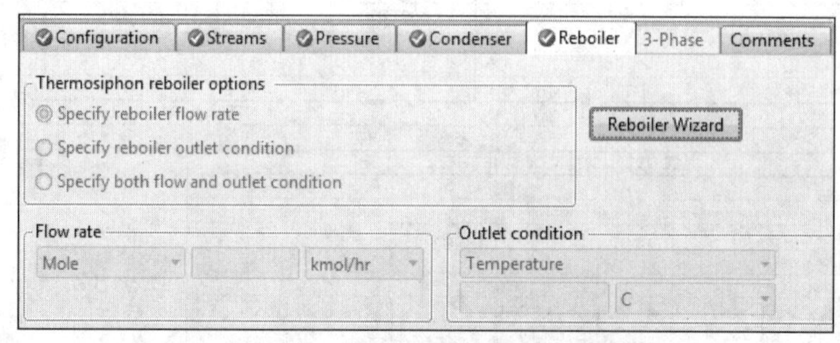

图 4-51 精馏塔再沸器设置页面

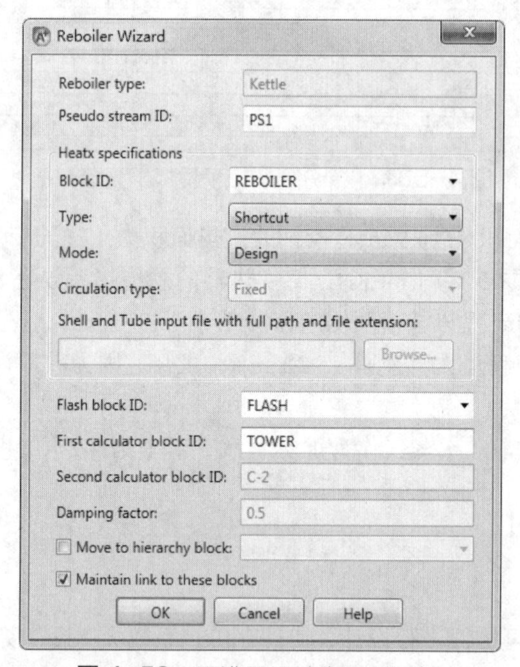

图 4-52 再沸器设计向导对话框

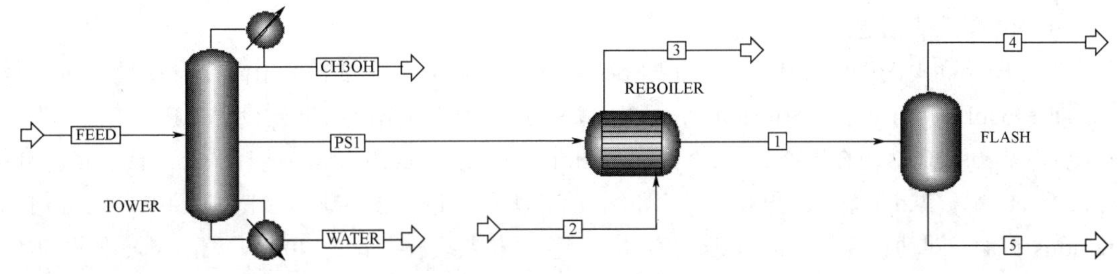

图 4-53　热虹吸式再沸器流程

（2）选择物性方法

进入 Blocks | REBOILER | Blocks options | Properties 页面，为蒸汽选择“STEAM-TA”物性计算模型，即 Hot side 的 Property method（物性方法）改选为“STEAM-TA”，如图 4-54 所示。

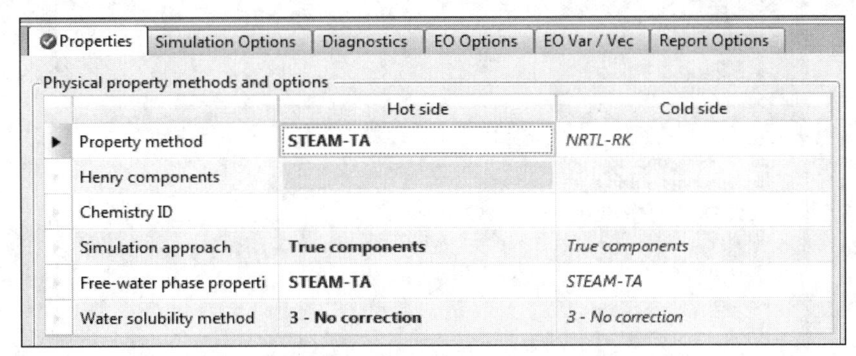

图 4-54　选择蒸汽的物性方法

（3）设置物流信息

进入 Streams | 2 | Input | Mixed 页面，输入加热蒸汽进料信息，温度为 143.642℃，压力为 4 bar，流率先填写 1000kg/h（后可根据要求手动或通过“Design Specs”、“Sensitivity”功能进行调整），H_2O 质量分数为 1，如图 4-55 所示。

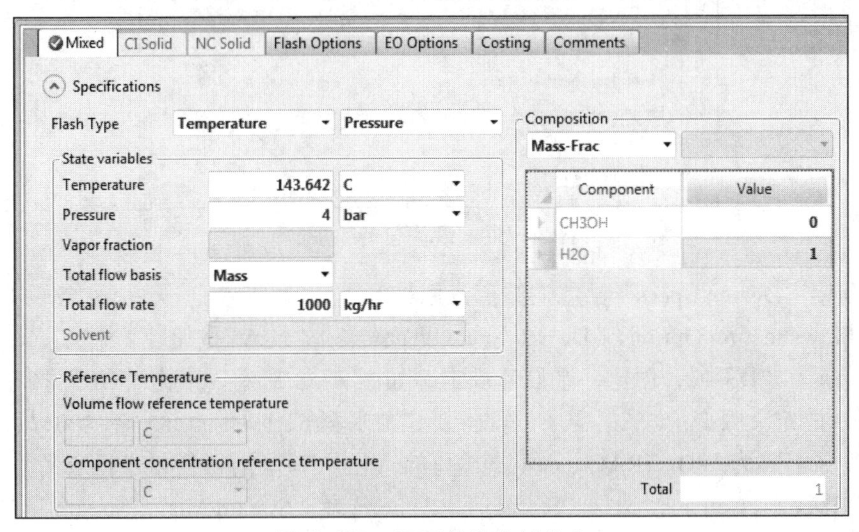

图 4-55　设置蒸汽物料信息

（4）设置模块信息

进入 Blocks | REBOILER | Setup | Specifications 页面，再沸器采用简捷设计模型进行设计，即 Model fidelity 选 “Shortcut”；根据单一甲醇精馏塔模拟结果，设置 REBOILER 出口汽化分率为 0.6907，即在 Exchanger specification 栏下的 Specification 选择 “Cold stream outlet vapor fraction”，Value 输入 “0.6907”，如图 4-56 所示。进入 Blocks | REBOILER | Setup | U Methods 页面（即切换至 U Methods 选项卡），将总传热系数设置为 400 W/（m^2·K），如图 4-57 所示。

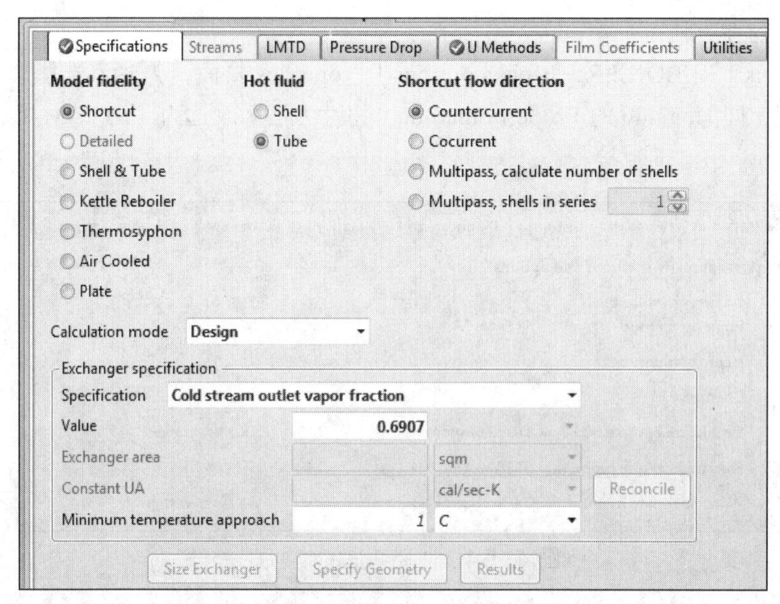

图 4-56　设置再沸器计算类型和规定

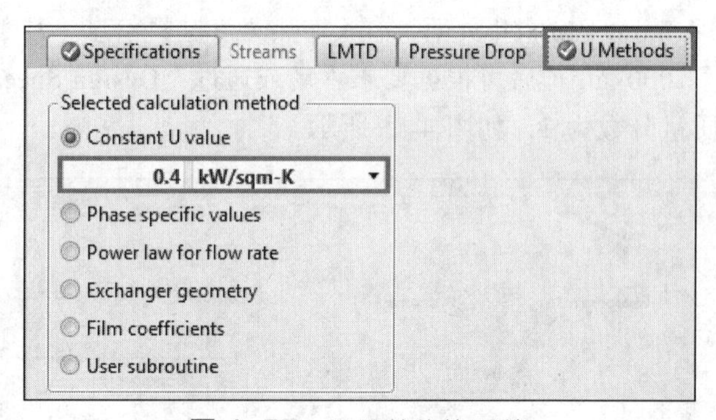

图 4-57　设置总传热系数

（5）利用 “Design Specs” 功能调整蒸汽用量

进入 Flowsheeting Options | Design Specs 页面，点击 “New” 按钮，弹出 “Create New ID”，默认输入 ID 为 “DS-1”，创建一个设计规定，如图 4-58 所示。点击 “OK” 按钮，进入如图 4-59 所示的定义因变量（采集变量）页面，要控制水蒸气出口的汽化分率为 0，故在 Variable 列输入因变量名称为 WOVFRAC（水蒸气出口的汽化分率）。对因变量进行定义，Variable 选择 “WOVFRAC”，Category 选择 “Streams”，Type 选择 “Stream-Var”，Stream 选择 “3”（即蒸汽出口物流）。

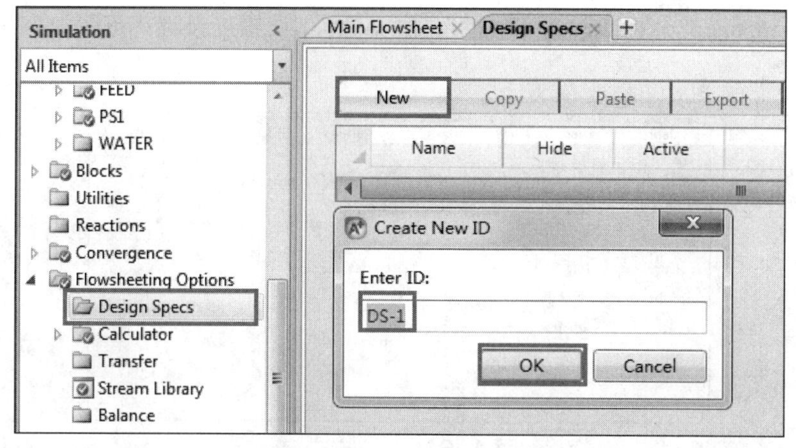

图 4-58　创建设计规定

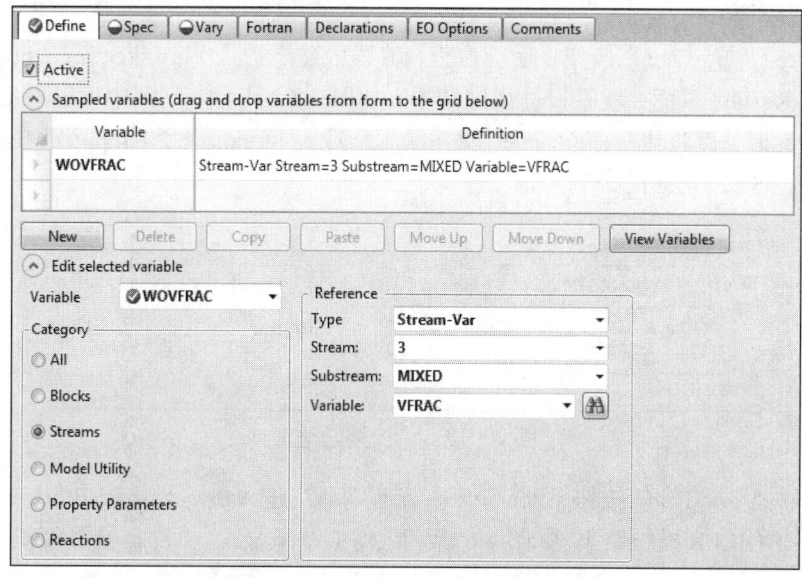

图 4-59　定义因变量 WOVFRAC

点击“Next”按钮，进入 Flowsheeting Options | Design Specs | DS-1 | Input | Spec 页面（即切换至 Spec 选项卡），输入因变量的 Target 和 Tolerance 分别为 0 和 0.01，如图 4-60 所示。

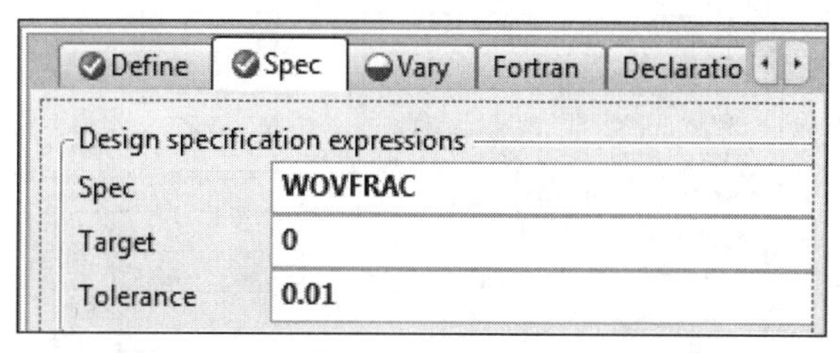

图 4-60　输入因变量的目标值和容差

点击“Next”按钮，进入 Flowsheeting Options | Design Specs | DS-1 | Input | Vary 页面，定义自变量水蒸气流率，Type 选择“Mass-Flow”，Stream 选择“2”，Substream 选择默认

“MIXED”, Component 选择“H2O”, 单位选择“kg/hr”, 设置进料流率范围为 100～2000kg/h，如图 4-61 所示。

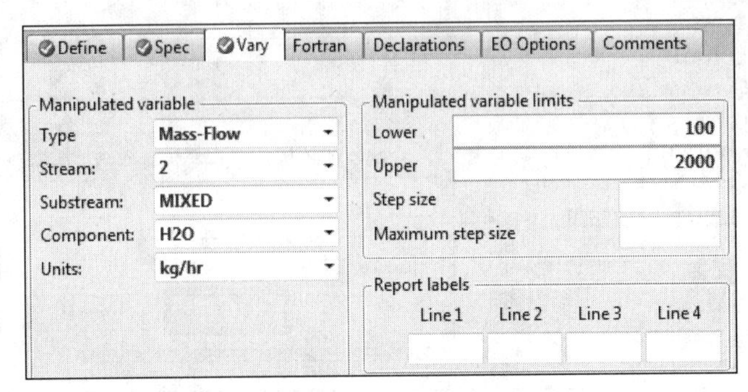

图 4-61　定义自变量

（6）运行模拟

点击“Next”或“Run”按钮，运行流程，流程收敛。进入 Flowsheeting Options | Design Specs | DS-1-Results 页面，查看设计规定结果，如图 4-62 所示。从图中可以看出，蒸汽流率为 951.227kg/h 时，蒸汽出口汽化分率为 0。然后，进入 Streams | 2 | Input | Mixed 页面，将蒸汽流率改为 951.227 kg/h。

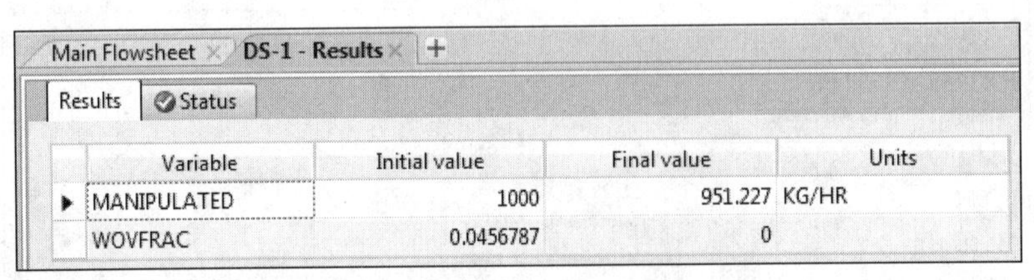

Main Flowsheet | DS-1 - Results

Results | Status

Variable	Initial value	Final value	Units
MANIPULATED	1000	951.227	KG/HR
WOVFRAC	0.0456787	0	

图 4-62　设计规定结果

点击“Next”或“Run”按钮，运行流程，流程收敛。进入 Blocks | REBOILER | Summary 页面，查看 REBOILER 模拟结果，如图 4-63 所示。模拟结果显示，再沸器换热面积为 35.276m^2。

HeatX

Inlet hot stream vapor fraction	1
Outlet hot stream temperature [C]	141.993
Outlet hot stream pressure [bar]	4
Outlet hot stream vapor fraction	0
Inlet cold stream temperature [C]	102.635
Inlet cold stream pressure [bar]	1.1224
Inlet cold stream vapor fraction	0
Outlet cold stream temperature [C]	102.861
Outlet cold stream pressure [bar]	1.1224
Outlet cold stream vapor fraction	0.6907
Heat duty [Gcal/hr]	0.486107
Calculated heat duty [Gcal/hr]	0.486107
Required exchanger area [sqm]	35.2759
Actual exchanger area [sqm]	35.2759
Average U (Dirty) [kcal/hr-sqm-K]	343.938
Average U (Clean)	
UA [cal/sec-K]	3370.2
LMTD (Corrected) [C]	40.0657

图 4-63　再沸器 REBOILER 模拟结果

4. 采用 EDR 软件设计再沸器

（1）建立 EDR 文件

单击开始菜单，找到 ASPEN EDR 文件夹，单击“Aspen Exchanger Design and Rating”，启动 EDR 软件。进入模板选择对话框，点击“New”新建一个空白模板，本设计选择“Shell & Tube”，然后点击“Creat”按钮，将文件保存为 Reboiler Design.EDR，然后关闭。

（2）数据传递

进入 Blocks | Tower | Specifications | Setup | Reboiler 页面，点击“Reboiler Wizard”按钮，弹出“Reboiler Wizard”对话框，Type（计算类型）改选为“Shell&Tube”，Mode 选择“Design”，单击“Browse”按钮，将保存的 Reboiler Design.EDR 空白文件导入，如图 4-64 所示。然后点击“OK”按钮，完成数据传递。

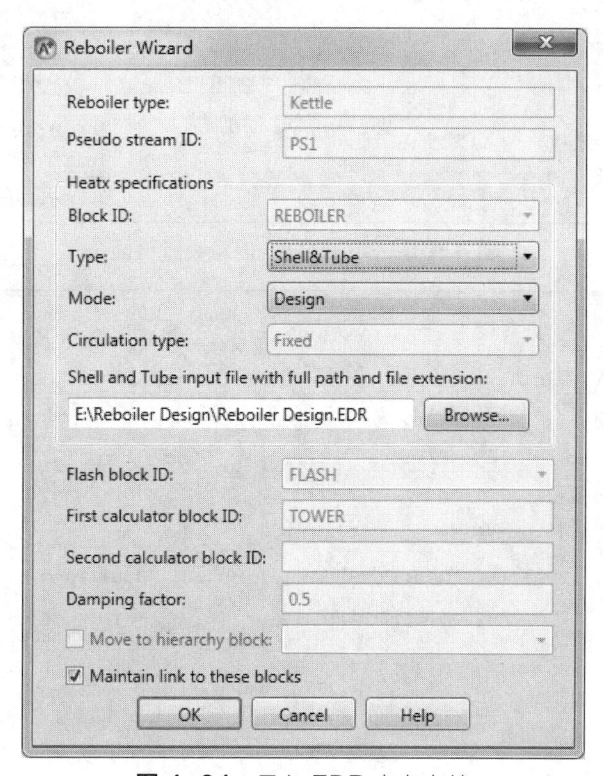

图 4-64 导入 EDR 空白文件

（3）EDR 数据调整

打开 Reboiler Design.EDR 文件，进入 Shell&Tube | Input | Problem Definition | Process Data 页面，此时可以看到该文件已经接受了 Aspen Plus 软件传递的再沸器详细设计数据，但还需要对数据进行调整和补充。补充冷、热流体侧的污垢系数（取 $0.000172m^2·K/W$），如图 4-65 所示。

进入 Shell & Tube | Input | Exchanger Geometry | Geometry Summary | Geometry 换热器结构参数设置页面，将换热器位置设置为立式，即 Exchanger position 选择“Vertical”；按照国家标准将管径和管间距分别标准化为 25mm×2mm、32mm，即 OD 设为 25mm，Thickness 设为 2mm，Pitch 设为 32mm，如图 4-66 所示。

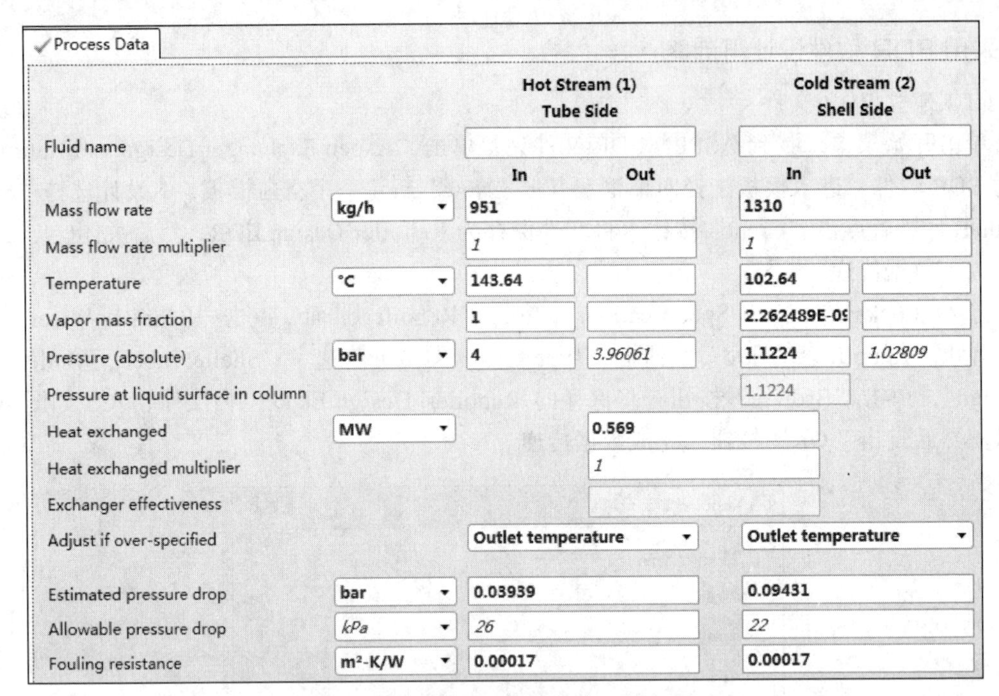

图 4-65 换热器物流信息设置页面

Geometry Summary
Shell & Tube
Geometry
Tube Layout
Front head type
B - bonnet bolted or integral with tubesheet
Shell type
E - one pass shell
Rear head type
M - bonnet
Exchanger position
Vertical
Shell(s)
ID 8.071 in
OD 8.625 in
Series 1
Parallel 1
Tubes
Number 47
Length 48 in
OD 25 mm
Thickness 2 mm
Tube Layout
Use existing layout
Tubes 26
Tube Passes 1
Pitch 32 mm
Pattern 30-Triangular
Baffles
Spacing (center-center) 16 in
Spacing at inlet 14.5 in
Number 2
Spacing at outlet 14.5 in
Type Single segmental
Tubes in window Yes
Orientation Vertical
Cut(%d) 40

图 4-66 换热器结构参数设置页面

点击“Next”或“Run”按钮，运行模拟，保存文件。运行结果给出 1 个警告，问题不严重无需调整。进入 Results | Result Summary | Optimization Path 页面，其列出了换热器主要数据，Design Status 显示“OK”，表明设计通过，如图 4-67 所示。

Baffle		Tube		Units		Total	Operational Issues			
Pitch	No.	Tube Pass	No.	P	S	Price	Vibration	Rho-V-Sq	Unsupported tube length	Design Status
mm						Dollar(US)				
210	20	1	24	1	1	11056	Possible	Yes	No	(OK)
200	23	2	20	1	1	11271	Possible	Yes	No	(OK)
220	11	1	41	1	1	11713	Possible	Yes	No	(OK)
170	16	2	36	1	1	11915	Possible	Yes	No	(OK)
230	7	1	62	1	1	12702	Possible	Yes	No	(OK)
260	7	2	57	1	1	12797	Possible	No	No	(OK)
210	20	1	24	1	1	11056	Possible	Yes	No	(OK)

图 4-67　EDR 设计运行结果

进入 Shell & Tube | Results | Result Summary | TEMA Sheet 页面，其给出换热器初步设计结果，如图 4-68 所示。运行结果显示，再沸器默认选型为 BEM 型，换热面积 8.3m^2，单管程、单壳程，封头外径为 219.08 mm，管根数为 24，管外径 25mm，管长 4500 mm，管心距 32 mm；挡板数为 20，挡板间间距为 210 mm，圆缺率为 36.48%。新换热器的总传热系数是 4423.3W/(m^2·K)，旧换热器的总传热系数是 1658.8W/(m^2·K)。同样，进入 Shell & Tube | Results | Result Summary | Overall Summary 页面，也可以查看更详细的设计数据。

TEMA Sheet

6	Size: 0.205 - 4.5 m　Type: BEM Vertical		Connected in: 1 parallel 1 series			
7	Surf/unit(eff.) 8.3 m²		Shells/unit 1		Surf/shell(eff.) 8.3 m²	
8	PERFORMANCE OF ONE UNIT					
9	Fluid allocation		Shell Side		Tube Side	
10	Fluid name					
11	Fluid quantity, Total	kg/h	1310		951	
12	Vapor (In/Out)	kg/h	0	918	951	0
13	Liquid	kg/h	1310	392	0	951
14	Noncondensable	kg/h	0	0	0	0
15						
16	Temperature (In/Out)	°C	102.64	97.9	143.64	139.05
17	Bubble / Dew point	°C	102.64 / 102.88	97.66 / 97.91	143.61 / 143.61	143.42 / 143.42
18	Density　Vapor/Liquid	lb/ft³	/ 57.104	0.037 / 57.1	0.135 /	/ 57.852
19	Viscosity	cp	/ 0.2716	0.0126 / 0.2857	0.0138 /	/ 0.198
20	Molecular wt, Vap			18.04	18.02	
21	Molecular wt, NC					
22	Specific heat	BTU/(lb-F)	/ 1.0668	0.4421 / 1.0616	0.5336 /	/ 1.0227
23	Thermal conductivity	BTU/(ft-h-F)	/ 0.385	0.014 / 0.34	0.018 /	/ 0.394
24	Latent heat	kJ/kg	2232.7	2258.4	2132.6	2133.2
25	Pressure (abs)	kPa	112.24	94.142	400	397.842
26	Velocity (Mean/Max)	m/s	16.74 / 46.15		7.37 / 14.7	
27	Pressure drop, allow./calc.	kPa	22	18.098	26	2.159
28	Fouling resistance (min)	m²-K/W	0.00017		0.00017	0.0002 Ao based
29	Heat exchanged 0.569 MW				MTD (corrected) 41.87 °C	
30	Transfer rate, Service 1632.3		Dirty 1658.8		Clean 4423.3 W/(m²-K)	
31	CONSTRUCTION OF ONE SHELL				Sketch	
32			Shell Side	Tube Side		
33	Design/Vacuum/test pressure	kPa	344.738/ /	482.633/ /		
34	Design temperature / MDMT	°C	182.22 /	182.22 /		
35	Number passes per shell		1	1		
36	Corrosion allowance	mm	3.18	3.18		
37	Connections　In	mm	1 25.4 / -	1 76.2 / -		
38	Size/Rating　Out		1 88.9 / -	1 12.7 / -		
39	Nominal　Intermediate		/ -	/ -		
40	Tube # 24　OD: 25　Tks. Averagc 2 mm		Length: 177.165 in		Pitch: 32 mm　Tube pattern: 30	
41	Tube type: Plain		Insert: None		Fin#: #/in　Material: Carbon Steel	
42	Shell Carbon Steel　ID 8.071　OD 8.625 in				Shell cover -	
43	Channel or bonnet　Carbon Steel				Channel cover -	
44	Tubesheet-stationary　Carbon Steel -				Tubesheet-floating -	
45	Floating head cover -				Impingement protection None	
46	Baffle-cross Carbon Steel　Type　Single segmental		Cut(%d) 36.48		V Spacing: c/c 8.2677 in	
47	Baffle-long -		Seal Type		Inlet 211.98 mm	
48	Supports-tube　U-bend 0				Type	
49	Bypass seal		Tube-tubesheet joint		Expanded only (2 grooves)(App.A 'i')	
50	Expansion joint -		Type None			
51	RhoV2-Inlet nozzle 466		Bundle entrance 0		Bundle exit 2046 kg/(m-s²)	

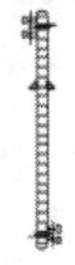

图 4-68　再沸器 REBOILER 设备数据

5. 再沸器选型、EDR 核算

（1）根据 EDR 初步计算结果，进行再沸器的选型

从 GB/T 28712.4—2012《热交换器型式与基本参数 第 4 部分：立式热虹吸式重沸器》中选标准系列换热器 BEM400-1.0-10.7-1.5/25-1 I，单管程、单壳程，壳径 400mm，换热面积 10.7m^2，换热管 ϕ25mm×2mm，管长 1500mm，管数 98 根，三角形排列，管心距 32mm。

（2）换热器核算设置

打开 Reboiler Design.EDR 文件，将其另存为校核文件。进入 Shell & Tube | Input | Problem Definition | Application Options 页面，将 Calculation mode（计算模式）更改为 Rating/Checking（核算），弹出“Change Mode”对话框，点击“Use Current”按钮，如图 4-69 所示。

Application Options
Application Control
General
Calculation mode
Design (Sizing)
Location of hot fluid
Tube side
Select geometry based on this dimensional standard
SI
Calculation method
Set default
Hot Side
Application
Condenser type
Simulation calculation
Change Mode
Use current design geometry in Rating / Checking mode?
Use Current
New Rating

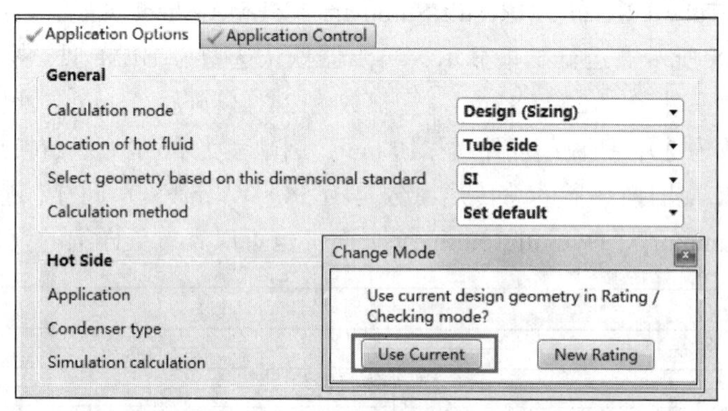

图 4-69 选择换热器计算类型（校核）

进入 Shell & Tube | Input | Exchanger Geometry | Geometry Summary 页面，根据选取的换热器结构参数在 EDR 软件内修改换热器结构参数，如图 4-70 所示。

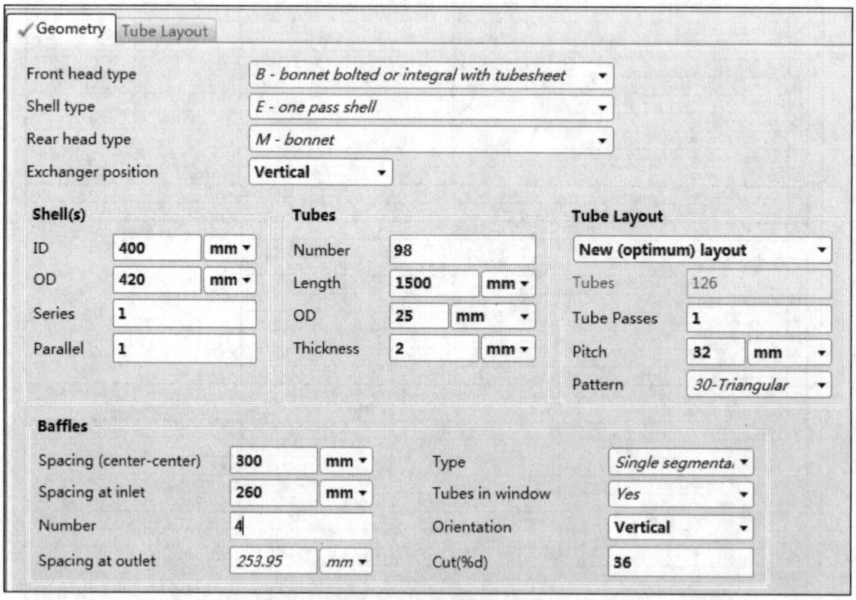

Geometry
Tube Layout
Front head type
B - bonnet bolted or integral with tubesheet
Shell type
E - one pass shell
Rear head type
M - bonnet
Exchanger position
Vertical
Shell(s)
ID 400 mm
OD 420 mm
Series 1
Parallel 1
Tubes
Number 98
Length 1500 mm
OD 25 mm
Thickness 2 mm
Tube Layout
New (optimum) layout
Tubes 126
Tube Passes 1
Pitch 32 mm
Pattern 30-Triangular
Baffles
Spacing (center-center) 300 mm
Spacing at inlet 260 mm
Number 4
Spacing at outlet 253.95 mm
Type Single segmenta
Tubes in window Yes
Orientation Vertical
Cut(%d) 36

图 4-70 设置换热器结构参数

点击“Next”或“Run”按钮运行换热器，EDR 软件的核算结果给出警告，问题不严重，无需调整。

进入 Results | Result Summary | Optimization Path 页面，其列出了再沸器主要数据，Operational Issues 显示“No”，表明设计通过，如图 4-71 所示。

Optimization Path

Current selected case 1 Select

		Shell	Tube Length			Pressure Drop				Baffle		Tube		Units		Total	Operational Issues		
	Item	Size	Actual	Reqd.	Area ratio	Shell	Dp Ratio	Tube	Dp Ratio	Pitch	No.	Tube Pass	No.	P	S	Price	Vibration	Rho-V-Sq	Unsupported tube length
		mm	mm	mm		bar		bar		mm						Dollar(US)			
1	1	400	1500	1286.3	1.17	0.04369	0.2	0.0157	0.06	300	4	1	98	1	1	15904	No	No	No
2																			
3	1	400	1500	1286.3	1.17	0.04369	0.2	0.0157	0.06	300	4	1	98	1	1	15904	No	No	No

图 4-71 EDR 核算运行结果

EDR 计算完成后生成再沸器设备数据表，进入 Results | Result Summary | TEMA Sheet 页面，查看再沸器设备数据，如图 4-72 所示。

TEMA Sheet

6	Size: 0.412 - 1.5 m	Type: BEM Vertical		Connected in: 1 parallel 1 series		
7	Surf/unit(eff.) 10.9 m²	Shells/unit 1		Surf/shell(eff.) 10.9 m²		
8	**PERFORMANCE OF ONE UNIT**					
9	Fluid allocation		Shell Side		Tube Side	
10	Fluid name					
11	Fluid quantity, Total	kg/h	1310		951	
12	Vapor (In/Out)	kg/h	0	913	951	0
13	Liquid	kg/h	1310	397	0	951
14	Noncondensable	kg/h	0	0	0	0
15						
16	Temperature (In/Out)	°C	102.64	101.44	143.64	139.05
25	Pressure (abs)	kPa	112.24	106.726	400	398.428
26	Velocity (Mean/Max)	m/s	10.36 / 25.17		1.8 / 3.6	
27	Pressure drop, allow./calc.	kPa	22	5.514	26	1.572
28	Fouling resistance (min)	m²-K/W	0.00017		0.00017	0.0002 Ao based
29	Heat exchanged 0.569	MW		MTD (corrected) 40.89 °C		
30	Transfer rate, Service 1278	Dirty 1521		Clean 3562.4 W/(m²-K)		

31	**CONSTRUCTION OF ONE SHELL**				**Sketch**
32			Shell Side	Tube Side	
33	Design/Vacuum/test pressure	kPa	344.738/ /	482.633/ /	
34	Design temperature / MDMT	°C	182.22 /	182.22 /	
35	Number passes per shell		1	1	
36	Corrosion allowance	mm	3.18	3.18	
37	Connections In	mm	1 26.64 / -	1 77.93 / -	
38	Size/Rating Out		1 90.12 / -	1 13.87 / -	
39	ID Intermediate		/ -	/ -	

40	Tube # 98 OD: 25 Tks. Average 2 mm Length: 1500 mm Pitch: 32 mm Tube pattern: 30
41	Tube type: Plain Insert: None Fin#: #/in Material: Carbon Steel
42	Shell Carbon Steel ID 412 OD 426 mm | Shell cover -
43	Channel or bonnet Carbon Steel | Channel cover -
44	Tubesheet-stationary Carbon Steel - | Tubesheet-floating -
45	Floating head cover - | Impingement protection None
46	Baffle-cross Carbon Steel Type Single segmental Cut(%d) 36.55 V Spacing: c/c 150 mm
47	Baffle-long - Seal Type | Inlet 200 mm

图 4-72 再沸器设备数据

再沸器所需的换热面积是 8.3m^2，选型的换热器 10.7m^2，校核为 10.9m^2，富余 22.4%，

可用。新换热器的总传热系数是 3562.4W/(m^2·K), 旧换热器的总传热系数是 1521W/(m^2·K), 平均传热温差 40.89℃。冷凝器壳程与管程两侧的压降都小于 0.1bar，合适。因为软件计算结果未报警，故所选再沸器可用。进入 Results | Mechanical Summary | Setting Plan & Tubesheet Layout 页面，在 Setting Plan 和 Tubesheet Layout 选项卡下分别可以查看换热器装配图与布置管图结果。

【例 4-4】 板式精馏塔设计。以乙苯-苯乙烯精馏为例，采用 Aspen-Plus 化工流程模拟软件进行设计。原料组成（质量分数）为乙苯 0.5843、苯乙烯 0.415、焦油 0.0007（本题采用正十七烷表示焦油），进料量为 12500kg/h，温度为 45℃，压力为 101.325kPa。塔顶为全凝器，冷凝器压力为 6kPa，再沸器压力 14kPa，要求塔顶产品中乙苯含量不低于 99%（质量分数），塔底产品中苯乙烯含量不低于 99.7%（质量分数），用 PENG-ROB 物性方法。

详解

1. 精馏塔的简捷计算

简捷计算的作用，是为精馏塔的严格计算提供初值。

（1）Aspen 软件的启动和文件的保存

启动 Aspen Plus 软件，进入模板选择对话框，点击“New”窗口“User”选项内的“General with Metric Units”模板，将文件保存为 DSTWU.bkp。

（2）输入组分

软件默认在 Components | Specifications | Selection 页面，按照题目要求，在 Component ID 中依次输入 EB（乙苯）、STYRENE（苯乙烯）、N-HEP-01（焦油），如图 4-73 所示。其中组分 EB 和 STYRENE 采用输入、回车的方式添加，焦油（N-HEP-01）利用“Find”按钮进行查找添加。

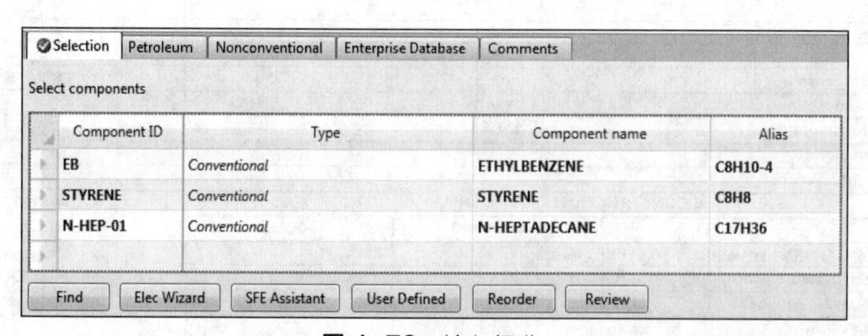

图 4-73 输入组分

（3）选择物性方法

点击“Next”，进入 Methods | Specifications | Global 页面，Base method 选用“PENG-ROB”方程，如图 4-74 所示。

（4）建立流程图

进入 Simulation | Main Flowsheet 页面，精馏塔选用“DSTWU”多组分精馏的简捷设计模块里面的“ICON1”模型，如图 4-75 所示。将选取的精馏塔命名为“DSTWU”，点击左下方的 MATERIAL 图标右侧箭头，选择“MATERIAL”按钮，此时单元模块会出现物料流进、流出线（详细操作见第三章应用实例精讲），连接好物料线，如图 4-76 所示。

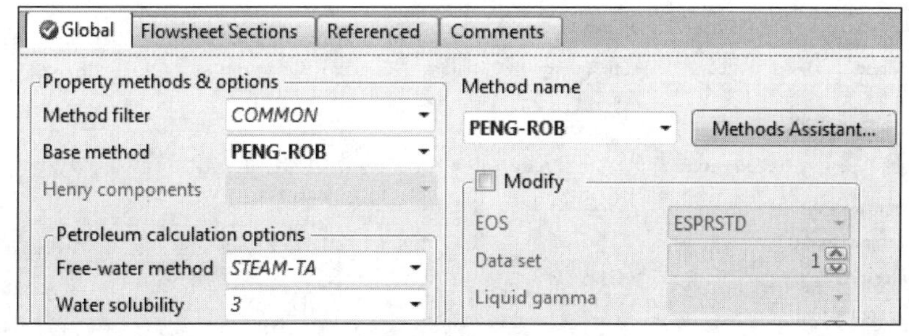

图 4-74　选择物性方法

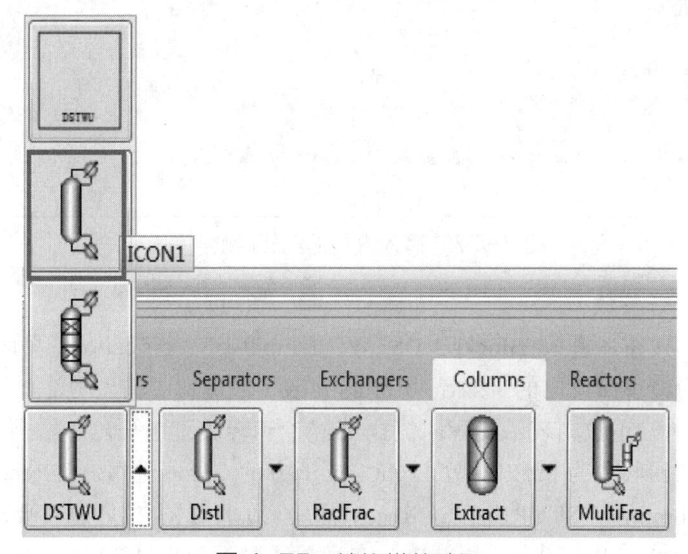

图 4-75　精馏塔的选取

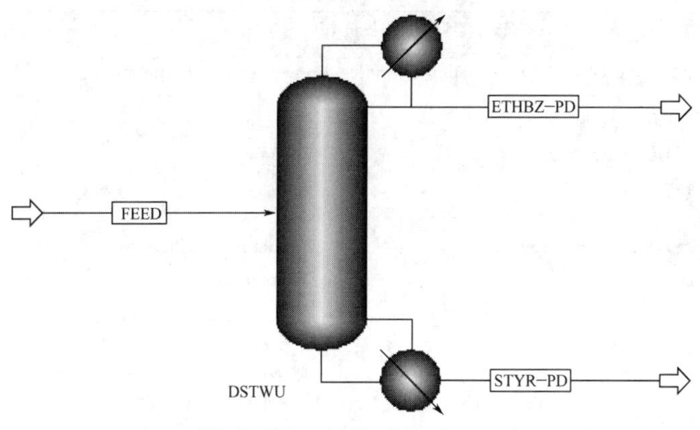

图 4-76　简捷计算流程图

（5）设置流股信息

点击“Next”，进入 Streams | FEED | Input | Mixed 页面，按照题目要求输入进料 FEED 物料信息，其中进料温度为 45℃，压力为 101.325 kPa，流量为 12500 kg/h；原料组成（质量分数）分别为乙苯（EB）输入“0.5843”，苯乙烯（STYRENE）输入“0.415”，焦油（N-HEP-01）输入“0.0007”，如图 4-77 所示。

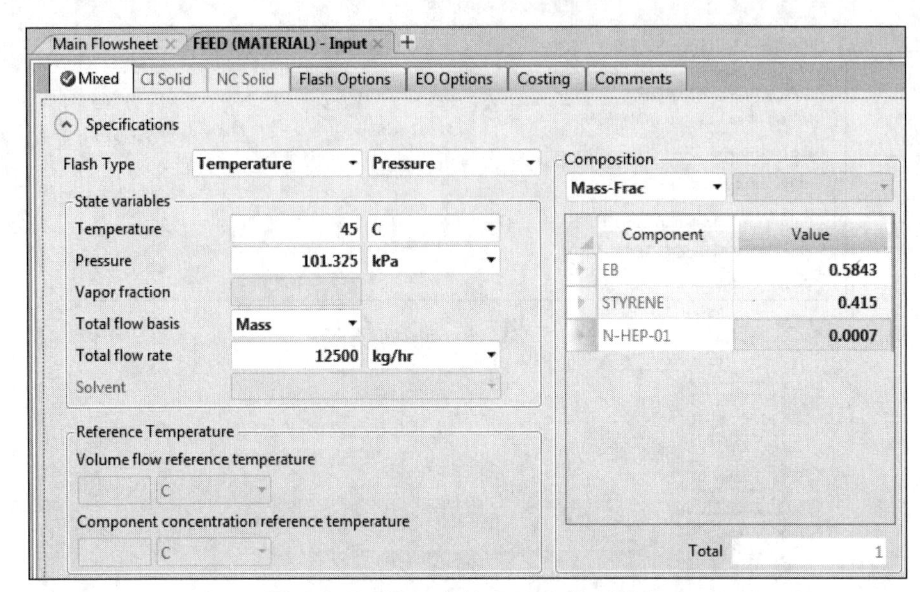

图 4-77　输入进料 FEED 物料信息

（6）输入精馏塔参数

点击“Next”按钮，进入 Blocks | DSTWU | Input | Specifications 页面，输入精馏塔参数，设定回流比为最小回流比的 1.2 倍，Reflux ratio（回流比）输入-1.2（表示实际回流比是最小回流比的 1.2 倍，正数则表示实际回流比）；经计算轻关键组分乙苯塔顶回收率为 0.9991，重关键组分苯乙烯回收率为 0.0142，故 Light key 下方的 Comp 选“EB”，Recov 输入“0.9991”，Heavy key 下的 Comp 选“STYRENE”，Recov 输入“0.0142”；按照题目要求，Pressure 下方的 Condenser 为 6 kPa，Reboiler 为 14 kPa，参数输入情况见图 4-78。

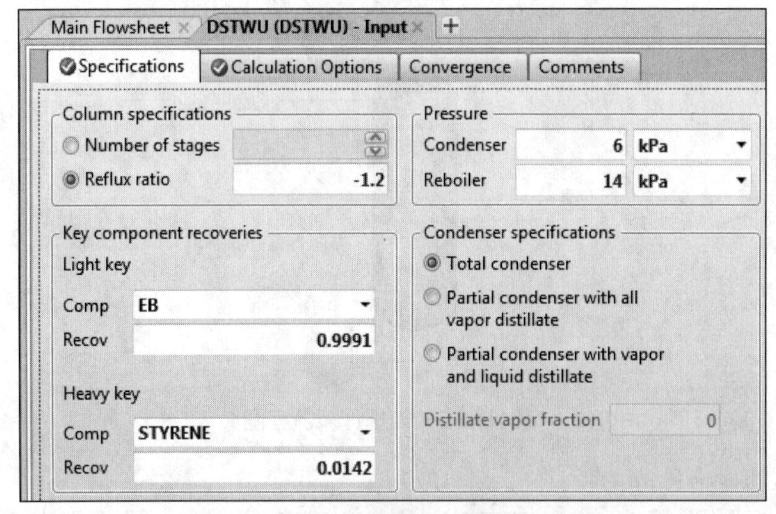

图 4-78　输入精馏塔 DSTWU 参数

（7）运行模拟

至此，乙苯-苯乙烯精馏塔简捷计算所需信息已经全部设置完毕。点击“Next”或“Run”，开始运行计算，流程收敛，如图 4-79。如图 4-80 所示最小回流比为 4.26，最小理论塔板数为

35（包括全凝器和再沸器），实际回流比为 5.11，实际理论塔板数为 65（包括全凝器和再沸器），进料位置为第 25 块塔板，塔顶产品与进料的摩尔流率比（Distillate to feed fraction）为 0.5853。

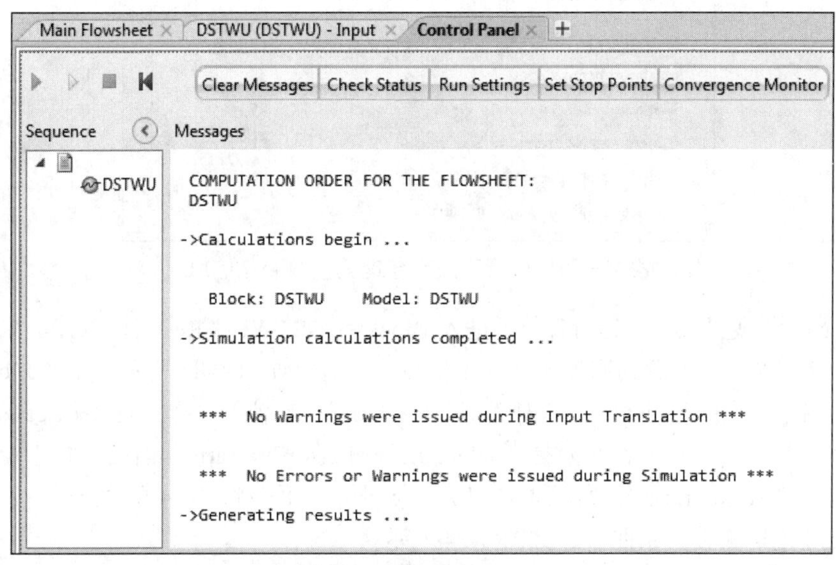

图 4-79　模拟收敛

Summary | Balance | Reflux Ratio Profile | Status

Minimum reflux ratio	4.26136	
Actual reflux ratio	5.11363	
Minimum number of stages	34.598	
Number of actual stages	64.8719	
Feed stage	24.9419	
Number of actual stages above feed	23.9419	
Reboiler heating required	4.14859	Gcal/hr
Condenser cooling required	4.03944	Gcal/hr
Distillate temperature	54.5876	C
Bottom temperature	83.0311	C
Distillate to feed fraction	0.585309	

图 4-80　查看精馏塔 DSTWU 模拟结果

（8）生成回流比随理论板数变化表

进入 Blocks | DSTWU | Input | Calculation Options 页面，选中“Generate table of reflux ratio vs number of theoretical stages”，“Initial number of stages”（初始塔板数）输入“36”，“Final number of stages”（最终塔板数）输入“85”，“Increment size for number of stages”（塔板数变化量）输入 1，如图 4-81 所示。

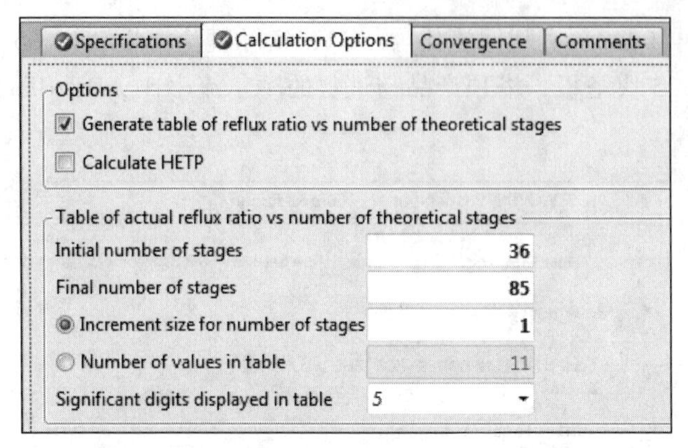

图 4-81 设置回流比随理论板数变化信息

点击“Next”或“Run”，运行计算。进入 Blocks | DSTWU | Results | Reflux Ratio Profile 页面，查看计算结果，可看到回流比随理论板数变化表，如图 4-82 所示。点击 Plot 工具栏中“Custom”按钮，弹出“Custom”的对话框，“X Axis”（X 轴）选择“Theoretical stages”（理论板数），对于“Y Axis”（Y 轴）在“Select all”和“Reflux ratio”前面均打“√”，表示纵坐标为回流比（Reflux ratio），如图 4-83 所示。点击图 4-83 对话框中的“OK”按钮，即可生成回流比与理论塔板数关系曲线，如图 4-84 所示。

Summary | Balance | Reflux Ratio Profile

Theoretical stages	Reflux ratio
36	39.9628
37	25.7003
38	21.1509
39	18.2787
40	16.0659
41	14.1522
42	12.3334
43	10.6277
44	9.42253
45	8.69724
46	8.21416

图 4-82 回流比随理论塔板数变化表

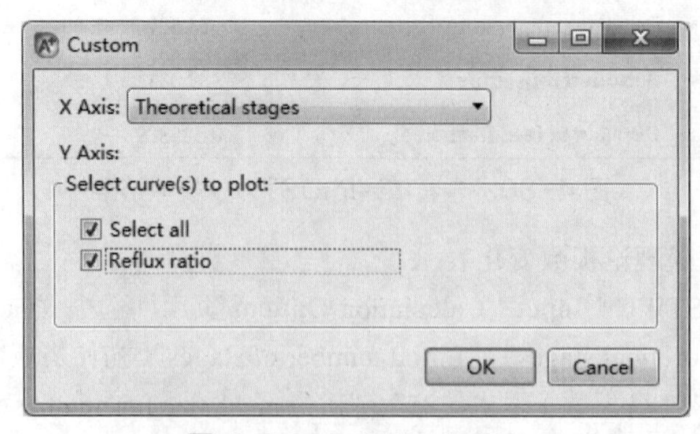

图 4-83 设置横、纵坐标

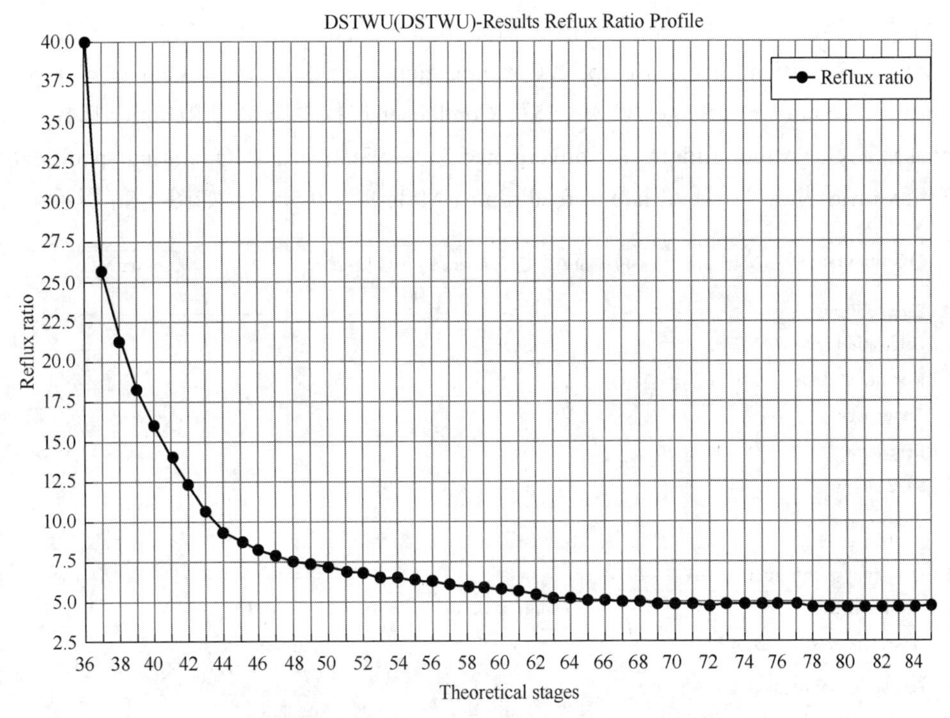

图 4-84 回流比与理论塔板数的关系曲线图

2. 精馏塔的严格计算

（1）Aspen 软件的启动、文件的保存、输入组分、选择物性方法等的操作步骤与“精馏塔的简捷计算”相同，但文件保存为 Radfrac.bkp。

（2）建立流程图

进入 Simulation | Main Flowsheet，精馏塔选用“RadFrac”单塔精馏严格计算模块里面的“FRACT1”模型，命名为“RADFRAC”，连接好物料线，如图 4-85 所示。

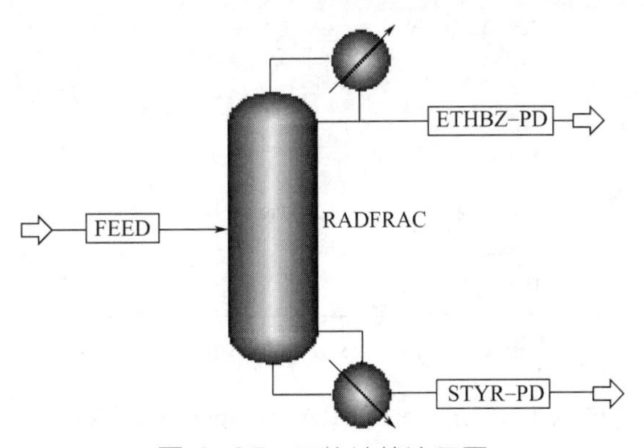

图 4-85 严格计算流程图

（3）设置流股信息

点击“Next”，进入 Streams | FEED | Input | Mixed 页面，按照题目要求输入进料 FEED 物料信息，与“精馏塔的简捷计算”相同。

（4）输入精馏塔参数

由简捷计算结果可得严格计算模块初始参数。点击“Next”按钮，进入 Blocks | RADFRAC | Specifications | Setup | Configuration 页面，故 Calculation type 选择“Equilibrium”，Number of Stages 输入“65”，Condenser 选择“Total”，Reboiler 选择“Kettle”，Valid phases 选择“Vapor-Liquid”，Convergence 选择“Standard”，Operating specifications 下设置 Reflux ratio 为 5.11，Distillate to feed ratio（Mole）为 0.5853，如图 4-86 所示。

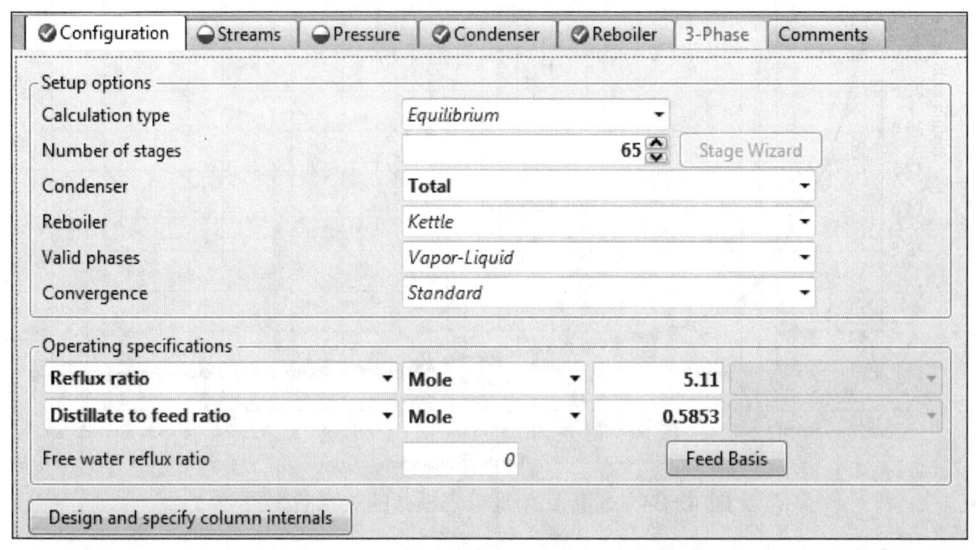

图 4-86　输入精馏塔 RADFRAC 参数

点击“Next”按钮，进入 Blocks | RADFRAC | Specifications | Setup | Streams 页面，设置进料位置，即设置 FEED 在第 25 块塔板上进料，如图 4-87 所示。

Configuration | Streams | Pressure | Condenser | Reboiler | 3-Phase | Comments

Feed streams

Name	Stage	Convention
FEED	25	On-Stage

Product streams

Name	Stage	Phase	Basis	Flow	Units	Flow Ratio
ETHBZ-PD	1	Liquid	Mole		kmol/hr	
STYR-PD	65	Liquid	Mole		kmol/hr	

图 4-87　设置精馏塔 RADFRAC 进料位置和进料方式

点击“Next”按钮，进入 Blocks | RADFRAC | Specifications | Setup | Pressure 页面，根据题目要求冷凝器压力 6kPa，再沸器压力 14kPa，本例采用“Pressure profile”（塔内压力分布），设置第 1 块塔板（冷凝器）压力为 6 kPa，第 65 块塔板压力为 14kPa，如图 4-88 所示。[本例也可以采用“Top/Bottom”（塔顶/塔底）进行设置。]

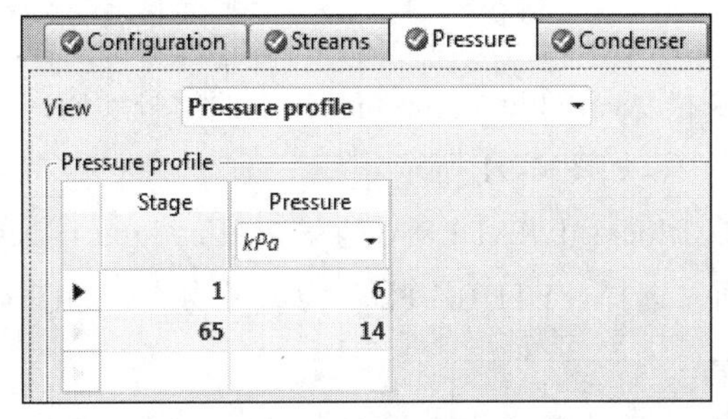

图 4-88　设置精馏塔 RADFRAC 压力

（5）运行模拟

至此，在不考虑分离要求的情况下，精馏塔严格计算所需参数已经全部设置完毕。点击“Next”或“Run”按钮，运行模拟，流程收敛。进入 Blocks | RADFRAC | Stream Result 页面，计算结果（图 4-89）显示：塔顶乙苯含量为 98.7%，塔底苯乙烯含量为 99.3%，均未达到分离要求，需要重新设定调整回流比。

Material | Heat | Load | Vol.% Curves | Wt. % Curves | Petroleum | Polymers | Solids

	Units	FEED	ETHBZ-PD	STYR-PD
Phase		Liquid Phase	Liquid Phase	Liquid Phase
Temperature	C	45	54.6051	82.9926
Pressure	bar	1.01325	0.06	0.14
+ Mole Flows	kmol/hr	118.638	69.439	49.1993
+ Mole Fractions				
+ Mass Flows	kg/hr	12500	7370.35	5129.65
− Mass Fractions				
EB		0.5843	0.987325	0.00522836
STYRENE		0.415	0.0126749	0.993066
N-HEP-01		0.0007	1.64552e-68	0.00170577
Volume Flow	cum/hr	14.5277	8.79277	6.06068

图 4-89　查看物流模拟结果

（6）设定分离要求（固定塔板数，求解回流比）

RadFrac 模块可运用“Design Specifications”功能达到分离要求。进入 Blocks | RADFRAC | Specifications | Design Specifications 页面，点击“New”按钮，自动进入 Blocks | RADFRAC | Specifications | Design Specifications | 1 | Specifications 页面，定义分离要求“1”，“Design specification”的类型（Type）选择“Mass purity”，“Specification”的目标值（Target）输入“0.99”，Stream type 默认选择“Product”，如图 4-90 所示。

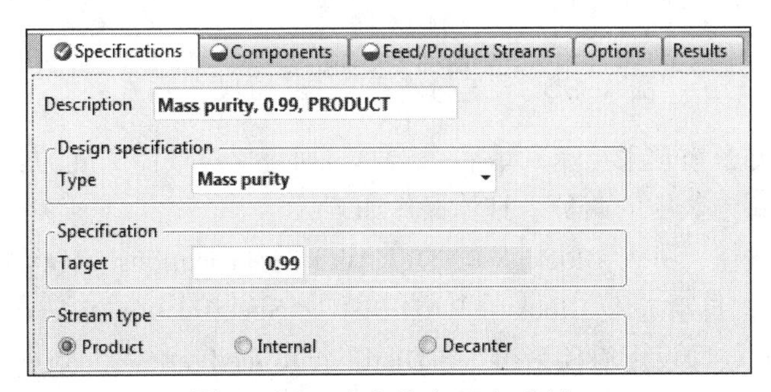

图 4-90　定义分离要求“1”

点击“Next”，进入 Blocks | RADFRAC | Specifications | Design Specifications | 1 | Components 页面，将左侧栏 Available components 中的组分“EB”通过“>”按钮移至右侧栏 Selected components 中，如图 4-91 所示。

点击“Next”，进入 Blocks | RADFRAC | Specifications | Design Specifications | 1 | Feed/Product Streams 页面，选择“ETHBZ-PD”为参考物流，如图 4-92 所示。

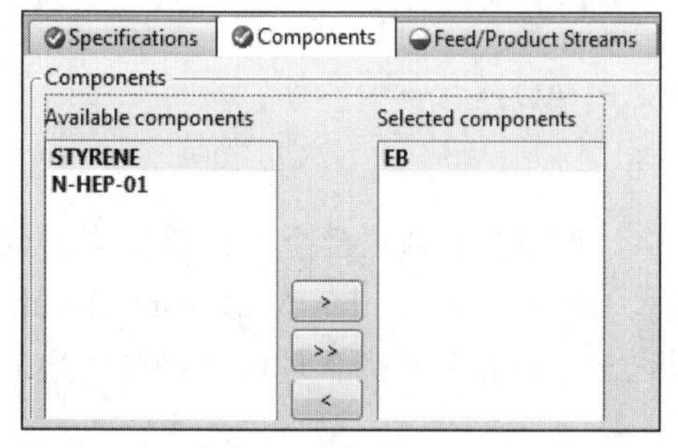

图 4-91　设定分离要求“1”的目标组分

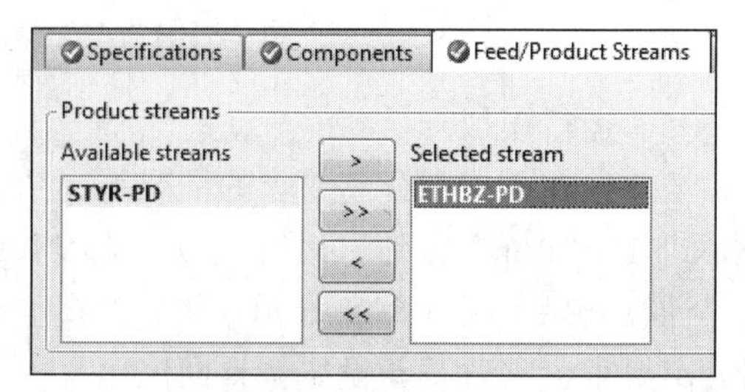

图 4-92　设定分离要求“1”的参考物流

以同样的方法添加并设置分离要求“2”，设定塔底苯乙烯纯度，如图 4-93 至图 4-95 所示。

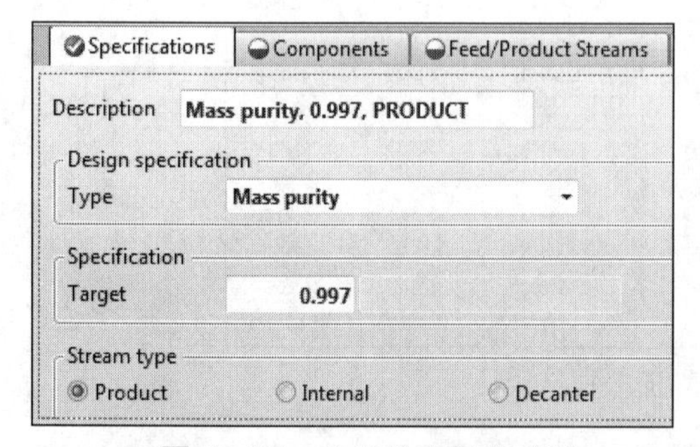

图 4-93　定义分离要求“2”

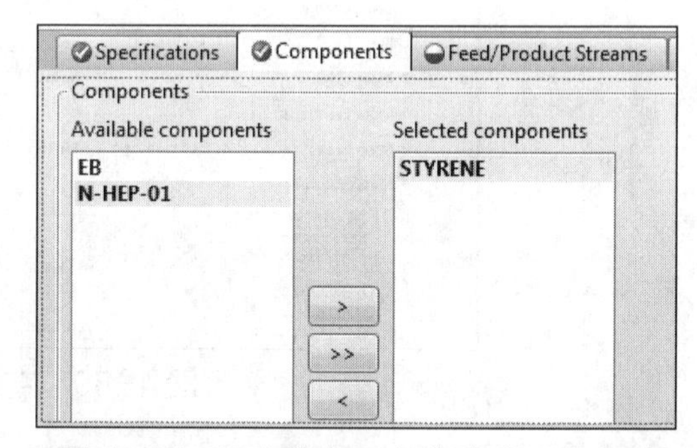

图 4-94　设定分离要求“2”的目标组分

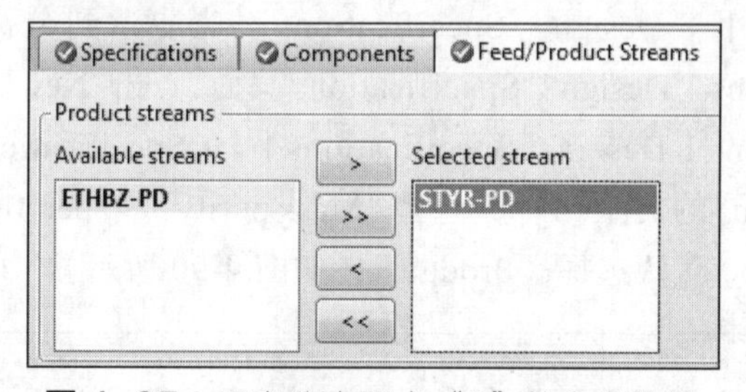

图 4-95　设定分离要求“2”的参考物流

由物料守恒可知，塔顶采出率、塔底采出率与回流比对产品纯度的影响较大，因此本例题设计变量为这三种参数中的两种。具体操作如下：

点击“Next”按钮，进入 Blocks | RADFRAC | Specifications | Vary | Adjusted Variables 页面，点击“New”，自动进入 Blocks | RADFRAC | Specifications | Vary | 1 | Specifications 页面，定义变量“1”，即设定塔顶采出率“Distillate to feed ratio”为变量，上下限分别为 0.1 和 0.8，如图 4-96 所示。

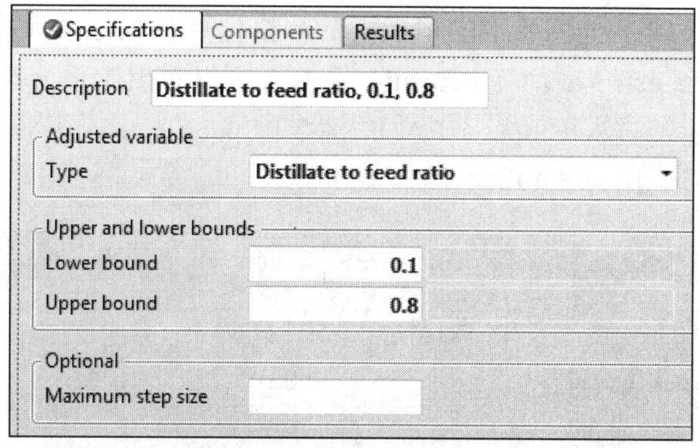

图 4-96　定义变量“1”

进入 Blocks | RADFRAC | Specifications | Vary | Adjusted Variables 页面，点击“New”，自动进入 Blocks | RADFRAC | Specifications | Vary | 2 | Specifications 页面，定义变量“2”，即设定回流比“Reflux ratio”为变量，上、下限分别为 4 和 8，如图 4-97 所示。

Specifications　Components　Results

Description　Reflux ratio, 4., 8.

Adjusted variable

Type　Reflux ratio

Upper and lower bounds

Lower bound　4

Upper bound　8

Optional

Maximum step size

图 4-97　定义变量“2”

至此，塔顶采出率和回流比的计算所需参数基本设置完毕。点击“Run”按钮，运行模拟，流程收敛。再次进入 Blocks | RADFRAC | Stream Results 页面，查看可知塔顶乙苯的纯度为 0.99，塔底苯乙烯含量为 0.997，达到分离要求，如图 4-98 所示。

Material　Heat　Load　Vol.% Curves　Wt. % Curves　Petroleum　Polymers　Solids

	Units	FEED	ETHBZ-PD	STYR-PD
Phase		Liquid Phase	Liquid Phase	Liquid Phase
Temperature	C	45	54.5876	83.031
Pressure	bar	1.01325	0.06	0.14
+ Mole Flows	kmol/hr	118.638	69.4398	49.1984
+ Mole Fractions				
+ Mass Flows	kg/hr	12500	7370.82	5129.18
− Mass Fractions				
EB		0.5843	0.99	0.00129407
STYRENE		0.415	0.01	0.997
N-HEP-01		0.0007	9.48025e-69	0.00170593
Volume Flow	cum/hr	14.5277	8.79413	6.05936

图 4-98　查看塔顶和塔底产品物流信息

当塔板数为 65 时，规定分离要求的精馏塔的严格计算过程已经计算完毕。进入 Blocks | RADFRAC | Specifications | Vary | 1 | Results 页面，可以看出满足分离要求时塔顶采出率为 0.5853，如图 4-99 所示；进入 Blocks | RADFRAC | Specifications | Vary | 2 | Results 页面，满足分离要求所需的回流比为 5.49，如图 4-100 所示。

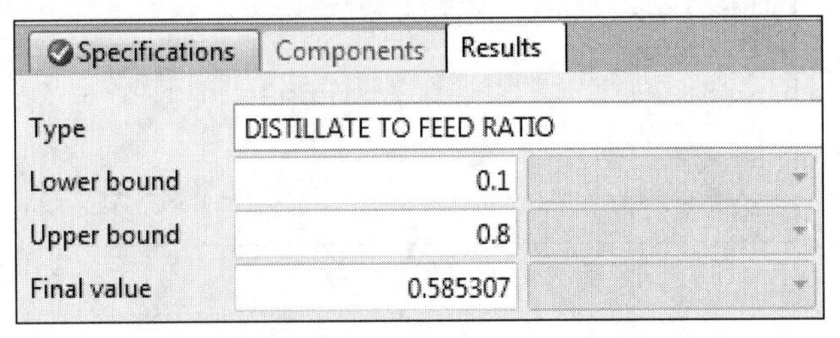

图 4-99　查看塔顶采出率

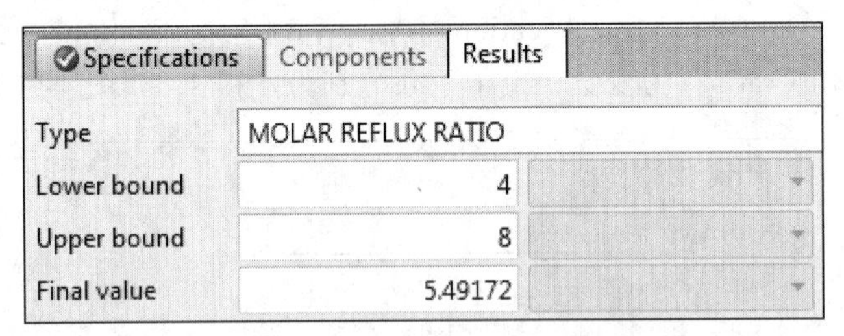

图 4-100　查看回流比

（7）优化精馏塔

使用 Aspen Plus 中 “Sensitivity”（即灵敏度）功能进行能耗对塔板数和进料板位置的灵敏度分析。

① 对塔板数进行灵敏度分析，确定理论塔板数。

进入 Model Analysis Tools | Sensitivity 界面，点击 “New”，弹出 “Create New ID” 对话框，采用默认标识“S-1”，如图 4-101 所示的页面。点击“OK”，自动进入 Model Analysis Tools | Sensitivity | S-1 | Vary 页面，点击 “New” 按钮建立自变量 “1”，设置自变量为塔板数，其变化范围 60～100，步长为 1，如图 4-102 所示。定义自变量变化范围时应注意，精馏塔的理论塔板数初值应大于变化范围的上限，故需进入 Blocks | RADFRAC | Specifications | Setup | Configuration 页面，将理论塔板数更改为 100。

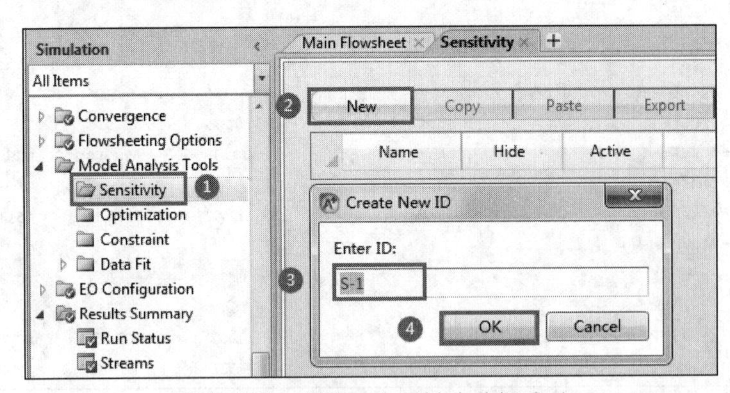

图 4-101　创建一个灵敏度分析 S-1

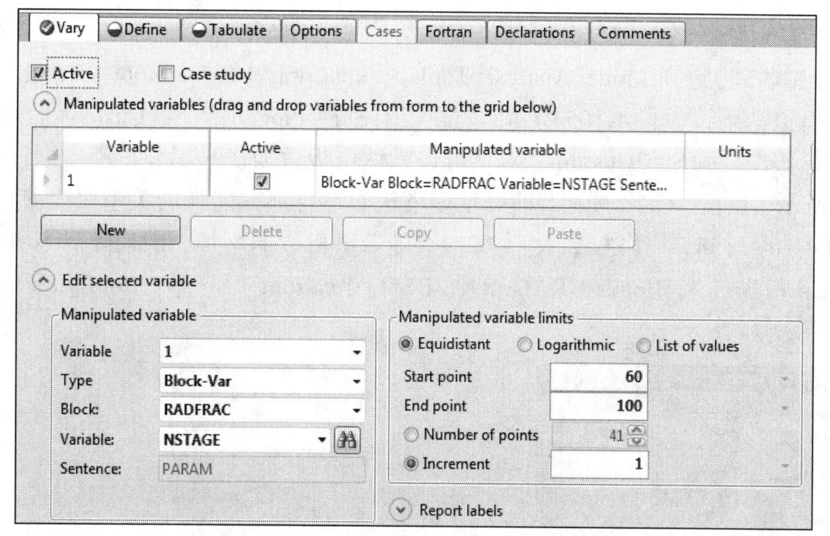

图 4-102 设定灵敏度分析 S-1 的自变量

进入 Model Analysis Tools | Sensitivity | S-1 | Define 页面，点击“New”按钮，定义因变量为“QRE”，用于记录塔底再沸器能耗，如图 4-103 所示。

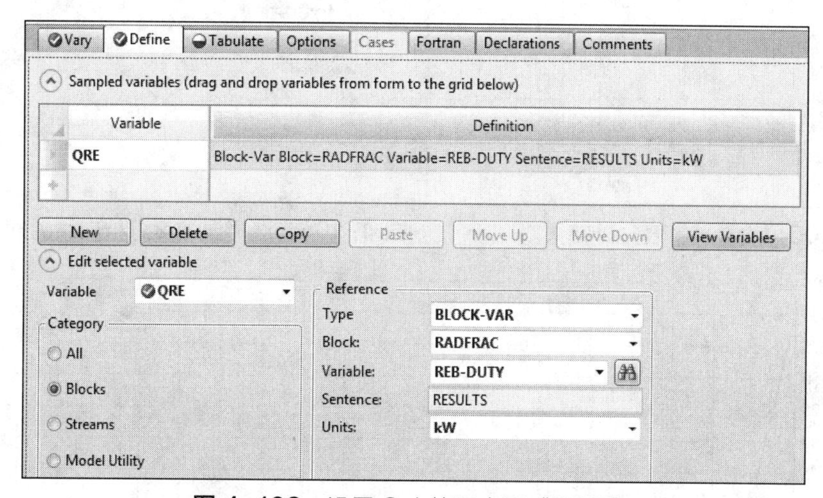

图 4-103 设置 S-1 的因变量“QRE”

点击“Next”，进入 Model Analysis Tools | Sensitivity | S-1 | Input | Tabulate 页面，点击“Fill Variables”按钮，设置输出格式，默认“QRE”为输出变量，如图 4-104 所示。

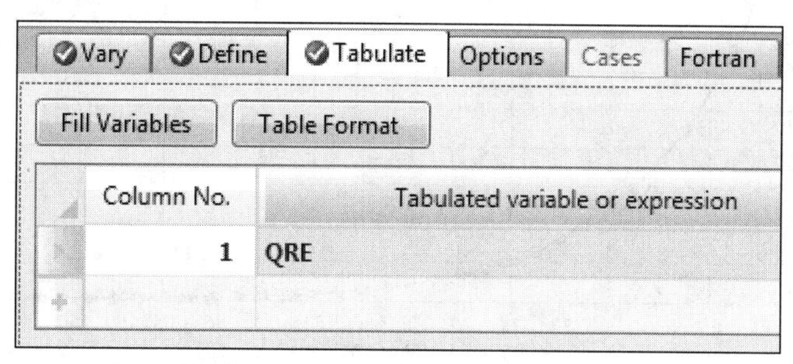

图 4-104 设置 S-1 的输出变量

至此，能耗对塔板数灵敏度分析计算需要的信息已经全部设置完毕。点击“Run”按钮，运行计算，模拟收敛。进入 Model Analysis Tools | Sensitivity | S-1 | Input | Results | Summary 页面，查看模拟结果，如图 4-105 所示。点击工具栏内 Plot 功能下“Custom”按钮对灵敏度分析结果进行作图，弹出“Custom”对话框，默认塔板数为横坐标，再沸器能耗为纵坐标，如图 4-106 所示。点击“OK”按钮，即可生成塔板数与再沸器能耗的关系曲线图，如图 4-107 所示。由图 4-107 可知，当塔板数大于 76 时，随着塔板数的增加，能耗降低不明显，故选择塔板数为 76。故需进入 Blocks | RADFRAC | Specifications | Setup | Configuration 页面，将理论塔板数更改为 76。

Summary | Define Variable | Status

Row/Case	Status	VARY 1 RADFRAC PARAM NSTAGE	QRE KW
18	OK	77	4964.62
19	OK	78	4961.92
20	OK	79	4959.7
21	OK	80	4957.92
22	OK	81	4956.45
23	OK	82	4955.28
24	OK	83	4954.32
25	OK	84	4953.56
26	OK	85	4952.93
27	OK	86	4952.39
28	OK	87	4951.97

图 4-105 查看灵敏度分析结果

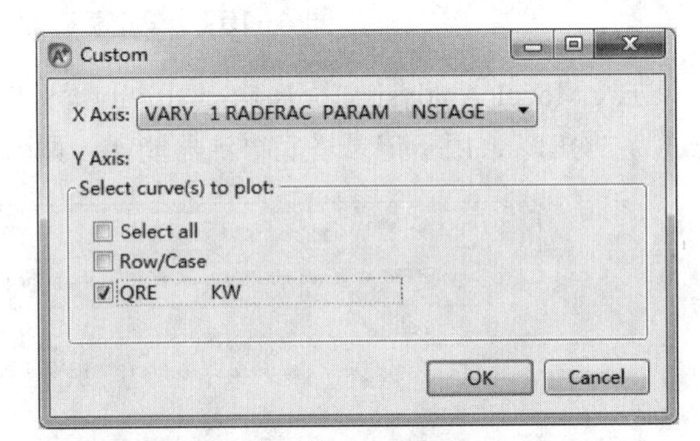

图 4-106 选择灵敏度分析曲线的横、纵坐标

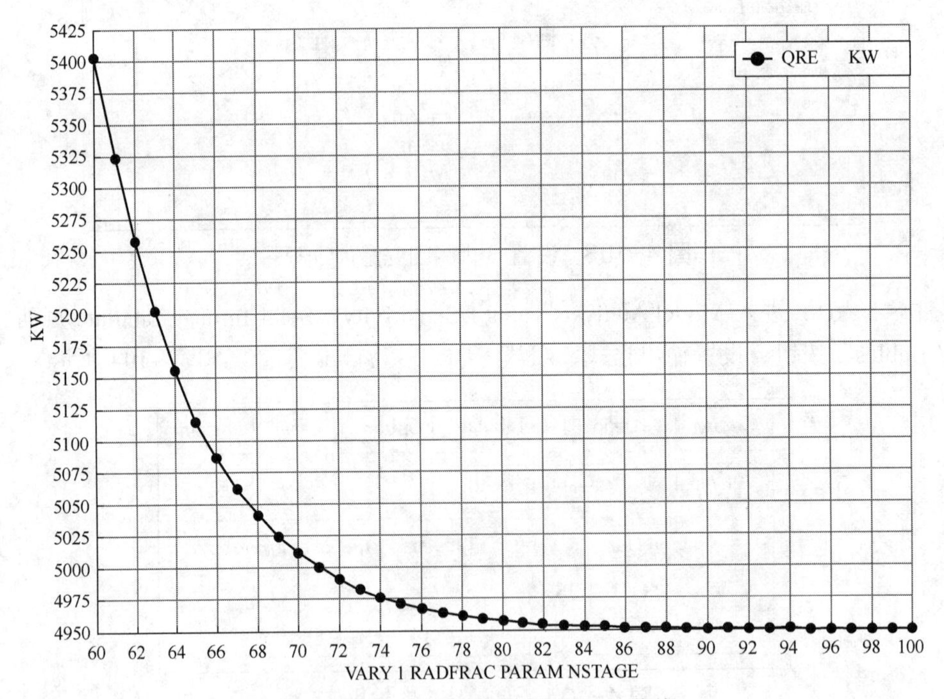

图 4-107 能耗与塔板数的关系曲线

② 对进料板位置进行灵敏度分析，确定最佳进料位置。

选中灵敏度分析文件“S-1”，点击鼠标右键，弹出一个菜单（如图 4-108 所示），点击“Hide”，并点击弹出对话框中的“OK”按钮，完成“S-1”的隐藏。

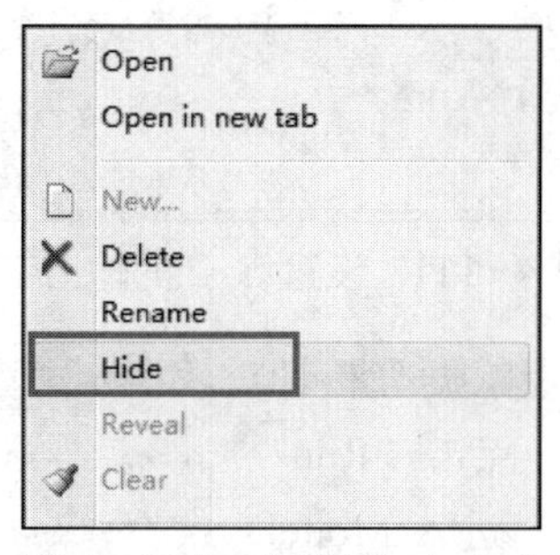

图 4-108　隐藏 S-1 文件

以相同的步骤创建灵敏度分析文件“S-2”，自变量为进料板位置“FEED-STAGE”，变化范围定义 20～40，如图 4-109 所示；定义因变量为“QRE”，用于记录塔底再沸器能耗，如图 4-110 所示；并设置“QRE”为输出变量，如图 4-111 所示。

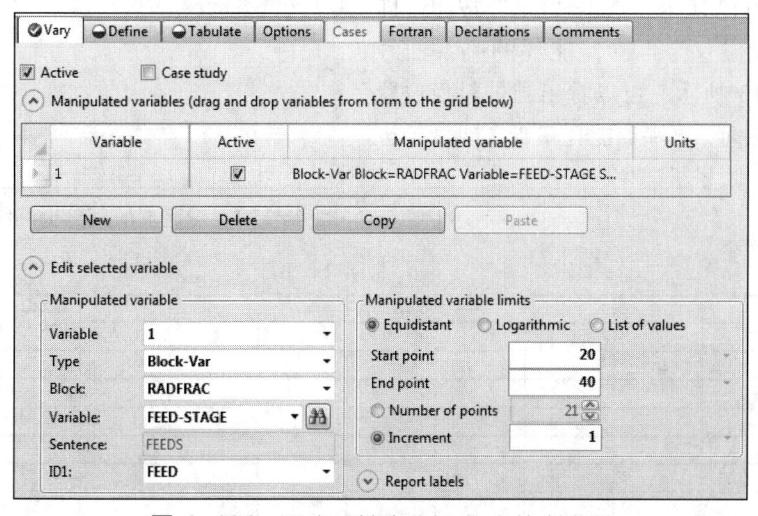

图 4-109　设定灵敏度分析 S-2 的自变量

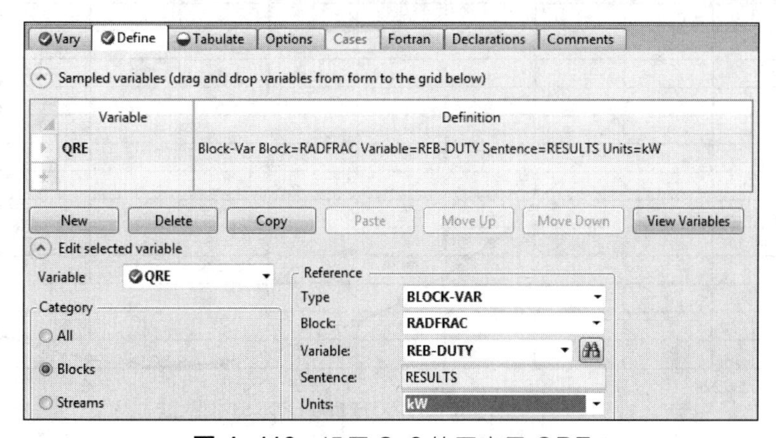

图 4-110　设置 S-2 的因变量 QRE

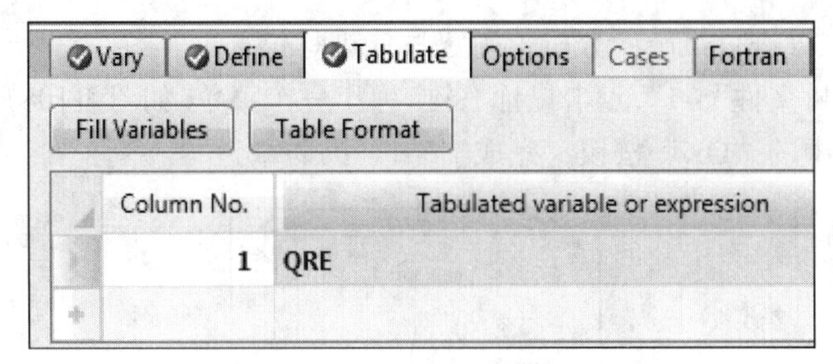

图 4-111　设置 S-2 的输出变量

至此，能耗对进料板位置的灵敏度分析计算需要的信息已经全部设置完毕。点击“Run”按钮，运行计算，模拟收敛。同样，进入 Model Analysis Tools | Sensitivity | S-2 | Input | Results | Summary 页面，可查看模拟结果，利用工具栏 Plot 功能下的 Custom 按钮作图，选择进料板位置为横坐标，勾选再沸器能耗为纵坐标，如图 4-112 所示。点击“OK”按钮，即可得到进料板位置与再沸器能耗的关系曲线图，如图 4-113 所示。可以看出当进料板位置为第 34 块塔板时，再沸器能耗最低，即最佳进料位置为第 34 块塔板。

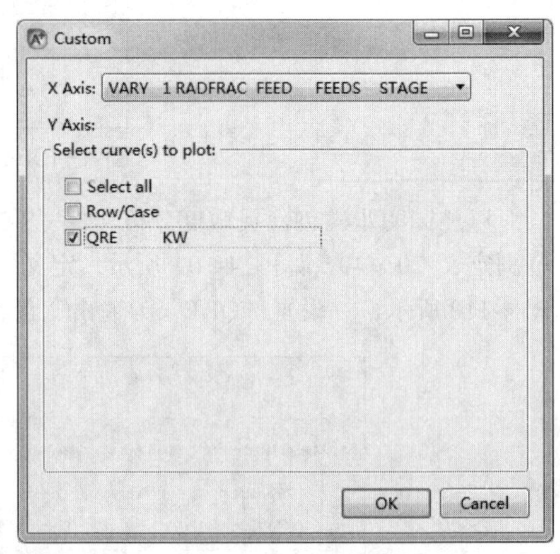

图 4-112　确定灵敏度分析曲线的横、纵坐标

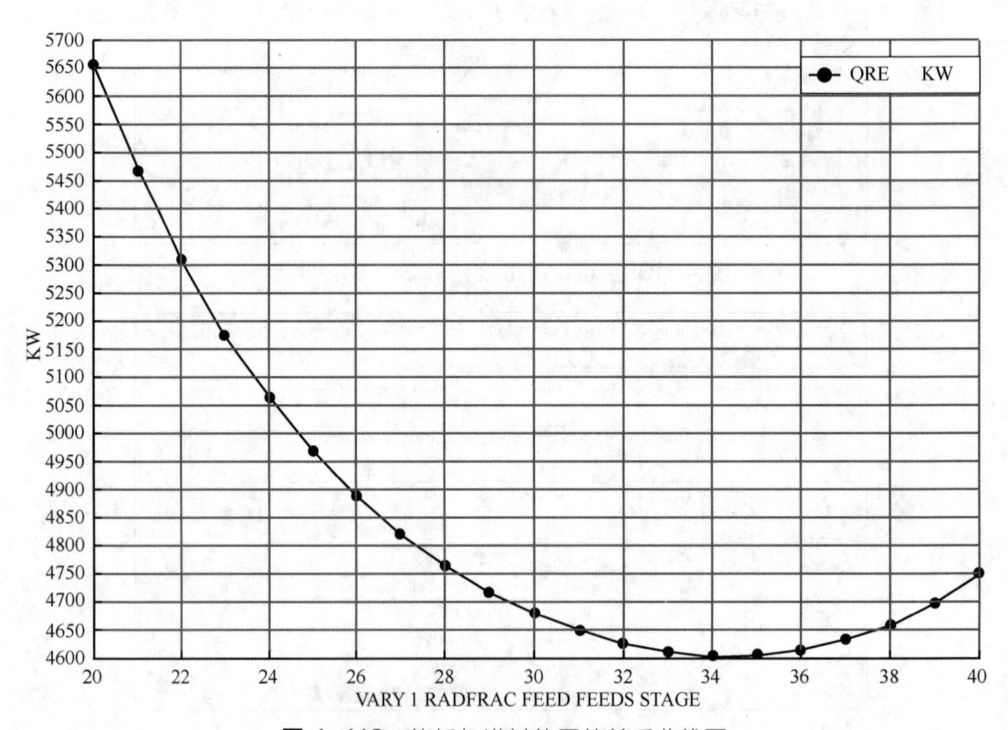

图 4-113　能耗与进料位置的关系曲线图

进入 Blocks | RADFRAC | Specifications | Setup | Streams 页面，将进料位置更改为 34，如图 4-114 所示。

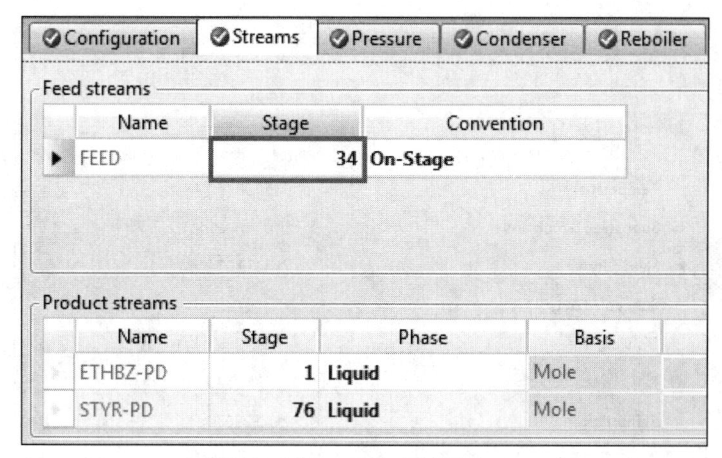

图 4-114 更改进料板位置

至此，满足分离要求的精馏塔的优化过程已结束，塔板数为 76，进料位置为第 34 块塔板。点击“Run”按钮，运行模拟，流程收敛。分别进入 Blocks | RADFRAC | Stream Results 页面和 Blocks | RADFRAC | Results | Summary 页面，查看物流和塔设备模拟结果，如图 4-115 和图 4-116 所示。此时，塔顶乙苯纯度为 99%，塔底苯乙烯纯度为 99.7%，塔顶采出流率为 7370kg/h，回流比为 4.83，冷凝器的热负荷为 4479.07kW，再沸器的热负荷为 4606.01kW。保存文件。

Material | Heat | Load | Vol.% Curves | Wt. % Curves | Petroleum | Polymers | Solids

	Units	FEED	ETHBZ-PD	STYR-PD
Phase		Liquid Phase	Liquid Phase	Liquid Phase
Temperature	C	45	54.5876	83.031
Pressure	kPa	101.325	6	14
+ Mole Flows	**kmol/hr**	**118.638**	**69.4398**	**49.1984**
+ Mole Fractions				
+ Mass Flows	**kg/hr**	**12500**	**7370.82**	**5129.18**
− Mass Fractions				
EB		0.5843	0.99	0.00129409
STYRENE		0.415	0.01	0.997
N-HEP-01		0.0007	3.42814e-91	0.00170593
Volume Flow	cum/hr	14.5277	8.79413	6.05936

图 4-115 优化后的物流结果

3. 板式塔设计

由于塔径和持液量较大，故选择板式塔。

（1）塔径计算

打开文件 Radfrac.bkp，将文件另存为 Radfrac Diameter Sizing.bkp。进入 Blocks |

RADFRAC | Specifications | Setup | Configuration 页面，将 Reflux ratio（回流比）改为 4.83。删除建立的两个设计规定文件及相应的变量，隐藏或删除灵敏度分析文件，如图 4-117 所示。

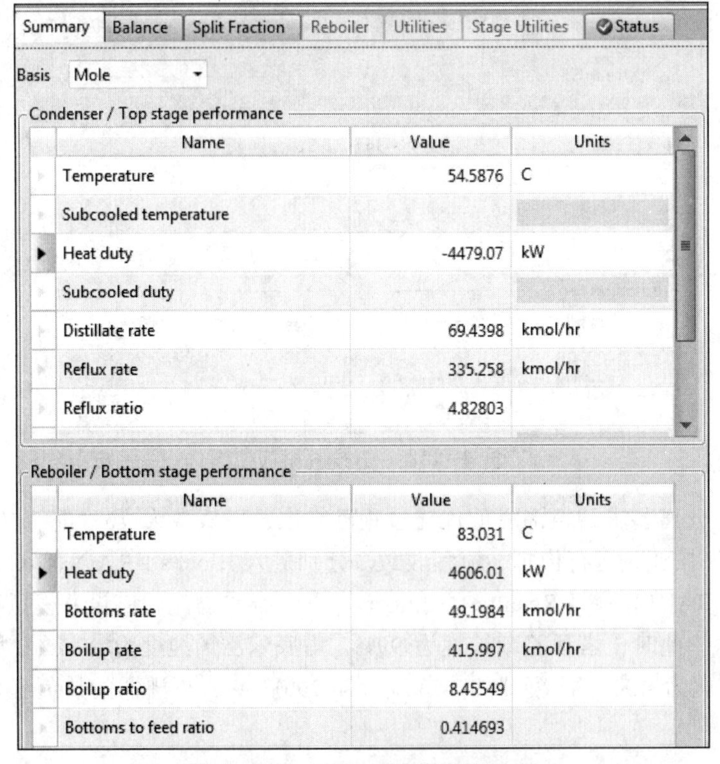

图 4-116　查看回流比模拟结果

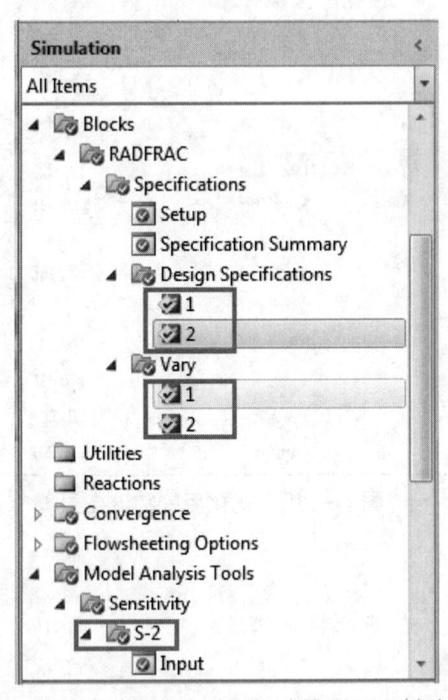

图 4-117　删除设计规定文件、相应变量和灵敏度分析文件

进入 Blocks | RADFRAC | Column Internals 页面，点击左上角的“Add New”按钮，弹出“Missing Hydraulic Data”对话框，点击“Generate”按钮，建立塔板计算文件“INT-1”，如图 4-118 所示。

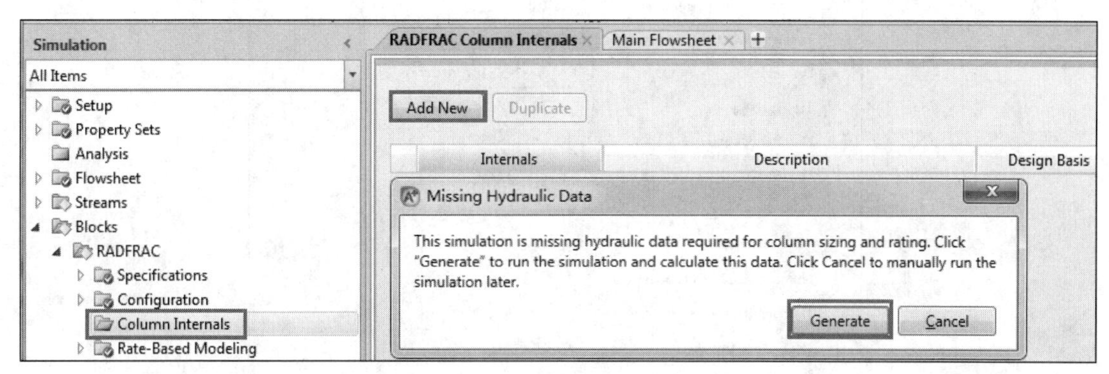

图 4-118　建立塔板计算文件

点击“Next”，进入 Blocks | RADFRAC | Column Internals | INT-1 | Sections 页面，点击左上角的“Add New”按钮，增加默认为“CS-1”的板式塔信息，根据前面模拟结果进行板式塔信息的填写和修改，Start Stage 输入“2”，End Stage 输入“75”，Mode 选择“Interactive sizing”，Internal Type 选择“Trayed”，“Number of Passes”（溢流程数）输入“2”；本例题选择生产能力大、操作弹性好的条形浮阀塔板，故 Tray/Packing Type 选“NUTTER-BDP”，其他项会相应给出初始值，如图 4-119 所示。

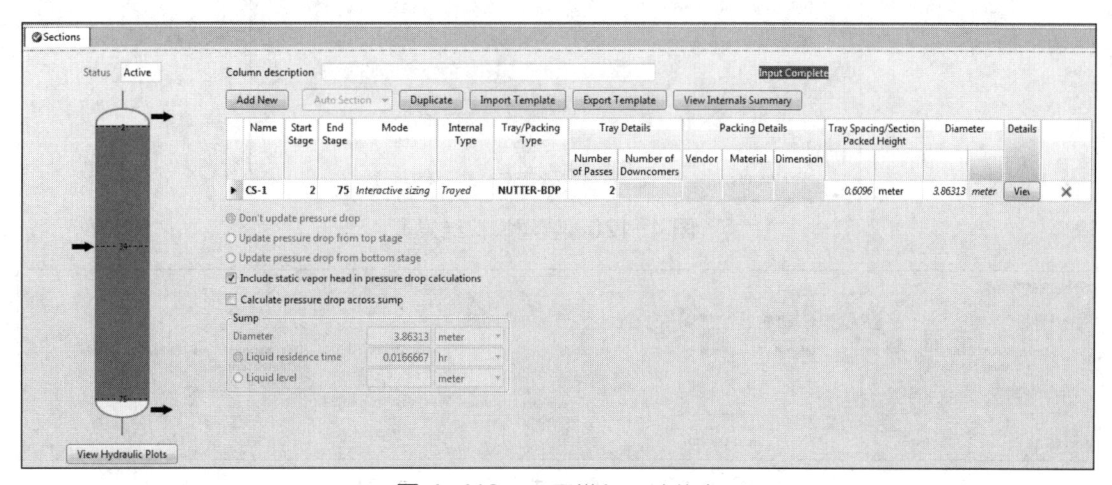

图 4-119　设置塔径设计信息

点击“Run”按钮，运行模拟，流程收敛，保存文件。进入 Blocks | RADFRAC | Column Internals | INT-1 | Section | CS-1 下方的页面均可查看板式塔设计结果，如图 4-120 所示。模拟结果显示，板式塔塔径 3.86 m，堰长为 2.29 m。

（2）塔径校核

将文件 Radfrac Diameter Sizing.bkp 另存为 Radfrac Diameter Rating.bkp。进入 Blocks | RADFRAC | Column Internals | INT-1 | Sections 页面，将 Mode 后选项改为选择“Rating”，“Tray Spacing”（板间距）填写“0.6m”，塔径填写 4m，其他不变，如图 4-121 所示。

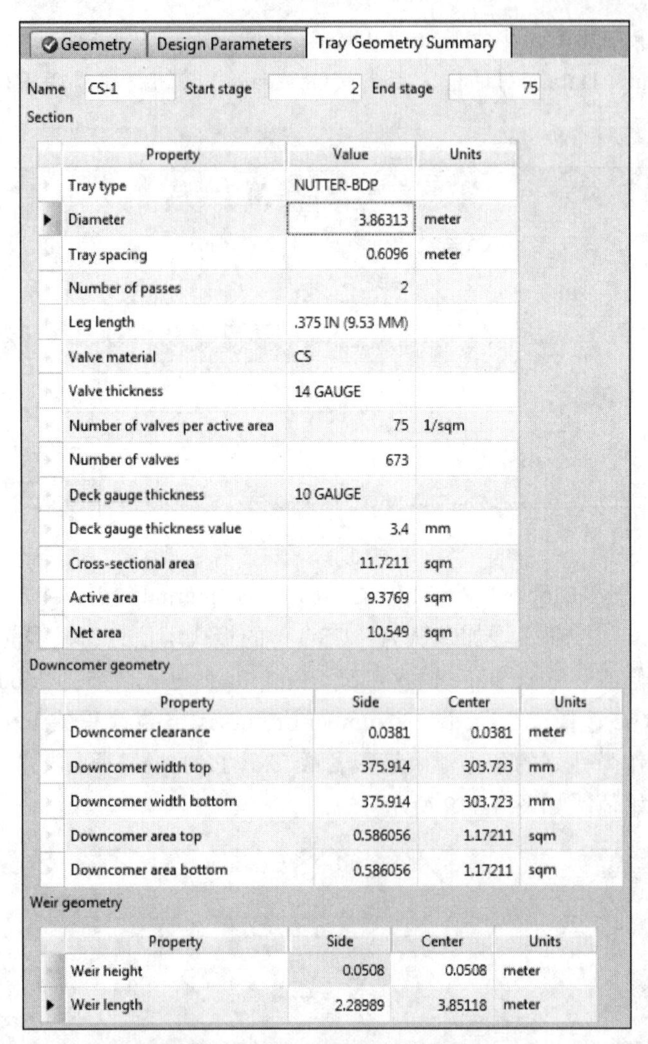

Geometry | Design Parameters | Tray Geometry Summary

Name CS-1 Start stage 2 End stage 75

Section

Property	Value	Units
Tray type	NUTTER-BDP	
Diameter	3.86313	meter
Tray spacing	0.6096	meter
Number of passes	2	
Leg length	.375 IN (9.53 MM)	
Valve material	CS	
Valve thickness	14 GAUGE	
Number of valves per active area	75	1/sqm
Number of valves	673	
Deck gauge thickness	10 GAUGE	
Deck gauge thickness value	3.4	mm
Cross-sectional area	11.7211	sqm
Active area	9.3769	sqm
Net area	10.549	sqm

Downcomer geometry

Property	Side	Center	Units
Downcomer clearance	0.0381	0.0381	meter
Downcomer width top	375.914	303.723	mm
Downcomer width bottom	375.914	303.723	mm
Downcomer area top	0.586056	1.17211	sqm
Downcomer area bottom	0.586056	1.17211	sqm

Weir geometry

Property	Side	Center	Units
Weir height	0.0508	0.0508	meter
Weir length	2.28989	3.85118	meter

图 4-120　查看模拟结果

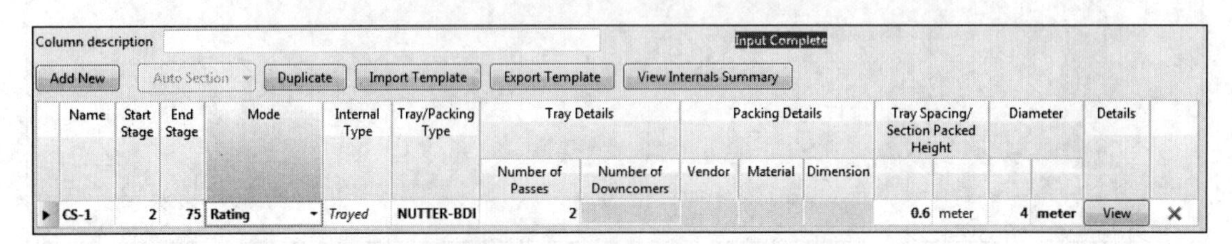

Column description　Input Complete

Add New | Auto Section | Duplicate | Import Template | Export Template | View Internals Summary

Name	Start Stage	End Stage	Mode	Internal Type	Tray/Packing Type	Tray Details		Packing Details			Tray Spacing/ Section Packed Height		Diameter		Details
						Number of Passes	Number of Downcomers	Vendor	Material	Dimension					
CS-1	2	75	Rating	Trayed	NUTTER-BDI	2					0.6	meter	4	meter	View

图 4-121　设置板式塔塔径校核信息

至此，塔径核算所需参数已全部设置完毕。点击 “Run” 按钮，运行模拟，流程收敛，无错误和警告，保存文件。进入 Blocks | RADFRAC | Column Internals | INT-1 | Sections | Column Hydraulic Results 页面，点击 “View” 查看运行结果，如图 4-122 所示。在塔径为 4.0m 时，“Maximum % jet flood” 在第 2 块塔板上，值为 0.77，小于 0.8，合适；每层浮阀塔板压降为 36015/74=487Pa，高于减压塔压降的范围（200Pa），正好在常压塔压降范围（265～530Pa）；在第 34 块塔板上最大降液管液位为 49.13mm，最大降液管液位/板间距=0.082，小于 0.25～0.5；液体在降液管内的最大流率在第 37 块塔板上，为 13.6 mm/s，液体在降液管内的最

小停留时间为（600−50）/13.6=40.4s，符合大于 3～5s 的要求，合适。软件计算结果未报警，所选塔径 4.0m 可用。在 Blocks | RADFRAC | Profiles | Hydraulics 页面，可以看到各块塔板上的水力学数据。

Summary | By Tray | Messages

Name CS-1 Status Active

Property	Value	Units
Section starting stage	2	
Section ending stage	75	
Calculation Mode	Rating	
Tray type	NUTTER-BDP	
Number of passes	2	
Tray spacing	0.6	meter
Section diameter	4	meter
Section height	44.4	meter
Section pressure drop	0.360148	bar
Section head loss (Hot liquid height)	4369.43	mm
Trays with weeping	None	
Section residence time	0.144243	hr

Limiting conditions

Property	Value	Units	Tray	Location
Maximum % jet flood	76.9439		2	
Maximum % downcomer backup (aerated)	25.199		2	
Maximum downcomer loading	48.9675	cum/hr/sqm	37	Side
Maximum % downcomer choke flood	11.3369		37	Side
Maximum weir loading	12.5227	cum/hr-mete	37	Side
Maximum aerated height over weir	0.049129	meter	34	
Maximum % approach to system limit	39.9759		2	
Maximum Cs based on bubbling area	0.0822445	m/sec	2	

图 4−122 板式塔校核计算结果

【例 4-5】以吸收法除去矿石焙烧炉产生的废气 SO_2 为例，使用 Aspen 化工流程模拟软件进行填料塔设计。含 S 原料气体冷却到 20℃后送入填料塔中，用 20℃清水洗涤以除去其中的 SO_2。入塔的炉气流量为 2400 m^3/h，其中 SO_2 摩尔分数为 0.05，要求 SO_2 的吸收率为 95%。吸收塔为常压操作。试设计该填料吸收塔。

详解

1. 设计方案的确定

水吸收 SO_2 属于中等溶解度的吸收过程，为提高传质效率，本设计采用逆流吸收过程。因操作压力较低，且考虑到 SO_2 遇水后腐蚀性较强，宜选用塑料填料，故本设计选用综合性能较好的聚丙烯阶梯环散装填料。

2. Aspen 软件的启动和文件的保存

启动 Aspen Plus 软件，进入模板选择对话框，点击“New”窗口“User”选项内的“General with Metric Units”模板，将文件保存为 Packed Column Design.bkp。

3. 工艺参数的计算

（1）输入组分

软件默认在 Components | Specifications | Selection 页面，即组分输入窗口，假设炉气由空气（AIR）和 SO_2 组成。在 Component ID 中依次输入“H2O”，“AIR”，“SO2”，如图 4-123 所示。因本设计中的 3 个组分均为一般常见组分，故在 Component ID 下方输入组分（如“H2O”）后点击回车便可成功输入；若为同分异构体等组分，可利用下方“Find”按钮进行查找确定。

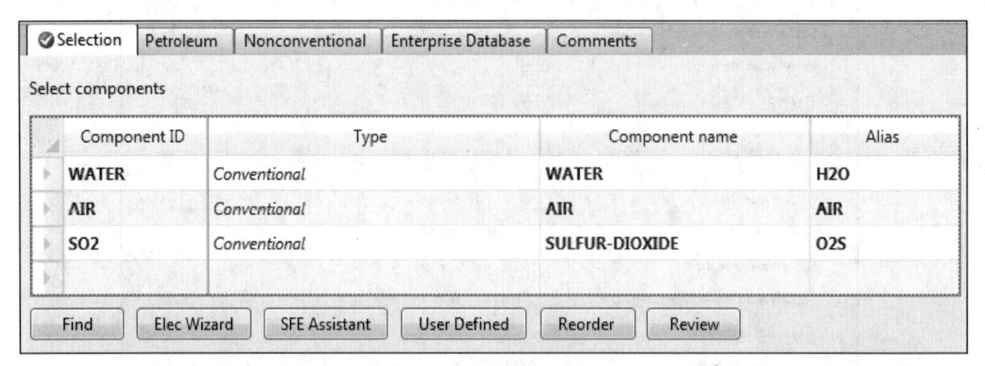

图 4-123　输入组分

（2）选择物性方法

点击“Next”，进入 Methods | Specifications | Global 页面，Base method 选择“NRTL”方程，如图 4-124 所示。

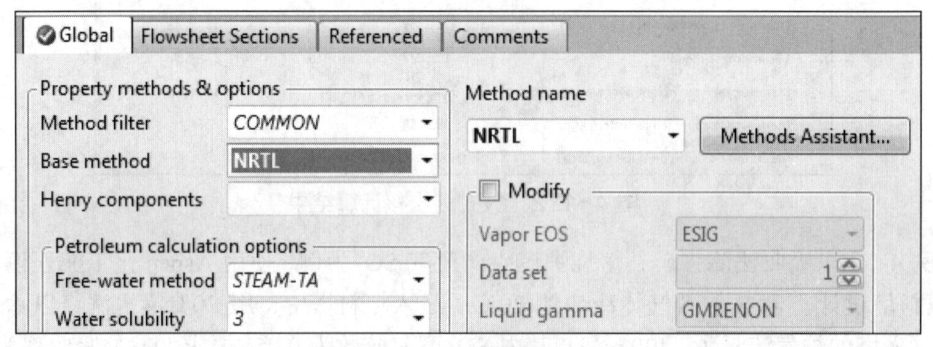

图 4-124　选择物性方法

（3）绘制流程图

进入 Simulation | Main Flowsheet，选用 Columns 塔器 “RadFrac”严格计算模块里面的“ABSBR1”模型（如图 4-125 所示），命名为“ABSORBER”；吸收塔设备选好后，点击左下方的 MATERIAL 图标右侧箭头，选择“MATERIAL”按钮，此时单元模块会出现物料流进、流出线（详细操作见第三章应用实例精讲），连接好物料线，如图 4-126 所示。

（4）设置流股信息

进入 Streams | WATER | Mixed 页面，根据题目要求输入进料 WATER 物料信息，其中进料温度为 20℃，压力为 1 atm，初始用水量设定为 400 kmol/h，具体输入参数如图 4-127 所示；进入 Streams | GASIN | Mixed 页面，输入进料 GASIN 物料信息，如图 4-128 所示。

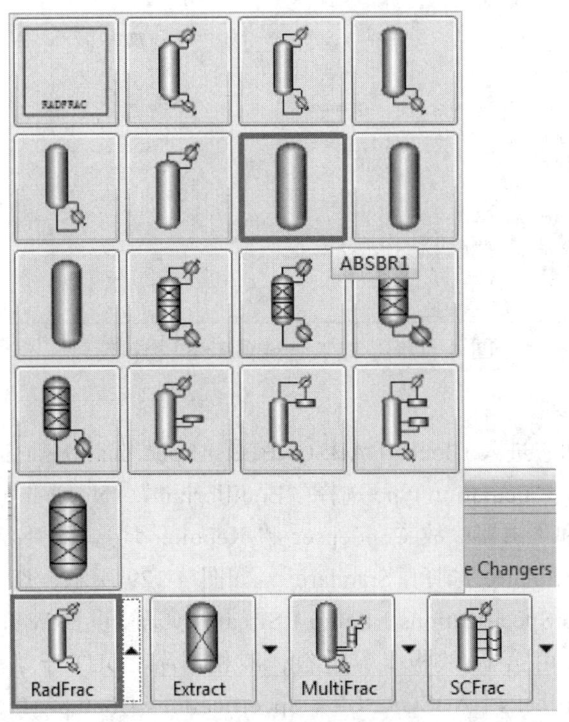

图 4-125　SO_2吸收塔的选取

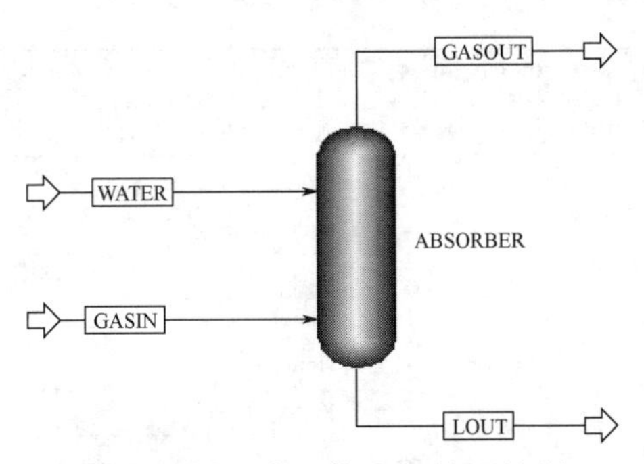

图 4-126　水吸收 SO_2流程绘制

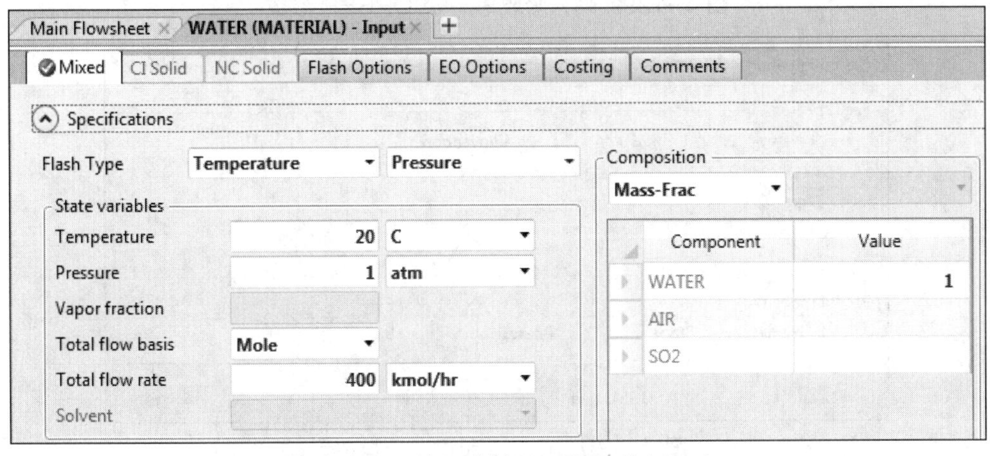

图 4-127　输入进料 WATER 物料信息

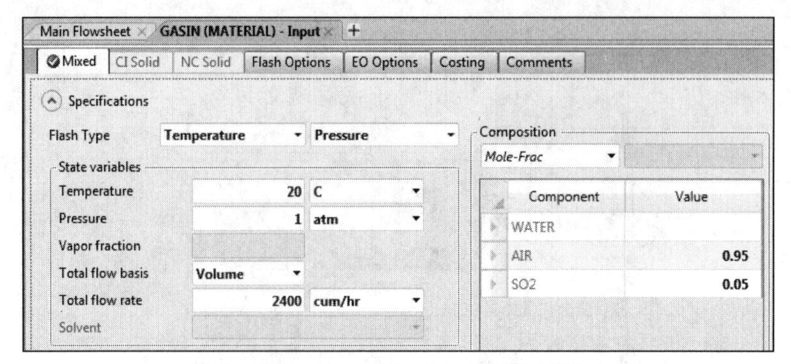

图 4-128　输入进料 GASIN 物料信息

（5）输入吸收塔参数

点击“Next”按钮，进入 Blocks | ABSORBER | Specifications | Setup | Configuration 页面，输入吸收塔参数，Calculation type 选择“Equilibrium”，Number of Stages 后输入“13”，吸收塔中没有冷凝器和再沸器，故 Condenser 和 Reboiler 均选择“None”，Valid phase 选择“Vapor-Liquid”，Convergence 选择“Standard”，如图 4-129 所示；点击“Next”按钮，进入 Blocks | ABSORBER | Specifications | Setup | Streams 页面，设置 WATER 由第 1 块板上方进料，塔底气相 GASIN 由第 14 块板上方进料，液相产品 LOUT 于第 13 块板下方出料，如图 4-130 所示；进入 Blocks | ABSORBER | Specifications | Setup | Pressure 页面，设置压力为 101.325 kPa，如图 4-131 所示。

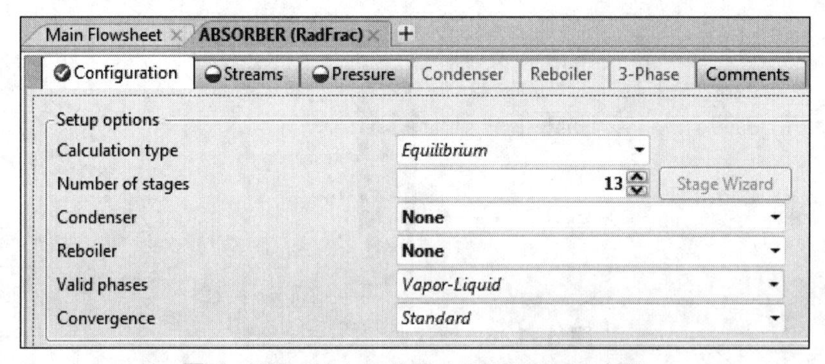

图 4-129　输入吸收塔 ABSORBER 参数

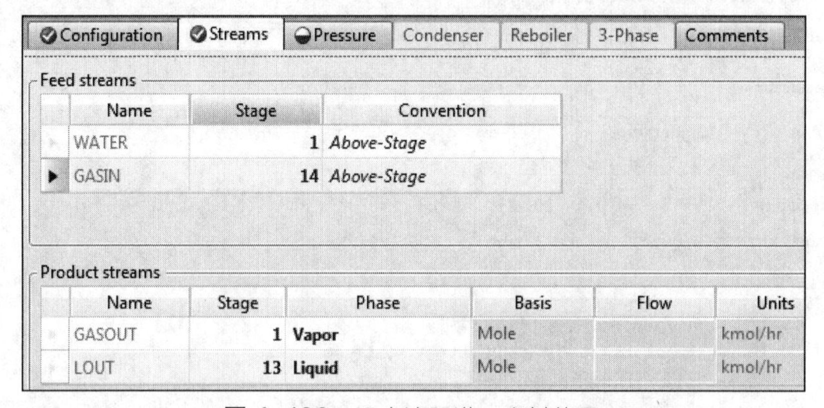

图 4-130　设定流股进、出料位置

Configuration
Streams
Pressure
Condenser
Reboiler
View
Top / Bottom
Top stage / Condenser pressure
Stage 1 / Condenser pressure
101.325
kPa
Stage 2 pressure (optional)
Stage 2 pressure
bar
Condenser pressure drop
bar
Pressure drop for rest of column (optional)
Stage pressure drop
bar
Column pressure drop
bar

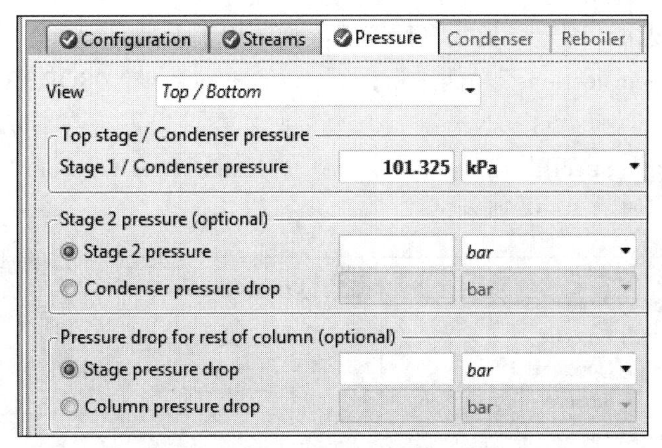

图 4-131 设定第一块塔板处压力

至此，在不考虑分离要求的情况下，本流程模拟信息初步设定完毕，右下方状态变为“Required Input Complete”。点击运行，运行计算，流程收敛。进入 Streams | GASIN | Results 页面，查看物流结果，SO_2 流率为 319.595 kg/h，如图 4-132 所示；进入 Streams | GASOUT | Results 页面，GASOUT 流率为 10.2345kg/h，如图 4-133 所示，SO_2 吸收率为 309.3605/319.595=96.80%。

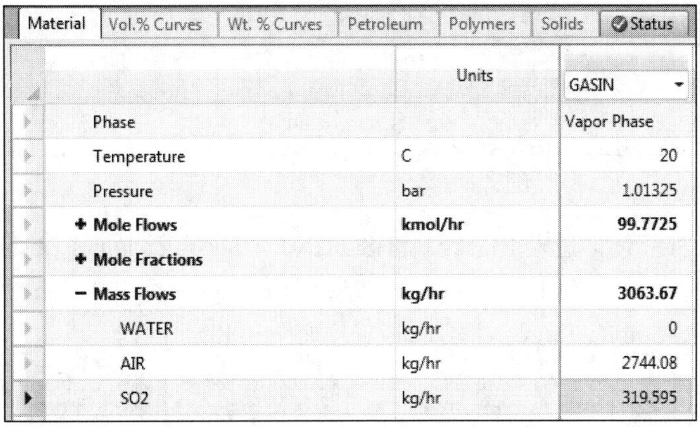

Material
Vol.% Curves
Wt. % Curves
Petroleum
Polymers
Solids
Status
Units
GASIN
Phase
Vapor Phase
Temperature
C
20
Pressure
bar
1.01325
+ Mole Flows
kmol/hr
99.7725
+ Mole Fractions
− Mass Flows
kg/hr
3063.67
WATER
kg/hr
0
AIR
kg/hr
2744.08
SO2
kg/hr
319.595

图 4-132 查看 GASIN 物流结果

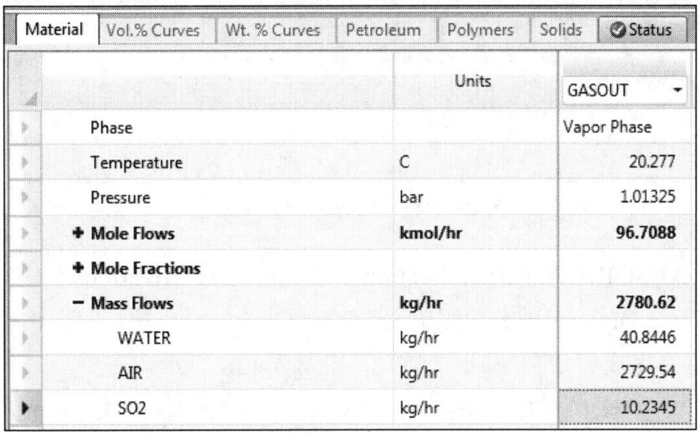

Material
Vol.% Curves
Wt. % Curves
Petroleum
Polymers
Solids
Status
Units
GASOUT
Phase
Vapor Phase
Temperature
C
20.277
Pressure
bar
1.01325
+ Mole Flows
kmol/hr
96.7088
+ Mole Fractions
− Mass Flows
kg/hr
2780.62
WATER
kg/hr
40.8446
AIR
kg/hr
2729.54
SO2
kg/hr
10.2345

图 4-133 查看 GASOUT 物流结果

（6）设定分离要求（固定塔板数，计算吸收剂的用量）

运用“Design Specifications”功能进行计算。进入 Blocks | ABSORBER | Specifications | Design Specifications 页面，点击“New”按钮，建立分离要求“1”；或在 Blocks | ABSORBER | Specifications | Design Specifications 目录下，在“Design Specifications”处单击鼠标右键，选择“New”选项，如图 4-134 所示。

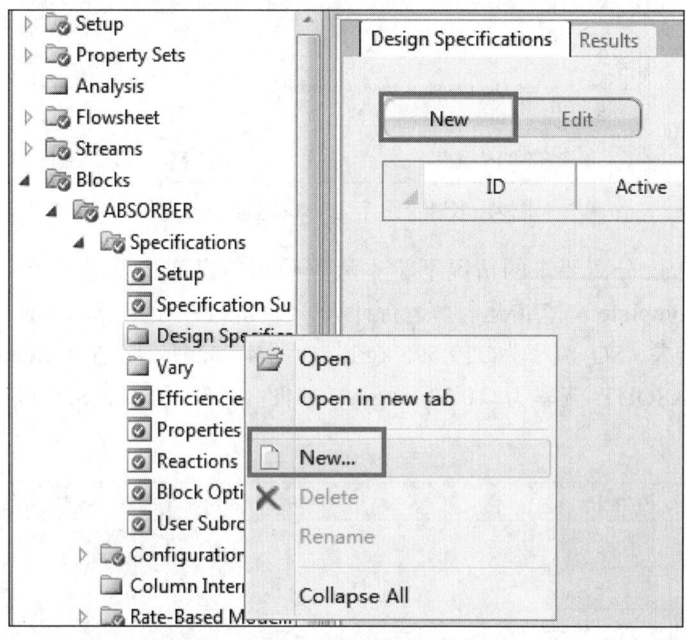

图 4-134　建立分离要求“1”

创建分离要求“1”后，即进入 Blocks | ABSORBER | Specifications | Design Specifications | 1 | Specifications 页面，定义回收率目标为 0.95，即 Design specification 的 Type 选择“Mole recovery”，Specification 的 Target 填写“0.95”，如图 4-135 所示。

Specifications　Components　Feed/Product Streams　Options

Description　Mole recovery, 0.95

Design specification

Type　Mole recovery

Specification

Target　0.95

图 4-135　设定 SO_2 回收率

进入 Blocks | ABSORBER | Specifications | Design Specifications | 1 | Components 页面，选中左侧栏 Avaiable components 中的组分“SO2”，点击“ ”按钮，将组分移至右侧栏 Selected components 中，至此完成设定目标组分 SO_2，如图 4-136 所示。

进入 Blocks | ABSORBER | Specifications | Design Specifications | 1 | Feed/Product Streams 页面，选择“LOUT”为参考物流，如图 4-137 所示。

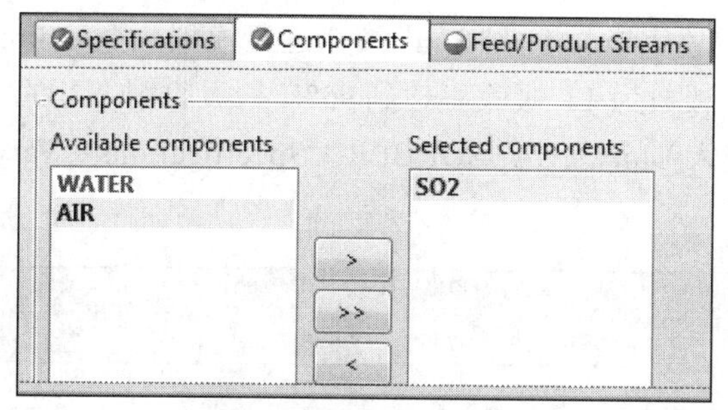

图 4-136　设定目标组分

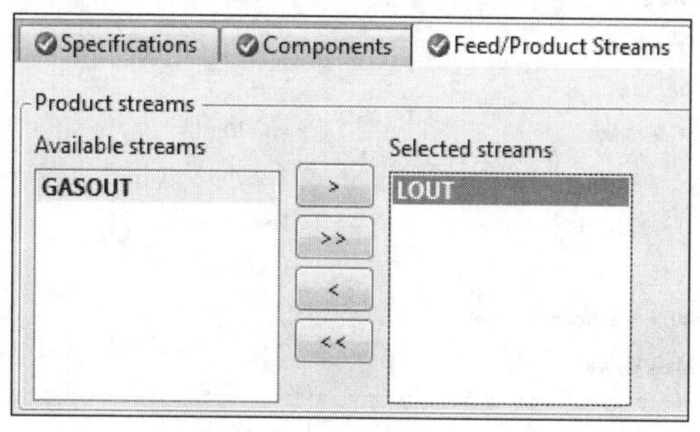

图 4-137　设定参考物流

点击“Next”按钮，进入 Blocks | ABSORBER | Specifications | Vary | Adjusted Variables 页面，点击“New”，创建变量“1”，如图 4-138 所示。进入 Blocks | ABSORBER | Specifications | Vary | Specifications 页面，定义变量“1”，即设定 WATER 的进料流量“Feed rate”为变量，上、下限分别为 5 和 1000（kmol/h），具体参数设定如图 4-139 所示。

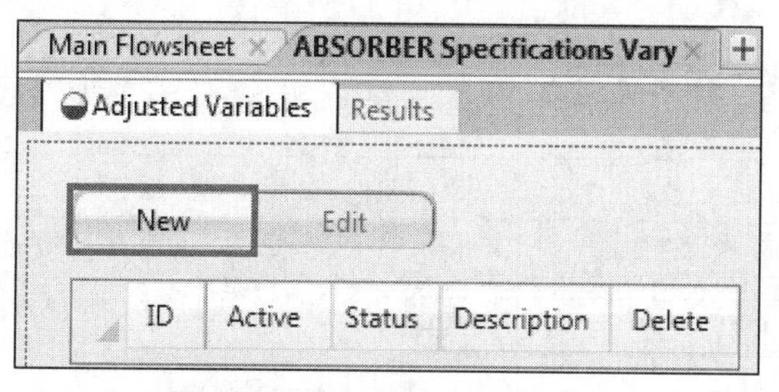

图 4-138　创建变量“1”

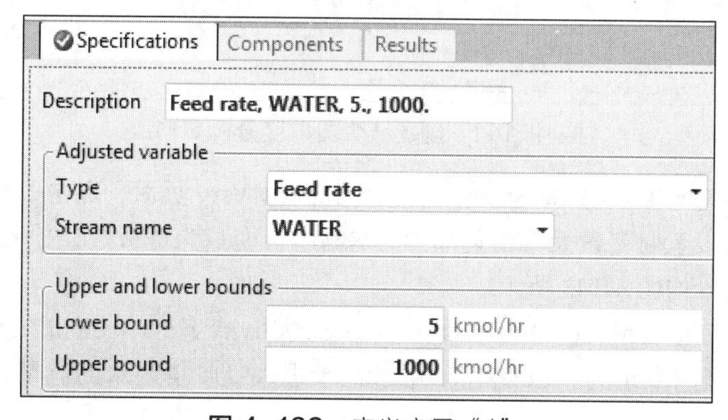

图 4-139　定义变量“1”

至此，分离要求已设置完毕，点击“Run”按钮运行模拟。进入 Streams | WATER | Results 页面查看运行结果，当塔板数为 13，吸收率达到 95%时，吸收剂（水）的需求量为 383.54kmol/h，如图 4-140 所示，也可进入 Blocks | ABSORBER | Specifications | Vary | 1 | Results 页面进行查看。

Main Flowsheet × WATER (MATERIAL) - Results (Default) × +

Material | Vol.% Curves | Wt. % Curves | Petroleum | Polymers | Solids | Status

	Units	WATER
Phase		Liquid Phase
Temperature	C	20
Pressure	bar	1.01325
- Mole Flows	**kmol/hr**	**383.54**
WATER	kmol/hr	383.54
AIR	kmol/hr	0
SO2	kmol/hr	0
+ Mole Fractions		
+ Mass Flows	**kg/hr**	**6909.58**

图 4-140 查看 WATER 物流运行结果

（7）优化吸收塔（吸收剂用量对塔板数的灵敏度分析）

使用 Aspen Plus 中“Sensitivity”（即灵敏度）功能进行分析。进入 Model Analysis Tools | Sensitivity 界面，点击“New”，采用默认标识“S-1”，如图 4-141 所示的页面。点击“OK”，出现 Model Analysis Tools | Sensitivity | S-1 | Vary 页面，如图 4-142 所示，完成灵敏度分析文件“S-1”的创建。

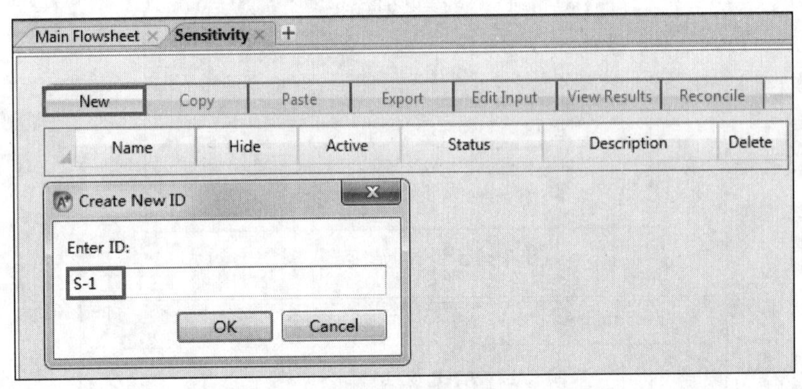

图 4-141 创建一个灵敏度分析 S-1

在 Model Analysis Tools | Sensitivity | S-1 | Input | Vary 页面，点击“New”按钮，建立一个自变量，需要设置自变量及其变化范围，本例中自变量为塔板数，变化范围为 4～13 块，步长为 1，具体设置如图 4-143 所示。

点击“Next”，进入 Model Analysis Tools | Sensitivity | S-1 | Input | Define 页面，点击“New”按钮，定义因变量为“FLOW”，用于记录进入吸收塔内水的流量，结果如图 4-144 所示。

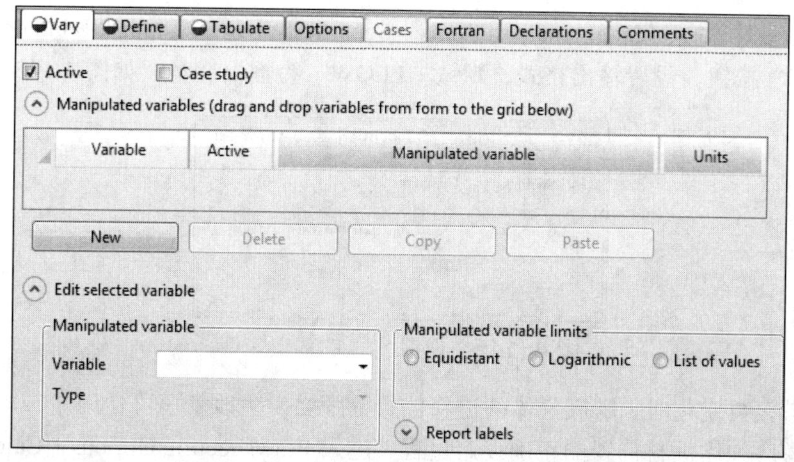

图 4-142　灵敏度分析 S-1 设定界面

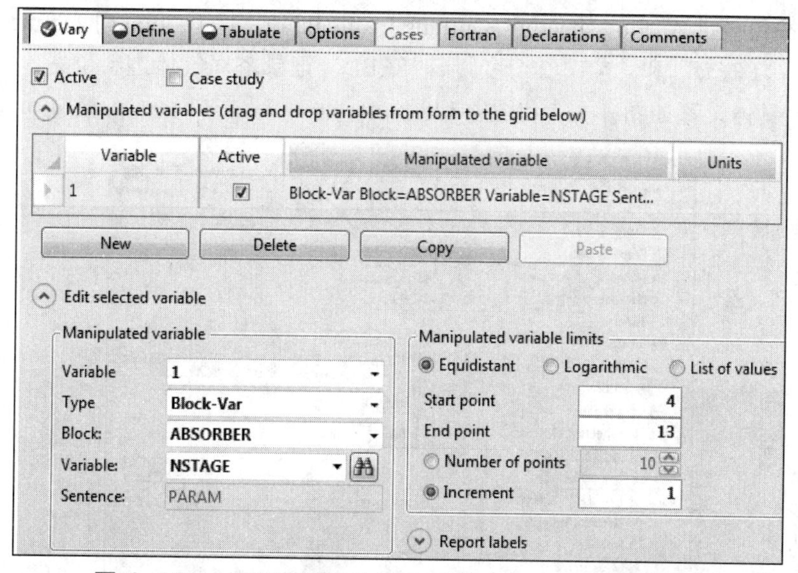

图 4-143　设置灵敏度分析 S-1 的自变量及其变化范围

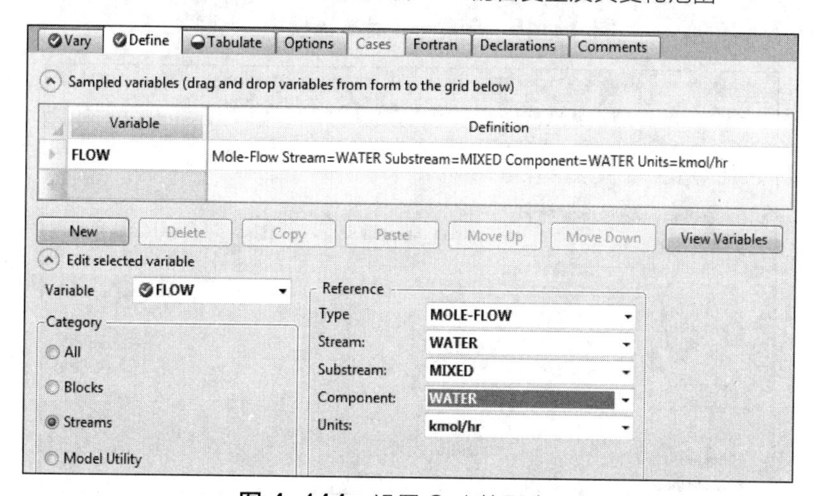

图 4-144　设置 S-1 的因变量

点击“Next”，进入 Model Analysis Tools | Sensitivity | S-1 | Input | Tabulate 页面，点击“Fill Variables”按钮，设置输出格式，默认“FLOW”为输出变量，如图 4-145 所示。

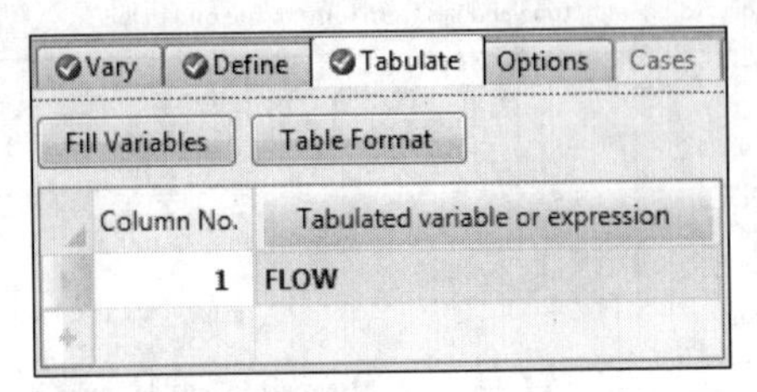

图 4-145 设置 S-1 的输出变量

吸收塔塔板数变化时，塔底气体的进料位置也随之发生改变。可运用“Calculator”功能来实现吸收塔底气体进料位置的正确设定过程。进入 Flowsheeting Options | Calculator 页面，点击“New”按钮，采用默认标识“C-1”，创建一个计算器模块“C-1”，如图 4-146 所示。点击“OK”按钮，进入 Flowsheeting Options | Calculator | C-1 | Input | Define 页面，点击“New”，定义“FEED”和“NS”2 个变量，“FEED”记录塔底气体进料位置，“NS”记录吸收塔塔板数，具体设置如图 4-147 和图 4-148 所示。

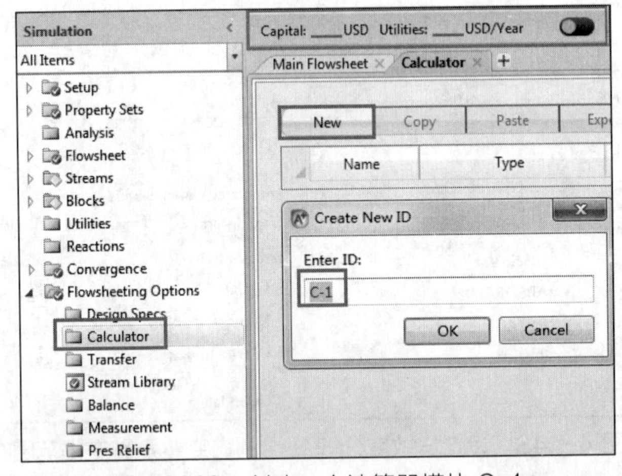

图 4-146 创建一个计算器模块 C-1

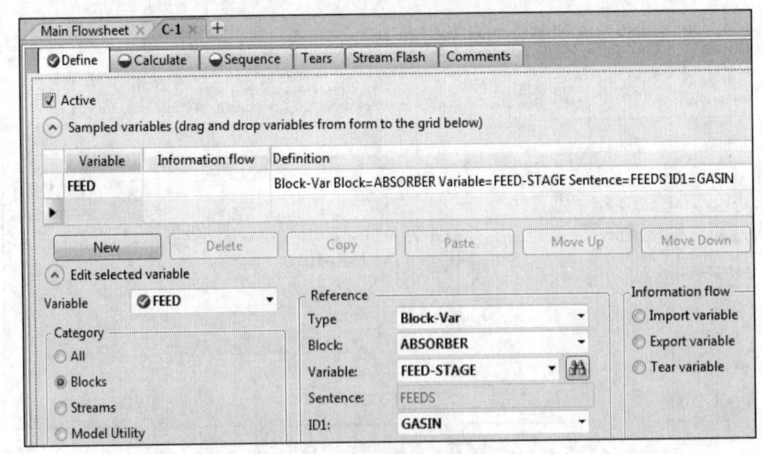

图 4-147 定义计算器模块“FEED”变量

Define
Calculate
Sequence
Tears
Stream Flash
Comments
Active
Sampled variables (drag and drop variables from form to the grid below)
Variable
Information flow
Definition
FEED
Block-Var Block=ABSORBER Variable=FEED-STAGE Sentence=FEEDS ID1=GASIN
NS
Block-Var Block=ABSORBER Variable=NSTAGE Sentence=PARAM
New
Delete
Copy
Paste
Move Up
Move Down
Edit selected variable
Variable
NS
Category
All
Blocks
Streams
Model Utility
Reference
Type
Block-Var
Block:
ABSORBER
Variable:
NSTAGE
Sentence:
PARAM
Information flow
Import variable
Export variable
Tear variable

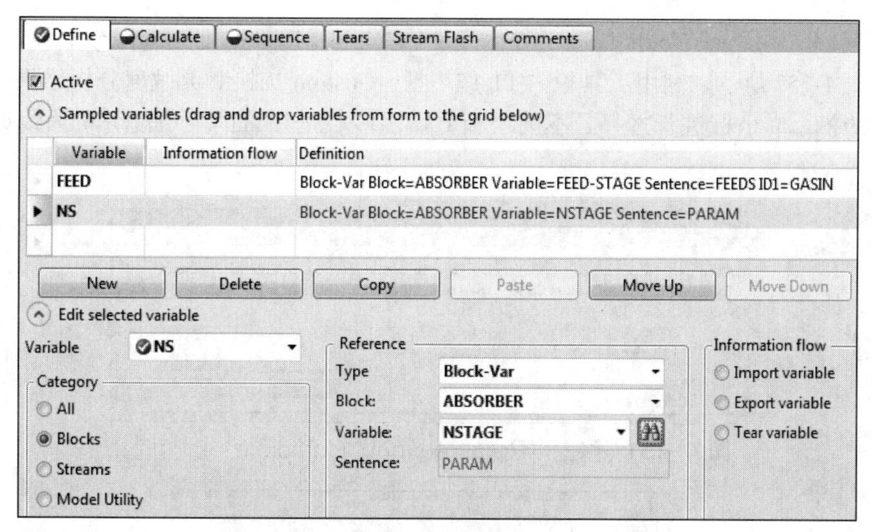

图 4-148 定义计算器模块“NS”变量

点击“Next”，进入 Flowsheeting Options | Calculator | C-1 | Input | Calculate 页面，输入塔底气体进料位置的 Fortran 表达式“FEED=NS+1”，如图 4-149 所示。

Main Flowsheet
C-1
Define
Calculate
Sequence
Calculation method
Fortran
Excel
Enter executable Fortran statements
FEED=NS+1

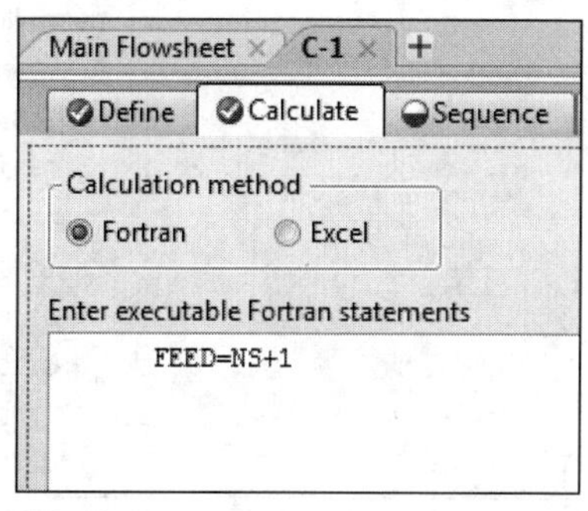

图 4-149 输入 Fortran 表达式

点击“Next”，进入 Flowsheeting Options | Calculator | C-1 | Input | Sequence 页面，定义计算器模块计算顺序，如图 4-150 所示，选择在单元模块吸收塔 ABSORBER 之前运行计算。

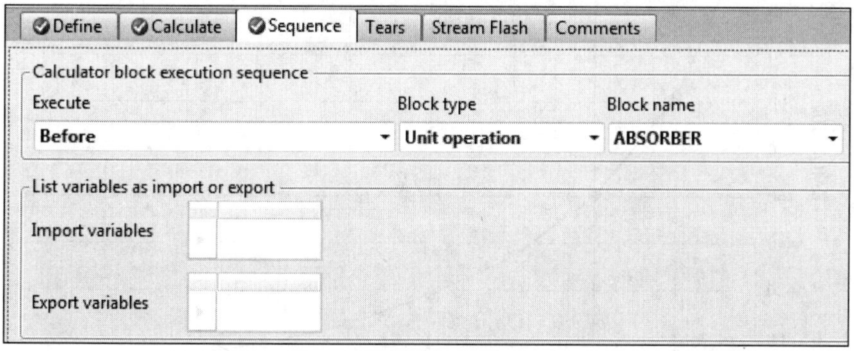

Define
Calculate
Sequence
Tears
Stream Flash
Comments
Calculator block execution sequence
Execute
Block type
Block name
Before
Unit operation
ABSORBER
List variables as import or export
Import variables
Export variables

图 4-150 定义计算器模块计算顺序

至此，吸收塔灵敏度分析计算所需要的信息已经全部设置完毕。点击“Next”，弹出“Required Input Complete”对话框，如图 4-151 所示，点击“OK”按钮，运行计算，模拟收

敛。进入 Model Analysis Tools | Sensitivity | S-1 | Input | Results | Summary 页面，查看模拟结果，如图 4-152 所示。利用工具栏内 Plot 功能下 Custom 按钮对灵敏度分析结果进行作图，根据所需的横、纵坐标进行选择，不同塔板数所需吸收剂用量的灵敏度分析曲线如图 4-153 所示。

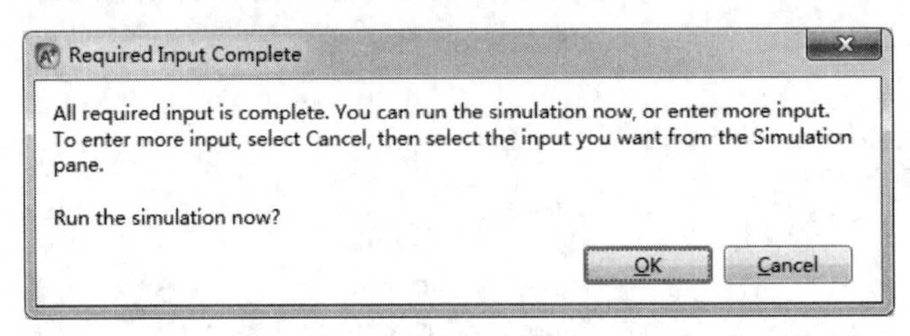

图 4-151　弹出“Required Input Complete”对话框

Summary | Define Variable | Status

Row/Case	Status	VARY 1 ABSORBER PARAM NSTAGE	FLOW KMOL/HR
1	OK	4	580.465
2	OK	5	503.074
3	OK	6	460.616
4	OK	7	434.496
5	OK	8	417.458
6	OK	9	405.694
7	OK	10	397.385
8	OK	11	391.361
9	OK	12	387.051
10	OK	13	383.689

图 4-152　查看灵敏度分析结果

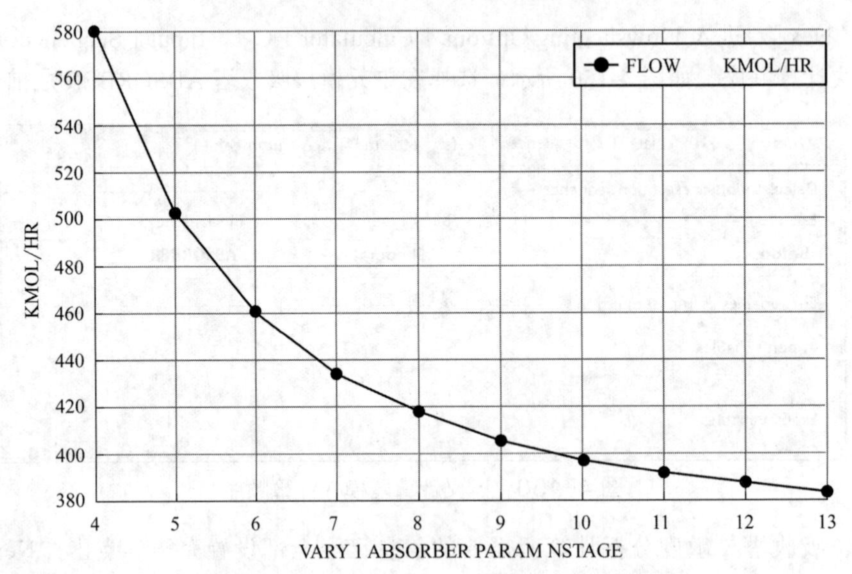

图 4-153　不同塔板数所需吸收剂用量

（8）计算吸收塔的工艺参数

由图 4-153 可以看出，当塔板数大于 10 时，继续增加塔板数，不能明显降低吸收剂用量，因此选择塔板数为 10。进入 Blocks | ABSORBER | Specifications | Setup 页面，按照前面介绍的方法将塔板数改为 10，塔底气体进料位置为 11，并隐藏“C-1”和“S-1”，点击“Next”或“Run”按钮运行模拟，流程收敛。进入 Results Summary | Streams 页面查看物流模拟结果，如图 4-154 所示。从图中可以看出，吸收剂水的用量为 397.234 kmol/h。

Material | Heat | Load | Work | Vol.% Curves | Wt. % Curves | Petroleum | Polymers | Solids

	Units	GASIN	GASOUT	LOUT	WATER
Phase		Vapor Phase	Vapor Phase	Liquid Phase	Liquid Phase
Temperature	C	20	20.4076	20.3118	20
Pressure	bar	1.01325	1.01325	1.01325	1.01325
− Mole Flows	**kmol/hr**	**99.7725**	**96.8221**	**400.184**	**397.234**
WATER	kmol/hr	0	2.28764	394.946	397.234
AIR	kmol/hr	94.7838	94.2851	0.498768	0
SO2	kmol/hr	4.98862	0.249426	4.7392	0
+ Mole Fractions					
+ Mass Flows	**kg/hr**	**3063.67**	**2786.83**	**7433.12**	**7156.28**

图 4-154 吸收塔工艺计算结果

4. 填料塔的设计

（1）计算塔径

进入 Blocks | ABSORBER | Column Internals 页面，点击左上角的“Add New”按钮，出现“Missing Hydraulic Data”对话框，点击“Generate”按钮，建立一个填料计算文件“INT-1”，如图 4-155 所示。

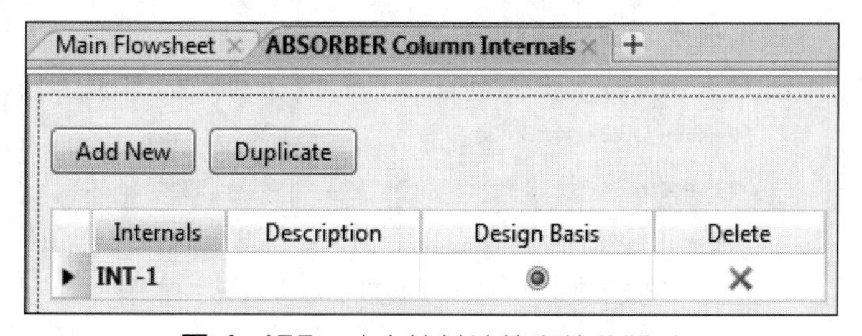

图 4-155 建立填料计算文件 INT-1

点击“Next”，进入 Blocks | ABSORBER | Column Internals | INT-1 | Sections 页面，点击左上角的“Add New”按钮，增加默认为“CS-1”的填料塔信息，根据例题要求及前面模拟结果进行填写和修改，Start Stage 输入“1”，End Stage 输入“10”，Internal Type 选择“Packed”，Tray/Packing Type 选“CMR”，Packing Details 中的 Vendor 选“KOCH”、Material 选“PLASTIC”、Dimension 选“NO-2A”[即本例题中选用的填料为塑料阶梯环（PLASTIC CMR），型号为 2A]，Tray Spacing/Section Packed Height 填写“0.45 meter”，如图 4-156 所示。点击“Next”或“Run”按钮运行模拟，流程收敛。进入 Blocks | ABSORBER | Column Internals|INT-1|Sections|Column Hydraulic Results 页面，点击右下角的“View”，查看填料塔计算结果，如图 4-157 所示。初步

计算填料塔塔径为 636 mm，此时最大负荷分率为（恒定 L/V）0.80，可以圆整选用塔径 650 mm 进一步核算。

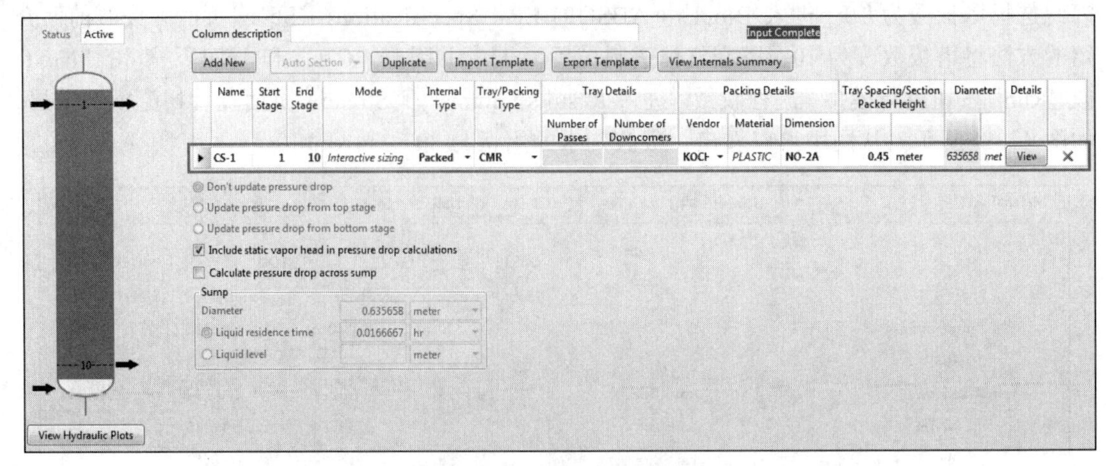

图 4-156　设置填料塔信息

Summary | By Stage | Messages

Name CS-1　Status Active

Property	Value	Units
Section starting stage	1	
Section ending stage	10	
Calculation Mode	Sizing	
Column diameter	0.635662	meter
Packed height per stage	0.045	meter
Section height	0.45	meter
Maximum % capacity (constant L/V)	80	
Maximum % capacity (constant L)	74.8404	
Maximum capacity factor (Cs)	0.075241	m/sec
Section pressure drop	0.00211412	bar
Average pressure drop / Height	47.9067	mm-water/m
Average pressure drop / Height (Frictional)	46.6859	mm-water/m
Maximum stage liquid holdup	0.000678491	cum
Maximum liquid superficial velocity	23.2113	cum/hr/sqm
Maximum Fs	0.00748804	sqrt(atm)
Maximum % approach to system limit	33.5686	

图 4-157　填料塔计算结果

（2）核算塔径

进入 Blocks | ABSORBER | Column Internals | INT-1 | Sections | CS-1 | Geometry 页面，将 Mode 后选项改为选择“Rating”，填写填料位置、选用的填料型号、等板高度等信息，塔径选择 0.65 m，如图 4-158 所示。

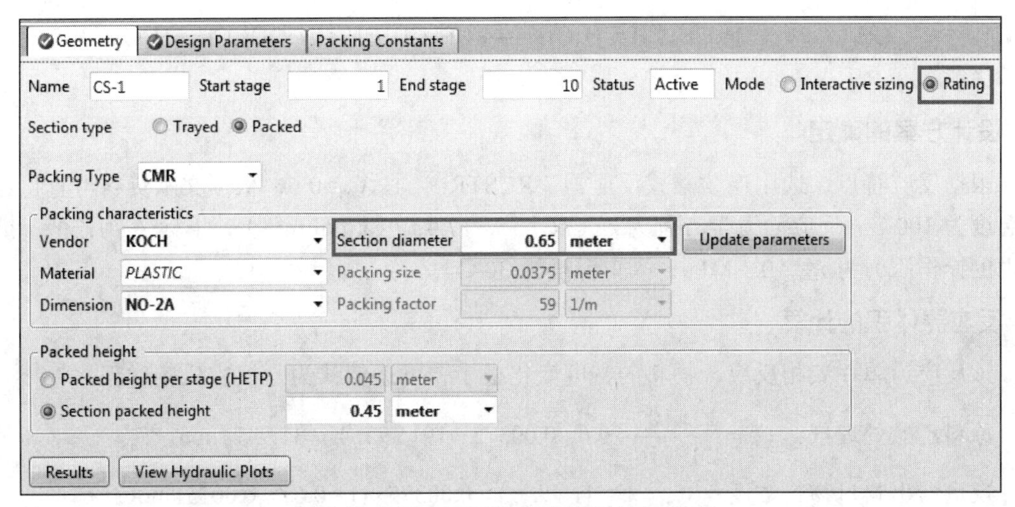

图 4-158 设置填料塔塔径校核信息

点击“Next”或“Run”按钮运行模拟，流程收敛。进入 Blocks | ABSORBER | Column Internals | INT-1 | Sections | Column Hydraulic Results 页面，点击“View”查看运行结果，如图 4-159 所示。由图 4-159 可知，当塔径为 0.65 m 时，最大液相负荷分率（恒定 L/V）0.765，在 0.6～0.8 之间，最大负荷因子为 0.072 m/s，塔压降 0.1836 kPa。对于一般不易发泡物系，液泛率为 60%～80%，因此塔径选择 0.65 m 是合理的。

Summary | By Stage | Messages

Name CS-1 Status Active

Property	Value	Units
Section starting stage	1	
Section ending stage	10	
Calculation Mode	Rating	
Column diameter	0.65	meter
Packed height per stage	0.045	meter
Section height	0.45	meter
Maximum % capacity (constant L/V)	76.5098	
Maximum % capacity (constant L)	70.7063	
Maximum capacity factor (Cs)	0.0719584	m/sec
Section pressure drop	0.00183622	bar
Average pressure drop / Height	41.6095	mm-water/m
Average pressure drop / Height (Frictional)	40.3887	mm-water/m
Maximum stage liquid holdup	0.00068362	cum
Maximum liquid superficial velocity	22.1987	cum/hr/sqm
Maximum Fs	0.00716136	sqrt(atm)
Maximum % approach to system limit	32.0984	

图 4-159 填料塔校核计算结果

【例 4-6】以乙酸和丁醇反应生成乙酸丁酯为例，进行反应器设计。某工段需要每天生产 12t 乙酸丁酯，要求乙酸的转化率大于等于 60%，原料中乙酸的浓度 C_{A0}=0.00375kmol/L；原料丁醇的流率为 34L/min；反应方程为：

$$CH_3COOH+CH_3CH_2CH_2CH_2OH \longrightarrow CH_3CH_2CH_2CH_2OOCCH_3+H_2O$$

详解

1. 设计方案的确定

根据反应特点，选用连续釜式反应器（RCSTR），取 X_{Af}=0.6，根据文献资料可查得：反应温度为 100℃，反应动力学方程为 $r_A = kC_A^2$［k=17.4 L/（kmol·min）］，下标 A 为乙酸。搅拌釜内的操作压力为 P_{cr} =0.1 MPa；入口温度为 30℃。

2. 反应器体积的计算

该反应为单一液相反应，物料的密度变化很小，可近似认为是恒容反应过程。

原料乙酸处理量：$Q_0 = \dfrac{12\times10^3}{24\times116} \div 0.6 \div 0.00375 = 1915.7\,\text{L/h} = 31.93\,\text{L/min}$

反应器出料口物料浓度：$C_A = C_{A0}(1-X_{Af}) = 0.00375\times(1-0.6) = 0.0015\,\text{kmol/L}$

反应釜内的反应速率：$r_A = kC_A^2 = 17.4\times0.0015^2 = 3.915\times10^{-5}\,\text{kmol/(L}\cdot\text{min)}$

空时：$\tau = \dfrac{V_r}{Q_0} = \dfrac{C_{A0}-C_A}{r_A} = \dfrac{C_{A0}X_{Af}}{r_A} = \dfrac{0.00375\times0.6}{3.915\times10^{-5}} = 57.47\,\text{min}$

理论体积：$V_\tau = Q\tau = (31.93+34)\times57.47 = 3789\text{L}$

取装填系数为 0.75，则反应釜的实际体积为：$V = \dfrac{V_\tau}{0.75} = \dfrac{3789}{0.75} = 5052\text{L}$

3. 设备容积的模拟校核

根据已知工艺条件和计算结果，利用 Aspen Plus 反应器模拟模块中的全混釜反应器（RCSTR）模块对设备容积进行校核。

（1）Aspen 软件的启动和文件的保存

启动 Aspen Plus 软件，进入模板选择对话框，点击“New”窗口“User”选项内的“General with Metric Units”模板，将文件保存为 Reactor Design.bkp。

（2）输入组分

软件默认在 Components | Specifications | Selection 页面，在 Component ID 依次输入“CH3COOH”（乙酸）、“H2O”（水）、“C4H10O”（丁醇）、“C6H12O2”（乙酸丁酯），其中丁醇和乙酸丁酯采用“Find”功能进行查找添加，如图 4-160 和图 4-161 所示。

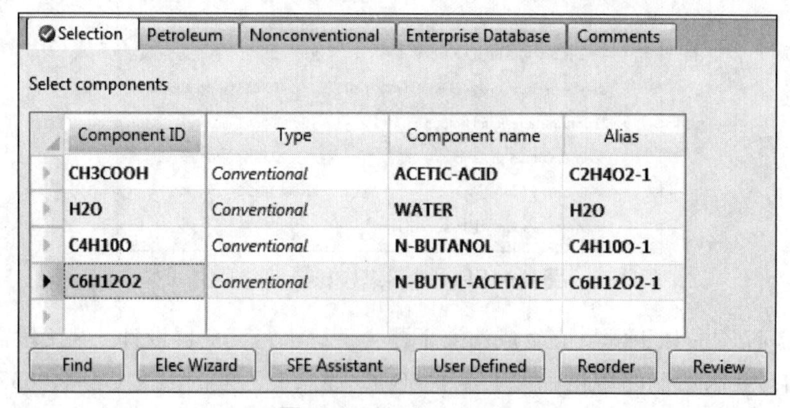

图 4-160 输入组分

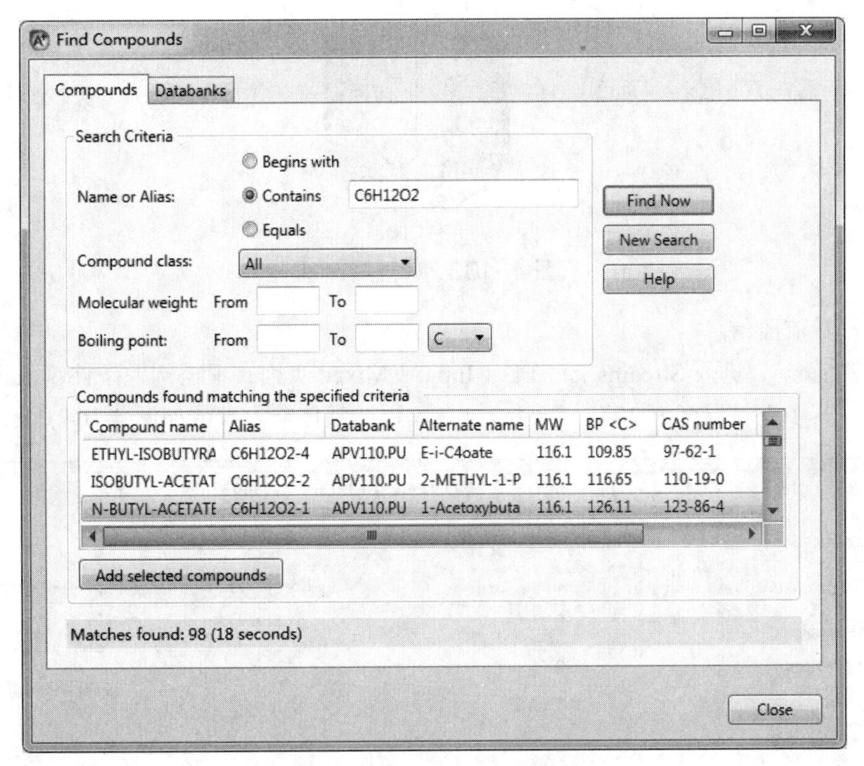

图 4-161　查找与添加组分

（3）选择物性方法

点击“Next”，进入 Methods | Specifications | Global 页面，Method filter 选择“CHEMICAL”，Base method 选择“NRTL-HOC”方程，如图 4-162 所示。

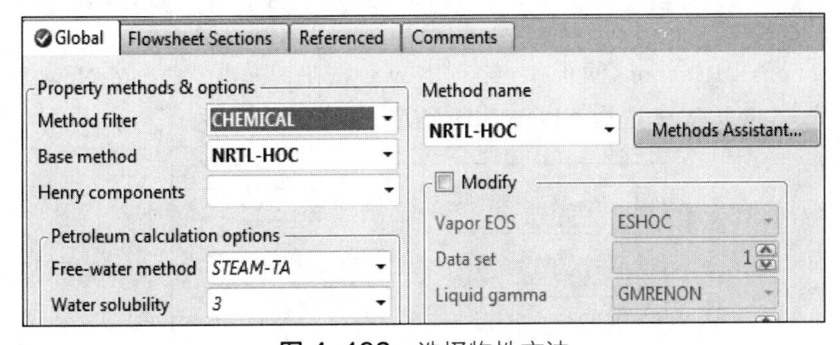

图 4-162　选择物性方法

点击“Next”，进入 Methods | Parameters | Binary Interaction | HOCETA-1 | Input 页面，查看二元交互作用参数，采用系统默认值；点击“Next”，进入 Methods | Parameters | Binary Interaction | NRTL-1 | Input 页面，同样采用默认值，至此前面的标识均为“√”。

（4）绘制流程图

点击“Next”，弹出“Properties Input Complete”对话框，选择“Go to Simulation environment”，点击“OK”按钮，进入模拟环境。

选用 Reactors 里面的“RCSTR”模块里面的“ICON1”模型，命名为“REACTOR”，连接好物料线，如图 4-163 所示。

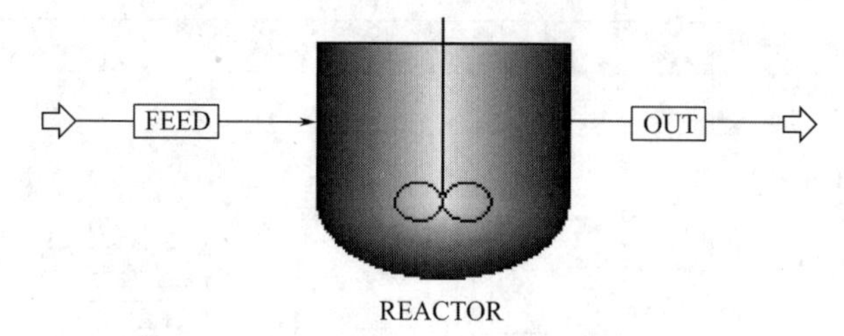

图 4-163 建立流程图

（5）设置流股信息

点击“Next”，进入 Streams | FEED | Input | Mixed 页面，根据例题条件输入进料 FEED 物料信息，其中进料温度为 30℃，压力为 0.1 MPa，具体输入参数如图 4-164 所示。

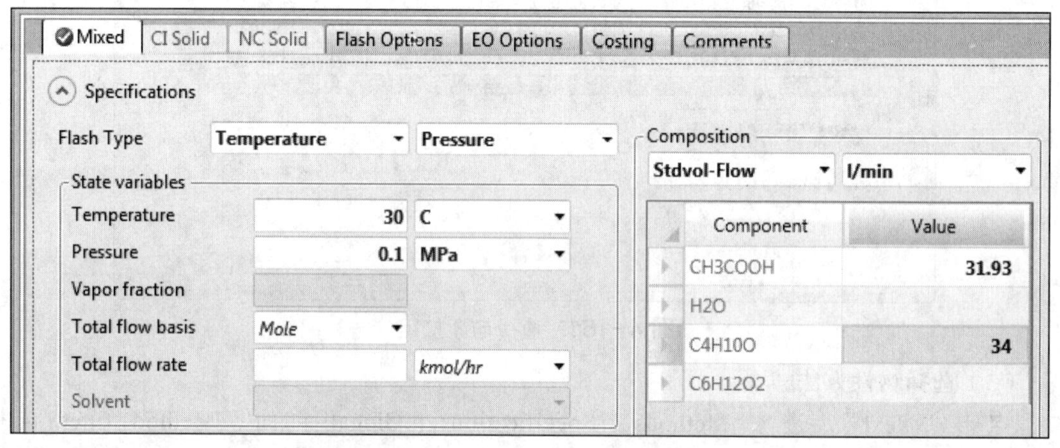

图 4-164 输入进料 FEED 物料信息

（6）建立化学反应

进入 Reactions | Reactions 页面，点击“New”按钮，弹出“Create New ID”，Enter ID 默认为“R-1”，Select Type 选择“POWERLAW”，如图 4-165 所示。

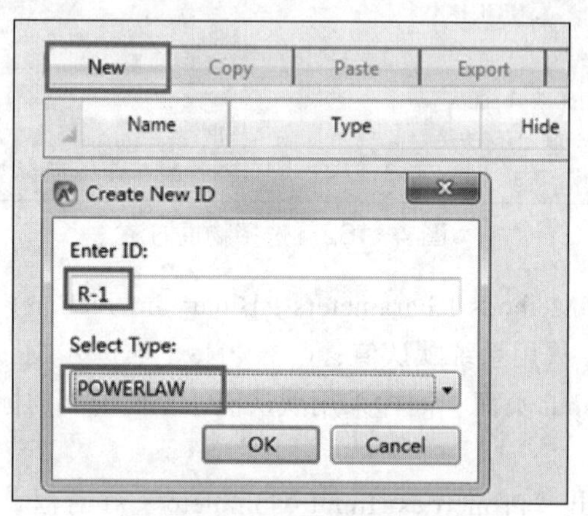

图 4-165 建立化学反应

点击“OK”按钮，自动进入 Reactions | R-1 | Input | Stoichiometry 页面，点击“New”按钮，增加反应 1，并弹出“Edit Reaction”对话框，默认选择 Reaction No.为“1”，Reaction type 选择“Equilibrium”，选择反应物和产物，并输入反应系数，如图 4-166 所示。点击“Close”按钮退出“R-1”的定义界面。

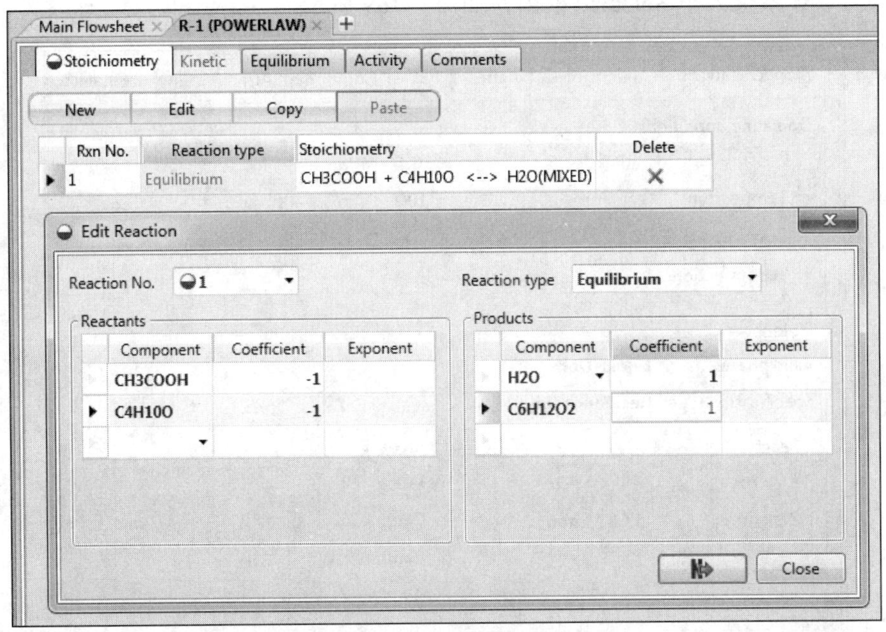

图 4-166 定义化学反应 R-1

进入 Reactions | R-1 | Input | Equilibrium 页面，定义平衡常数计算公式，如图 4-167 所示。

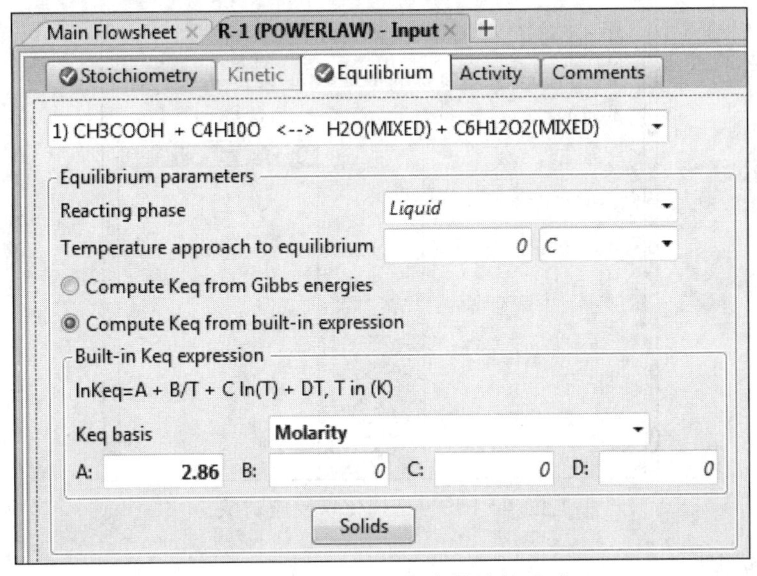

图 4-167 定义平衡常数计算公式

（7）输入反应器参数

点击“Next”按钮，进入 Blocks | REACTOR | Setup | Specifications 页面，输入反应器参数，Pressure 输入“0.1 MPa”，Temperature 输入“100℃”，Valid phases 选择“Liquid-Only”，

Specification type 选择“Residence time”，Resi.time 输入 57.47 min，如图 4-168 所示。

点击“Next”按钮，进入 Blocks | REACTOR | Setup | Reactions 页面，将 Available 框内建立的“R-1”体系选入至 Selected 框内，如图 4-169 所示。

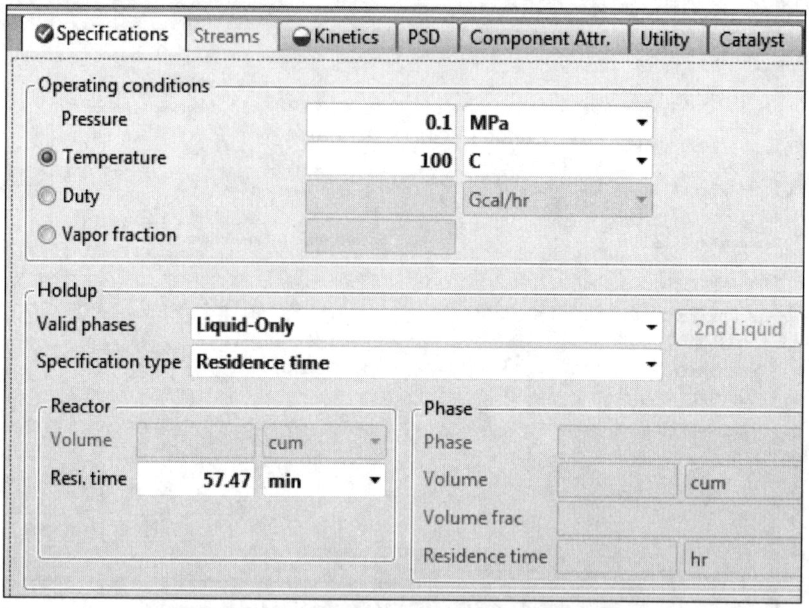

图 4-168 输入反应器 REACTOR 参数

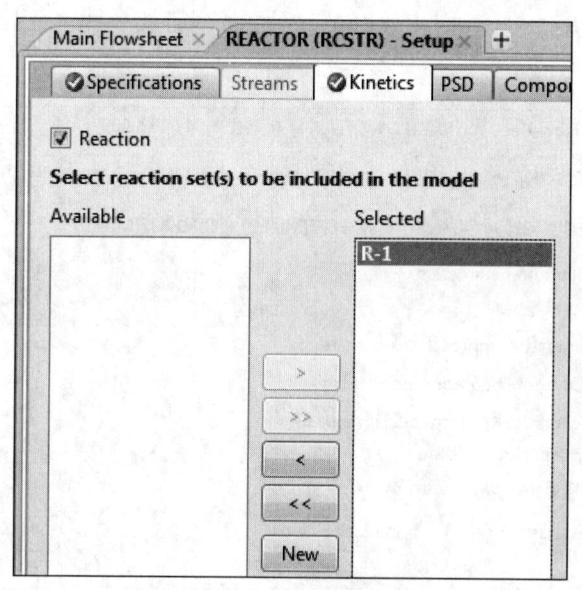

图 4-169 选择化学反应对象

（8）运行模拟

至此，搅拌釜式反应器模拟计算所需参数已经全部设定完毕，点击“Run”按钮，运行计算，流程收敛。进入 Results Summary | Streams 页面，可以看到物流信息的模拟结果，如图 4-170 所示。由图可知，CH_3COOH 的转化率为（33.24−12.78）/33.24=61.6%，十分接近工艺要求，故反应器的体积计算结果可用。保存文件。

Material	Heat	Load	Work	Vol.% Curves	Wt. % Curves	Petroleum	Polymers	Solids

	Units	FEED	OUT
− MIXED Substream			
Phase		Liquid Phase	Liquid Phase
Temperature	C	30	100
Pressure	bar	1	1
− **Mole Flows**	**kmol/hr**	**55.5867**	**55.5867**
CH3COOH	kmol/hr	33.2431	12.777
H2O	kmol/hr	0	20.4661
C4H10O	kmol/hr	22.3436	1.87742
C6H12O2	kmol/hr	0	20.4661
+ **Mole Fractions**			

图 4-170　反应器物流模拟结果

4．反应釜选型与传热面积校核

参照搪瓷釜反应器的选型标准，根据计算所得的反应器体积，可以选择 K 型 5000L 的反应釜，其内径为 1750mm，传热面积为 13.6m^2；反应釜夹套直径为 1900mm，夹套高度为 2485mm。

进入 Blocks | REACTOR | Results | Summary 页面（如图 4-171 所示），可以看到反应器的热负荷为 164.19 kW。

Outlet temperature	100	C
Outlet pressure	1	bar
Outlet vapor fraction	0	
Heat duty	164.192	kW
Net heat duty	164.192	kW
Volume		
Reactor	4.1138	cum
Vapor phase		
Liquid phase	4.1138	cum
Liquid 1 phase		
Salt phase		
Condensed phase	4.1138	cum
Residence time		
Reactor	0.957833	hr
Vapor phase		
Condensed phase	0.957833	hr

图 4-171　反应器模拟结果

查阅相关文献，并参考郑州某化工设备有限公司提供的设备测试数据，在不考虑壁阻和垢阻的情况下，反应釜的传热系数 K 为 547 W/（m²·K）。选择 0.2 MPa（120℃）的饱和蒸汽作为加热介质，根据传热基本方程 $Q=KA\Delta t_m$，可得

$$A=\frac{Q}{K\Delta t_m}=\frac{164190}{547\times\frac{(120-30)-(120-100)}{\ln\frac{120-30}{120-100}}}=6.45\text{m}^2$$

故所选 K 型 5000L 反应釜校核符合。

5. 选择搅拌器、搅拌轴和联轴器

根据工艺条件要求，选取平桨式搅拌器。查阅《搪玻璃搅拌器桨式搅拌器》（HG/T 2051.4—2019），根据反应釜的公称容积、容器的内径，选择合适的搅拌轴直径，从而选择合适的搅拌器型号。

查阅标准《搅拌传动装置—联轴器》（HG/T 21570—1995）中夹壳式联轴器形式、尺寸、技术要求、选用合适的联轴器。

6. 选择搅拌传动装置和密封装置

搅拌传动装置包括电动机、减速机、单支点机架、釜外联轴器、机械密封、传动轴、釜内联轴器、安装底盒、凸缘法兰和循环保护系统等。

第四章练习题

一、填空题

1. 化工设备选型和工艺设计时要综合考虑其技术的_______性、_______性、_______性、_______性、_______性和系统性。

2. 设备工艺设计的步骤：①确定化工单元操作设备的基本_______；②确定设备的_______；③确定设备的基本_______和主要工艺参数；④确定标准设备的____________和数量；⑤非标设备的设计，对非标设备，根据工艺设计结果，向化工设备专业设计人员提供__________单，向土建人员提出设备操作平台等设计条件要求；⑥编制工艺设备一览表；⑦设备图纸会签归档。

3. 设备工艺设计应按照带控制点工艺流程图和工艺控制的要求，确定设备上的控制仪表或测量元件的_______、数目、_______位置、_______形式和尺寸；通过流体力学计算确定工艺和公用工程连接管口、安全阀接口、放空口、排污口等连接管口的直径及在设备上的安装位置。

4. 常见的标准设备如泵、风机、离心机、反应釜等是成批、系列生产的设备，只需要根据介质________和工艺________在产品目录或手册样本中选择合适的________、________和数量。对于已有标准图的设备如储罐、换热器等，只需根据计算结果选型并确定_________的图号和型号。

5. 对于过高或过长的化工设备，如塔、换热器及贮罐等，为了采用较大的比例清楚地表达设备结构和合理地使用图幅，常使用________画法，使图形缩短。

6. 化工设备图中接管法兰的螺栓孔用_______线表示，螺栓连接用中线上的“_______”表示，法兰用_______表示。

7. 已有标准图的标准化零部件在化工设备图中不必详细画出，可按比例画出反映其特征外形的简图。而在明细表中注明其名称、________、_______号等。

8. 在化工设备图中，外购部件的简化画法可以只画其外形轮廓简图。但要求在明细表中注明名称、________、主要_______参数和“外购”字样等。

9. 化工设备图中液面计可用_________示意表达，并用粗实线画出“_____”符号表示其安装位置，但要求在明细表中注明液面计的名称、规格、数量及标准号等。

10. 化工设备中按一定规律排列的管束，在设备图中可只画______，其余的用________表示其安装位置。

11. 化工设备中按一定规律排列、并且孔径相同的孔板，如换热器中的管板、折流板、塔器中的塔板等，若为圆孔按同心圆均匀分布的管板或为圆孔按正三角形分布的管板，设备图中用____________表示各孔的中心位置，并画出几个_____；若为要求不高的孔板（如筛板），对孔数不作严格要求时，设备图中只要求画出钻孔_______，用局部放大图表示孔的_______情况，并标注________及孔间的________尺寸。

12. 化工设备中（主要是塔器）规格、材质和堆放方法相同的填料，如各类环（瓷环、钢环及塑料环等）、卵石、塑料球、波纹瓷盘及木格子等，设备图中均可在堆放范围内用_______________细实线示意表达。

13. 化工设备中厚衬层如塑料板、耐火砖、辉绿岩板等的表达，在设备图中一般用局部放大图详细表示其______尺寸，一般灰缝以一条________表示，特殊要求的灰缝用________表示。规格不同的砖、板应_______编号。

14. 在已有零件图、部件图、剖视图、局部放大图等能清楚表示出结构的情况下，装配图中的这些零部件可按比例简化为____________表示；但尺寸_______基准应在图纸“注”中说明，如法兰尺寸以密封平面为基准，塔盘标高尺寸以支承圈上表面为基准等。

15. 化工设备图应标注的其他尺寸，即零部件的_______尺寸（如接管尺寸，瓷环尺寸），不另行绘制图样的零部件的_______尺寸或某些重要尺寸，__________的尺寸（如主体壁厚、搅拌轴直径等），焊缝的结构型式尺寸等。

16. 化工设备图中的技术要求是以文字描述化工设备的技术条件，应该遵守和达到的技术指标等。包括_______技术条件（化工设备在加工、制造、焊接、装配、检验、包装、防腐、运输等方面的技术规范）、_______要求［对焊接接头型式，焊接方法，焊条（焊丝）、焊剂等提出要求］、设备的_______方法与要求（对主体设备的水压和气密性进行试验，对焊缝的射线探伤、超声波探伤、磁粉探伤等相应的试验规范和技术指标）以及_______加工和________方面的规定和要求、设备的油漆、防腐、保温（冷）、运输和安装、填料等其他要求。

17. 设备类型不同，其工艺设计参数也不同。如泵的基本参数是流量和______；风机则需要确定风量和风压；换热器设计的关键是选择合适的冷热流体的种类、_______及______；对塔设备，其关键参数则是塔_______、塔_______、塔内件结构、填料________与_______或_______数、设备的管口及人孔、手孔的数目和_______等，对于精馏塔还要考虑塔顶冷凝器和塔釜再沸器的热负荷参数，从而确定其换热设备尺寸和型式。

18．由于化工设备的主体结构多为回转体，其基本视图常采用_______视图。立式设备一般用_____、_____视图，卧式设备一般用_____、______视图来表达设备的主体结构。

19．由于化工设备的各部分结构尺寸相差悬殊，因此，化工设备图中多用__________图（节点详图）和________画法来表达这些细部结构，并标注尺寸。

20．化工设备壳体上分布有众多的管口、开口及其他附件，为了在主视图上表达它们的结构形状及位置高度，可使用__________的表达方法。

21．化工设备图应标注__________尺寸，即反映化工设备的规格、性能、特征及生产能力的尺寸。如贮罐、反应罐内腔________尺寸（筒体的内径、高或长度），换热器_________尺寸（列管长度、直径及数量）等。

22．化工设备图应标注_______尺寸，即反映零部件间的相对位置尺寸，它们是制造化工设备的重要依据。如设备图中接管间的_______尺寸，接管的_______长度，罐体与支座的定位尺寸，塔器的塔板_______，换热器的折流板、管板间的_______尺寸等。

23．化工设备图应标注外形尺寸，即表达设备的_______、_______、_______（或外径）的尺寸。这类尺寸较大，对于设备的包装、运输、安装及厂房设计是必要的依据。

24．化工设备图应标注安装尺寸，即化工设备安装在_______或其他_______上所需要的尺寸，如支座、裙座上的地脚螺栓的_______及孔间_______尺寸等。

25．化工设备尺寸标注的基准面，一般从设计要求的结构基准面开始，如设备筒体和封头的______线；设备筒体与封头的________缝；设备法兰的________面；设备支座、裙座的_____面；接管轴线与设备表面________。

二、选择填空题

1．化工设备选型和工艺设计时要综合考虑其技术的（　）性、（　）性、（　）性、（　）性、（　）性和系统性。

A．安全　B．先进　C．合理　D．环保

E．经济　F．实用

2．设备工艺设计的步骤：①确定化工单元操作设备的基本（　）；②确定设备的（　）；③确定设备的基本（　）和主要工艺参数；④确定标准设备的（　）和数量；⑤非标设备的设计，对非标设备，根据工艺设计结果，向化工设备专业设计人员提供（　）单，向土建人员提出设备操作平台等设计条件要求 ；⑥编制工艺设备一览表；⑦设备图纸会签归档。

A．规格型号　B．材质　C．类型　D．原则

E．尺寸　F．设计条件　G．设备

3．设备工艺设计应按照带控制点工艺流程图和工艺控制的要求，确定设备上的控制仪表或测量元件的（　）、数目、（　）位置、（　）形式和尺寸；通过流体力学计算确定工艺和公用工程连接管口、安全阀接口、放空口、排污口等连接管口的直径及在设备上的安装位置。

A．种类　B．接头　C．尺寸　D．安装

E．装配

4．常见的标准设备如泵、风机、离心机、反应釜等是成批、系列生产的设备，只需要根据介质（　）和工艺（　）在产品目录或手册样本中选择合适的（　）、（　）和数量。对

于已有标准图的设备如储罐、换热器等，只需根据计算结果选型并确定（　）的图号和型号。

A．类型　B．特性　C．大小　D．参数

E．型号　F．设备　G．标准图

5．对于过高或过长的化工设备，如塔、换热器及贮罐等，为了采用较大的比例清楚地表达设备结构和合理地使用图幅，常使用（　）画法，使图形缩短。

A．缩小　B．断开

6．化工设备图中接管法兰的螺栓孔用（　）线表示，螺栓连接用中线上的“(　)”表示，法兰用（　）表示。

A．矩形　B．交叉　C．中心　D．×

E．+

7．已有标准图的标准化零部件在化工设备图中不必详细画出，可按比例画出反映其特征外形的简图。而在明细表中注明其名称、(　)、(　)号等。

A．规格　B．参数　C．标准　D．零件

8．在化工设备图中，外购部件的简化画法可以只画其外形轮廓简图。但要求在明细表中注明名称、(　)、主要（　）参数和“外购”字样等。

A．标准　B．规格　C．尺寸　D．性能

9．化工设备图中液面计可用（　）示意表达，并用粗实线画出“(　)”符号表示其安装位置，但要求在明细表中注明液面计的名称、规格、数量及标准号等。

A．交叉线　B．点划线　C．+　D．×

10．化工设备中按一定规律排列的管束，在设备图中可只画（　），其余的用（　）表示其安装位置。

A．一根　B．几根　C．点划线　D．交叉线

11．化工设备中按一定规律排列、并且孔径相同的孔板，如换热器中的管板、折流板、塔器中的塔板等，若为圆孔按同心圆均匀分布的管板或为圆孔按正三角形分布的管板，设备图中用（　）表示各孔的中心位置，并画出几个（　）；若为要求不高的孔板（如筛板），对孔数不作严格要求时，设备图中只要求画出钻孔（　），用局部放大图表示孔的（　）情况，并标注（　）及孔间的（　）尺寸。

A．孔　B．范围　C．交错网线　D．中心线

E．分布　F．尺寸　G．孔径　H．定位

I．安装

12．化工设备中（主要是塔器）规格、材质和堆放方法相同的填料，如各类环（瓷环、钢环及塑料环等）、卵石、塑料球、波纹瓷盘及木格子等，设备图中均可在堆放范围内用（　）细实线示意表达。

A．网格　B．交叉

13．化工设备中厚衬层如塑料板、耐火砖、辉绿岩板等的表达，在设备图中一般用局部放大图详细表示其（　）尺寸，一般灰缝以一条（　）表示，特殊要求的灰缝用（　）表示。规格不同的砖、板应（　）编号。

A．结构　B．基本　C．双线　D．点划线

E．粗实线　F．分别　G．进行

14. 在已有零件图、部件图、剖视图、局部放大图等能清楚表示出结构的情况下，装配图中的这些零部件可按比例简化为（　）表示；但尺寸（　）基准应在图纸“注”中说明，如法兰尺寸以密封平面为基准，塔盘标高尺寸以支承圈上表面为基准等。

A. 图形符号　　B. 单线（粗实线）C. 标注　　D. 界线

15. 化工设备图应标注的其他尺寸，即零部件的（　）尺寸（如接管尺寸，瓷环尺寸），不另行绘制图样的零部件的（　）尺寸或某些重要尺寸，（　）的尺寸（如主体壁厚、搅拌轴直径等），焊缝的结构型式尺寸等。

A. 基本　　B. 规格　　C. 设计计算确定　D. 规定　　E. 结构

16. 化工设备图中的技术要求是以文字描述化工设备的技术条件，应该遵守和达到的技术指标等。包括（　）技术条件（化工设备在加工、制造、焊接、装配、检验、包装、防腐、运输等方面的技术规范）、（　）要求 [对焊接接头型式，焊接方法，焊条（焊丝）、焊剂等提出要求]、设备的（　）方法与要求（对主体设备的水压和气密性进行试验，对焊缝的射线探伤、超声波探伤、磁粉探伤等相应的试验规范和技术指标）以及（　）加工和（　）方面的规定和要求、设备的油漆、防腐、保温（冷）、运输和安装、填料等其他要求。

A. 加工　　B. 机械　　C. 装配　　D. 通用

E. 焊接　　F. 检验

17. 设备类型不同，其工艺设计参数也不同。如泵的基本参数是流量和（　）；风机则需要确定风量和风压；换热器设计的关键是选择合适的冷热流体的种类、（　）及（　）；对塔设备，其关键参数则是塔（　）、塔（　）、塔内件结构、填料（　）与（　）或（　）数、设备的管口及人孔、手孔的数目和（　）等，对于精馏塔还要考虑塔顶冷凝器和塔釜再沸器的热负荷参数，从而确定其换热设备尺寸和型式。

A. 类型　　B. 热负荷　　C. 扬程　　D. 径

E. 高　　F. 换热面积　　G. 高度　　H. 规格

I. 塔板　　J. 位置

18. 由于化工设备的主体结构多为回转体，其基本视图常采用（　）视图。立式设备一般用（　）、（　）视图，卧式设备一般用（　）、（　）视图来表达设备的主体结构。

A. 主　　B. 俯　　C. 两个　　D. 侧

E. 左（右）

19. 由于化工设备的各部分结构尺寸相差悬殊，因此，化工设备图中多用（　）图（节点详图）和（　）画法来表达这些细部结构，并标注尺寸。

A. 夸大　　B. 放大　　C. 局部放大

20. 化工设备壳体上分布有众多的管口、开口及其他附件，为了在主视图上表达它们的结构形状及位置高度，可使用（　）的表达方法。

A. 剖视　　B. 多次旋转　　C. 正视

21. 化工设备图应标注（　）尺寸，即反映化工设备的规格、性能、特征及生产能力的尺寸。如贮罐、反应罐内腔（　）尺寸（筒体的内径、高或长度），换热器（　）尺寸（列管长度、直径及数量）等。

A. 容积　　B. 特性　　C. 规格性能　　D. 结构

E. 传热面积

22．化工设备图应标注（　）尺寸，即反映零部件间的相对位置尺寸，它们是制造化工设备的重要依据。如设备图中接管间的（　）尺寸，接管的（　）长度，罐体与支座的定位尺寸，塔器的塔板（　），换热器的折流板、管板间的（　）尺寸等。

A．定位　　B．大小　　C．装配　　D．伸出

E．间距

23．化工设备图应标注外形尺寸，即表达设备的（　）、（　）、（　）（或外径）的尺寸。这类尺寸较大，对于设备的包装、运输、安装及厂房设计是必要的依据。

A．长度　　B．总长　　C．总高　　D．高度

E．总宽

24．化工设备图应标注安装尺寸，即化工设备安装在（　）或其他（　）上所需要的尺寸，如支座、裙座上的地脚螺栓的（　）及孔间（　）尺寸等。

A．基础　　B．机架　　C．平台　　D．构件

E．定位　　F．孔径

25．化工设备尺寸标注的基准面，一般从设计要求的结构基准面开始，如设备筒体和封头的（　）线；设备筒体与封头的（　）缝；设备法兰的（　）面；设备支座、裙座的（　）面；接管轴线与设备表面（　）。

A．中心线　　B．连接　　C．轴　　D．交点

E．环焊　　F．底

三、判断题（正确的打√；错误的打×）

1．化工设备选型和工艺设计时要综合考虑其技术的合理性、先进性、安全性、经济性、环保性和系统性。（　）

2．设备工艺设计的步骤：①确定化工单元操作设备的基本结构；②确定设备的材质；③确定设备的基本尺寸和主要工艺参数；④确定标准设备的规格型号和数量；⑤非标设备的设计，对非标设备，根据工艺设计结果，向化工设备专业设计人员提供设计条件单，向土建人员提出设备操作平台等设计条件要求；⑥编制工艺设备一览表；⑦设备图纸会签归档。（　）

3．设备工艺设计应按照带控制点工艺流程图和工艺控制的要求，确定设备上的控制仪表或测量元件的种类、数目、安装位置、接头形式和尺寸；通过流体力学计算确定工艺和公用工程连接管口、安全阀接口、放空口、排污口等连接管口的直径及在设备上的安装位置。（　）

4．常见的标准设备如泵、风机、离心机、反应釜等是成批、系列生产的设备，只需要根据介质特性和工艺条件在产品目录或手册样本中选择合适的类型、型号和数量。对于已有标准图的设备如储罐、换热器等，只需根据计算结果选型并确定标准图的图号和型号。（　）

5．对于过高或过长的化工设备，如塔、换热器及贮罐等，为了采用较大的比例清楚地表达设备结构和合理地使用图幅，常使用断开画法，使图形缩短。（　）

6．化工设备图中接管法兰的螺栓孔用轴线表示，螺栓连接用中线上的“×”表示，法兰用矩形表示。（　）

7．已有标准图的标准化零部件在化工设备图中不必详细画出，可按比例画出反映其特征外形的简图。而在明细表中注明其名称、规格、图号等。（　）

8．在化工设备图中，外购部件的简化画法可以只画其外形轮廓简图。但要求在明细表

中注明名称、规格、主要性能参数和“外购”字样等。( )

9. 化工设备图中液面计可用点划线示意表达，并用粗实线画出“+”符号表示其安装位置，但要求在明细表中注明液面计的名称、规格、数量及标准号等。( )

10. 化工设备中按一定规律排列的管束，在设备图中可只画一根，其余的用点划线表示其安装位置。( )

11. 化工设备中按一定规律排列、并且孔径相同的孔板，如换热器中的管板、折流板、塔器中的塔板等，若为圆孔按同心圆均匀分布的管板或为圆孔按正三角形分布的管板，设备图中用交错网线表示各孔的中心位置，并画出几个孔；若为要求不高的孔板（如筛板），对孔数不作严格要求时，设备图中只要求画出钻孔范围，用局部放大图表示孔的分布情况，并标注孔径及孔间的定位尺寸。( )

12. 化工设备中（主要是塔器）规格、材质和堆放方法相同的填料，如各类环（瓷环、钢环及塑料环等）、卵石、塑料球、波纹瓷盘及木格子等，设备图中均可在堆放范围内用交叉细实线示意表达。( )

13. 化工设备中厚衬层如塑料板、耐火砖、辉绿岩板等的表达，在设备图中一般用局部放大图详细表示其基本尺寸，一般灰缝以一条粗实线表示，特殊要求的灰缝用双线表示。规格不同的砖、板应分别编号。( )

14. 在已有零件图、部件图、剖视图、局部放大图等能清楚表示出结构的情况下，装配图中的这些零部件可按比例简化为单线（粗实线）表示；但尺寸标注基准应在图纸“注”中说明，如法兰尺寸以密封平面为基准，塔盘标高尺寸以支承圈上表面为基准等。( )

15. 化工设备图应标注的其他尺寸，即零部件的规格尺寸（如接管尺寸，瓷环尺寸），不另行绘制图样的零部件的结构尺寸或某些重要尺寸，设计计算确定的尺寸（如主体壁厚、搅拌轴直径等），焊缝的结构型式尺寸等。( )

16. 化工设备图中的技术要求是以文字描述化工设备的技术条件，应该遵守和达到的技术指标等。包括通用技术条件（化工设备在加工、制造、焊接、装配、检验、包装、防腐、运输等方面的技术规范）、焊接要求［对焊接接头型式，焊接方法，焊条（焊丝）、焊剂等提出要求］、设备的检验方法与要求（对主体设备的水压和气密性进行试验，对焊缝的射线探伤、超声波探伤、磁粉探伤等相应的试验规范和技术指标）以及机械加工和装配方面的规定和要求、设备的油漆、防腐、保温（冷）、运输和安装、填料等其他要求。( )

17. 设备类型不同，其工艺设计参数也不同。如泵的基本参数是流量和扬程；风机则需要确定风量和风压；换热器设计的关键是选择合适的冷热流体的种类、热负荷及换热面积；对塔设备，其关键参数则是塔径、塔高、塔内件结构、填料类型与高度或塔板数、设备的管口及人孔、手孔的数目和位置等，对于精馏塔还要考虑塔顶冷凝器和塔釜再沸器的热负荷参数，从而确定其换热设备尺寸和型式。( )

18. 由于化工设备的主体结构多为回转体，其基本视图常采用两个视图。立式设备一般用主、俯视图，卧式设备一般用主、左（右）视图来表达设备的主体结构。( )

19. 由于化工设备的各部分结构尺寸相差悬殊，因此，化工设备图中多用局部放大图（节点详图）和夸大画法来表达这些细部结构，并标注尺寸。( )

20. 化工设备壳体上分布有众多的管口、开口及其他附件，为了在主视图上表达它们的结构形状及位置高度，可使用多个剖视的表达方法。( )

21．化工设备图应标注规格性能尺寸，即反映化工设备的规格、性能、特征及生产能力的尺寸。如贮罐、反应罐内腔容积尺寸（筒体的内径、高或长度），换热器传热面积尺寸（列管长度、直径及数量）等。(　)

22．化工设备图应标注结构尺寸，即反映零部件间的相对位置尺寸，它们是制造化工设备的重要依据。如设备图中接管间的定位尺寸，接管的伸出长度，罐体与支座的定位尺寸，塔器的塔板间距，换热器的折流板、管板间的定位尺寸等。(　)

23．化工设备图应标注外形尺寸，即表达设备的总长、总高、总宽（或外径）的尺寸。这类尺寸较大，对于设备的包装、运输、安装及厂房设计是必要的依据。(　)

24．化工设备图应标注安装尺寸，即化工设备安装在基础或其他构件上所需要的尺寸，如支座、裙座上的地脚螺栓的孔径及孔间定位尺寸等。(　)

25．化工设备尺寸标注的基准面，一般从设计要求的结构基准面开始，如设备筒体和封头的轴线；设备筒体与封头的环焊缝；设备法兰的连接面；设备支座、裙座的底面；接管轴线与设备表面交点。(　)

四、上机练习题

1．常压下两股物流逆流换热，冷物流为75%(质量分数)的乙醇水溶液，流量为1500 kg/h，进、出口温度分别为20℃和70℃；热物流为热水，进、出口温度分别为85℃和40℃。试设计此换热器。

2．精馏塔塔顶冷凝器设计。在精馏塔内将质量分数为40%的乙醇水溶液提纯至质量分数为75%的乙醇溶液。已知乙醇溶液的进料流量为10000kg/h，温度为40 ℃，压力为1.3 bar；精馏塔理论板数为20，第16块板进料，塔顶全凝器压力为1 bar，塔压降为0. 1 bar。当塔顶采出率为0.383，回流比为1.5时，塔顶乙醇纯度达到分离要求为75%（质量分数），塔底水纯度接近1。设循环冷却水进出口温度为20～40℃，塔板效率为100%。

3．在精馏塔内将质量分数为40%的乙醇水溶液提纯至质量分数为75%的乙醇溶液。已知乙醇溶液的进料流量为10000kg/h，温度为40 ℃，压力为1.3 bar；精馏塔理论板数为20，第16块板进料，塔顶全凝器压力为1 bar，塔压降为0. 1 bar。当塔顶采出率为0.383，回流比为1.5时，塔顶乙醇纯度达到分离要求为75%（质量分数），塔底水纯度接近1。设循环冷却水进出口温度为20～40℃，塔板效率为100%。采用5bar饱和水蒸气作为加热蒸汽，对习题中乙醇精馏塔进行再沸器的设计选型。

4．板式精馏塔设计。以丙烯-丙烷精馏为例，采用Aspen Plus化工流程模拟软件进行设计。原料组成（质量分数）为丙烯0.488、丙烷0.512，进料量为4300kg/h，温度为20℃，压力为2MPa。塔顶为全凝器，冷凝器压力为1.15MPa，再沸器压力1.29MPa，要求塔顶产品中丙烯含量不低于99%（质量分数），塔底产品中丙烷含量不低于97%（质量分数），用PENG-ROB物性方法。

5．利用单乙醇胺溶液吸收燃煤电厂烟道气中的二氧化碳。假设已完成严格的脱硫脱硝工序，因燃煤电厂烟道气成分复杂，假设烟道气组成：CO_2为15%（摩尔分数），N_2为78%（摩尔分数），O_2为7%（摩尔分数）。烟道气温度为40℃，流量为100 kmol/h，压力为109 kPa；单乙醇胺溶液温度为40℃，压力为110 kPa，单乙醇胺溶液中单乙醇的质量分数为30%。要求二氧化碳的脱除率为90%，吸收塔为常压操作。试设计填料吸收塔。

注：不考虑乙醇胺溶液负载二氧化碳；因化学吸收包含多种离子和多个化学反应，可用 Aspen Plus 自带的 kemea 数据包。

6．乙酸和乙醇的酯化反应为：

$$CH_3COOH+CH_3CH_2OH \longrightarrow CH_3CH_2OOCCH_3+H_2O$$

以乙酸和乙醇为原料，硫酸氢钠作为催化剂，合成乙酸乙酯，并进行反应器设计。某工段需要每天生产乙酸乙酯 10t，要求乙酸的转化率超过 80%，原料中乙酸的初始浓度为 3.5 mol/L，乙酸和乙醇等物质的量比投放。

已知：反应温度 70℃，反应动力学方程为 $r_A=kC_AC_B$[k=0.051 L/(mol · min)，下标 A、B 分别代表乙酸和乙醇]。搅拌釜内的操作压力为 0.1 MPa，入口温度为 30℃。进行反应器设计。

第五章
车间布置设计

第一节　车间布置设计概述

一、主要内容

理解化工车间的组成，车间布置设计的依据、内容及程序，以及车间（装置）平面布置方案和工业建筑物的模数、敞开构筑物的结构尺寸。

二、重点

理解初步设计阶段和施工图设计阶段的车间布置设计的内容，掌握直通管廊长条布置、组合型布置、室内布置和露天布置方案的要点。

三、考核知识点及要求

○应熟悉内容

1．一个较大的化工车间（装置）通常包括：

① 生产设施，包括生产工段、原料和产品仓库、控制室、露天堆场或储罐区等。

② 生产辅助设施，包括除尘通风室、变电配电室、机修维修室、消防应急设施、化验室和储藏室等。

③ 生活行政福利设施，包括车间办公室、工人休息室、更衣室、浴室、厕所等。

④ 其他特殊用室，如劳动保护室、保健室等。

车间平面布置就是将上述车间（装置）组成在平面上进行规范的组合布置。

2．车间布置设计的内容：在完成初步设计工艺流程图和设备选型之后，进一步的工作就是将各工段与各设备按生产流程在空间上进行组合、布置，并用管道将各工段和各设备连接起来。前者称车间布置，后者称管道布置（配管设计）。两者是分别进行的，但有时要综合起来考虑，故统称车间布置设计。车间布置设计分初步设计（基础工程设计）和施工图设计（详细工程设计）两个阶段，配管设计属于施工图设计的内容。

3．初步设计阶段的车间布置设计内容及程序：根据带控制点的工艺流程图、设备一览表等基础设计资料，以及物料储存运输、辅助生产和行政生活等要求，结合有关的设计规范和规定，进行车间布置的初步设计。

初步设计阶段的布置设计的任务是确定生产、辅助生产及行政生活等区域的布局；确定车间场地及建（构）筑物的平面尺寸和立面尺寸；确定工艺设备的平面布置图和立面布置图；确定人流及物流通道；安排管道及电气仪表管线等；编制初步设计布置设计说明书。

在初步设计阶段，车间布置设计的主要成果是初步设计阶段的车间平面布置图和立面布置图。

4. 装置（车间）平面布置方案：一般的石油化工装置采用直通管廊长条布置或组合型布置，而小型的化工车间多采用室内布置。

（1）直通管廊长条布置

直通管廊长条布置方案是在厂区中间设置管廊，在管廊两侧布置工艺设备和储罐，它比单侧布置占地面积小，管廊长度短，而且流程顺畅。将控制室和配电室相邻布置在装置的中心位置，操作控制方便，而且节省建筑费用。在设备区外设置通道，便于安装维修及观察操作。这种布置形式是露天布置的基本方案。

（2）组合型布置

有些装置（车间）组成比较复杂，其平面布置也比较复杂。例如，大型聚丙烯装置的车间组成比较复杂，有储罐、回收（精馏）、催化剂配制、聚合、分解、干燥、造粒、控制、配电、泵房、仓库及无规锅炉等部分，根据各部分的特点，分别采用露天布置、敞开式框架布置及室内布置三种方式进行组合型布置。其车间平面布置实际上是直线形、T 形和 L 形的组合。

将回收（精馏）、聚合、分解、干燥、无规锅炉等主要生产装置布置在露天或敞开式框架上；将控制、配电与生活行政设施等合并布置在一幢建筑物中，并布置在工艺区的中心位置；有特殊要求的催化剂配制、造粒及仓库等布置在封闭厂房中。

（3）室内布置和露天布置

小型化工装置、间歇操作或操作频繁的设备宜布置在室内，而且大都将大部分生产设备、辅助生产设备及生活行政设施布置在一幢或几幢厂房中。室内布置受气候影响小，劳动条件好，但建筑造价较高。

化工厂的设备布置一般应优先考虑露天布置，但是，在气温较低的地区或有特殊要求情况下，可将设备布置在室内；一般情况可采用室内与露天联合布置。在条件许可情况下，应采取有效措施，最大限度地实现化工厂的联合露天化布置。

设备露天布置优点是可以节约建筑面积，节省基建投资；可节约土地，减少土建施工工程量，加快基建进度；有火灾爆炸危险性的设备，露天布置可降低厂房耐火等级，降低厂房造价；有利于化工生产的防火、防爆和防毒（对毒性较大或剧毒的化工生产过程除外）；对厂房的扩建、改建具有较大的灵活性。缺点是受气候影响大，操作环境差，自控要求高。

目前大多数石油化工装置都采用露天或半露天布置。其具体方案是：生产中一般不需要经常操作的或可用自动化仪表控制的设备都可布置在室外，如塔、换热器、液体原料储罐、成品储罐、气柜等大部分设备，及需要大气调节温湿度的设备，如凉水塔、空气冷却器等都露天布置或半露天布置在露天或敞开式的框架上；不允许有显著温度变化，不能受大气影响的一些设备，如反应罐、各种机械传动的设备、装有精密度极高仪表的设备，及其他应该布置在室内的设备，如泵、压缩机、造粒及包装等部分设备布置在室内或有顶棚的框架上；生活、行政、控制、化验室等集中在一幢建筑物内，并布置在生产设施附近。

5．布置的具体规定详见《化工装置设备布置设计工程规定》HG 20546.2—92。学习时应重点掌握有关内容，熟悉这些规定。但不一定列入考试内容。

第二节　车间设备布置设计

一、主要内容

理解车间设备布置设计的内容，设备布置应满足生产工艺、安装检修、土建及安全、卫生的要求，以及设备平面、竖面布置的原则。

二、重点

了解设备布置应满足生产工艺、安装检修、土建及安全、卫生的要求及应对方案，以及设备竖面布置的原则。

三、考核知识点及要求

○应掌握内容

1．车间设备布置就是确定各个设备在车间平面与立面上的位置；确定场地与建（构）筑物的尺寸；确定管道、电气仪表管线、采暖通风管道的走向和位置。

具体地说，它主要包括以下几点：

① 确定各个工艺设备在车间平面和立面的位置。

② 确定某些在工艺流程图中一般不予表达的辅助设备或公用设备的位置。

③ 确定供安装、操作与维修所用的通道系统的位置与尺寸。

④ 在上述各项的基础上确定建（构）筑物与场地的尺寸。

设备布置的最终成果是设备布置图。

2．车间设备布置的要点见《化工装置设备布置设计规定》HG/T 20546.2—2009。要求熟悉这些要求，但不一定作为考试内容。

第三节　典型设备的布置方案

一、主要内容

理解立式和卧式容器、换热器、反应器，及塔的管道布置方案和布置要求。

二、重点和难点

重点：掌握立式和卧式容器、换热器、立式反应器和塔的管道平面和立面布置方案及布置要求，并确定管口方位的原则。

难点：正确确定立式和卧式容器、换热器、反应器，及塔的管口方位。

三、考核知识点及要求

○应熟悉内容

立式和卧式容器、换热器、立式反应器和塔的平面和立面布置方案及布置要求，确定管口方位的原则。详见《化工装置设备布置设计规定》HG/T 20546—2009。要求熟悉这些设备的平面和立面布置方案及布置要求，但不作为考试内容。

第四节　设备布置图

一、主要内容

结合具体实例，理解设备布置图的内容、一般规定，设备布置图的图幅、比例、尺寸单位、图面安排和视图要求，设备布置图标注内容和要求，基础工程设计阶段和详细工程设计阶段的设备布置图的内容，设备布置图的绘制与阅读的方法和步骤。

二、重点和难点

重点：掌握建筑物及其构件和设备的图示方法，设备的标注内容和标注方法，设备布置图的绘制与阅读的方法和步骤。

难点：设备位号的标注内容和标注方法，标注设备定位尺寸的基准与标注方法，设备布置图的绘制方法和阅读方法。

三、考核知识点及要求

○应熟悉内容

1. 在设备布置设计过程中，一般应该提供下列图样：设备布置图、设备安装详图、管口方位图等。其中，设备布置图是设备布置设计的主要图样。用来表示一个车间（装置）或一个工段（分区或工序）的生产和辅助设备在厂房建（构）筑内外安装布置的图样称为设备布置图。

2. 设备布置图一般包括以下内容：

（1）一组视图。表示厂房建筑的基本结构和设备在厂房内外的布置情况。

（2）尺寸及标注。注写与设备布置有关的尺寸及建（构）筑物定位轴线的编号，设备的位号及名称等。

（3）安装方位标。在图纸的右上方画出指示安装方位基准的图标。

（4）说明与附注。对设备安装有特殊要求的说明。

① 通用附注。设备布置图中都应附注如下内容。

a. 立面图见图号×××××。

b. 地面设计标高为 EL+×××.×××。

c. 图例简化画法见×××××。

② 其他附注。对设备布置图中不在“设备布置图图例及简化画法”中表示的图形进行

说明；对设备布置图中的缩写词加以说明等。

（5）设备一览表。将设备的位号、名称、技术规格及有关参数列表说明。

（6）标题栏。填写图名、图号、比例、设计阶段等。

3. 设备布置图中的图例及简化画法见 HG/T 20546—2009《化工装置设备布置设计规定》，应熟悉常用的图例及简化画法。例如图 5-1 所示：

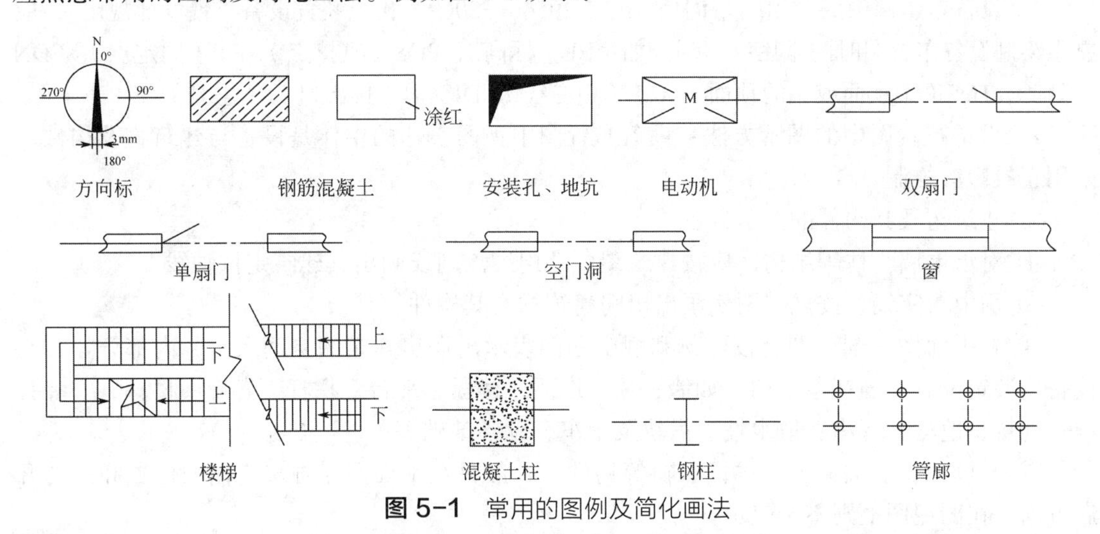

图 5-1 常用的图例及简化画法

4. 绘制设备布置图的一般规定应遵循 HG/T 20546—2009《化工装置设备布置设计规定》。要求熟悉绘制设备布置图的一般规定，但不列入考试范围。

5. 设备布置图的绘制方法和程序

（1）考虑设备布置图的视图配置。

（2）选定绘图比例。

（3）确定图纸幅面。

（4）绘制平面图。从底层平面起逐层绘制：①画出建筑定位轴线；②画出与设备安装布置有关的厂房建筑基本结构；③画出设备中心线；④画出设备、支架、基础、操作平台等的轮廓形状；⑤标注尺寸；⑥标注定位轴线编号及设备位号、标高；⑦图上如有分区，还需要绘出分区界线并标注。

（5）绘制剖面图。绘制步骤同平面图。

（6）绘制方位标。

（7）编制设备一览表，注写有关说明，填写标题栏。

（8）检查、校核，最后完成图样。

在基础工程设计阶段，还应为土建专业提供如下设计条件：

① 结合工艺流程图简要叙述车间或工段的工艺流程。

② 结合设备布置图简要说明设备在厂房内的布置情况。如厂房的高度、层数、跨度、地面或楼面的材料、坡度、负荷、门窗的位置及其他要求等。

③ 提出设备一览表。内容包括：设备位号、设备名称、规格、设备荷重（设备重量、物料重量）、装卸方式、支撑形式及备注。

④ 劳动保护情况。说明厂房的防火、防爆、防毒、防尘和防腐条件以及其他特殊条件。

⑤ 提出车间人员表。其中包括人员总数、最大班人数、男女比例。

⑥ 提出楼面、墙面的预留孔和预埋条件，地面的地沟，落地设备的基础条件。

⑦ 提出安装运输要求。如考虑安装门、安装孔、安装吊点、安装荷重、安装场地等。

○应掌握内容

1．设备布置图中的常用缩写词见 HG/T 20546—2009《化工装置设备布置设计规定》，应熟悉绘制设备布置图时的常用缩写词。如：EL（标高）、POS（支撑点）、F.P（固定点）、FDN（基础）、TOS（架顶面或钢的顶面）、C.L（中心线）、DISCH（排出口）、N（北）、E（东）等。

2．设备布置图中的图示方法：设备布置图中视图表达的主体是设备与建筑物及构件，采用正投影法绘制。

3．建筑物及其构件的图示方法

① 对承重墙、柱等结构，应按建筑图要求用细点划线画出其建筑定位轴线。

② 用中粗实线、按规定图例画出车间建筑物及其构件。

③ 在平面图及剖面图上按比例和规定图例表示出厂房建筑的空间大小、内部分隔及与设备安装定位有关的基本结构（如墙、柱、地面、楼板、平台、栏杆、管廊、楼梯、安装孔洞、地坑、地沟、管沟、散水坡、吊轨及吊车、设备基础等）。

④ 与设备安装关系不大的门、窗等构件，一般只在平面图上画出它们的位置和门的开启方向，在剖视图上则不予表示。

⑤ 表示出车间生活行政室和配电室、控制室、维修间等专业用房，并用文字标注房间名称。

4．设备的图示方法

① 用粗实线画出所有设备、设备的金属支架、电机及其传动装置。被遮盖的设备轮廓线一般可不画出，如必须表示时，则用粗虚线画出。用细点划线画出设备的中心线。

② 采用适当简化的方法画出非定型设备的外形及其附属的操作台、梯子和支架，注出支架代号。卧式设备还应画出其特征管口或标注固定侧支座位置。

③ 驱动设备只画出基础，用规定的简化画法画出驱动机，并表示出特征管口和驱动机的位置。

④ 位于室外而又不与厂房相连接的设备及其支架，一般只在底层平面图上予以表示。穿过楼层的设备，每层平面图上均应按剖面形式表示。其中楼板孔洞可不画阴影部分。

⑤ 用虚线表示预留的检修场所。

5．厂房建筑、构件的标注

（1）按土建专业图纸标注建筑物和构筑物的定位轴线编号。定位轴线的编号应注写在轴线端部的圆内，圆用细实线绘制，直径为 8mm。定位轴线的编号宜标注在图样的下方与左侧。横向编号应用阿拉伯数字（1，2，3，…），从左至右编写，竖向编号应用大写拉丁字母（A，B，C，…），从下至上顺序编号。

（2）标注厂房建筑及其构件的尺寸。

① 厂房建筑物的长度、宽度总尺寸。

② 厂房建筑、构件的定位轴线间的尺寸。

③ 为设备安装预留的孔洞及沟、坑等的定位尺寸。

④ 地面、楼板、平台、屋面的主要高度尺寸及其他与设备安装定位有关的建筑构件的高度尺寸。并标注室内外的地坪标高。

（3）注写辅助间和生活间的房间名称。

（4）用虚线表示预留的检修场地（如换热器抽管束），按比例画出，不标注尺寸。

6. 设备的标注

设备布置图中一般不注出设备的定型尺寸，只注出其定位尺寸及设备位号等。

（1）设备平面定位尺寸。平面图上设备平面定位尺寸应以建（构）筑物的定位轴线或管架、管廊的柱中心线为基准线标注定位尺寸，或以已标注定位尺寸的设备中心线为基准线进行标注。也有采用坐标系进行定位尺寸标注的，但应尽量避免以区的分界线为基准线来标注定位尺寸。

① 卧式的容器和换热器应以中心线和靠近柱轴线一端的支座为基准标注定位尺寸。

② 立式的反应器、塔、槽、罐和换热器应以中心线为基准标注定位尺寸。

③ 离心式泵、压缩机、鼓风机、蒸汽透平应以中心线出口管中心线为基准标注定位尺寸。

④ 往复式泵、活塞式压缩机应以缸中心线和曲轴（或电动机轴）中心线为基准标注定位尺寸。

⑤ 板式换热器应以中心线和某一出口法兰端面为基准标注定位尺寸。

（2）设备高度方向定位尺寸。设备高度方向的定位尺寸一般以标高表示，标高的基准一般选首层室内地面。

① 卧式的换热器、罐、槽一般以中心线标高表示（ϕEL×××.×××），也可以支撑点标高表示（POS EL××.×××）。

② 立式储槽和反应器、塔一般以支撑点标高表示（POS EL×××.×××）。

③ 立式、板式加热器一般以支撑点标高表示（POS EL×××.×××）。

④ 泵、压缩机以主轴中心线标高（ϕEL×××.×××）或底盘底面标高（即基础顶面标高 POS EL×××.×××）表示。

（3）设备位号的标注。在设备图形中心线上方标注设备位号与标高，该位号应与管道仪表流程图中的位号一致，设备位号的下方应标注支承点（如 POS EL×××.×××）或中心线如（ϕEL×××.×××）或支架架顶（如 TOS EL×××.×××）的标高。

7. 其他标注

① 管廊、管架应标注架顶的标高（TOS EL××.×××）。

② 应在相应的图示处标明“管廊”“进出界区管线”“埋地电缆”“地下管道”“排水沟”等内容。

③ 装置地面设计标高宜用 EL ±0.000 表示。

8. 设备布置图的阅读方法和步骤

设备布置图主要关联厂房建（构）筑图和化工设备布置有关的知识。它与化工设备图不同，阅读设备布置图不需要对设备的零部件投影进行分析，也不需对设备定型尺寸进行分析。它主要了解的内容有：厂房或建（构）筑物的具体方位、占地大小、内部分隔情况，以及与设备安装定位有关的建（构）筑物的结构形状和相对位置；厂房或框架的定位轴线尺寸；厂房或框架内外所有设备的平面布置和设备位号；所有设备的定位尺寸以及设备基础平面尺寸和定位尺寸；厂房或框架内操作通道、设备安装孔；每台设备主要管口等，用以指导设备的安装施工，并为管道布置设计提供基础。

（1）了解概况。通过管道仪表流程图、设备一览表了解车间（装置）的工艺过程、设备名称及位号、数量等；通过分区索引图了解设备布置分区情况，设备布置所占用的建筑物与相关建筑的情况；通过标题栏了解每张设备布置图表达的重点。

设备布置图由一组平面图和剖视图组成，这些图样不一定在一张图纸上。看图时要首先清点设备布置图的张数，明确各视图上平面图和立面图的配置，进一步分析各立面剖视图在平面上的剖切位置。弄清各个视图之间的关系。

（2）了解建（构）筑物基本结构。通过平面图、剖视图分析建（构）筑物的层次，了解各层厂房建（构）筑的标高，每层中的地面、楼板、墙、柱、梁、楼梯、门、窗及操作平台、坑、沟等结构情况，以及它们之间的相对位置。由厂房的定位轴线间距和建筑总尺寸可知房屋分间情况及具体尺寸。

（3）了解设备布置情况。首先，了解安装方位标——设计北向标志，它是厂房和设备安装的方位基准。然后，详细了解每台设备的平面定位尺寸和标高以及设备的支撑方式和尺寸。

建议结合实习装置的设备布置实景，指导学生阅读装置的设备布置图。

第五节　设备安装图

一、主要内容

结合具体实例，了解设备安装图的内容、作用，及设备安装图的画法。

二、重点和难点

重点理解设备安装图的画法。

三、考核知识点及要求

设备安装详图与一般的机械装配图相似，学生应理解设备安装图的内容、作用，及设备安装图的画法。但不作为考试内容。

第六节　应用 Pdmax 绘制设备布置图

一、主要内容

根据教材上机指导的例子，了解 Pdmax 与设备布置图相关的部分，包括设备建模、设备布置、建立设备布置图抽取规则、抽取设备布置图。

二、重点

掌握设备建模和定位方法，以及建立设备布置图抽取原则。

三、考核知识点及要求

依据上机指导例题中介绍的方法和步骤，采用 Pdmax 完成简单的三维设备布置设计，并在老师的指导下，根据上机指导的思路和方法完成规定习题的三维设备布置设计任务。

四、应用实例精讲

Pdmax是长沙思为软件有限公司研发的三维工厂设计软件，可为用户提供的功能包括三维结构设计、平断面图、设备布置、配管设计、轴测图、自动统计材料、数据匹配检查、碰撞检查、导出应力分析文件等，且能完全兼容PDMS系统数据。Pdmax以独立的数据库为基础，使用AutoCAD作为图形设计平台，应用领域涉及石油、化工、电力、燃气热力、核工业、钢铁、医药、纺织、轻工等行业，实现了多专业多用户的协同设计。Pdmax主要包括项目管理、元件等级、设计、出图与接管等模块。

因整个化工厂流程复杂，本设计以卟啉生产中试装置的反应单元为例进行设备布置演示。

1. 新建Pdmax工程

点击Pdmax快捷方式（或者双击Pdmax安装目录下的“ProgramLogin.exe”），进入如图5-2所示“高级模式”的登录界面。该界面默认工程为“SAM”，用户名为“SYSTEM”，密码为“XXXXXX”，即6个大写字母“X”，本设计选择默认。版本信息建议选择AutoCAD为2006至2016版，本工程选择AutoCAD 2014——简体中文。其他选项暂为默认。

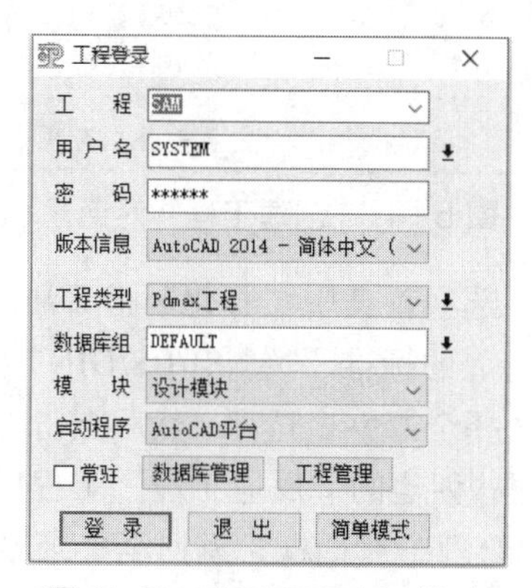

图5-2 登录界面高级模式

单击“工程登录”界面上的“工程管理”选项，进入“工程管理”对话框，如图5-3所示。

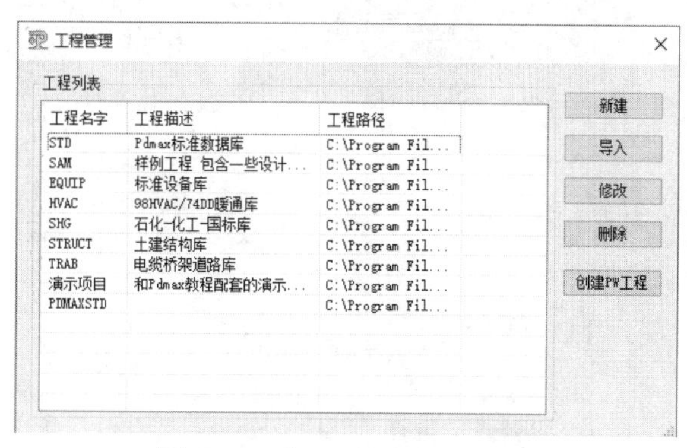

图5-3 “工程管理”对话框

点击工程管理对话框右侧的“新建”按钮，弹出“创建工程”对话框，如图5-4所示。对创建工程进行工程信息输入和标准元件库选择，如图5-5所示。详细介绍如下所述。

工程信息输入的主要内容包括：名称、描述和工程目录。工程名称用户可以任意命名，本设计在名称中输入“反应工段”；工程描述用户可以任意定义，建议定义为该工程特有的性质，本设计在描述中输入“吡啉生产工艺反应工段”；工程目录为保存新建工程的地址，点击工程目录右侧的文件夹图标可以选择工程的存放位置，Pdmax 默认存放地址为安装目录下的 Project 文件夹，本设计选择默认存放地址。

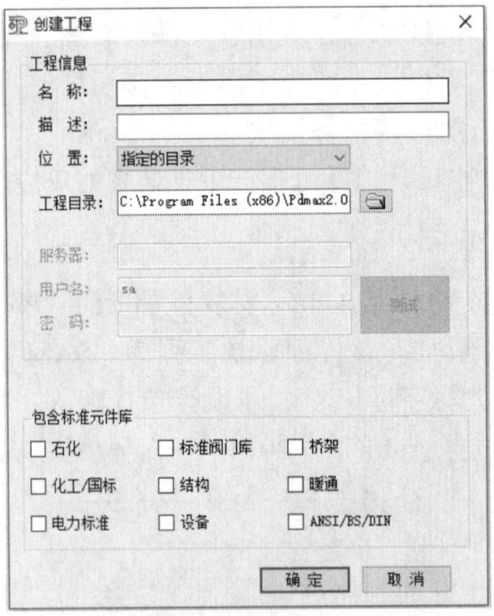

图 5-4 “创建工程”对话框

Pdmax 标准元件库包含 9 个选项，其中“石化”指石油的标准；“化工/国标”指化工行业的标准；“电力标准”指电力行业的标准；“ANSI/BS/DIN”指美国标准/英国标准/德国标准等常用欧美标准。“反应工段”选择全部 9 个选项。然后点击“创建工程”对话框中的“确定”按钮，返回“工程管理”对话框，创建的“反应工段”工程出现在“工程管理”对话框中，如图 5-6 所示；最后关闭“工程管理”对话框，返回至登录界面。

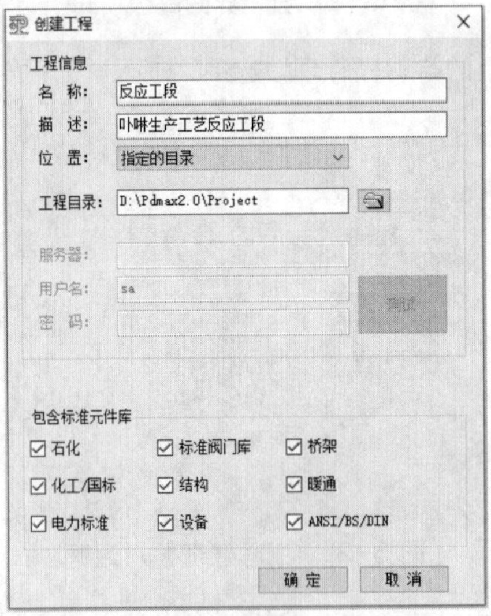

图 5-5 “创建工程”对话框

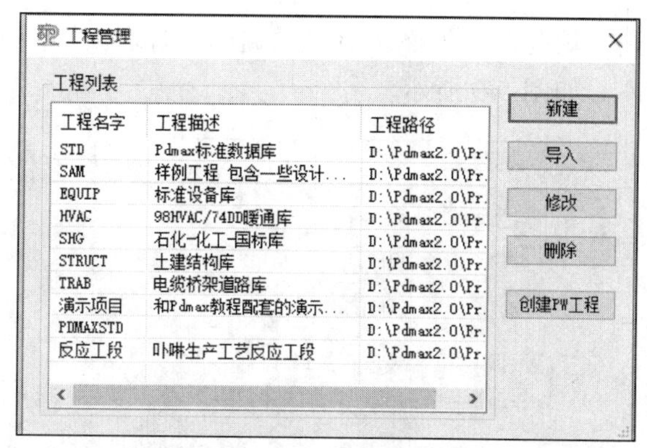

图 5-6 “工程管理”对话框

2. 创建数据库

点击“工程登录”高级模式界面左下方的“数据库管理”按钮，弹出“管理模块”对话框，如图 5-7 所示。当前工程只有一个系统默认的数据库 Sample，不能满足设计工程所需的数据，因此需要新建或引用外部数据库。也可以删除系统默认的数据库，选择设计所需的数据库。

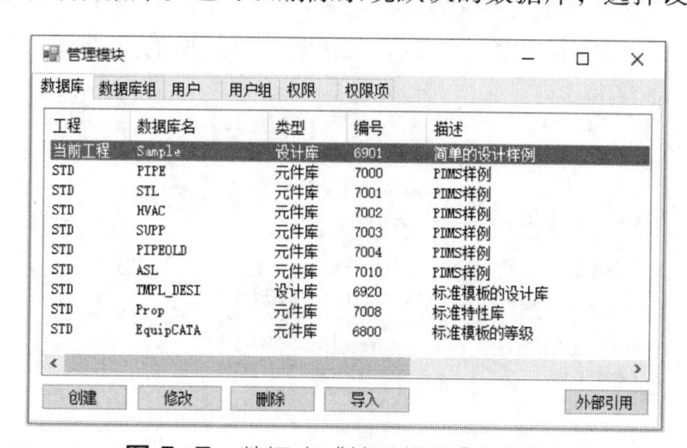

图 5-7 数据库“管理模块”对话框

选中默认数据库（如图 5-7 所示），点击下方的“删除”按钮，删除默认数据库。

选择“管理模块”对话框“数据库”选项卡，点击“创建”按钮，弹出“创建数据库”对话框。本例创建“设计”数据库，名字输入“设计”，描述输入“项目的详细设计数据”，数据库类型选择“设计模块（Design）”，然后点击确定按钮，如图 5-8 所示。

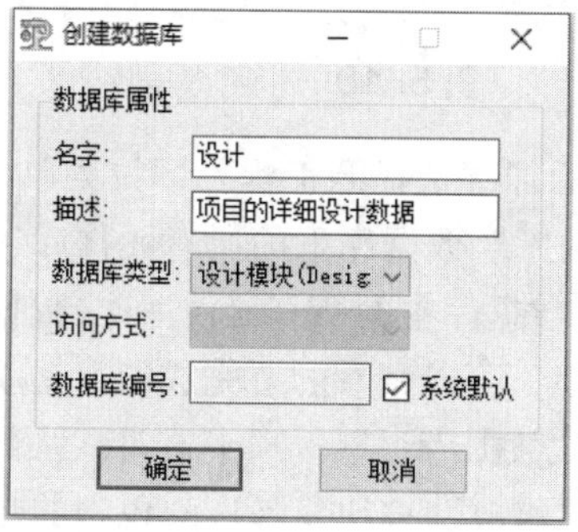

创建数据库
数据库属性
名字: 设计
描述: 项目的详细设计数据
数据库类型: 设计模块(Desig
访问方式:
数据库编号: ☑ 系统默认
确定 取消

图 5-8 创建“设计”数据库

按照上述步骤，创建“规范”数据库。点击数据库“管理模块”对话框中的“创建”按钮，创建“规范”数据库，如图 5-9 所示。

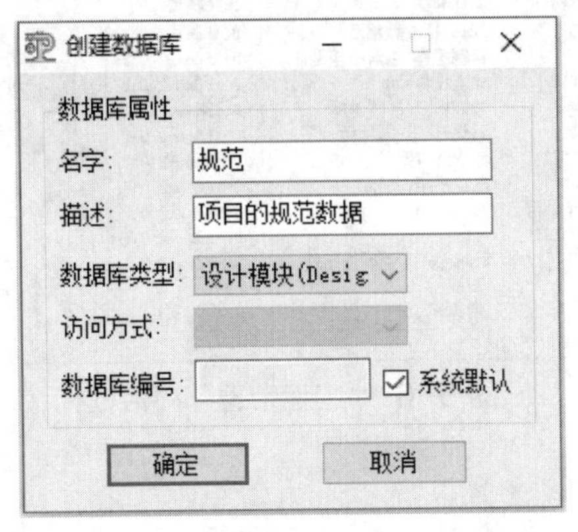

图 5-9　创建“规范”数据库

因创建的“规范”与“设计”数据库为空，需要引用外部数据库。点击“管理模块”右下角的“外部引用”按钮，弹出“包含其他工程的数据库”对话框，选择“选择源工程”下拉菜单中的“EQUIP——标准设备库”，选择该数据库下的所有元件库，并单击“引用”按钮，点击“确定”，如图 5-10 所示。

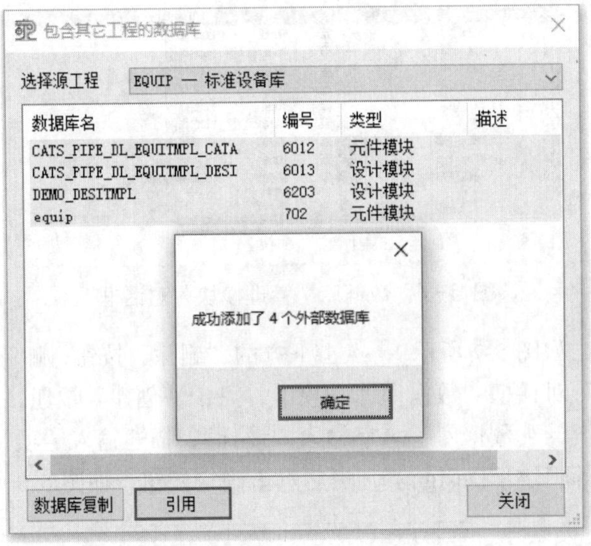

图 5-10　引用数据库

重复上述操作步骤，分别添加“选择源工程”下拉菜单中的“SHG——石化-化工-国标库”及“STRUCT——土建结构库”数据库下的所有元件库（默认数据库中若无“STD——Pdmax 标准设备库”，请添加该数据库中的所有元件库）。数据库配置完成后，点击“关闭”按钮，退回到“管理模块”页面，可以查看配置完成的数据库，如图 5-11 所示。

切换至“管理模块”中的“数据库组”选项卡，对默认数据库组进行修改，先点击默认数据库组“DEFAULT”，单击“修改”按钮，勾选“包含的数据库”中的所有数据库，单击“保存”按钮，如图 5-12 所示。

管理模块

数据库 数据库组 用户 用户组 权限 权限项

工程	数据库名	类型	编号	描述
STD	PIPE	元件库	7000	PDMS样例
STD	STL	元件库	7001	PDMS样例
STD	HVAC	元件库	7002	PDMS样例
STD	SUPP	元件库	7003	PDMS样例
STD	PIPEOLD	元件库	7004	PDMS样例
STD	ASL	元件库	7010	PDMS样例
STD	TMPL_DESI	设计库	6920	标准模板的设计库
STD	Prop	元件库	7008	标准特性库
STD	EquipCATA	元件库	6800	标准模板的等级
演示项目	规范	元件库	100	项目的规范数据
演示项目	设计	设计库	101	项目的详细设计数据
EQUIP	CATS_PIPE_DL_E...	元件库	6012	
EQUIP	CATS_PIPE_DL_E...	设计库	6013	
EQUIP	DEMO_DESITMPL	设计库	6203	
EQUIP	equip	元件库	702	
SHG	HG_GB	元件库	1001	化工/国标数据库
SHG	SHG_PIPE	元件库	6002	石化_管道
SHG	SHG_NOZZLE	元件库	6010	石化 管嘴库
SHG	SH_PROP	元件库	1017	石化 特性库
SHG	Valve	元件库	8090	标准阀门库
STRUCT	CATS_CIVIL_DOO...	元件库	6174	标准门窗元件库
STRUCT	CATS_CIVIL_FIT...	元件库	6173	标准配件库
STRUCT	CATS_CIVIL_FLO...	元件库	6172	国标系列门窗库
STRUCT	CATS_CIVIL_WAL...	元件库	6171	标准墙元件库
STRUCT	CATS_STEEL_FIT...	元件库	6152	钢结构及混凝土截面配件库
STRUCT	CATS_STEEL_PRO...	元件库	6151	钢结构及混凝土截面库
STRUCT	IDC_CATA	元件库	6112	孔洞及预埋件元件库

创建 修改 删除 导入 外部引用

图 5-11　引用数据库一览

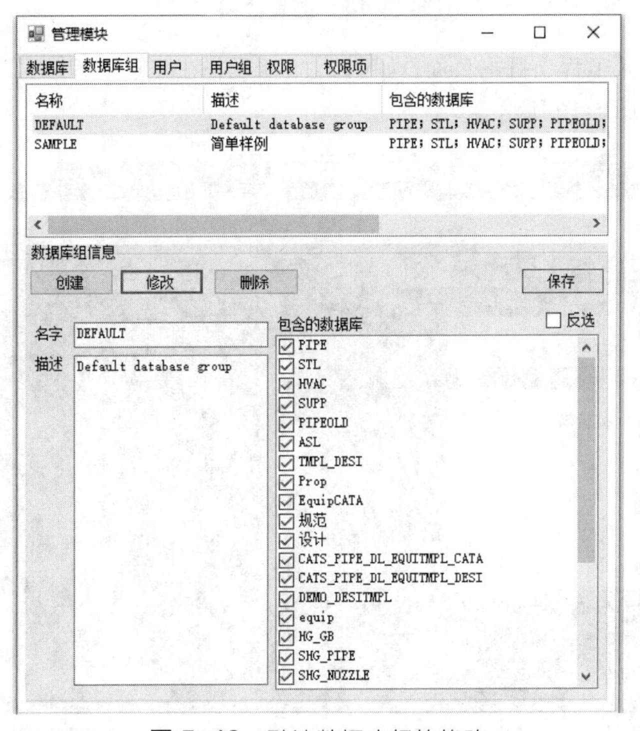

图 5-12　默认数据库组的修改

关闭“管理模块”对话框（点击右上角的“×”即可），返回至登录界面。选择数据库组中修改的“DEFAULT”数据库组，如图 5-13 所示。

图 5-13　选择数据库组

至此，数据库创建完成，单击“登录”按钮，弹出“文件加载”对话框。单击“加载”按钮，对数据库进行加载，如图 5-14 所示。

图 5-14　加载数据库

加载完成后进入工程项目主页面，如图 5-15 所示。在登录工程项目后，可以看到 Pdmax 的工程导航栏，如图 5-16 所示。

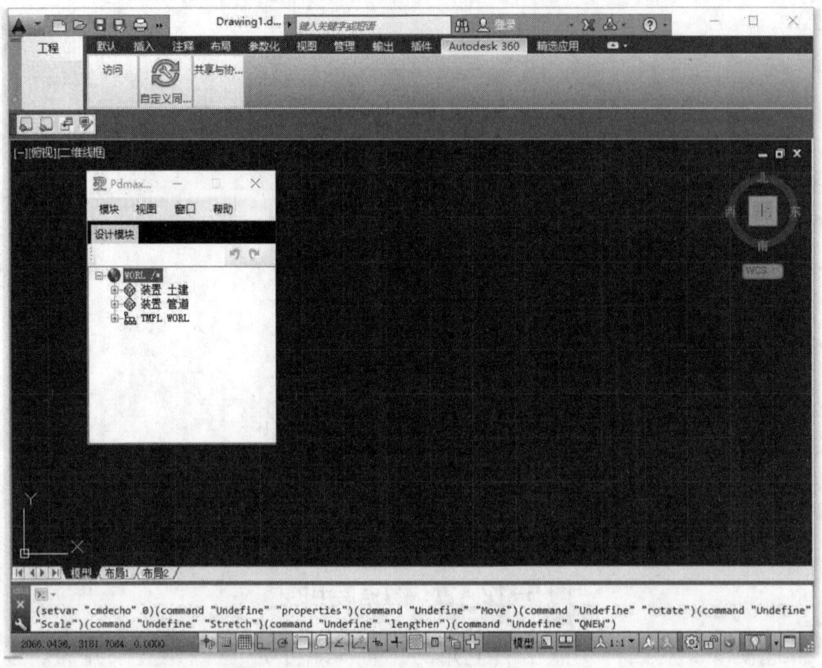

图 5-15　进入工程项目主页面

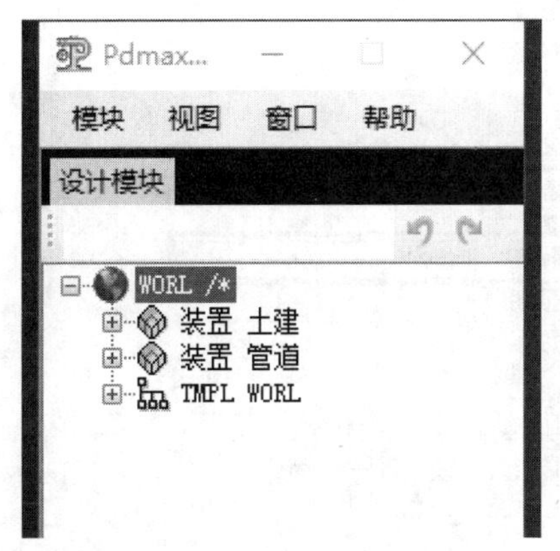

图 5-16　Pdmax 的工程导航栏

3. 创建基本土建结构

（1）创建轴网

轴网的创建是为了辅助设备等进行布置定位。

本中试车间长为 20m，宽为 8m。对导航栏“设计模块”选项卡中“装置 土建”进行展开，右键单击快捷菜单“分区 轴网”，选择“创建”中的“轴网”（如图 5-17 所示），并左键单击，弹出“创建轴网”对话框，在“基本属性”选项卡下“轴网名字”后输入“0m 轴网”，如图 5-18 所示；切换至“坐标/标签”选项卡，可以根据实际工厂布置需求设置坐标和标签，如图 5-19 所示；点击左上方的“保存”按钮，点击“确定”按钮，轴网创建完毕，如图 5-20 所示。

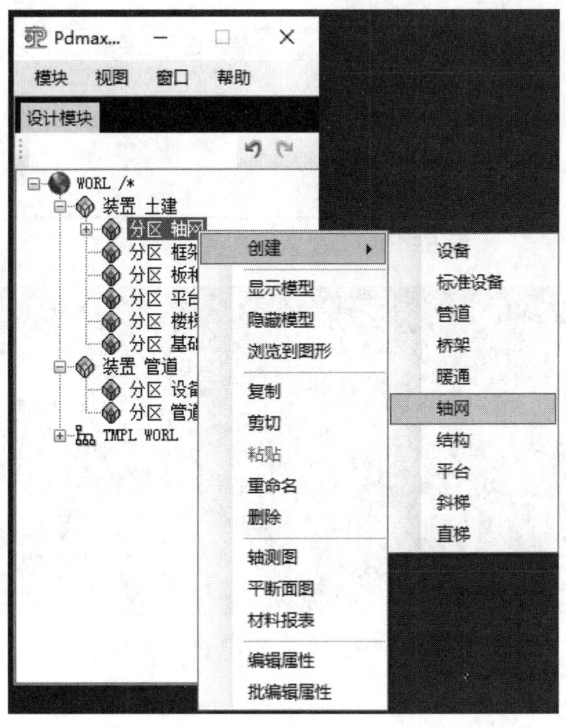

图 5-17　创建轴网操作步骤示意

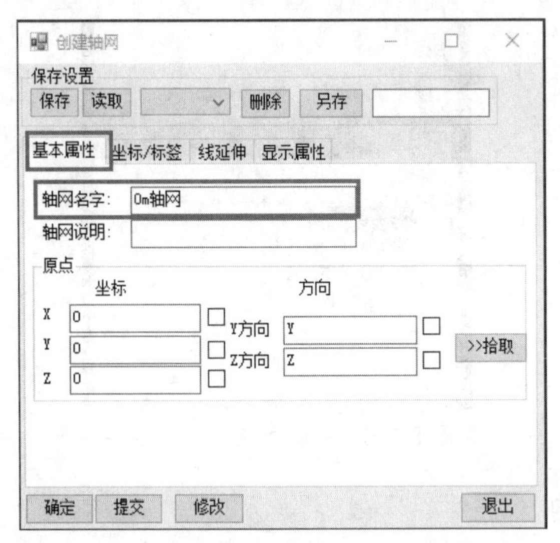

图 5-18　创建轴网-基本属性设置

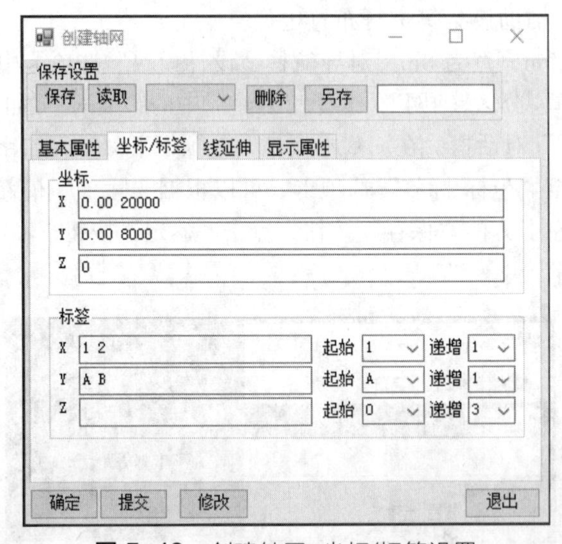

图 5-19　创建轴网-坐标/标签设置

图 5-20　中试装置轴网示意图

（2）创建框架结构

本中试车间为 3 层，2 层高度为 3.5m，3 层高度为 6m。2 层和 3 层的平台坐标为（2800，

6200），（6800，6200），（6800，8000）和（2800，8000）。

右键单击快捷菜单“分区 框架”，选择“创建”中的“结构”（如图 5-21 所示），并左键单击，弹出“创建结构”对话框，在“名字”后输入“回流罐区和换热区”，如图 5-22 所示，然后点击“确定”按钮。

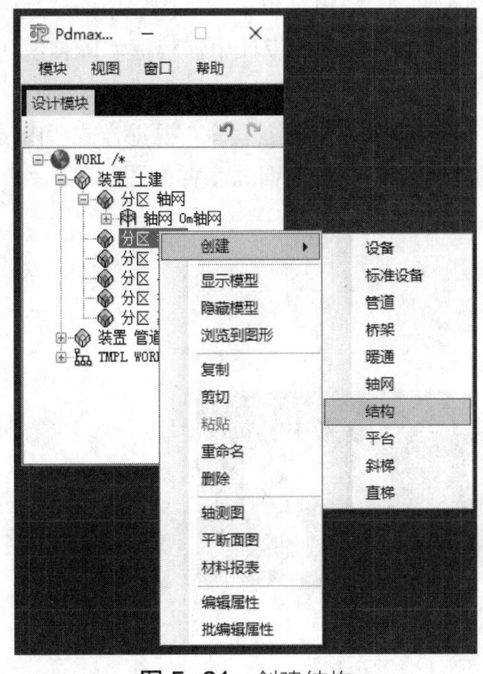

图 5-21 创建结构

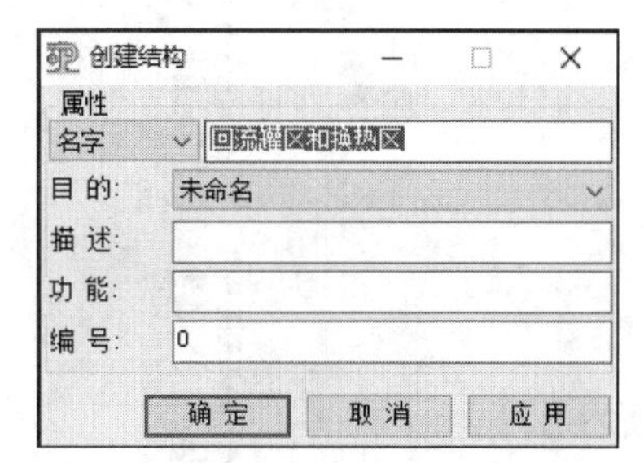

图 5-22 “创建结构”对话框

在系统主菜单栏的“钢结构”下拉菜单中选择“创建方形钢架”，弹出“创建方形钢架”对话框，根据设计任务填写方位数据，见图 5-23。点击“创建方形钢架”对话框“柱截面型

图 5-23 “创建方形钢架”对话框

材”右侧的“选择”按钮，弹出“选择截面”对话框，需要在此选择截面规格、设置型材对齐线等，本例此处选择默认选项，如图 5-24 所示，点击“确定”按钮。同样操作点击“梁截面型材”右侧的“选择”按钮，此处也为默认选项（注意对齐线为 TOS），如图 5-25 所示。依次点击“选择截面”和“创建方形钢架”对话框中的“确定”按钮。至此，框架创建完毕，如图 5-26 所示。此处，可根据个人或设计要求进行着色，利用菜单栏“视图”中的“视觉样式”进行设置。（注意：本例中未对梁和柱进行设置和示范，工程设计中需根据实际情况进行设置。）

将视图调为三维视图模式具体方法为：①选择菜单中的“视图”->“视觉样式”内的任意选项；②点击主界面右上角的“ViewCube”工具（即带有东南西北字样的图标）。

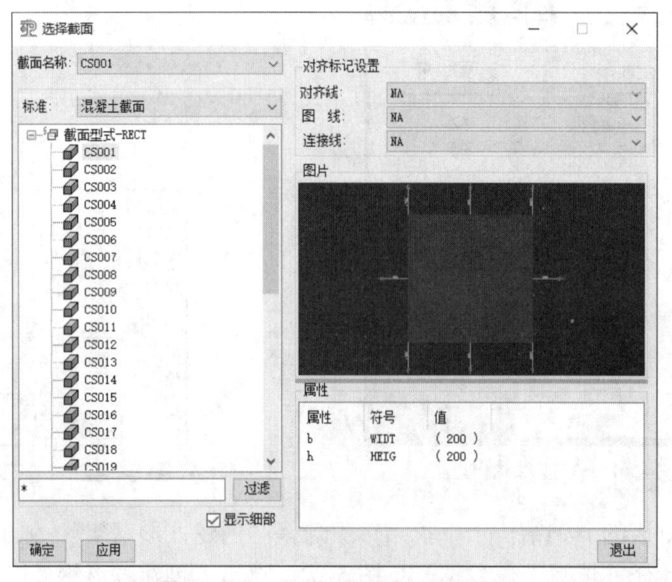

图 5-24 “选择截面”对话框 1

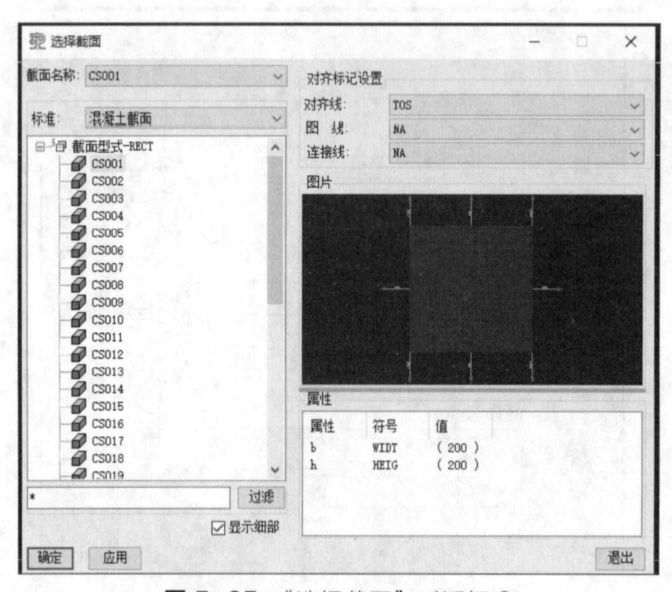

图 5-25 “选择截面”对话框 2

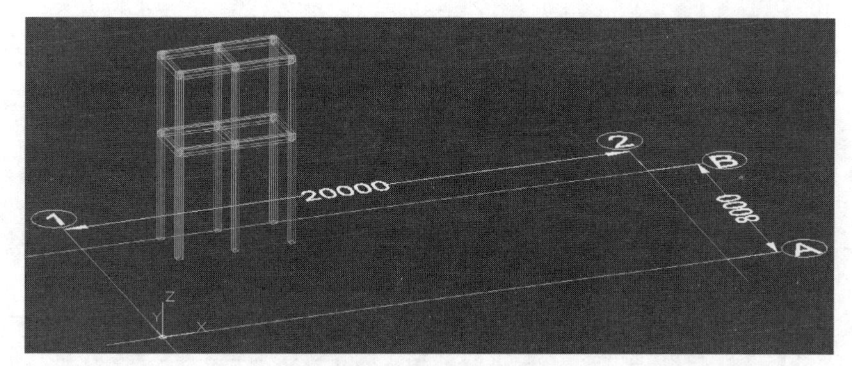

图 5-26　框架结构示意图

（3）创建板

右键单击快捷菜单“分区　板和墙”，选择“创建”中的“结构”，并左键单击，弹出“创建结构”对话框，“名字”后输入“楼板”，然后点击“确定”按钮。快捷菜单“分区　板和墙”下方出现子菜单“结构　楼板”。

在系统主菜单栏的“土建”下拉菜单中选择“创建板”。根据命令提示，输入定义板位置或捕捉板关键点，逆时针选择关键点，如图 5-27 所示。根据上述步骤对第 3 层楼板进行创建，关键点选择完毕后，在 AutoCAD 主界面正下方的命令输入窗口输入“F”，第 3 层楼板创建完毕。重复上述步骤，创建第 2 层楼板。至此，2 层楼板创建完成，如图 5-28 所示。

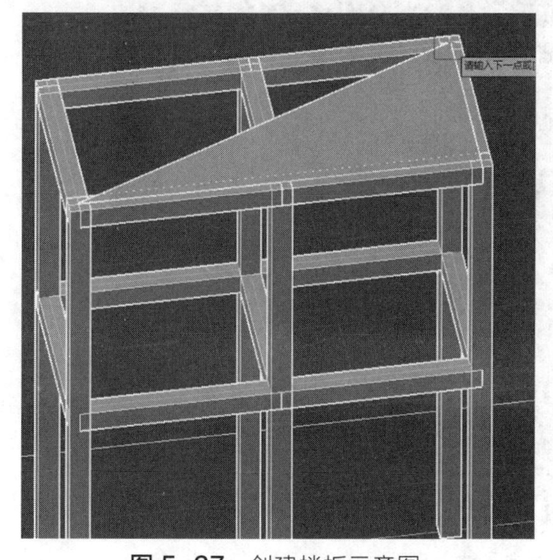

图 5-27　创建楼板示意图

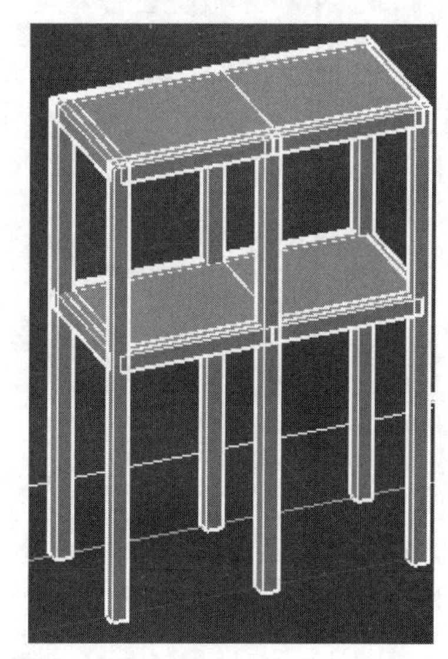

图 5-28　楼板创建完成示意图

（4）创建基础

右键单击快捷菜单“分区　基础”，选择“创建”中的“设备”，并左键单击，弹出“创建设备”对话框，“名字”后输入“基础”，如图 5-29 所示，然后点击“确定”按钮。

快捷菜单“分区　基础”下方出现子菜单“设备　基础”。在“设备　基础”下选择“创建”中的“圆柱体”，弹出“创建盒子体”对话框，为反应器 R0101 创建基础 1，即“名字”后输入“R0101 基础 1”，其他参数如图 5-30 所示，单击“确定”按钮。

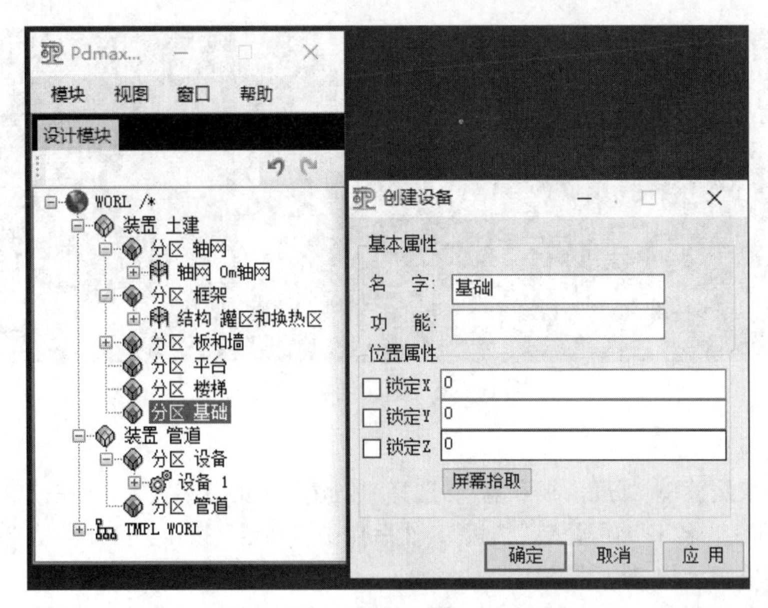

图 5-29 “创建设备”对话框

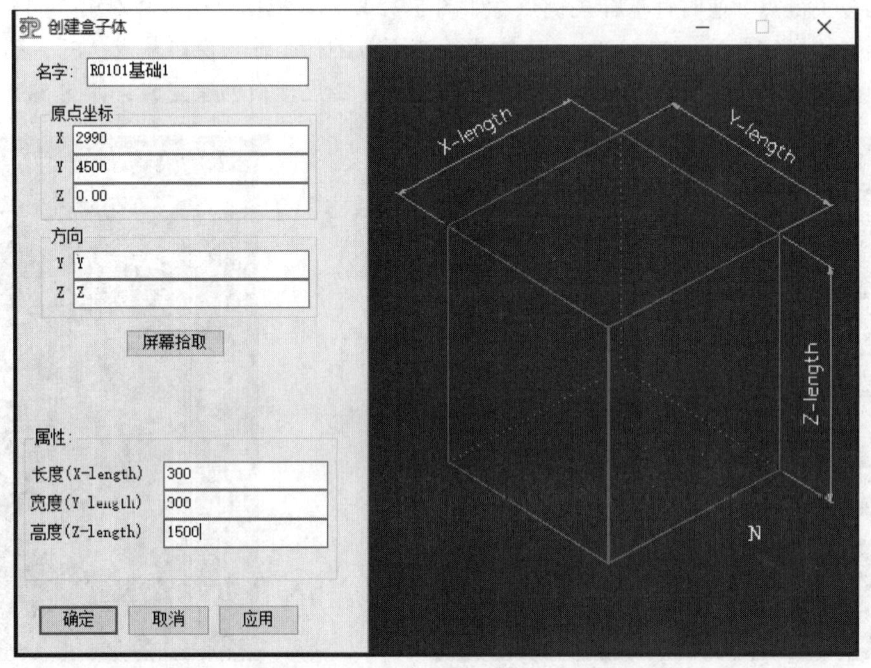

图 5-30 “创建盒子体”对话框

重复上述步骤，依次为反应器 R0101、混合泵 J0101、苯甲醛计量槽 F0101、吡咯计量槽 F0102、母液槽 F0104 和过滤器 V0101 建立基础。具体信息如下：

反应器 R0101 基础 2，中心位置坐标（3590，3900，0），轴向 Z，方盒体，长、宽和高度分别为 300、300 和 1500。

反应器 R0101 基础 3，中心位置坐标（3590，5100，0），轴向 Z，方盒体，长、宽和高度分别为 300、300 和 1500。

反应器 R0101 基础 4，中心位置坐标（4190，4500，0），轴向 Z，方盒体，长、宽和高度分别为 300、300 和 1500。

混合泵 J0101，中心位置坐标（450，6750，0），轴向 Z，方盒体，长、宽和高分别为 800、400 和 150。

苯甲醛计量槽 F0101，中心位置坐标（1850，7500，0），轴向 Z，圆柱体，直径和高度分别为 500 和 183.5。

吡咯计量槽 F0102，中心位置坐标（1850，6000，0），轴向 Z，圆柱体，直径和高度分别为 500 和 183.5。

母液槽 F0104，中心位置坐标（5090，1000，0），轴向 Z，圆柱体，直径和高度分别为 1300 和 200。

过滤器 V0101 基础 1，中心位置坐标（3432.5，2725.2，0），轴向 Z，方盒体，长、宽和高度分别为 200、200 和 200。

过滤器 V0101 基础 2，中心位置坐标（3432.5，3072.8，0），轴向 Z，方盒体，长、宽和高度分别为 200、200 和 200。

过滤器 V0101 基础 3，中心位置坐标（3905，2800，0），轴向 Z，方盒体，长、宽和高度分别为 200、200 和 200。

至此，基础创建完毕，上述设备基础创建结果如图 5-31 所示。

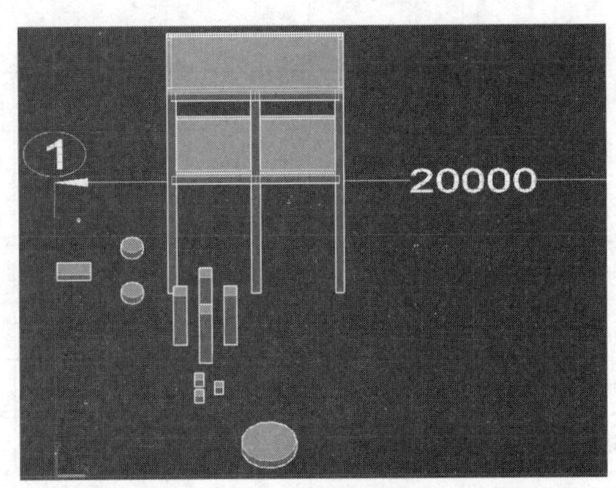

图 5-31　基础创建结果示意图

此外，Pdmax 还可以建立墙、门、楼梯和平台等。

4. 绘制 Pdmax 设备布置图

化工装置中的设备类型和规格有很多，包括反应器、塔、换热器、储罐、泵等。Pdmax 既提供了搭积木式的方法建立非定型设备，又提供了参数化的方法建立定型设备。对于常用的定型设备如管式换热器、离心泵和冷凝器等，可以建立定型设备库。

（1）建立非定型设备

非定型设备是通过搭建积木式的方法进行创建的，即通过在设备相应的位置添加相应的基本体，如方盒体、圆柱体、圆环体等，需要开孔的设备可通过在相应的基本体下面创建负实体来实现。

1）设备建立目标。建立搅拌釜式反应器 R0101 的主体及管嘴。

2）设备创建资料。实际工程中的搅拌釜式反应器比较复杂，此处为简化模型。

① **设备的模型构成**。非定型设备模型由各基本体以搭积木的方式构成。为简化过程，本例题选择标准设备中的“支承式立式容器”为基础模型建立反应器（若需要精确设置，可根据反应器实际尺寸以搭积木方式进行模型建立。本示例仅为简易反应器模型，未画出全部管嘴。）。反应器模型以原点（0，0，0）为基准坐标进行初步建立，设备模型建立完成后其底面中心位置再移动至（3950，4500，2200）位置，后续将会对设备的移动进行详细介绍。

a．支承式立式容器（即反应器主体，属于定型设备），筒体直径 1600，筒体高 1225，封头高 510，底面中心位置（0，0，0），轴向 Z。

b．圆柱体（筒体夹套），直径 1750，高 1225，底面中心位置（0，0，0），轴向 Z。

c．封头（夹套），直径 1750，高 585，底面中心位置（0，0，0），轴向-Z。

d．同心圆台体（传动装置电机），上底直径 350，下底直径 450，高 1330，底面中心位置（0，0，1700），轴向 Z。

② **设备的管嘴表及位置信息如表 5-1 所示。**

表 5-1 R0101 管嘴信息表

编号	公称压力 PN /MPa	公称尺寸 DN /mm	连接标准	法兰类型与密封面	接头型式	伸出长度	管口位置	管口朝向
N1	1.6	100	HG/T 20592	SO/FF	G4	120(200)	(−541，145，1520)	Z
N2	1.6	125	HG/T 20592	SO/FF	G4	120(200)	(237，508，1520)	Z
N3	1.6	125	HG/T 20592	SO/FF	G4	120(200)	(541，145，1520)	Z
N4	1.6	125	HG/T 20592	SO/FF	G4	120(200)	(480，−280，1520)	Z
N5	1.6	50	HG/T 20592	SO/FF	G4	150(240)	(−785，0，970)	−X
N6	1.6	50	HG/T 20592	SO/FF	G4	150(240)	(785，0，870)	X
N7	1.6	50	HG/T 20592	SO/FF	G4	150(240)	(785，0，255)	X
N8	1.6	50	HG/T 20592	SO/FF	G4	150(240)	(370，0，−361)	−Z
N9	1.6	125	HG/T 20592	SO/FF	G4	95(200)	(0，0，−455)	−Z
M1	1.6	400	HG/T 20592	SO/FF	G4	110(400)	(0，−560，1310)	Z

注：N1～N9 为 R0101 的管嘴，M1 为人孔。

3）创建步骤

① **创建立式容器**。对导航栏“设计模块”选项卡中“装置 管道”进行展开，右键单击快捷菜单“分区 设备”，选择“创建”中的“标准设备”，并左键单击，弹出“创建标准设备”对话框，“标准设备名”后输入“R0101”，“规范名”选择“标准设备”，再选择“容器”选项中的“支承式立式容器 1 立式容器”，如图 5-32 所示。然后点击右下角的“修改属性”，弹出“修改属性”对话框，根据反应器实际尺寸进行参数设定，详细数据设置如图 5-33 所示。然后依次点击“修改属性”和“创建标准设备”对话框中的“提交”按钮和 “确定”按钮，完成反应器主体部分的创建，如图 5-34 所示。

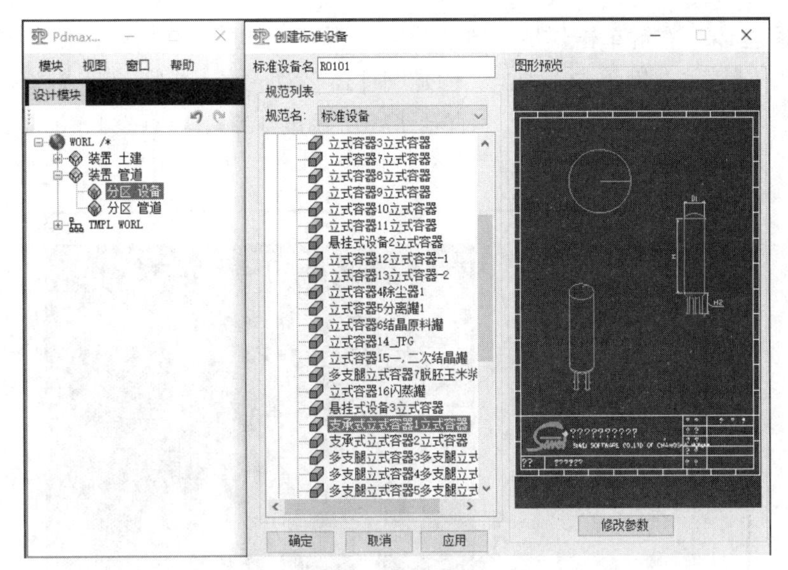

图 5-32 创建设备 R0101

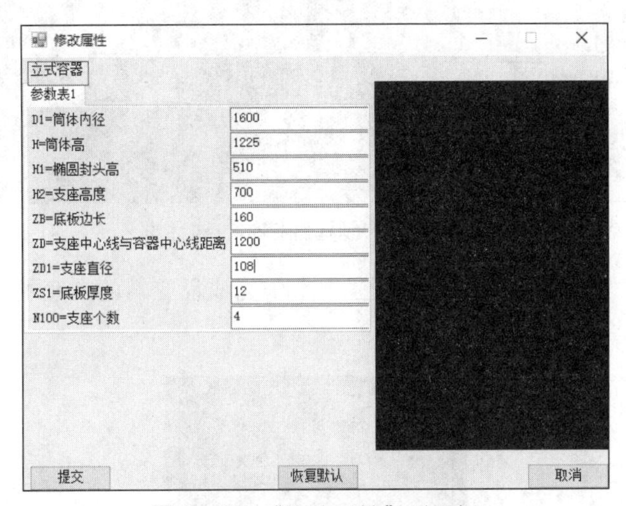

图 5-33 “修改属性”对话框

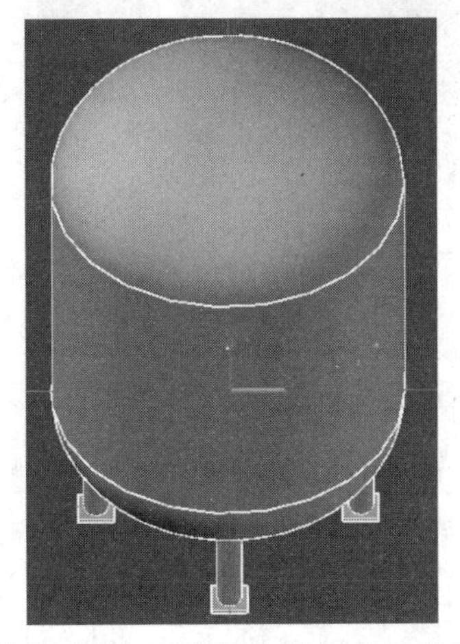
图 5-34 反应器主体部分示意图

② **创建圆柱体**。右键单击快捷菜单“分区 设备”中创建的“设备 R0101”，选择“创建”->“圆柱体”，并左键单击，弹出“创建圆柱体”对话框，根据前述圆柱体（筒体夹套）的信息进行填写，“名字”输入“夹套”，直径 1750，高度 1225，原点坐标 X、Y、Z 均为“0”，方向 Z 为“Z”，如图 5-35 所示。

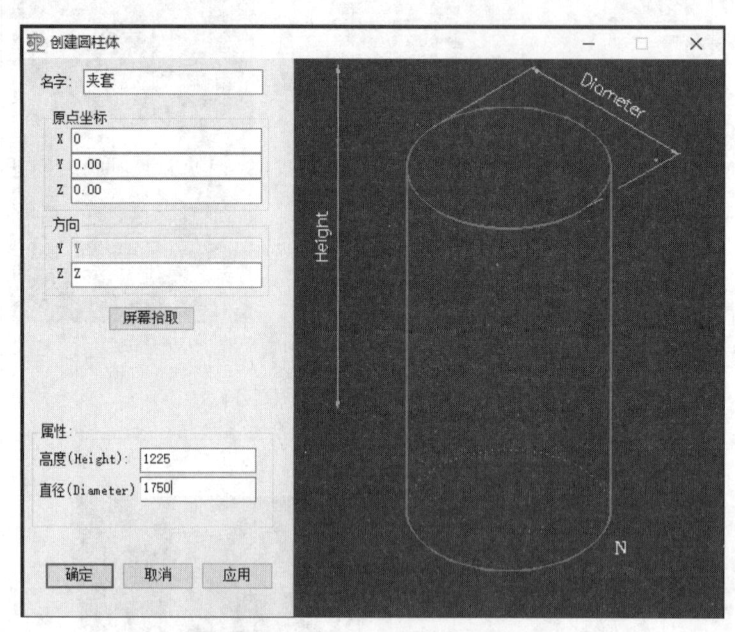

图 5-35 “创建圆柱体”对话框

点击“创建圆柱体”对话框中的“确定”按钮，完成反应器的夹套主体的创建，如图 5-36 所示。

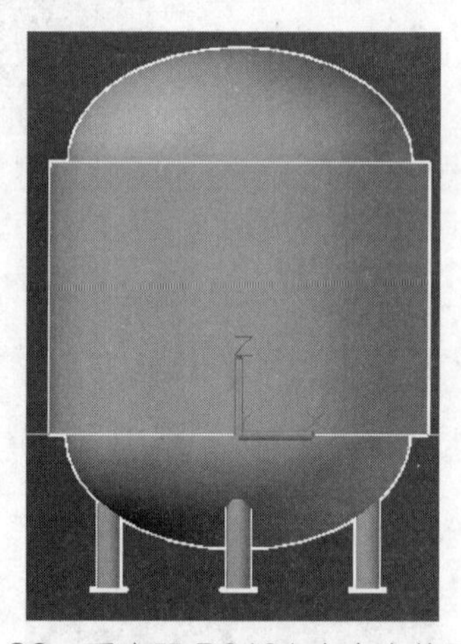

图 5-36 反应器 R0101 夹套主体示意图

③ **创建封头（圆盘体）**。仿照圆柱体的创建步骤（步骤②），创建圆盘体。因封头为椭球状的，故需要设置椭球标志非零。右键单击快捷菜单“分区 设备”中的“设备 R0101”，单击“创建”->“圆盘体”，弹出“创建圆盘”对话框，根据前述封头的信息进行定义，“名字”输入“封头”，原点坐标 X、Y、Z 选择默认值“0”，方向 Z 为“-Z”，直径 1750，高度

585，椭球标志为 1，如图 5-37 所示。

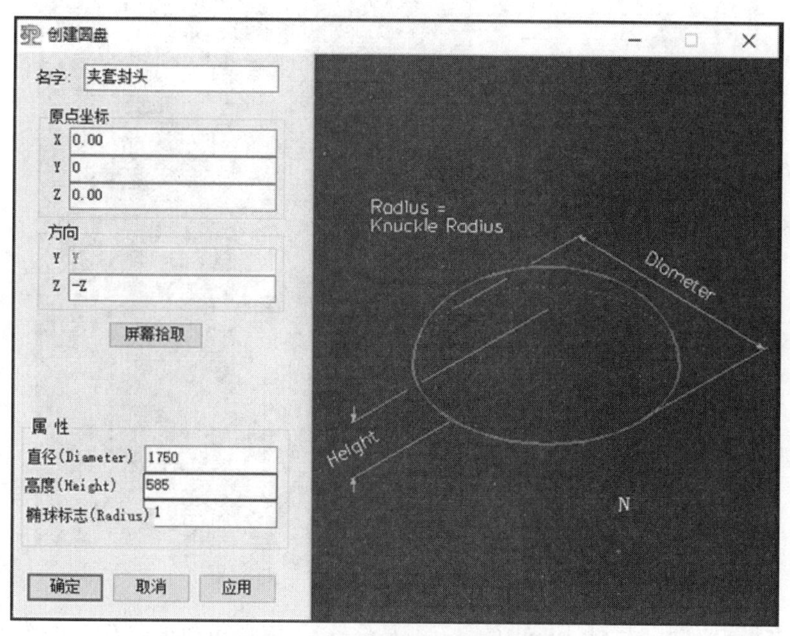

图 5-37 “创建圆盘”对话框

点击“创建圆盘”对话框中的“确定”按钮，完成封头的创建，如图 5-38 所示。

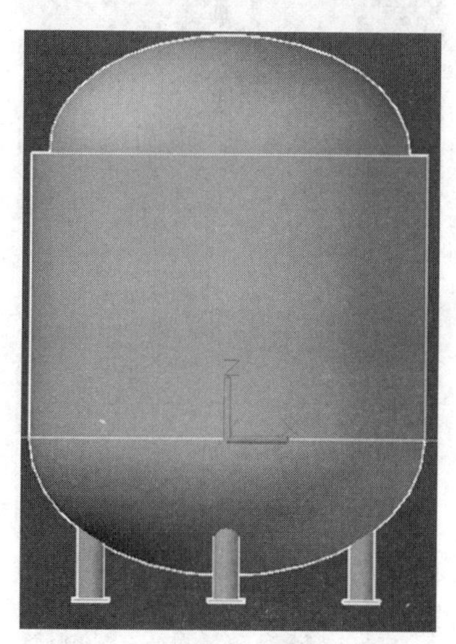

图 5-38 创建封头示意图

④ **创建圆台体。**仿照圆柱体的创建步骤（步骤②），创建圆台体。本例未对电机尺寸进行精确测量与计算，本例仅为示例。右键单击快捷菜单“分区 设备”中的“设备 R0101”，单击“创建”-> “同心圆台体”，弹出“创建同心圆台”对话框，根据前述同心圆台体（传动装置电机）的信息进行定义，“名字”输入“电机”，原点坐标 X 和 Y 选择默认值“0”，Z 为“1700”（估算值），方向 Z 为“Z”，上底直径 350，下底直径 450，高度 1330，如图 5-39 所示。

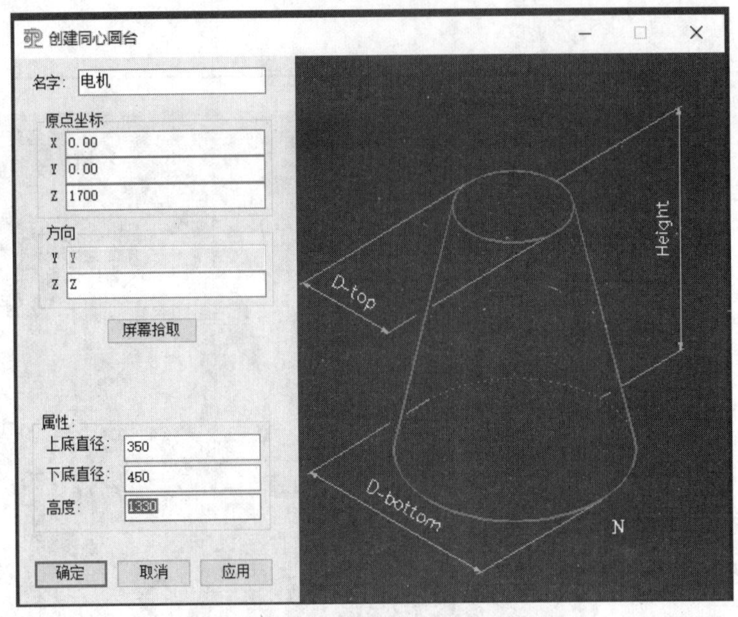

图 5-39 “创建同心圆台”对话框

点击“创建同心圆台”对话框中的“确定”按钮，完成电机的创建，如图 5-40 所示。

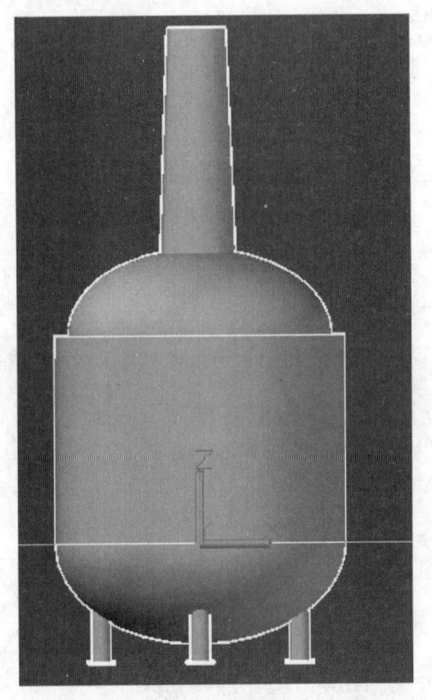

图 5-40 创建电机示意图

⑤ **创建管嘴**。仿照步骤②，创建管嘴 N1。右键单击快捷菜单“分区 设备”中的“设备 R0101”，单击“创建” -> “管嘴”，在“创建管嘴”对话框中输入前述管嘴 N1 的信息，“名字”输入“N1”，原点坐标 X 输入“-541”，Y 输入“145”，Z 输入“1520”，高度输入“200”；点击“管嘴类型”，弹出“修改管嘴等级”对话框，根据表 5-1 选择管嘴类型（公称压力为 1.6MPa，公称尺寸 100mm，法兰类型与密封面类型为 SO/FF），如图 5-41 所示。

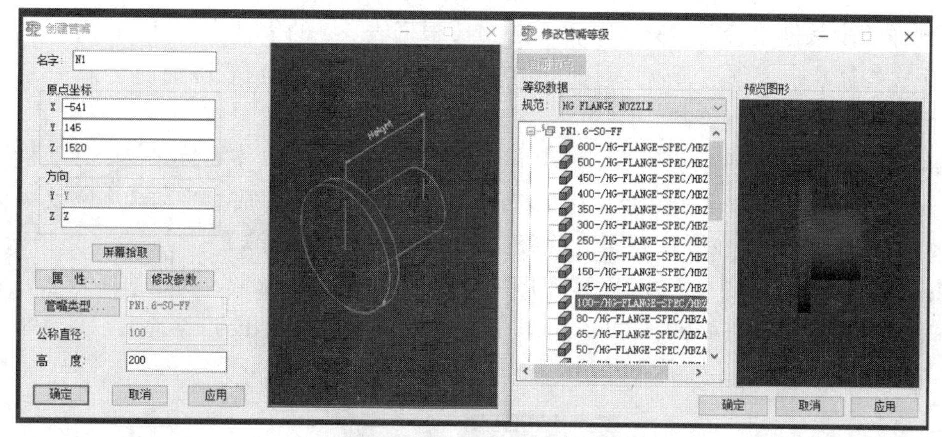

图 5-41 创建管嘴 N1

点击“创建管嘴”对话框中的“确定”按钮，完成管嘴 N1 的创建，如图 5-42 所示。

图 5-42 创建管嘴 N1 示意图

以同样的步骤创建管嘴 N2，根据表 5-1 的信息输入相关内容和选择管嘴类型，如图 5-43 所示。点击“创建管嘴”对话框中的“确定”按钮，完成管嘴 N2 的创建。

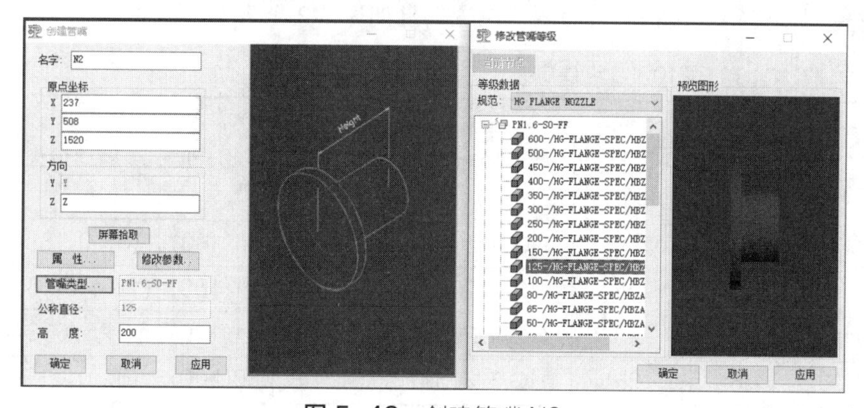

图 5-43 创建管嘴 N2

以同样的步骤创建管嘴 N3～N9 和人孔 M1，根据表 5-1 的信息输入相关内容及选择管嘴类型，每次均需点击“创建管嘴”对话框中的“确定”按钮，完成管嘴的创建。（注意：本例中未对温度测量孔等进行绘制。）

至此，反应器 R0101 建立完成，将其移动至合适的位置。具体为首先选中导航栏“设计模块”中已创建（需移动）的设备 R0101 或者在 AutoCAD 主界面上手动选中需要移动的设备 R0101；在 AutoCAD 主界面正下方的命令输入窗口输入“MOVE”的命令，点击回车键；再按照指示选择基点，输入“0，0，0”（即原点坐标），点击回车键；指定第二个点，坐标输入对话框中输入“3590，4500，2200”（即往 X 轴、Y 轴和 Z 轴正方向分别位移 3590，4500 和 2200），点击回车键。位移后设备如图 5-44 所示。

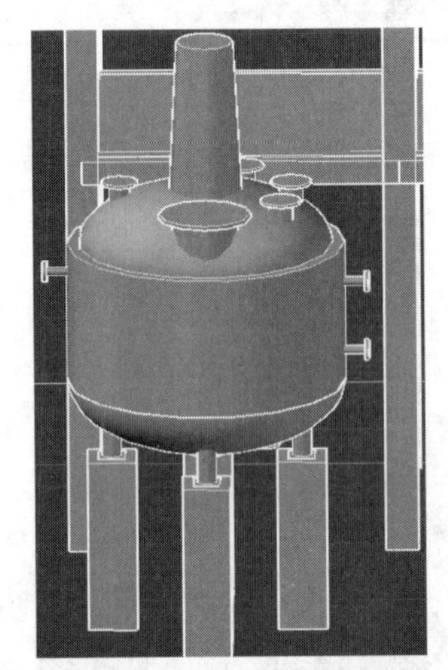

图 5-44 移动后的反应器示意图

（2）建立定型设备

定型设备，又称标准设备，Pdmax 中可以在“分区”节点下通过创建标准设备来创建定型设备。

1）设备建立目标。使用系统提供的参数化设备建立本设计中的标准设备苯甲醛计量槽 F0101、吡咯计量槽 F0102、回流罐 F0103、母液槽 F0104、真空过滤器 V0101、混合泵（离心泵）J0101、回流冷凝器 C0101。

2）设备创建资料。设备的管嘴表与位置信息如表 5-2 至表 5-5 所示。

表 5-2 F0101 和 F0102 管嘴信息表

编号	公称压力 PN/MPa	公称尺寸 DN/mm	连接标准	法兰类型与密封面	伸出长度	管口位置	管口朝向
N10 和 N14	1.6	25	HG/T 20592	SO/FF	50(100)	(0，0，840)	Z
N11 和 N15	1.6	25	HG/T 20592	SO/FF	81(100)	(125，0，840)	Z
N12 和 N16	1.6	25	HG/T 20592	SO/FF	81(100)	(−125,0,840)	Z
N13 和 N17	1.6	25	HG/T 20592	SO/FF	50(100)	(0，0，−90)	−Z

注：N10～N13 为 F0101 的管嘴，N14～N17 为 F0102 的管嘴。

表 5-3 F0103 管嘴信息表

编号	公称压力 PN/MPa	公称尺寸 DN/mm	连接标准	法兰类型与密封面	伸出长度	管口位置	管口朝向
N18	1.6	25	HG/T 20592	SO/FF	50(100)	(0，0，890)	Z
N19	1.6	25	HG/T 20592	SO/FF	78(100)	(150，0，890)	Z
N20	1.6	25	HG/T 20592	SO/FF	78(100)	(−150，0，890)	Z
N21	1.6	25	HG/T 20592	SO/FF	50(100)	(0，0，−90)	−Z
N22	1.6	25	HG/T 20592	SO/FF	50(100)	(0，−200，700)	−Y

表 5-4 F0104 管嘴信息表

编号	公称压力 PN/MPa	公称尺寸 DN/mm	连接标准	法兰类型与密封面	伸出长度	管口位置	管口朝向
N23	1.6	40	HG/T 20592	SO/FF	50(200)	(0，0，1750)	Z
N24	1.6	50	HG/T 20592	SO/FF	152(200)	(450，0，1750)	Z
N25	1.6	25	HG/T 20592	SO/FF	152(200)	(−450，0，1750)	Z
N26	1.6	50	HG/T 20592	SO/FF	50(200)	(0，0，−150)	−Z

表 5-5 V0101 和 J0101 管嘴信息表

编号	公称压力 PN/MPa	公称尺寸 DN/mm	连接标准	法兰类型与密封面	伸出长度	管口位置	管口朝向
N27	1.6	40	HG/T 20592	SO/FF	50(100)	(0,0,−200)	−Z
N28	1.6	50	HG/T 20592	SO/FF	100	(917.5,0,0)	X
N29	1.6	32	HG/T 20592	SO/FF	100	(700,0,80)	Z

注：N27 为 V0101 的管嘴，N28 和 N29 为 J0101 的管嘴。

3）创建设备模型

① **创建苯甲醛计量槽 F0101 及管嘴**。对导航栏“设计模块”选项卡中“装置 管道”进

行展开，右键单击快捷菜单“分区 设备”，选择“创建”中的“标准设备”，并左键单击。弹出“创建标准设备”对话框，“标准设备名”输入“F0101”，然后选择“规范名”下拉列表中的“标准设备”，选择标准设备菜单中的“容器”->“支承式立式容器1立式容器”，如前所述。

点击“创建标准设备”对话框右下方的“修改参数”按钮，弹出“修改属性”对话框，填写相关参数。筒体内径400，筒体高750，椭圆封头高140，支座高度390，底板边长40，支座中心线与容器中心线距离250，支座直径38，底板厚度12，支座个数3，如图5-45所示。依次点击“修改属性”对话框中的“提交”与“创建标准设备”对话框中的“确定”，完成设备主体的建立。

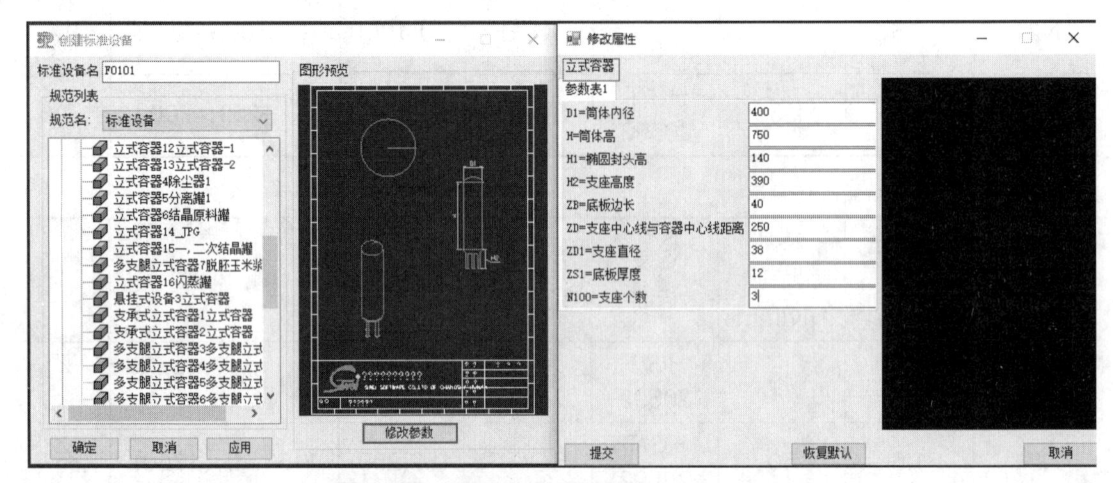

图5-45 创建苯甲醛计量槽F0101主体

至此，计量槽F0101主体建立完成，如图5-46所示。

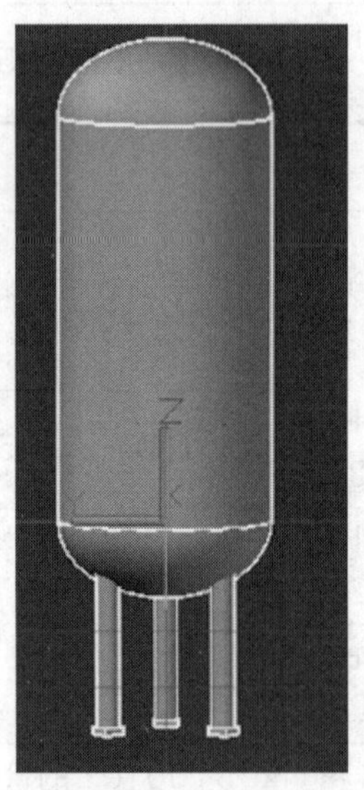

图5-46 计量槽F0101主体示意图

仿照绘制反应器管嘴的方法，为设备F0101建立管嘴N10至N13。右键单击快捷菜单“分区 设备”中的“设备 F0101”，单击“创建”->“管嘴”，弹出“创建管嘴”对话框，参照

表 5-2 中的资料信息，“名字”输入“N10”，原点坐标 X 和 Y 输入“0”，Z 输入“840”，方向 Z 输入 Z；高度输入“100”；点击“管嘴类型”，弹出“修改管嘴等级”对话框，根据表 5-2 提供的信息选择管嘴，如图 5-47 所示。依次单击“修改管嘴等级”和“创建管嘴”对话框中的“确定”按钮，完成管嘴 N10 的创建。

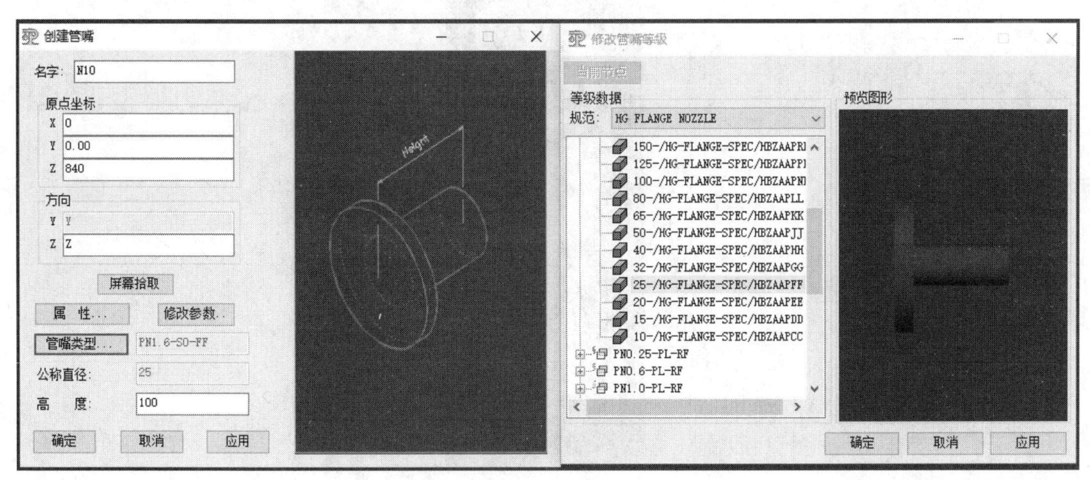

图 5-47 创建管嘴 N10

依照上述步骤，参照表 5-2 中提供的信息，建立设备 F0101 的管嘴 N11 至 N13。至此，计量槽 F0101 创建完毕，如图 5-48 所示。

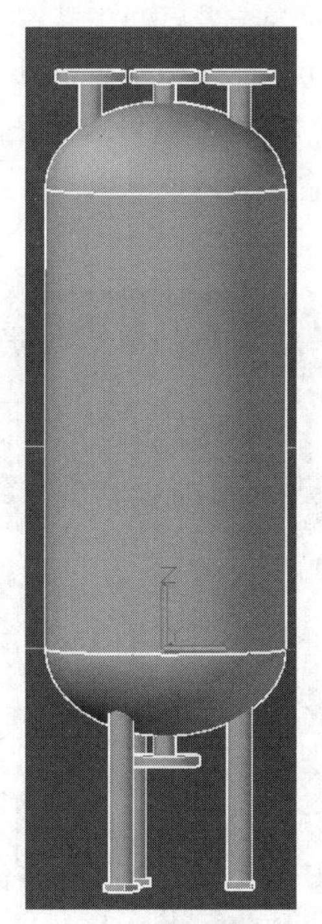

图 5-48 计量槽 F0101 示意图

按照前述步骤将计量槽 F0101 移动至合适的位置，设备位置坐标为（1850，7500，573.5）。位移后设备如图 5-49 所示。

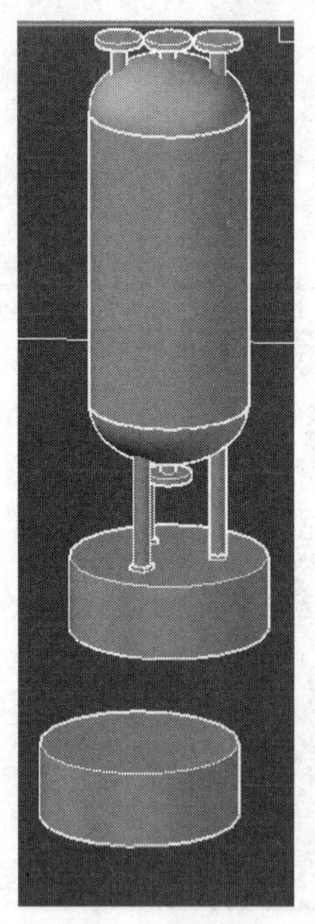

图 5-49　移动后计量槽 F0101 示意图

② **创建吡咯计量槽 F0102**。吡咯计量槽 F0102 与苯甲醛计量槽 F0101 为相同的设备（型号和尺寸均一样），可以按照创建 F0101 完全相同的步骤创建 F0102，也可以采用系统主菜单栏“编辑”下拉菜单中的“平移/阵列/旋转/镜像复制”进行设置，还可以采用“复制”“粘贴”功能进行创建。本例采用第三种方法，即选中快捷菜单“分区 设备”中的“设备 F0101”，右键单击“复制”，然后单击“粘贴”，再按照指示选择基点，输入“1850，6000，573.5”，点击回车键；指定第二个点，坐标输入对话框输入“0，-1500，0”，点击回车键。复制、粘贴后设备如图 5-50 所示。

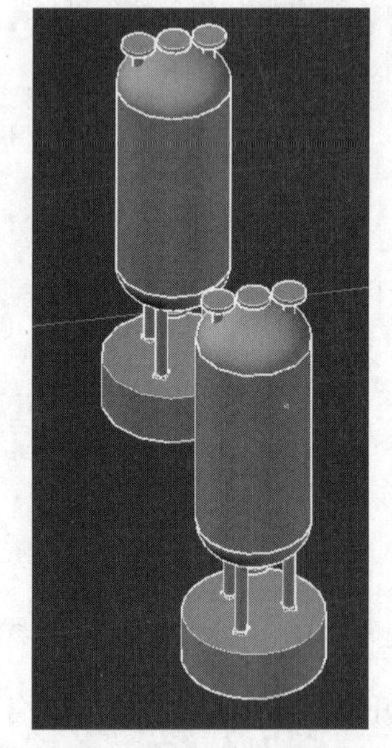

图 5-50　复制粘贴设备 F0101

然后，将设备重命名为 F0102，管嘴名称从 N10～N13 改为 N14 至 N17，如图 5-51 所示

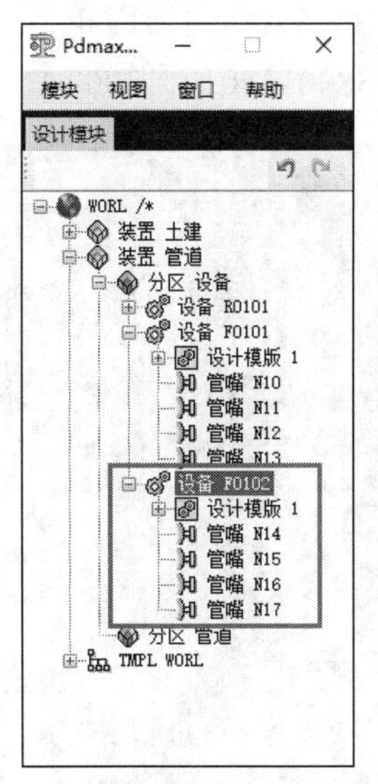

图 5-51 修改设备 F0102 及管嘴名称

③ 创建回流罐 F0103 和母液槽 F0104 及管嘴。回流罐 F0103 和母液槽 F0104 与苯甲醛计量槽 F0101 的创建步骤完全相同，仅“修改属性”对话框内的数值和管嘴的大小不一样。

对导航栏“设计模块”选项卡中“装置 管道”进行展开，右键单击快捷菜单“分区 设备”，选择“创建”中的“标准设备”，并左键单击，弹出“创建标准设备”对话框，“标准设备名”输入“F0103”。然后，选择“规范名”下拉列表中的“标准设备”，选择标准设备菜单中的“容器”->“支承式立式容器 1 立式容器”。点击“创建标准设备”对话框右下方的“修改参数”按钮，弹出“修改属性”对话框，具体参数如图 5-52 所示。依次点击“修改属性”对话框中的“提交”与“创建标准设备”对话框中的“确定”按钮，完成设备主体的建立。

修改属性

立式容器

参数表1

参数	值
D1=筒体内径	500
H=筒体高	800
H1=椭圆封头高	140
H2=支座高度	390
ZB=底板边长	40
ZD=支座中心线与容器中心线距离	300
ZD1=支座直径	38
ZS1=底板厚度	12
N100=支座个数	3

提交 恢复默认 取消

图 5-52 设备 F0103“修改属性”对话框

依照上述步骤，参照表 5-3 中提供的信息，建立设备 F0103 的管嘴 N18 至 N22。至此，计量槽 F0103 创建完毕。通过在 AutoCAD 主界面正下方的命令输入窗口输入“MOVE”命令的方式，将设备 F0103 移动至（3800，7010，3902）处，移动后的设备如图 5-53 所示。

图 5-53 设备 F0103 和其位置示意图

采用上述相同的步骤创建母液槽 F0104，“修改属性”对话框内参数如图 5-54 所示。依照上述步骤，参照表 5-4 中提供的信息，建立设备 F0104 的管嘴 N23 至 N26。

修改属性

立式容器

参数表1

参数	值
D1=筒体内径	1200
H=筒体高	1600
H1=椭圆封头高	300
H2=支座高度	550
ZB=底板边长	160
ZD=支座中心线与容器中心线距离	840
ZD1=支座直径	108
ZS1=底板厚度	12
N100=支座个数	3

提交　恢复默认　取消

图 5-54 设备 F0104“修改属性”对话框

至此，母液槽 F0104 创建完毕。通过在 AutoCAD 主界面正下方的命令输入窗口输入“MOVE”命令的方式，将设备 F0104 移动至（5090，1000，760）处，移动后的设备如图 5-55 所示。

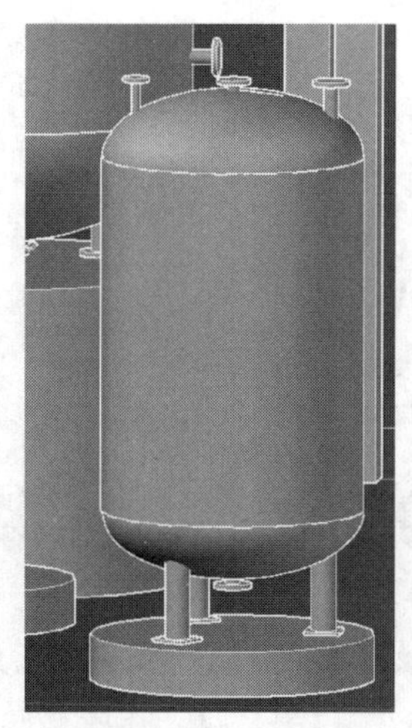

图 5-55 设备 F0104 和其位置示意图

④ **创建真空过滤器 V0101 及管嘴**。此处将真空过滤器简化成没有上封头的“支承式立式容器 1 立式容器”，故创建步骤同苯甲醛计量槽 F0101。右键单击快捷菜单“分区 设备”，选择“创建”中的“标准设备”，并左键单击，弹出“创建标准设备”对话框，“标准设备名”输入“V0101”，然后选择“规范名”下拉列表中的“标准设备”，选择标准设备菜单中的“容器”->“支承式立式容器 1 立式容器”。点击“创建标准设备”对话框右下方的“修改参数”按钮，弹出“修改属性”对话框，具体参数如图 5-56 所示（注：部分参数为估算值）。依次点击“修改属性”对话框中的“提交”与“创建标准设备”对话框中的“确定”按钮，完成设备主体的建立，即完成立式容器的建立。选中主界面上容器的上封头，点击“Delete”键进行删除，至此，真空过滤器主体建立完成。

依照上述步骤，参照表 5-5 中提供的信息，建立设备 V0101 的管嘴 N27。至此，真空过滤器 V0101 创建完毕。通过在 AutoCAD 主界面正下方的命令输入窗口输入“MOVE”命令的方式，将设备 V0101 移动至（3590，2800，600）处，移动后的设备如图 5-57 所示。

修改属性

立式容器

参数表1

参数	值
D1=筒体内径	1000
H=筒体高	600
H1=椭圆封头高	250
H2=支座高度	400
ZB=底板边长	80
ZD=支座中心线与容器中心线距离	630
ZD1=支座直径	38
ZS1=底板厚度	12
N100=支座个数	3

提交　恢复默认　取消

图 5-56 设备 V0101“修改属性”对话框

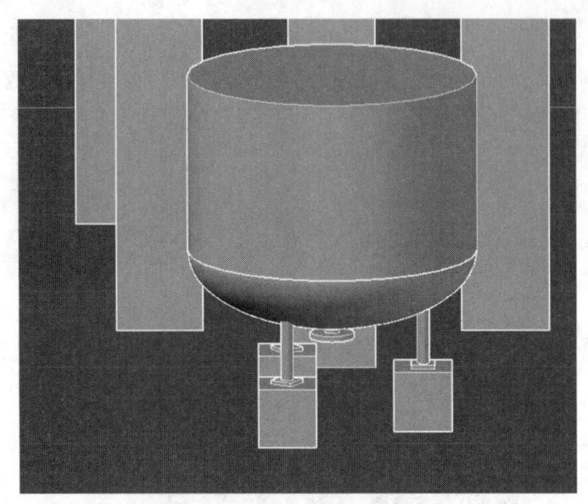

图 5-57　设备 V0101 和其位置示意图

⑤ **创建离心泵 J0101 及管嘴**。对导航栏“设计模块”选项卡中“装置 管道”进行展开，右键单击快捷菜单“分区 设备”，选择“创建”中的“标准设备”，并左键单击，弹出“创建标准设备”对话框，“标准设备名”输入“J0101”。然后，选择“规范名”下拉列表中的“标准设备”，选择标准设备菜单中的“泵”-> “泵 1P1”。点击“创建标准设备”对话框右下方的“修改参数”按钮，弹出“修改属性”对话框，填写相关参数，详细数据如图 5-58 所示。依次点击“修改属性”对话框中的“提交”与“创建标准设备”对话框中的“确定”按钮，完成设备主体的建立。(注：泵未按离心泵标准进行绘制，此处仅为示意图，如按装配图进行绘制可采用搭建积分体的方法。)

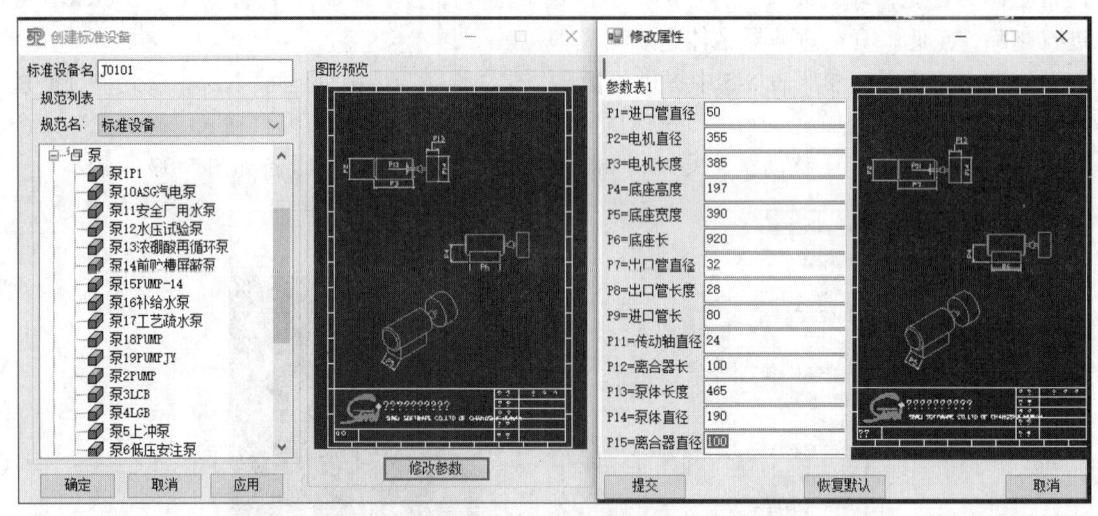

图 5-58　设备 J0101“修改属性”对话框

依照上述步骤，参照表 5-5 中提供的信息，建立设备 J0101 的管嘴 N28 和 N29。至此，离心泵 J0101 创建完毕。采用在 AutoCAD 主界面正下方的命令输入窗口输入“MOVE”命令的方式，将设备 J0101 移动至(245，6750，327.5)处，移动后的设备如图 5-59 所示。

⑥ **创建回流冷凝器 C0101**。对导航栏“设计模块”选项卡中“装置 管道”进行展开，右键单击快捷菜单“分区 设备”，选择“创建”中的“标准设备”，并左键单击，弹出“创建

标准设备”对话框，“标准设备名”输入“C0101”。然后，选择“规范名”下拉列表中的“CADC Advanced Equip”，选择“Plate”->“PLEX26”。点击“创建标准设备”对话框右下方的“修改参数”按钮，弹出“修改属性”对话框，填写相关参数，详细数据如图 5-60 所示。依次点击“修改属性”对话框中的“提交”与“创建标准设备”对话框中的“确定”按钮，完成设备主体的建立。（由于 Pdmax 中无搪玻璃冷凝器，故本例选用板式换热器示意）

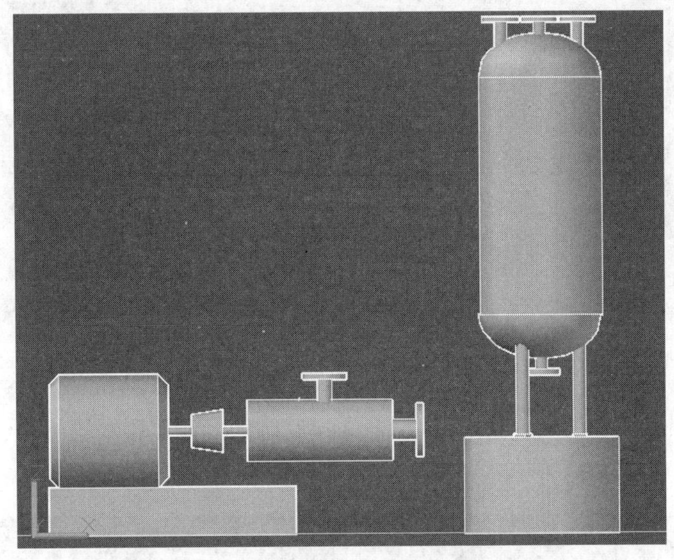

图 5-59　设备 J0101 和其位置示意图

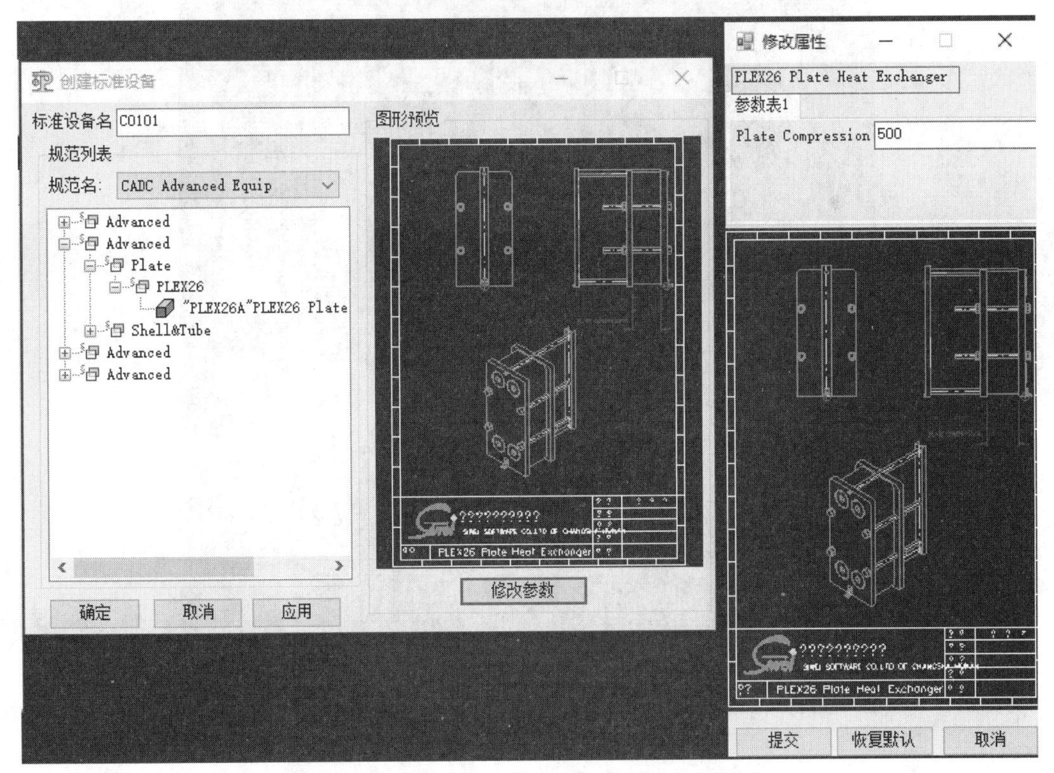

图 5-60　设备 C0101“修改属性”对话框

至此，回流冷凝器 C0101 创建完毕。通过在 AutoCAD 主界面正下方的命令输入窗口输入“MOVE”命令的方式，将设备 C0101 移动至（3300，7100，6000）处，移动后的设备如图 5-61 所示。

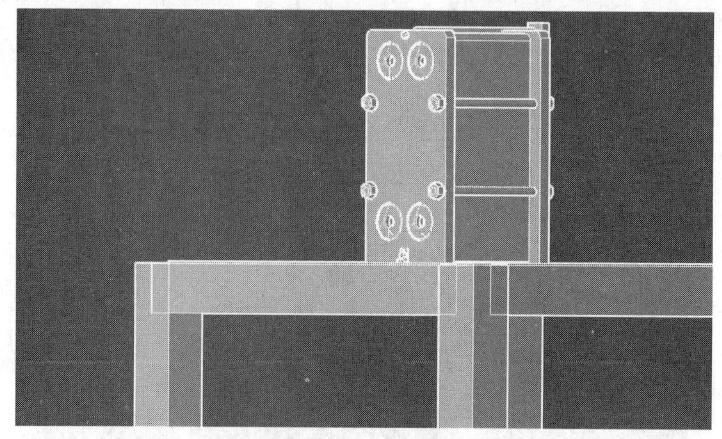

图 5-61 设备 C0101 和其位置示意图

设备布置全部完成，如图 5-62 所示。若进行设备的复制、移动等操作，其步骤和规则同 AutoCAD。

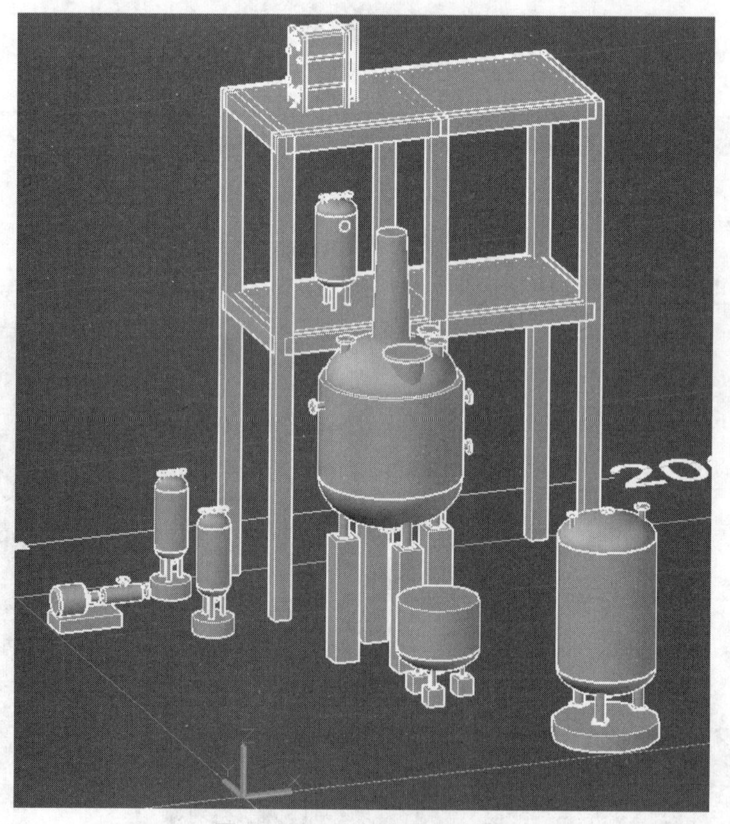

图 5-62 设备布置示意图

第五章练习题

一、填空题

1．一个较大的化工车间（装置）通常包括：①生产设施；②生产________设施；③生活________福利设施；④其他________用室。车间平面布置就是将上述车间（装置）组成在平面上进行规范的组合布置。

2．基础工程设计阶段的布置设计的任务是确定生产、辅助生产及行政生活等区域的布局；确定车间场地及建（构）筑物的_______尺寸和_______尺寸；确定_______设备的平面布置图和立面布置图；确定人流及_______通道；安排管道及电气仪表管线等；编制初步设计布置设计说明书。

3．一般的石油化工装置采用____________布置，即在厂区中间设置管廊，在管廊两侧布置工艺设备和储罐，将控制室和配电室相邻布置在装置的中心位置，在设备区外设置通道。这种布置形式是_______布置的基本方案。

4．有些装置（车间）组成比较复杂，根据各部分的特点，分别采用露天布置、敞开式框架布置及室内布置三种方式进行组合型布置。即将主要生产装置布置在_____________或_____________框架上；将控制、配电与生活行政设施等合并布置在一幢____________中，并布置在工艺区的中心位置；有特殊要求的催化剂配制、造粒及仓库等布置在___________中。

5．小型化工装置、间歇操作或操作频繁的设备宜布置在______，而且大都将大部分生产设备、辅助生产设备及生活行政设施布置在一幢或几幢______中。室内布置受气候影响小，劳动条件好，但建筑造价较高。

6．目前大多数石油化工装置都采用露天或半露天布置。其具体方案是：生产中一般不需要经常操作的或可用自动化仪表控制的设备都可布置在_______，如塔、换热器、液体原料储罐、成品储罐、气柜等大部分设备，及需要大气调节温湿度的设备，如凉水塔、空气冷却器等都露天布置或半露天布置在_______或_________的框架上；不允许有显著温度变化，不能受大气影响的一些设备，如反应罐、各种机械传动的设备、装有精密度极高仪表的设备，及其他应该布置在室内的设备，如泵、压缩机、造粒及包装等部分设备布置在_________或_________的框架上；生活、行政、控制、化验室等集中在一幢_________内，并布置在生产设施附近。

7．设备平面布置图的绘制方法和程序。从______平面起逐层绘制：①画出建筑_______线；②画出与设备安装布置有关的厂房建筑______结构；③画出设备________线；④画出设备、支架、基础、操作平台等的_______形状；⑤标注_______；⑥标注定位轴线_______及设备的_______、_______；⑦图上如有分区，还需要绘出分区界线并标注。

8．建筑物及其构件的图示方法：①对承重墙、柱等结构，应按建筑图要求用细点划线画出其_____________线。②用中粗实线、按规定图例画出车间_________及其构件。③在平面图及剖面图上按比例和规定图例表示出厂房建筑的_________大小、内部_________及与_________安装定位有关的基本结构（如墙、柱、地面、楼板、平台、栏杆、管廊、楼梯、安装孔洞、地坑、地沟、管沟、散水坡、吊轨及吊车、设备基础等）。④与设备安装关系不大的门、窗等构件，一般只在平面图上画出它们的位置和门的________方向，在剖视图上则不予表示。⑤表示出车间生活行政室和配电室、控制室、维修间等专业用房，并用文字标注________名称。

9．厂房建筑、构件的标注：①按土建专业图纸标注建筑物和构筑物的定位轴线编号。定位轴线的编号应注写在轴线端部的圆内，圆用细实线绘制，直径为8mm。定位轴线的编号宜标注在图样的下方与左侧。横向编号应用____________从左至右编写，竖向编号应用大写________从下至上顺序编号。②标注厂房建筑及其构件的尺寸。即厂房建筑物的长度、宽度______；厂房建筑、构件的__________的尺寸；为设备安装预留的孔洞及沟、坑等的定位尺寸；地面、楼板、平台、屋面的主要______尺寸及其他与设备安装定位有关的建筑构件的高度尺寸。并标注室内外的地坪标高。③注写辅助间和生活间的房间______。④用虚线表示预留的检修场地（如换热器抽管束），按比例画出，不标注尺寸。

10．车间设备布置就是确定各个设备在车间______与______上的位置；确定场地与建（构）筑物的______；确定管道、电气仪表管线、采暖通风管道的______和位置。主要包括以下几点：①确定各个工艺设备在车间平面和立面的______；②确定某些在工艺流程图中一般不予表达的辅助设备或公用设备的位置；③确定供安装、操作与维修所用的______的位置与尺寸；④在上述各项的基础上确定建（构）筑物与场地的尺寸。

11．设备布置图中的常用缩写词见（HG/T 20546—2009）《化工装置设备布置设计规定》，要求学生应熟悉绘制设备布置图时常用英文缩写词的中文含义：EL______；POS________；F.P（固定点）；FDN______；TOS______；C.L______；DISCH（排出口）；N（北）；E（东）。

12．设备的图示方法：①用______线画出所有设备、设备的金属支架、电机及其传动装置。被遮盖的设备轮廓线一般可不画出，如必须表示时，则用粗虚线画出；用______线画出设备的中心线。②采用适当简化的方法画出非定型设备的______及其附属的操作台、梯子和支架，注出支架代号。卧式设备还应画出其______管口或标注固定侧支座位置。③驱动设备只画出______，用规定的简化画法画出驱动机，并表示出特征管口和驱动机的______。④位于室外而又不与厂房相连接的设备及其支架，一般只在______平面图上予以表示，穿过楼层的设备，______平面图上均应按剖面形式表示。⑤用虚线表示预留的检修场所。

13．设备定位尺寸与标高的标注：设备布置图中一般不注出设备的定型尺寸，只注出其______尺寸及设备位号，设备高度方向的定位尺寸一般以______表示，标高的基准一般选首层______地面。

14．设备位号的标注：在设备图形中心线上方标注设备位号与______，该位号应与管道仪表流程图中的位号一致，设备位号的下方应标注________（如POS EL×××.×××）或______如（ϕEL×××.×××）或支架______（如TOS EL×××.×××）的标高。

二、选择填空题

1．一个较大的化工车间（装置）通常包括：①生产设施；②生产（　）设施；③生活（　）福利设施；④其他（　）用室。车间平面布置就是将上述车间（装置）组成在平面上进行规范的组合布置。

A．行政　　B．生产　　C．辅助　　D．特殊

E．仓库

2．基础工程设计阶段的布置设计的任务是确定生产、辅助生产及行政生活等区域的布局；确定车间场地及建（构）筑物的（　）尺寸和（　）尺寸；确定（　）设备的平面布置图和立面布置图；确定人流及（　）通道；安排管道及电气仪表管线等；编制初步设计布置设计说明书。

A．物流　　B．长度　　C．宽度　　D．平面

E．工艺　　F．立面　　G．生产

3．一般的石油化工装置采用（　）布置，即在厂区中间设置管廊，在管廊两侧布置工艺设备和储罐，将控制室和配电室相邻布置在装置的中心位置，在设备区外设置通道。这种布置形式是（　）布置的基本方案。

A．露天　　B．直通管廊长条　　C．组合　　D．敞开式

4．有些装置（车间）组成比较复杂，根据各部分的特点，分别采用露天布置、敞开式框架布置及室内布置三种方式进行组合型布置。即将主要生产装置布置在（　）或（　）框架上；将控制、配电与生活行政设施等合并布置在一幢（　）中，并布置在工艺区的中心位置；有特殊要求的催化剂配制、造粒及仓库等布置在（　）中。

A．敞开式　　B．建筑物　　C．厂房　　D．露天

E．封闭厂房　　F．封闭式

5．小型化工装置、间歇操作或操作频繁的设备宜布置在（　），而且大都将大部分生产设备、辅助生产设备及生活行政设施布置在一幢或几幢（　）中。室内布置受气候影响小，劳动条件好，但建筑造价较高。

A．厂房内　　B．厂房　　C．室内

6．目前大多数石油化工装置都采用露天或半露天布置。其具体方案是：生产中一般不需要经常操作的或可用自动化仪表控制的设备都可布置在（　），如塔、换热器、液体原料储罐、成品储罐、气柜等大部分设备，及需要大气调节温湿度的设备，如凉水塔、空气冷却器等都露天布置或半露天布置在（　）或（　）的框架上；不允许有显著温度变化，不能受大气影响的一些设备，如反应罐、各种机械传动的设备、装有精密度极高仪表的设备，及其他应该布置在室内的设备，如泵、压缩机、造粒及包装等部分设备布置在（　）或（　）的框架上；生活、行政、控制、化验室等集中在一幢（　）内，并布置在生产设施附近。

A．敞开式　　B．框架上　　C．室外　　D．厂房

E．建筑物　　F．室内　　G．露天　　H．有顶棚

7．设备平面布置图的绘制方法和程序。从（　）平面起逐层绘制：①画出建筑（　）线；②画出与设备安装布置有关的厂房建筑（　）结构；③画出设备（　）线；④画出设备、支架、基础、操作平台等的（　）形状；⑤标注（　）；⑥标注定位轴线（　）及设备的（　）、（　）；⑦图上如有分区，还需要绘出分区界线并标注。

A．基本　　B．特殊　　C．底层　　D．编号

E．名称　　F．定位轴　　G．轮廓　　H．标高

I．中心　　J．尺寸　　K．位号

8．建筑物及其构件的图示方法：①对承重墙、柱等结构，应按建筑图要求用细点划线画出其（　）线。②用中粗实线、按规定图例画出车间（　）及其构件。③在平面图及剖面图上按比例和规定图例表示出厂房建筑的（　）大小、内部（　）及与（　）安装定位

有关的基本结构（如墙、柱、地面、楼板、平台、栏杆、管廊、楼梯、安装孔洞、地坑、地沟、管沟、散水坡、吊轨及吊车、设备基础等）。④与设备安装关系不大的门、窗等构件，一般只在平面图上画出它们的位置和门的（　）方向，在剖视图上则不予表示。⑤表示出车间生活行政室和配电室、控制室、维修间等专业用房，并用文字标注（　）名称。

A．建筑物　　B．分隔　　C．厂房　　D．设备
E．房间　　F．尺寸　　G．建筑定位轴　　H．空间
I．开启

9．厂房建筑、构件的标注：①按土建专业图纸标注建筑物和构筑物的定位轴线编号。定位轴线的编号应注写在轴线端部的圆内，圆用细实线绘制，直径为8mm。定位轴线的编号宜标注在图样的下方与左侧。横向编号应用（　）从左至右编写，竖向编号应用大写（　）从下至上顺序编号。②标注厂房建筑及其构件的尺寸。即厂房建筑物的长度、宽度（　）；厂房建筑、构件的（　）的尺寸；为设备安装预留的孔洞及沟、坑等的定位尺寸；地面、楼板、平台、屋面的主要（　）尺寸及其他与设备安装定位有关的建筑构件的高度尺寸。并标注室内外的地坪标高。③注写辅助间和生活间的房间（　）。④用虚线表示预留的检修场地（如换热器抽管束），按比例画出，不标注尺寸。

A．拉丁字母　　B．总尺寸　　C．英文字母　　D．基本
E．名称　　F．阿拉伯数字　　G．高度　　H．定位轴线间

10．车间设备布置就是确定各个设备在车间（　）与（　）上的位置；确定场地与建（构）筑物的（　）；确定管道、电气仪表管线、采暖通风管道的（　）和位置。主要包括以下几点：①确定各个工艺设备在车间平面和立面的（　）；②确定某些在工艺流程图中一般不予表达的辅助设备或公用设备的位置；③确定供安装、操作与维修所用的（　）的位置与尺寸；④在上述各项的基础上确定建（构）筑物与场地的尺寸。

A．空间　　B．尺寸　　C．平面　　D．大小
E．位置　　F．走向　　G．立面　　H．通道系统

11．设备布置图中的常用缩写词见（HG/T 20546—2009《化工装置设备布置设计规定》，要求学生应熟悉绘制设备布置图时常用英文缩写词的中文含义：EL（　）、POS（　）、F.P（固定点）、FDN（　）、TOS（　）、C.L（　）、DISCH（排出口）、N（北）、E（东）等。

A．高度　　B．中心线　　C．底面　　D．基础
E．标高　　F．架顶面　　G．支撑点　　H．固定点

12．设备的图示方法：①用（　）线画出所有设备、设备的金属支架、电机及其传动装置。被遮盖的设备轮廓线一般可不画出，如必须表示时，则用粗虚线画出；用（　）线画出设备的中心线。②采用适当简化的方法画出非定型设备的（　）及其附属的操作台、梯子和支架，注出支架代号。卧式设备还应画出其（　）管口或标注固定侧支座位置。③驱动设备只画出（　），用规定的简化画法画出驱动机，并表示出特征管口和驱动机的（　）。④位于室外而又不与厂房相连接的设备及其支架，一般只在（　）平面图上予以表示，穿过楼层的设备，（　）平面图上均应按剖面形式表示。⑤用虚线表示预留的检修场所。

A．细实　　B．细点划　　C．粗实　　D．基础
E．位置　　F．每层　　G．外形　　H．特征
I．底层　　J．特殊

13．设备定位尺寸与标高的标注：设备布置图中一般不注出设备的定型尺寸，只注出其（　）尺寸及设备位号，设备高度方向的定位尺寸一般以（　）表示，标高的基准一般选首层（　）地面。

A．定位　　B．外形　　C．高度　　D．标高

E．室内　　F．室外

14．设备位号的标注：在设备图形中心线上方标注设备位号与（　），该位号应与管道仪表流程图中的位号一致，设备位号的下方应标注（　）（如 POS EL×××.×××）或（　）如（ϕEL×××.×××）或支架（　）（如 TOS EL×××.×××）的标高。

A．中心线　　B．高度　　C．标高　　D．架顶

E．支承点　　F．底面

三、判断题（正确的打√；错误的打×）

1．一个较大的化工车间（装置）通常包括：①生产设施；②其他生产设施；③生活行政福利设施；④其他特殊用室。车间平面布置就是将上述车间（装置）组成在平面上进行规范的组合布置。（　）

2．基础工程设计阶段的布置设计的任务是确定生产、辅助生产及行政生活等区域的布局；确定车间场地及建（构）筑物的平面尺寸和立面尺寸；确定生产设备的平面布置图和立面布置图；确定人流及物流通道；安排管道及电气仪表管线等；编制初步设计布置设计说明书。（　）

3．一般的石油化工装置采用直通管廊长条布置，即在厂区中间设置管廊，在管廊两侧布置工艺设备和储罐，将控制室和配电室相邻布置在装置的中心位置，在设备区外设置通道。这种布置形式是露天布置的基本方案。（　）

4．有些装置（车间）组成比较复杂，根据各部分的特点，分别采用露天布置、敞开式框架布置及室内布置三种方式进行组合型布置。即将主要生产装置布置在露天或敞开式框架上；将控制、配电与生活行政设施等合并布置在一幢建筑物中，并布置在工艺区的中心位置；有特殊要求的催化剂配制、造粒及仓库等布置在封闭厂房中。（　）

5．小型化工装置、间歇操作或操作频繁的设备宜布置在室内，而且大都将大部分生产设备、辅助生产设备及生活行政设施布置在一幢或几幢厂房中。室内布置受气候影响小，劳动条件好，但建筑造价较高。（　）

6．目前大多数石油化工装置都采用露天或半露天布置。其具体方案是：生产中一般不需要经常操作的或可用自动化仪表控制的设备都可布置在室外，如塔、换热器、液体原料储罐、成品储罐、气柜等大部分设备，及需要大气调节温湿度的设备，如凉水塔、空气冷却器等都露天布置或半露天布置在露天或敞开式的框架上；不允许有显著温度变化，不能受大气影响的一些设备，如反应罐、各种机械传动的设备、装有精密度极高仪表的设备，及其他应该布置在室内的设备，如泵、压缩机、造粒及包装等部分设备布置在室内或有顶棚的框架上；生活、行政、控制、化验室等集中在一幢建筑物内，并布置在生产设施附近。（　）

7．设备平面布置图的绘制方法和程序。从底层平面起逐层绘制：①画出建筑定位轴线；②画出与设备安装布置有关的厂房建筑基本结构；③画出设备中心线；④画出设备、支架、基础、操作平台等的轮廓形状；⑤标注尺寸；⑥标注定位轴线编号及设备的位号、名称；

⑦图上如有分区，还需要绘出分区界线并标注。(   )

8．建筑物及其构件的图示方法：①对承重墙、柱等结构，应按建筑图要求用细点划线画出其建筑定位轴线。②用中粗实线、按规定图例画出车间建筑物及其构件。③在平面图及剖面图上按比例和规定图例表示出厂房建筑的空间大小、内部分隔及与设备安装定位有关的基本结构（如墙、柱、地面、楼板、平台、栏杆、管廊、楼梯、安装孔洞、地坑、地沟、管沟、散水坡、吊轨及吊车、设备基础等）。④与设备安装关系不大的门、窗等构件，一般只在平面图上画出它们的位置和门的开启方向，在剖视图上则不予表示。⑤表示出车间生活行政室和配电室、控制室、维修间等专业用房，并用文字标注房间名称。(   )

9．厂房建筑、构件的标注：①按土建专业图纸标注建筑物和构筑物的定位轴线编号。定位轴线的编号应注写在轴线端部的圆内，圆用细实线绘制，直径为8mm。定位轴线的编号宜标注在图样的下方与左侧。横向编号应用阿拉伯数字从下至上编写，竖向编号应用大写拉丁字母从左至右顺序编号。②标注厂房建筑及其构件的尺寸。即厂房建筑物的长度、宽度总尺寸；厂房建筑、构件的定位轴线间的尺寸；为设备安装预留的孔洞及沟、坑等的定位尺寸；地面、楼板、平台、屋面的主要高度尺寸及其他与设备安装定位有关的建筑构件的高度尺寸。并标注室内外的地坪标高。③注写辅助间和生活间的房间名称。④用虚线表示预留的检修场地（如换热器抽管束），按比例画出，不标注尺寸。(   )

10．车间设备布置就是确定各个设备在车间平面与立面上的位置；确定场地与建（构）筑物的尺寸；确定管道、电气仪表管线、采暖通风管道的走向和位置。主要包括以下几点：①确定各个工艺设备在车间平面和立面的位置；②确定某些在工艺流程图中一般不予表达的辅助设备或公用设备的位置；③确定供安装、操作与维修所用的通道系统的位置与尺寸；④在上述各项的基础上确定建（构）筑物与场地的尺寸。(   )

11．设备布置图中的常用缩写词见（HG/T 20546—2009）《化工装置设备布置设计规定》，要求学生应熟悉绘制设备布置图时常用英文缩写词的中文含义：EL（标高）；POS（支撑点）；F.P（固定点）；FDN（基础）；TOS（架顶面）；C.L（中心线）；DISCH（排出口）；N（北）；E（东）。(   )

12．设备的图示方法：①用中实线画出所有设备、设备的金属支架、电机及其传动装置。被遮盖的设备轮廓线一般可不画出，如必须表示时，则用粗虚线画出；用细点划线画出设备的中心线。②采用适当简化的方法画出非定型设备的外形及其附属的操作台、梯子和支架，注出支架代号。卧式设备还应画出其特征管口或标注固定侧支座位置。③驱动设备只画出基础，用规定的简化画法画出驱动机，并表示出特征管口和驱动机的位置。④位于室外而又不与厂房相连接的设备及其支架，一般只在底层平面图上予以表示，穿过楼层的设备，每层平面图上均应按剖面形式表示。⑤用虚线表示预留的检修场所。(   )

13．设备定位尺寸与标高的标注：设备布置图中一般不注出设备的定型尺寸，只注出其定位尺寸及设备型号，设备高度方向的定位尺寸一般以标高表示，标高的基准一般选首层室外地面。(   )

14．设备位号的标注：在设备图形中心线上方标注设备位号与标高，该位号应与管道仪表流程图中的位号一致，设备位号的下方应标注支承点（如 POS EL×××.×××）或中心线如（ϕEL×××.×××）或支架架顶（如 TOS EL×××.×××）的标高。(   )

四、上机练习题

在应用实例精讲的叶啉生产中试车间内创建蒸馏进料泵 J0102 及管嘴（型号与例题相同），离心泵基础中心位置坐标为（4090，450，0），高度为 400 以上，其进料口朝向 Y 方向。[注：离心泵方向可利用主菜单“编辑”下的“平移/阵列/旋转/镜像复制”功能进行设置；也可利用右键单击快捷菜单“分区 设备”下的“编辑属性”功能进行设置，即将 Y 轴方向后面的坐标改为（-1，0，0）。最后将 J0102 移动至（4090，245，577.5）处]。

第六章 管道布置设计

第一节 概述

一、主要内容

了解化工车间管道布置设计的任务和要求。

二、重点

了解化工车间管道布置设计的原则性要求。

三、考核知识点及要求

○应熟悉内容

1. 化工车间管道布置设计的原则性要求：①符合生产工艺流程的要求，并能满足生产的要求；②便于操作管理，并能保证安全生产；③便于管道的安装和维护；④要求整齐美观，并尽量节约材料和投资；⑤管道布置设计应符合管道及仪表流程图的要求。

2. 化工车间管道布置设计应符合《石油化工金属管道布置设计规范》SH 3012—2011的具体规定。

○应掌握内容

化工车间管道布置设计的任务：①确定车间中各个设备的管口方位与之相连接的管段的接口位置；②确定管道的安装连接和铺设、支撑方式；③确定各管段（包括管道、管件、阀门及控制仪表）在空间的位置；④画出管道布置图，表示出车间中所有管道在平面和立面的空间位置，作为管道安装的依据；⑤编制管道综合材料表，包括管道、管件、阀门、型钢等的材质、规格和数量。

第二节 管架和管道的安装布置

一、主要内容

了解管架的类型和应用场合，管道在管架上的平面布置和立面布置的原则。

二、重点

理解管道在管架上的平面布置和立面布置的原则。

三、考核知识点及要求

○应熟悉内容

1. 管道支架分类

管道支架按其作用分为以下四种。

（1）固定支架。用在管道上不允许有任何位移的地方。它除支撑管道的重量外，还承受管道的水平作用力。如在热力管线的各个补偿器之间设置固定支架，可以分配各补偿器分担的补偿量，并且两个固定支架之间必须安装补偿器，否则这段管子将会因热胀冷缩而损坏。在设备管口附近设置固定支架，可减少设备管口的受力。

（2）滑动支架。滑动支架只起支撑作用，允许管道在平面上有一定的位移。

（3）导向支架。用于允许轴向位移而不允许横向位移的地方，如Π型补偿器的两端和铸铁阀的两侧。

（4）弹簧吊架。当管道有垂直位移时，例如热力管线的水平管段或垂直管到顶部弯管处，以及沿楼板下面铺设的管道，均可采用弹簧吊架。弹簧有弹性，当管道垂直位移时仍然可以提供必要的支吊力。

2. 管道在管架上的平面布置原则

（1）较重的管道（大直径，液体管道等）应布置在靠近支柱处，这样梁和柱所受弯矩小，节约管架材料。公用工程管道布置在管架当中，支管引向上，左侧的布置在左侧，反之置于右侧。Π型补偿器应组合布置，将补偿器升高一定高度后水平地置于管道的上方，并将最热和直径大的管道放在最外边。

（2）连接管廊同侧设备的管道布置在设备同侧的外边，连接管架两侧的设备的管道布置在公用工程管线的左、右两边。进出车间的原料和产品管道可根据其转向布置在右侧或左侧。

（3）当采取双层管架时，一般将公用工程管道置于上层，工艺管道置于下层。有腐蚀性介质的管道应布置在下层和外侧，防止介质泄漏到下面管道上，也便于发现问题和方便检修。小直径管道可支撑在大直径管道上，节约管架宽度，节省材料。

（4）管架上支管上的切断阀应布置成一排，其位置应能从操作台或者管廊上的人行道上进行操作和维修。

（5）高温或者低温的管道要用管托，将管道从管架上升高 0.1m，以便于保温。

（6）管道支架间的距离要适当，固定支架距离太大时，可能引起因热膨胀而产生的弯曲变形，活动支架距离大时，两支架之间的管道因管道自重而产生下垂。

3. 管道和管架的立面布置原则

（1）当管架下方为通道时，管底距车行道路路面的距离要大于 4.5m；道路为主要干道时，距路面高度要大于 6m；遇人行道时距路面高度要大于 2.2m；管廊下有泵时要大于 4m。

（2）通常使同方向的两层管道的标高相差 1.0～1.6m，从总管上引出的支管比总管高或低 0.5～0.8m。在管道改变方向时要同时改变标高。大口径管道需要在水平面上转向时，要将它布置在管架最外侧。

（3）管架下布置机泵时，其标高应符合机泵布置时的净空要求。若操作平台下面的管道进入管道上层，则上层管道标高可根据操作平台标高来确定。

（4）装有孔板的管道宜布置在管架外侧，并尽量靠近柱子。自动调节阀可靠近柱子布置，并固定在柱子上。若管廊上层设有局部平台或人行道时，需经常操作或维修的阀门和仪表宜布置在管架上层。

第三节　典型设备的管道布置

一、主要内容

理解立式和卧式容器、换热器和塔的管道布置方案和布置要求。

二、重点和难点

重点：掌握立式和卧式容器、换热器和塔的管道平面和立面布置方案及布置要求，确定管口方位的原则。

难点：正确确定立式和卧式容器、换热器和塔的管口方位。

三、考核知识点及要求

○应掌握内容

掌握立式和卧式容器、换热器和塔的管道平面和立面布置方案及布置要求，确定管口方位的原则。详见《化工装置管道布置设计规定》HG/T 20549—1998。但不作考试内容。

第四节　管道布置图

一、主要内容

结合具体实例，理解管道、管件、阀门、仪表控制点及管道支架的常用画法，管道布置图的配置与画法，管道布置图的绘制内容和方法及标注内容和方法，管道布置图的阅读方法与步骤。

二、重点和难点

重点：掌握管道转折、交叉、重叠的表示方法，仪表控制点及阀门和管架的图形符号和表示方法，平面管道布置图中建筑物、设备、管道的表达内容和方法、标注内容和标注方法，绘制管道布置图的画法与步骤，管道布置图的阅读方法与步骤。

难点：管道转折、交叉、重叠的表示方法，管道布置图的标注内容和方法。

三、考核知识点及要求

○应熟悉内容

1. 管道布置图又称为管道安装图或配管图，它是车间内部管道安装施工的依据。管道布置图包括一组平立面剖视图，有关尺寸及方位等内容。一般的管道布置图是在平面图上画出全部管道、设备、建筑物或构筑物的简单轮廓、管件阀门、仪表控制点及有关的定位尺寸，只有在平面图上不能清楚地表达管道布置情况时，才酌情绘制部分立面图、剖视图或向视图。

2. 管道布置图中的管子、管件、阀门及管道特殊件等均应按照 HG/T 20519—2009《化工工艺设计施工图内容和深度统一规定》中的图形符号绘制。管道布置图中的主要物料管道一般用粗实线单线画出，其他管道用中粗实线画出。对大直径（*DN*≥400mm 或 *DN*≥250mm）或重要管道，可以用中粗实线双线绘制。

3. 管道布置图中的管件通常用符号表示，这些符号与管道仪表流程图上所用的基本相同（详见 HG/T 20549.2—1998）。

4. 阀门的表示方法：管道上的阀门也是用简单的图形和符号来表示（详见 HG/T 20549.2—1998）。一般在视图上表示出阀的手轮安装方向，并画出主阀所带的旁路阀。重点掌握截止阀、球阀及旋塞阀的表示方法。

5. 仪表控制点的表示方法：管道上的仪表控制点应用细实线按规定符号画出，每个控制点一般只在能清楚表达其安装位置的一个视图中画出。控制点的符号与管道仪表流程图的规定符号相同，有时其功能代号可以省略。

6. 管道支架的表示方法：管架采用图例在管道布置图中表示，并在其旁标注管架编号。管架编号由五个部分组成，如图 6-1 所示。

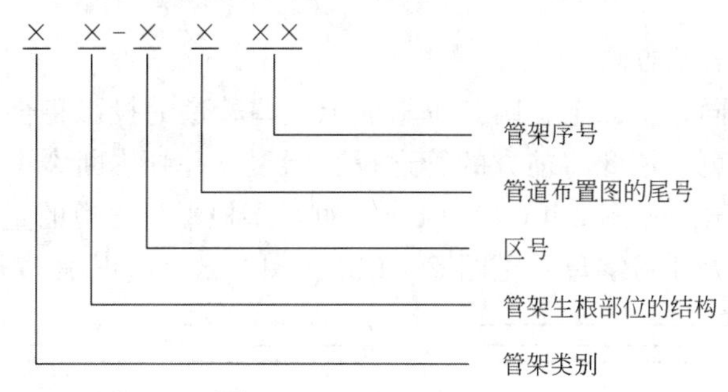

图 6-1 管架编号示意

（1）管架类别：

A—表示固定架；G—表示导向架；R—表示滑动架；H—表示吊架；S—表示弹吊；P—表示弹簧支座；E—表示特殊架；T—表示轴向限位架（停止架）。

（2）管架生根部位的结构：

C—表示混凝土结构；F—表示地面基础；S—表示钢结构；V—表示设备；W—表示墙。

（3）区号：以一位数字表示。

（4）管道布置图的尾号：以一位数字表示。

（5）管架序号：以两位数字表示，从 01 开始（应按管架类别及生根部位的结构分别编写)。

○应掌握内容

1. 管道及附件的常用画法

(1)管道转折的表示方法(见图 6-2)。

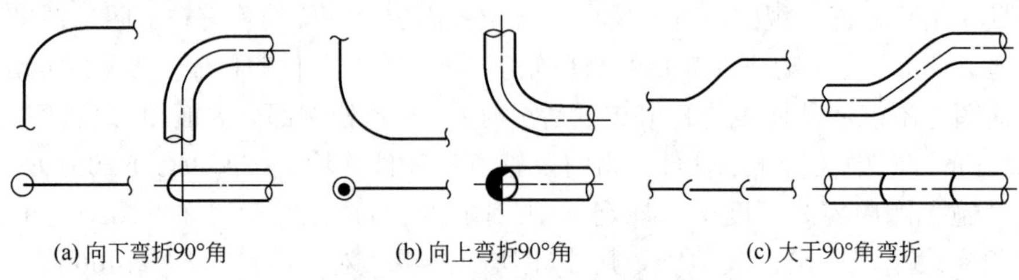

图 6-2 管道转折的表示方法

(2)管道交叉的表示方法

当上下或前后两根管道交叉,致使其投影相交时,可用两种方法表示,一种是将下方(或后方)被遮住的管道投影在交叉处断开[见图 6-3(a)];另一种方法是将上方的管道投影在交叉处断裂,并画出断裂符号[见图 6-3(b)]。

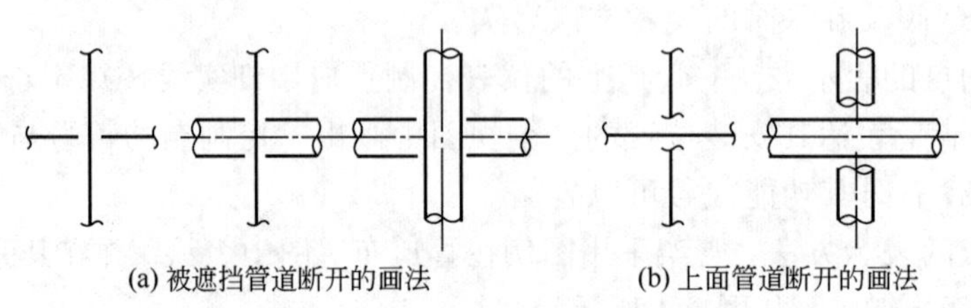

图 6-3 管道交叉的表示方法

(3)管道重叠的表示方法

若许多管道处在同一平面上,则其垂直面上这些管道的投影将会重叠。此时,为了清楚表达每一条管道,可以依此将前方的管道投影断裂,并画出断裂符号,而将后方的管道投影在断裂符号处断开[见图 6-4(a)、(c)]。对于多根平行管道的重叠投影,一般可在各自投影的断开或断裂处注写字母[见图 6-4(b)、(d)],以便识别。

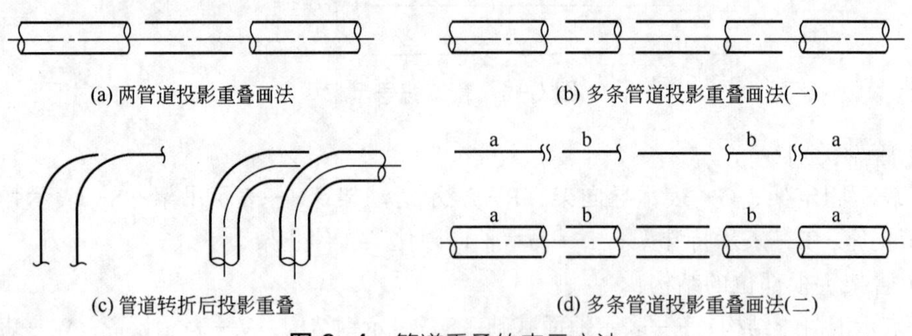

图 6-4 管道重叠的表示方法

(4)管道转折断开断裂及阀门阀杆朝向的表达方法(见图 6-5)。

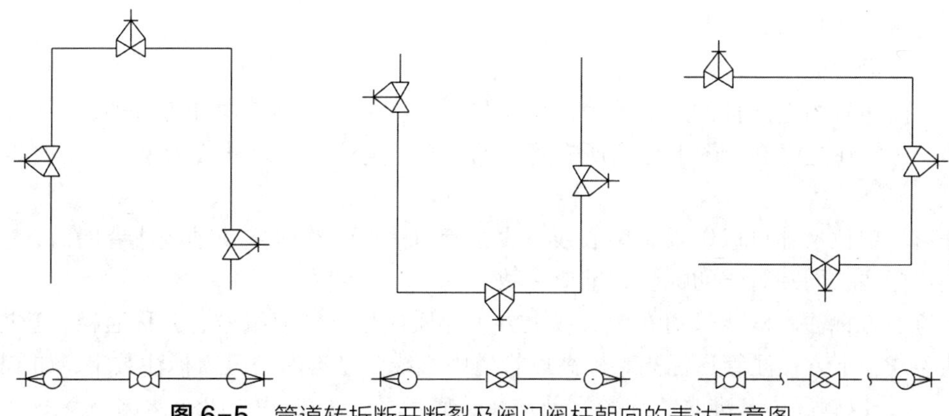

图 6-5 管道转折断开断裂及阀门阀杆朝向的表达示意图

2. 管道布置图视图的配置与画法

管道布置图一般只画管道和设备的平面布置图，只有当平面布置图不能完全表达清楚时，才画出其立面图或剖面图。立面图或剖面图可以与平面布置图画在同一张图纸上，也可以单独画在另一张图纸上。

（1）管道平面布置图

管道平面布置图，一般应与设备的平面布置图一致，即按建筑标高平面分层绘制，各层管道平面布置图是将楼板以下的建（构）筑物、设备、管道等全部画出。当某一层的管道上下重叠过多，布置比较复杂时，应再分上下两层分别绘制。在各层平面布置图的下方应注明其相应的标高。

用细实线画出全部容器、换热器、工业炉、机泵、特殊设备、有关管道、平台、梯子、建筑物外形、电缆托架、电缆沟、仪表电缆和管缆托架等。除按比例画出设备的外形轮廓，还要画出设备上连接管口和预留管口的位置。非定型设备还应画出设备的基础、支架。简单的定型设备，如泵、鼓风机等外形轮廓可画的更简略一些。压缩机等复杂机械可画出与配管有关的局部外形，详见 HG/T 20519.2—2009《化工工艺设计施工图内容与深度统一规定 第二部分 工艺系统》中的第八节“管道及仪表流程图中设备机器图例”。

（2）立面剖视图

管道布置在平面图上不能清楚表达的部位，可采用立面剖视图或向视图补充表达。剖视图尽可能与被剖切平面所在的管道平面布置图画在同一张图纸上，也可画在另一张图纸上。剖切平面位置线的画法及标注方式与设备布置图相同。剖视图可按 A-A、B-B…或Ⅰ-Ⅰ、Ⅱ-Ⅱ…顺序编号。向视图则按 A 向、B 向…顺序编号。

3. 管道布置图的标注

（1）建（构）筑物的标注

建（构）筑物的结构构件常被用作管道布置的定位基准，因此在平面和立面剖视图上都应标注建筑定位轴线的编号，定位轴线间的分尺寸和总尺寸，平台和地面、楼板、屋盖、构筑物的标高，标注方法与设备布置图相同，地面设计标高为 EL ± 0.000m。

（2）设备的标注

设备是管道布置的主要定位基准，因此应标注设备位号、名称及定位尺寸，其标注方法与设备布置图相同。

（3）管道的标注

在平面布置图上除标注所有管道的定位尺寸、物料的流动方向和管号外，如绘有立面剖视图，还应在立面剖视图上标注所有管道的标高。定位尺寸以 mm 为单位，标高以 m 为单位。

普通的定位尺寸可以以设备中心线、设备管口法兰、建筑定位轴线或者墙面、柱面为基准进行标注，同一管道的标注基准应一致。

管道上方标注（双线管道在中心线上方）介质代号、管道编号、公称通径、管道等级及隔热型式，下方标注管道标高（标高以管道中心线为基准时，只需标注数字，如 EL×××.×××，以管底为基准时，在数字前加注管底代号，如 BOP　EL×××.×××），如：

$$\frac{\text{SL1305-100-B1A(H)}}{\text{EL}\times\times\times.\times\times\times}\rightarrow \qquad \frac{\text{SL1305-100-B1A(H)}}{\text{BOP EL}\times\times\times.\times\times\times}\rightarrow$$

对安装坡度有严格要求的管道，要在管道上方画出细线箭头，指出坡向，并写上坡度数值［见图 6-6（a）］。也可以将几条管线一起引出标注［见图 6-6（b）］，管道与相应标注用数字分别进行编号，指引线在各管线引出处画一段细斜线。管道标注分别在上方相应数字后填写。

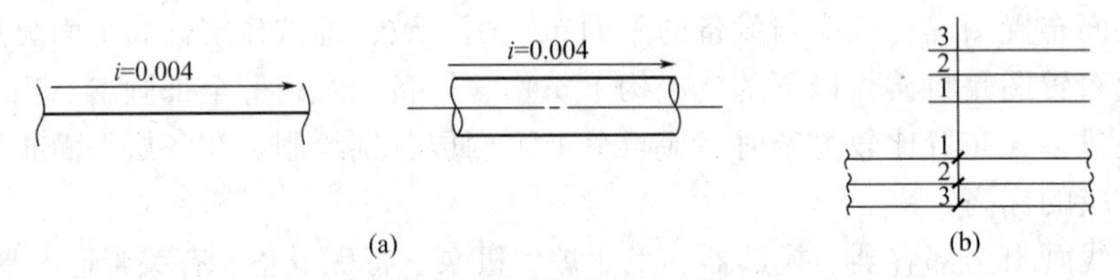

图 6-6　管道尺寸标注

管道布置图中的管道应标注四个部分，即管道号（管段号）（由三个单元组成）、管径、管道等级和隔热或隔声，总称为管道组合号。管道号和管径为一组，用一短横线隔开；管道等级和隔热为另一组，用一短横线隔开，两组间留适当的空隙（详见第二章第三节工艺流程图中二、管道仪表流程图）。

（4）管件、阀门、仪表控制点

管接头、异径接头、弯头、三通、管堵、法兰等这些管件能使管道改变方向，变化口径，连通和分流以及调节和切换管道中的流体，在管道布置图中，应按规定符号画出管件，但一般不标注定位尺寸。

在平面布置图上按规定符号画出各种阀门，一般也不标注定位尺寸，只在立面剖视图上标注阀门的安装标高。当管道上阀门种类较多时，在阀门符号旁应标注其公称直径、型式和序号。如“50J8”，50 表示管道的公称直径，J 表示阀门型式为截止阀，8 表示阀门的序号。

管道布置图中的仪表控制点的标注与带控制点的工艺流程图一致，除对安装有特殊要求的孔板等检测点外，一般不标注定位尺寸。

4. 管道布置图的绘制

（1）比例、图幅、尺寸单位、分区原则和图名

① 比例。常用 1 : 50，也可采用 1 : 25 或 1 : 30，但同区的或各分层的平面图，应采

用同一比例。

② 图幅。管道布置图图幅应尽量采用 A1，比较简单的也可采用 A2，较复杂的可采用 A0。同区的图应采用同一种图幅。图幅不宜加长或加宽。

③ 尺寸单位。管道布置图标注的标高、坐标以 m 为单位，小数点后取三位数，至 mm 为止；其余的尺寸一律以 mm 为单位，只注数字，不注单位。管子公称通径一律用 mm 表示。

④ 分区原则。由于车间（装置）范围比较大，为了清楚表达各工段管道布置情况，需要分区绘制管道布置图时，常常以各工段或工序为单位划分区段，每个区段以该区在车间内所占的墙或柱的定位轴线为分区界线。区域分界线用双点划线表示，在区域分界线的外侧标注分界线的代号、坐标和与该图标高相同的相邻部分的管道布置图图号（见图 6-7）。一般的中小型车间，管道布置又简单的，可直接绘制全车间的管道布置图。

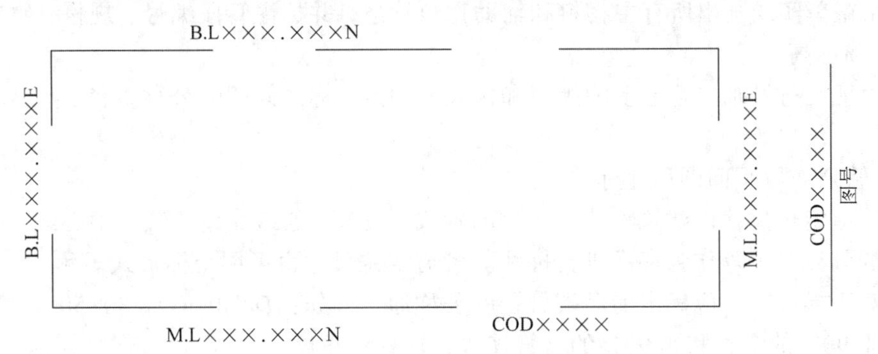

B.L—表示装置的边界；M.L—表示接续线；COD—表示接续图；N—表示北向；E—表示东向

图 6-7　管道布置图的分界线

⑤ 图名。标题栏中的图名一般分成两行书写，上行写“管道布置图”，下行写“EL×××. ×××平面”或“A-A、B-B…剖视”等。

（2）视图配置

管道布置图一般只绘平面图。当平面图中局部表示不够清楚时，可绘制剖视图或轴测图，该剖视图或轴测图可画在管道平面布置图边界线以外的空白处（不允许在管道平面布置图内的空白处再画小的剖视图或轴测图），或绘在单独的图纸上。绘制剖视图时要按比例画，可根据需要标注尺寸。轴测图可不按比例，但应标注尺寸。剖视符号规定用 A-A、B-B…等大写英文字母表示，在同一小区内符号不得重复。平面图上要表示所剖截面的剖切位置、方向及编号。

对于多层建筑物、构筑物的管道平面布置图应按层次绘制，如在同一张图纸上绘制几层平面图时，应从最低层起，在图纸上由下至上或由左至右依次排列，并于各平面图下注明“EL ± 0.000 平面”或“EL×××.×××平面”。

在绘有平面图的图纸右上角，管口表的左边，应画一个与设备布置图的设计北向一致的方向标。在管口布置图右上方填写该管道布置图内的设备管口表，包括设备位号、管口符号、公称直径、公称压力、密封面形式、连接法兰标注号、长度、标高、水平角及方位（°）等内容。

（3）绘制管道布置图的步骤与方法

① 管道平面布置图的画法：

a．用细实线画出厂房平面图。画法同设备布置图，标注柱网轴线编号和柱距尺寸。

b．用细实线画出所有设备的简单外形和所有管口，加注设备位号和名称。

c．用粗单实线画出所有工艺物料管道和辅助物料管道平面图，在管道上方或者左方标注管道编号、规格、物料代号及其流向箭头。

d．用规定的符号或者代号在要求的部位画出管件、管架、阀门和仪表控制点。

e．标注厂房定位轴线的分尺寸和总尺寸，设备的定位尺寸，管道定位尺寸和标高。

② 管道立面剖视图的画法：

a．画出地平线或室内地面，各楼面和设备基础，标注其标高尺寸。

b．用细实线按比例画出设备简单外形及所有管口，并标注设备名称和位号。

c．用粗单实线画出所有主物料和辅助物料管道，并标注管段编号、规格、物料代号及流向箭头和标高。

d．用规定符号画出管道上的阀门和仪表控制点，标注阀门的公称直径、型式、编号和标高。

（4）管道布置平面图尺寸标注

① 管道定位尺寸以建筑物或构筑物的轴线、设备中心线、设备管口中心线、区域界线（或接续图分界线）等作为基准进行标注。管道定位尺寸也可用坐标形式表示。

② 对于异径管，应标出前后端管子的公称通径，如：DN80/50 或 80×50。

③ 非 90° 的弯管和非 90° 的支管连接，应标注角度。

④ 在管道布置平面图上，不标注管段的长度尺寸，只标注管子、管件、阀门、过滤器、限流孔板等元件的中心定位尺寸或以一端法兰面定位。

⑤ 在一个区域内，管道方向有改变时，支管和在管道上的管件位置尺寸应按容器、设备管口或临近管道的中心线来标注。

⑥ 标注仪表控制点的符号及定位尺寸。对于安全阀、疏水阀、分析取样点、特殊管件有标记时，应在 ϕ10mm 圆内标注它们的符号。

⑦ 为了避免在间隔很小的管道之间标注管道号和标高而缩小书写尺寸，允许用附加线标注标高和管道号，此线穿越各管道并指向被标注的管道。

⑧ 水平管道上的异径管以大端定位，螺纹管件或承插焊管件以一端定位。

⑨ 按比例画出人孔、楼面开孔、吊柱（其中用细实双线表示吊柱的长度，用点划线表示吊柱的活动范围），不需标注定位尺寸。

⑩ 当管道倾斜时，应标注工作点标高（WP EL），并把尺寸线指向可以进行定位的地方。

⑪ 带有角度的偏置管和支管在水平方向标注线性尺寸，不标注角度尺寸。

（5）管口表

管口表在管道布置图的右上角，填写该管道布置图中的设备管口。

5. 管道布置图的阅读

（1）管道布置图的阅读方法和步骤

阅读管道布置图的目的是通过图样了解该工程设计的设计意图和弄清楚管道、管件、阀门、仪表控制点及管架等在车间中的具体布置情况。在阅读管道布置图之前，应从带控制点的工艺流程图中，初步了解生产工艺过程和流程中的设备、管道的配置情况和规格型号，从设备布置图中了解厂房建筑的大致构造和各个设备的具体位置及管口方位。读图时建议按照下列步骤进行，可以获得事半功倍的效果。

① 首先要了解视图关系，了解平面图的分区情况，平面图、立面剖视图的数量及配置情况，在此基础上进一步弄清各立面剖视图在平面图上的剖切位置及各个视图之间的关系。注意管道布置图样的类型、数量，有关管段图、管件图及管架图等。

② 详细分析，看懂管道的来龙去脉：

a．对照带控制点的工艺流程图，按流程顺序，根据管道编号，逐条弄清楚各管道的起始设备和终点设备及其管口。

b．从起点设备开始，找出这些设备所在标高平面的平面图及有关的立面剖（向）视图，然后根据投影关系和管道表达方法，逐条地弄清楚管道的来龙去脉，转弯和分支情况，具体安装位置及管件、阀门、仪表控制点及管架等的布置情况。

c．分析图中的位置尺寸和标高，结合前面的分析，明确从起点设备到终点设备的管口中间是如何用管道连接起来形成管道布置体系的。

（2）结合教材图 6-17 详细说明

① 对界区情况的初步了解。教材中图 6-17 是一张单层厂房的管道平面布置图，厂房朝向为正南北向。在厂房内有料液槽和料液泵，相应位号为 F1301、J1302A、J1302B。室外有带操作平台的板式精馏塔与料液中间槽，相应位号为 E1305 和 F1304。室内标高为 EL ± 0.000，室外标高为 EL−0.150，平台标高为 EL+2.900。为充分表达与泵和精馏塔、产品槽相连的管道布置情况，在图中还配置有“A-A”剖视图和“B-B”剖视图。同时，从图纸右下角的分区号可知，本平面布置图只是同一主项内的一张分区图，如果要了解主项全貌，还需阅读主项的分区索引和其他的分区布置图。

② 详细阅读与分析

a．位号为 F1301 的料液槽共有 a、b、c、d 四个管口。设备的支撑点标高为 EL+0.100，其中与管口 a 相连的管道代号为 PL1233-50，管内输送的是工艺液体，由界外引入，穿过墙体进入室内。引入点标高为 EL+4.000，经过了 EL+3.000、EL+0.450 和 EL+1.900 等不同标高位置转换和 8 次转向后再与管口 a 相连，进入料液槽，管道上安装了 2 个控制阀，该管道的立体图如图 6-8 所示。

管道 b 相连的管道代号为 PL1311-65，由料液槽引出入料液泵，通过泵加压后，通过代号为 PL1312-65 的管道由底部进入中间槽（见教材中图 6-17 中剖视图 B-B），另一支管则又送回料液槽，与管口 c 相连。与管口 d 相连的管道为放空管，代号为 VT1310-50，穿过墙体后引至室外放空。

通过仔细阅读图纸，还可进一步详细了解设备管口方位，以及管道的走向、位置和其他相关管架的设置情况与安装要求。

b．与其他设备相连的管道也可按照上述方法，参照工艺流程图依次进行阅读和分析，直至全部阅读和了解清楚为止。

c．图纸中操作平台以下的管道未分层绘制单独的平面布置图，所以采用了虚线表达在平台以下的管线。

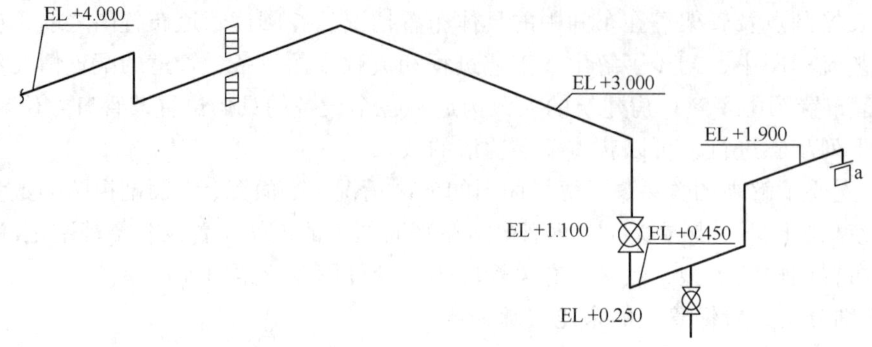

图 6-8　PL1233-50 管道的立体图

d．阅读完全部图纸后，再进行一次综合性的检查与总结，以全面了解管道及其附件的安装与布置情况，并审查一下是否还有遗漏之处。

第五节　管道轴测图（管段图、空视图）、管口方位图及管件图

一、主要内容

理解管道轴测图的内容、图形的表示方法及尺寸标注内容和方法，管口方位图的内容和画法，管架图和管件图的表达内容和方法。

二、重点和难点

重点：掌握管道轴测图中管道、管件及阀门的表示方法及尺寸标注内容与标注方法，管道方位图的表达内容及绘制方法。

难点：管道轴测图中管道、管件及阀门的表示方法及尺寸标注内容与标注方法。

三、考试知识点及要求

○应熟悉内容

应熟悉管道轴测图中管道、管件及阀门的表示方法及尺寸标注内容和标注方法。

第六节　计算机在管道布置设计中的应用

一、主要内容

通过一个实例，用计算机软件 Pdmax 演示的方法，使学生理解建（构）筑物、设备、管道、管件、阀门、管道支架等建模的方法，模型碰撞检查和模型设计检查的方法，生成平立面图和 ISO 图及各种材料表格的方法，模型渲染与消隐的方法。

二、重点

理解设备、管道、管件、阀门、管道支架等建模的方法和参数输入。

三、考核知识点及要求

依据上机指导例题介绍的方法和步骤，采用 Pdmax 完成简单的三维管道布置设计，并在老师的指导下，根据上机指导的思路和方法完成规定的三维管道布置设计习题。

四、应用实例精讲

本设计以卟啉生产中试装置的反应单元为例进行管道布置演示，详细讲述管道建立的过程。其中，管道始于离心泵 J0101，终止于反应器 R0101。

1. 管道建立目标

建立管道 PL-20112-32-M1E。其中，管道始于离心泵 J0101，终止于反应器 R0101。

2. 管道建立步骤

对导航栏“设计模块”选项卡中“装置 管道”进行展开，右键单击快捷菜单“分区 管道”，选择“创建”中的“管道”，并左键单击，弹出“管道”对话框，名字输入“PL-20112-32-M1E”；单击“选择等级”按钮，弹出“等级选择”对话框，行业选择“化工项目-管道等级”，等级选择“M1E”，如图 6-9 所示。

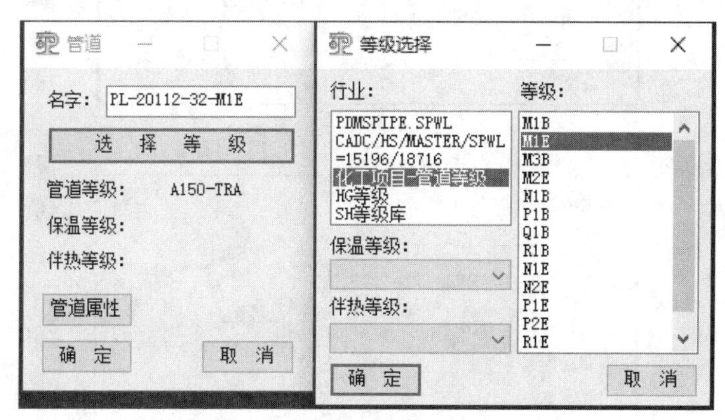

图 6-9　创建管道与管道等级选择

依次点击“等级选择”和“管道”对话框中的“确定”按钮，成功在快捷菜单“分区 管道”下创建 PL-20112-32-M1E。

（1）创建分支 1

右键点击建立的管道 PL-20112-32-M1E，选择“创建” -> “分支”，弹出“创建分支”对话框，名字输入“PL-20112-32-M1E-1”。进行分支头尾设置时，可以采用直接输入、“屏幕拾取”功能和设置连接目标等方式设置分支头和分支尾的相关参数。本例使用设置连接目标的方式进行设置，首先选择分支头，“连接到”选择“管嘴”（图 6-10 所示）后直接进入 AutoCAD 主界面，单击选择管嘴 N29 后返回至“创建分支”对话框，坐标值自动设为管嘴 N29 的坐标，方向为 Z，公称直径选择与管嘴匹配的公称直径——32，连接类型为“FAP”，至此完成分支头的设置，如图 6-10 所示；然后选择分支尾，“连接到”选择“管嘴”，直接进入 AutoCAD 主界面，单击选择管嘴 N1 后返回至“创建分支”对话框，同设置分支头一样，坐标、方向、公称直径和连接类型均根据选择的管嘴自动生成，完成分支尾坐标的设置，如图 6-11 所示。

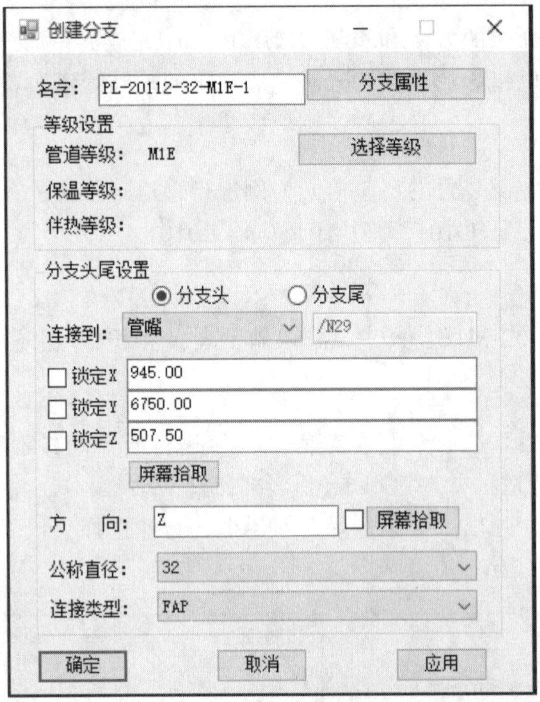

图 6-10　分支头设置

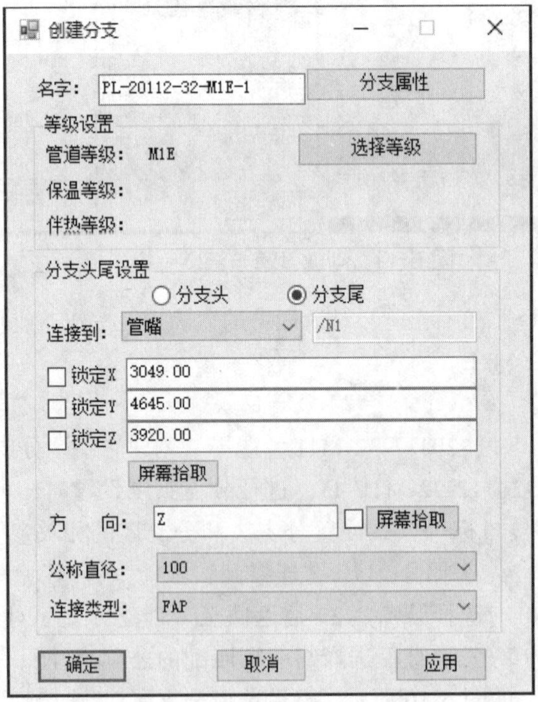

图 6-11　分支尾设置

点击“创建分支”对话框中的“确定”按钮，从 AutoCAD 主界面上可以看到系统在分支头和分支尾之间生成了一根直线，这条直线代表新建的分支 PL-20112-32-M1E-1，如图 6-12 所示。

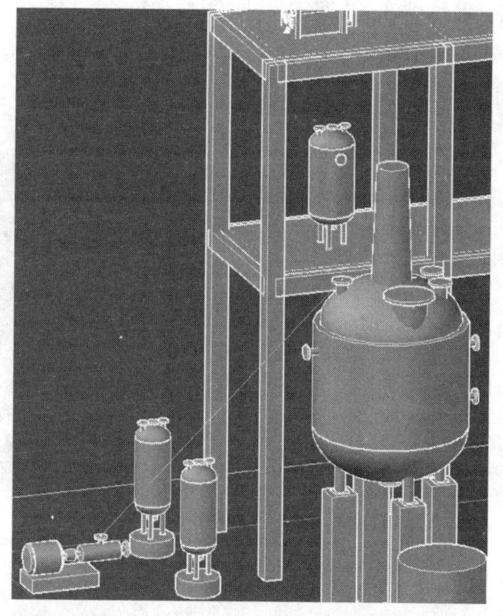

图 6-12 新建分支 PL-20112-32-M1E-1 示意图

（2）分支 PL-20112-32-M1E-1 添加管件

右键点击管道 PL-20112-32-M1E 下创建的分支 PL-20112-32-M1E-1，选择“创建”->“管件”，弹出“创建管件”对话框，在“等级”栏目中已经默认前述步骤中选择的行业和管道等级，此处无需进行再次选择，如图 6-13 所示。

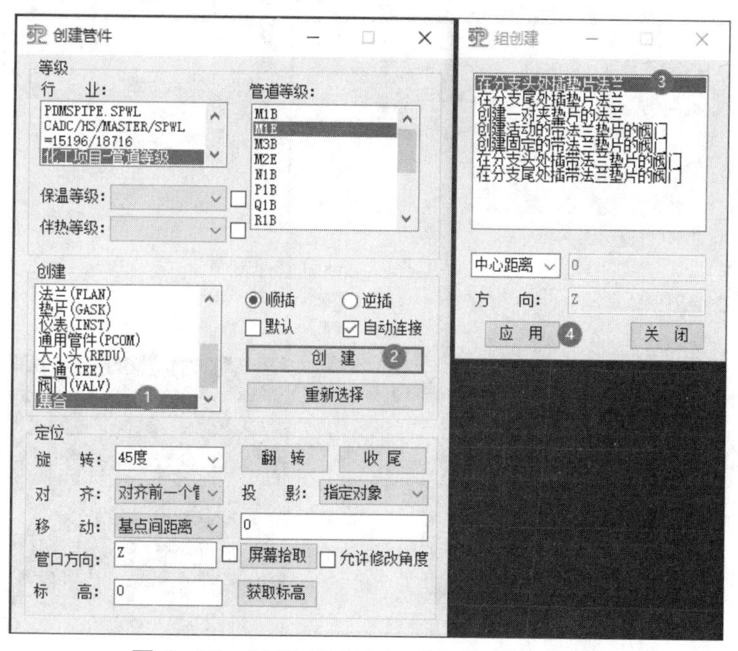

图 6-13 “创建管件”与“组创建”对话框

在“创建”栏目中列出该等级下可以创建的管件类型，本设计选择“集合”，然后点击“创建”按钮，弹出“组创建”对话框（如图 6-13 所示），选择“在分支头处插垫片法兰”，点击“应用”按钮，弹出“管件选择”对话框（如图 6-14 所示），由于此处添加的法兰是用来连接管嘴的，故选择第 1 项，点击“确定”按钮。

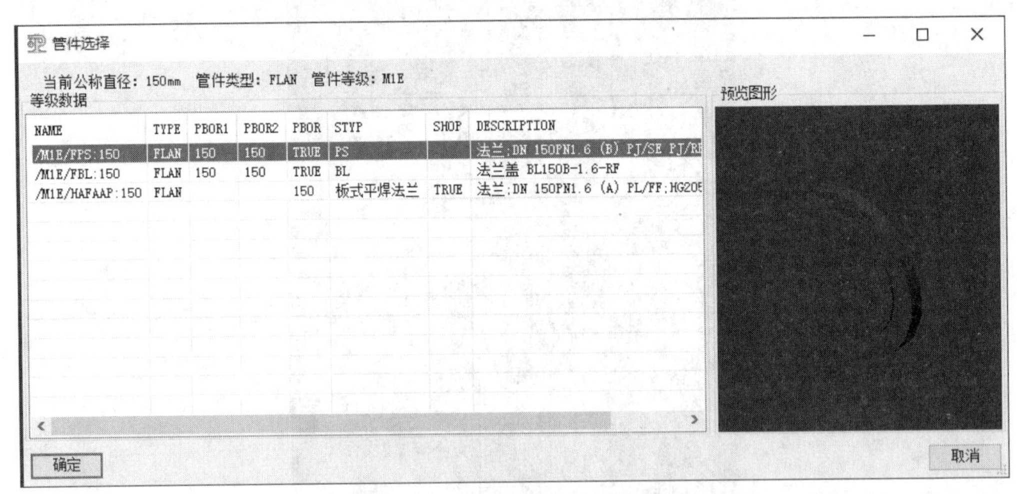

图 6-14 “管件选择”对话框

此时已在分支 PL-20112-32-M1E-1 的起始位置依次添加了垫片 1 和法兰 1，并连接到分支头处的管嘴 N29。

以同样步骤在分支尾处添加垫片 2 和法兰 2（需要注意的是“创建管件”对话框内选择“逆插”，在“组创建”对话框中选择“在分支尾处插垫片法兰”），具体步骤如图 6-15 所示。点击“组创建”对话框的“应用”按钮，弹出“管件选择”对话框，默认选择第 1 项。

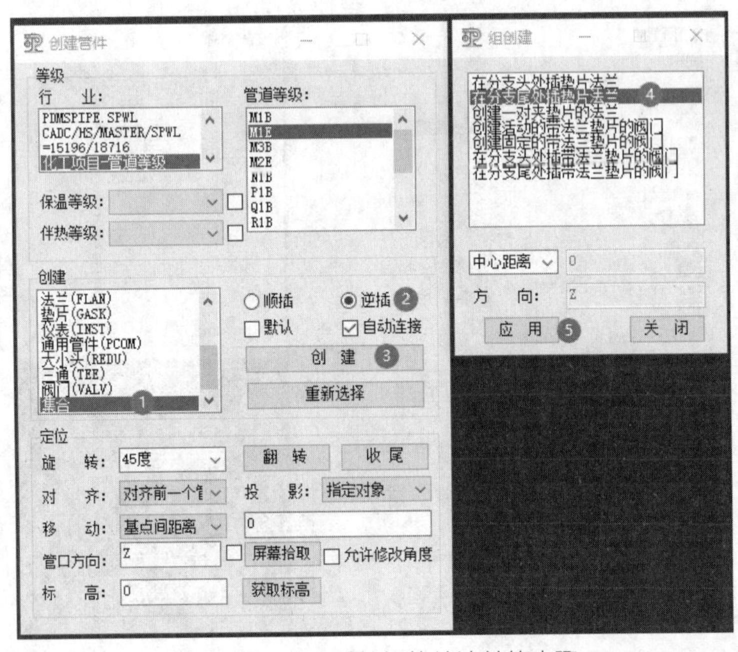

图 6-15 分支尾处插垫片法兰的步骤

依次点击“管件选择”对话框中的“确定”按钮和“组创建”对话框中的“关闭”按钮。

在离心泵出口有一个截止阀，此时需要在添加的法兰 1 后添加一个截止阀（阀门 1），具体步骤为①在“创建管件”对话框中选择“行业”里面的“HG 等级”；②选择“管道等级”里面的“MIE”；③单击选中导航栏“设计模块”选项卡里面的法兰 1（因为在法兰 1 后面插入阀门）；④“创建”选项里面选择“阀门”；⑤选择“顺插”；⑥单击“创建”按钮；⑦弹出“管件选择”对话框，选择第四项截止阀；⑧点击“管件选择”对话框内的“确定”按钮，步骤详见图 6-16 所示。弹出“提示”对话框（端面类型不匹配，默认向后移动 100mm），点击“确定”按钮。（注：管件未创建完成时，不需要关闭“创建管件”对话框。）

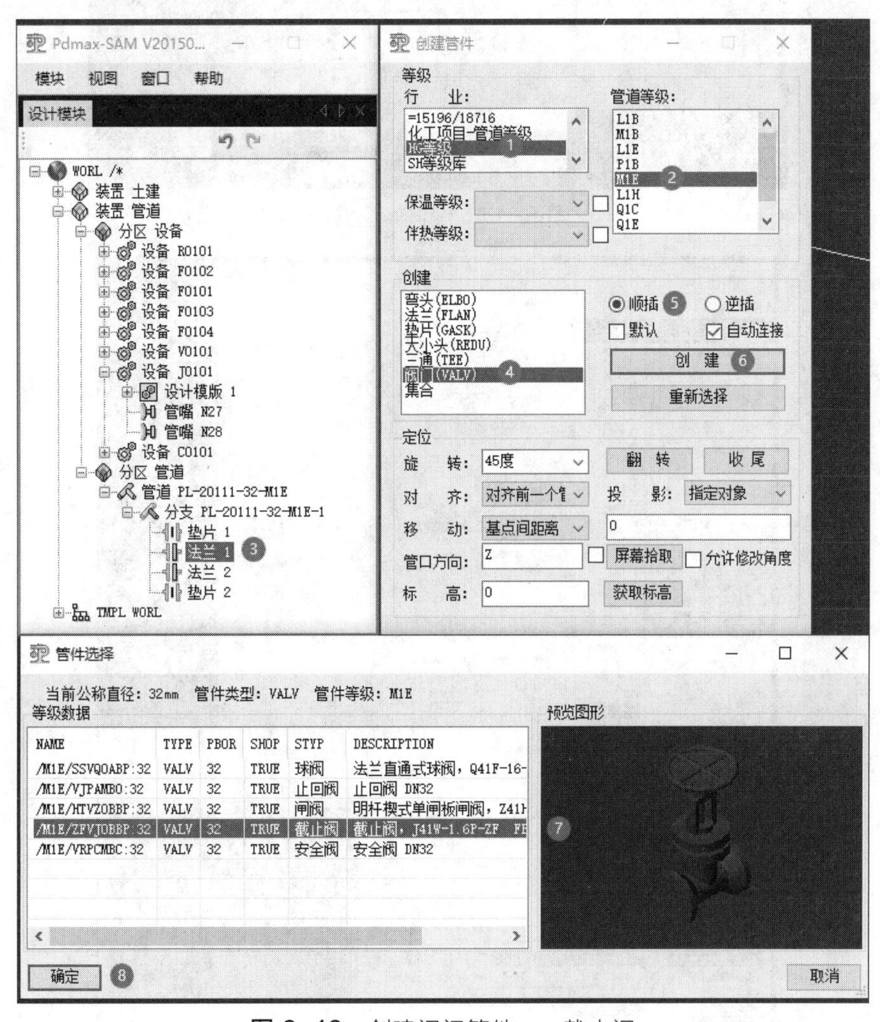

图 6-16 创建阀门管件——截止阀

其中阀门方向可通过“旋转”和“翻转”进行调整，首先在导航栏中选择需要调整方向的“阀门”，然后根据实际情况进行旋转和翻转，如图 6-17 所示。

反应器进料口公称直径为 100，离心泵出口为 32，管径大小不一致，需要进行转换，在管嘴 N1 添加的法兰 2 后逆插一个大小头（100 转 50），步骤与阀门管件的创建一样，具体步骤如图 6-18 所示。

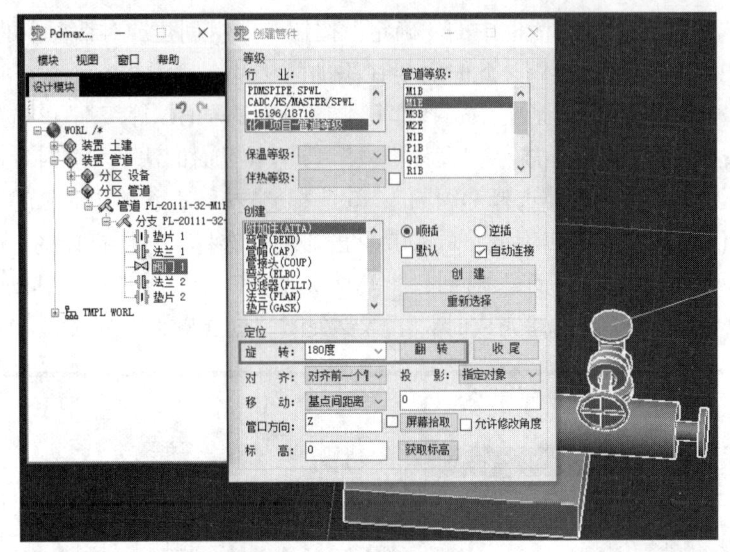

图 6-17 设置阀门方向

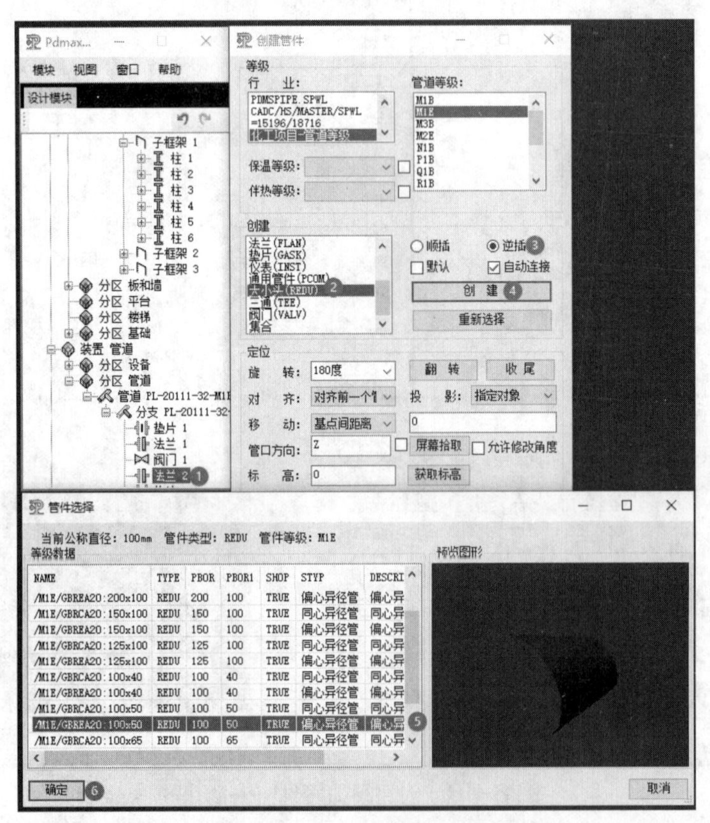

图 6-18 创建组件大小头（100 转 50）

反应器进料口前设有一个球阀，此时需要在添加的大小头 1 后添加一个球阀（阀门 2），具体步骤与创建截止阀相同（注意勾选“逆插”），如图 6-19 所示；然后点击弹出“提示”对话框（端面类型不匹配，默认向后移动 100mm）内的“确定”按钮。同样，根据实际情况，利用“旋转”和“翻转”调整球阀的方向。（注意步骤⑥以前的顺序不是唯一的，可以灵活设置）。

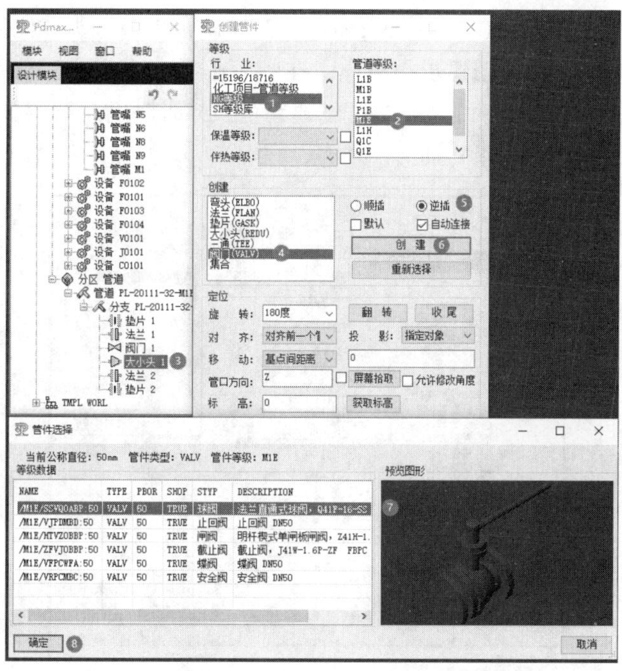

图 6-19 创建阀门管件——球阀

此时，球阀法兰的公称直径为 50，需连接一个大小头，将公称直径转化为 32，在球阀后逆插一个大小头（50 转 32 的偏心异径管），具体步骤同上述创件组件大小头（100 转 50）的步骤（如图 6-20 所示）。

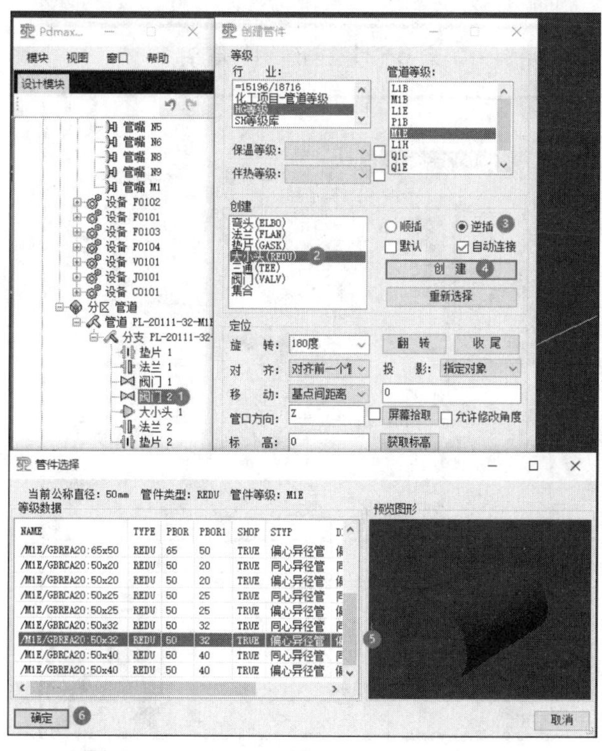

图 6-20 创建组件大小头（50 转 32）

连接两个管嘴的分支 PL-20112-32-M1E-1 还需要添加 3 个弯头才能完成该管道的布置。其创建步骤与阀门和大小头的创建步骤一样，在阀门 1 和大小头 1 后分别建立 1 个弯头，详细步骤见图 6-21 和图 6-22。此时，需要在“创建管件”对话框里面对弯头 2 的方向进行调整，旋转“90 度”，弯头 2 此时朝向 Y 轴。

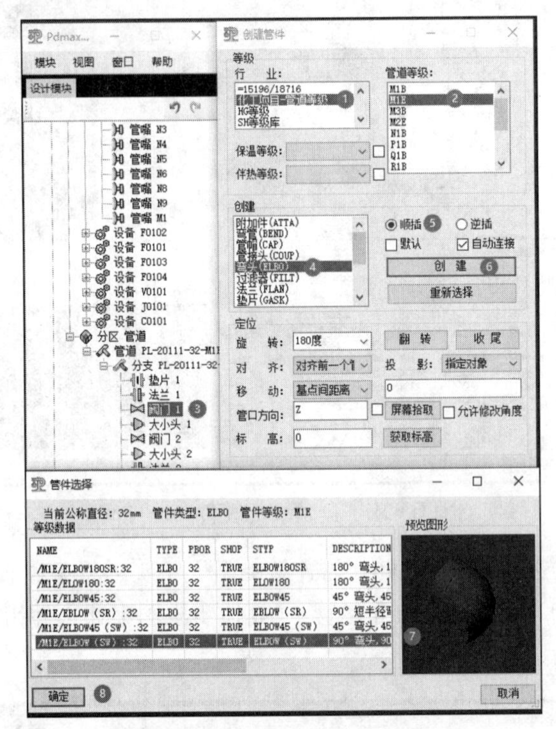

图 6-21 创建组件弯头 1

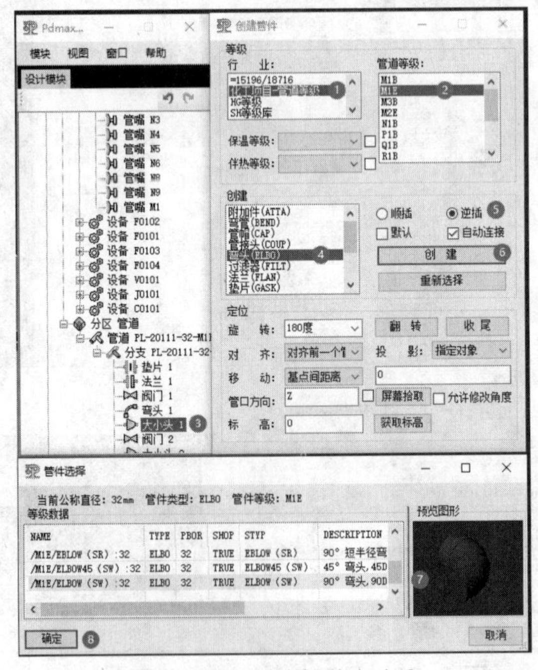

图 6-22 创建组件弯头 2

对弯头 1 进行投影，具体步骤为：单击导航栏中的“弯头 1”，“投影”选项后选择“指定对象”（图中步骤②），如图 6-23 所示。界面切换至 AutoCAD 主界面上，单击投影对象弯头 2，此时 AutoCAD 主界面上管道连接如图 6-24 所示。

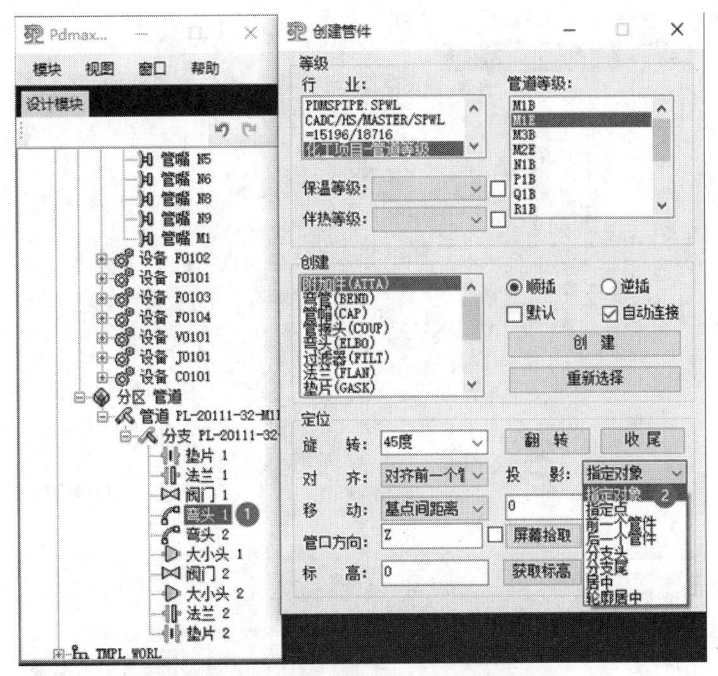

图 6-23　对弯头 1 进行投影

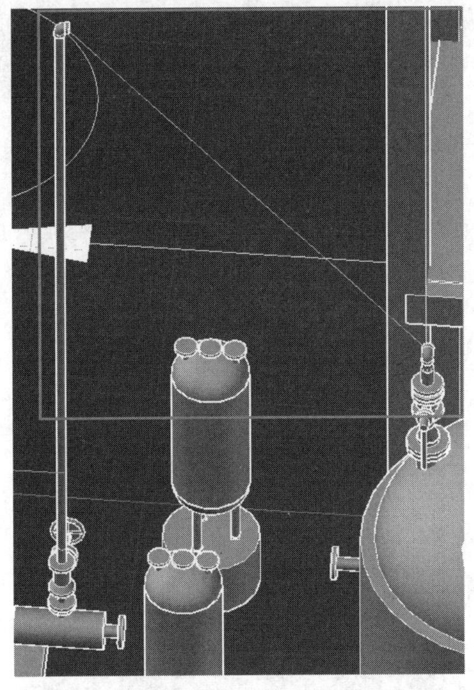
图 6-24　管道分支建立过程示意图

在弯头 1 和弯头 2 的管道之间还需添加 1 个弯头。弯头 3 的步骤如前所述，需在弯头 1 后

“顺插”弯头 3，然后进行方向调整（调整角度为“180 度”），详细步骤如图 6-25 所示。（注意：弯头 3 创建完成后，导航栏中弯头 2 为刚刚建立的弯头，反应器上方的弯头变为弯头 3。）

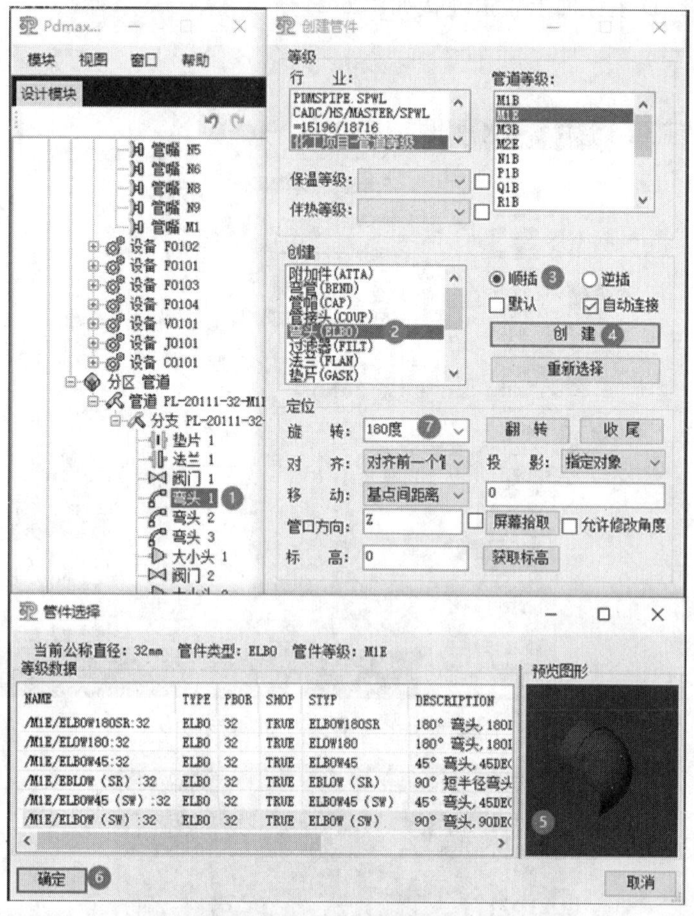

图 6-25 创建组件弯头 3

重复弯头投影步骤，对弯头 2 进行投影，投影对象为弯头 3。之后关闭“创建管件”对话框。至此，完成分支 PL 20112 32-M1E-1 及其全部管件的创建，如图 6-26 所示。

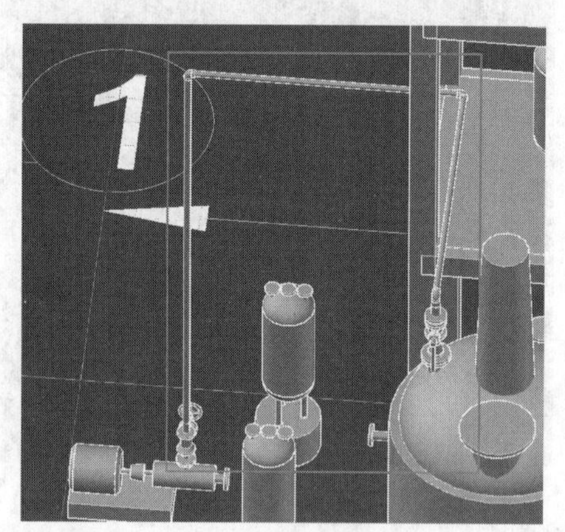

图 6-26 分支 PL-20112-32-M1E-1 示意图

值得注意的是管件添加顺序不是固定的，既可以严格按照流程图顺序进行添加，也可以先添加弯头再添加法兰、阀门等管件，Pdmax 提供了灵活的设计功能。根据上述操作并参考 Pdmax 教程进行其他管道的设置，本例不进行详细一一介绍。

设计过程中需要对管道模型进行反复的修改，修改快捷与否决定了用户的设计效率。Pdmax 提供了很多高级功能，本设计不予以详细介绍和讲解，请参看官方网站上的教程。

3. 生成各类材料表

系统提供自动或手动两种方式生成多种材料报表，如管道综合材料表、管段表等，其内容和格式均可以自定义。单击选择主菜单栏“出图和报表”->“材料报表”，弹出“报表”对话框，根据用户需要进行设置选择，点击“确定”按钮后即可出具相关报表，与教材类似。

4. 生成管道轴测图

管道轴测图用于指导管道预制和安装，Pdmax 系统提供了自动和手动两种方式抽取管道轴测图。生成轴测图之前可以指定相关的规则，可以在主菜单栏“出图和报表”->“修改轴测图规则”等进行修改。在工程导航栏中选择刚才建立的管道 PL-20112-32-M1E，然后鼠标右键单击轴测图（或者单击主菜单栏“出图和报表”下的“自动出轴测图”），就会生成轴测图示例，如图 6-27 所示。

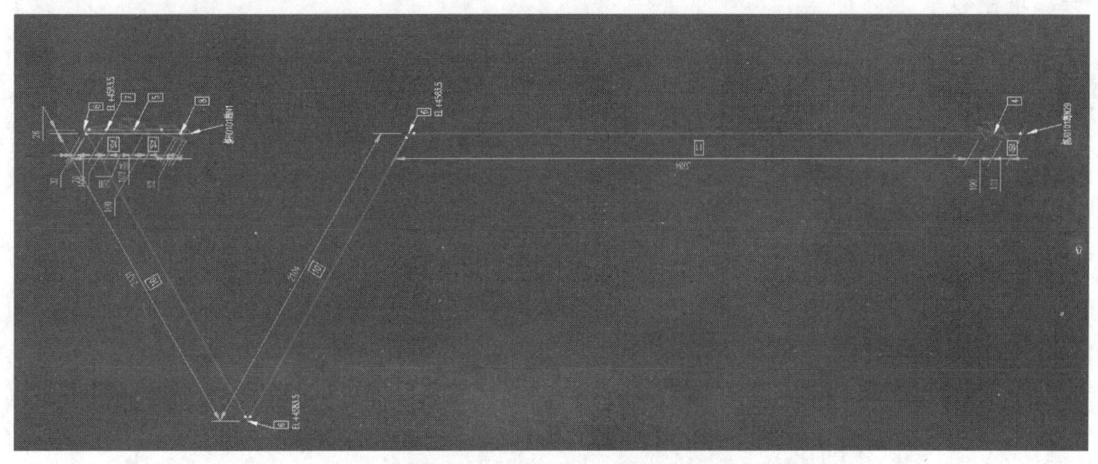

图 6-27 管道轴测图示例

手动出图是一种高级的出图方式，可以根据需求选择轴测图的规则和出图模型，可以采取两种方式进行：①利用主菜单栏“出图和报表”下的“手动出轴测图”功能；②采用 AutoCAD 命令 ISO。

5. 三维模型渲染效果

利用菜单栏中“视图”里面的功能给装置的三维设计模型中的设备和管道分别附着材质和颜色，可以制作三维模型渲染效果图，如图 6-28 所示。

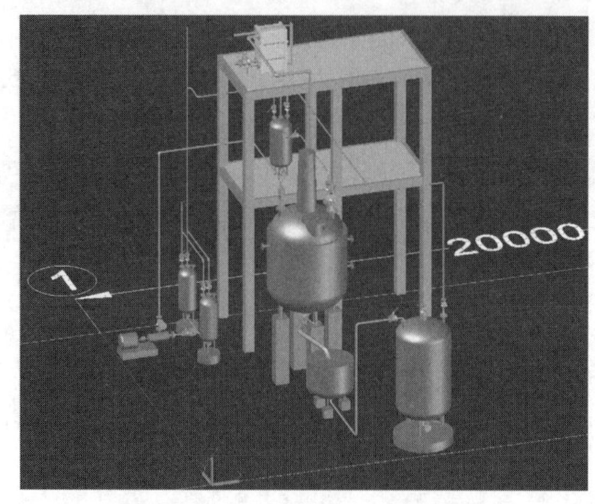

图 6-28　三维模型渲染效果图

第六章练习题

一、填空题

1．化工车间管道布置设计的原则性要求：①符合生产工艺流程的要求，并能满足生产的要求；②便于操作管理，并能保证______生产；③便于管道的______和维护；④要求整齐______，并尽量节约材料和投资；⑤管道布置设计应符合管道及仪表流程图的______。

2．固定支架用在管道上不允许有任何_______的地方。它除支撑管道的重量外，还承受管道的_______作用力。

3．滑动支架只起_______作用，允许管道在平面上有一定的_______。

4．导向支架用于允许_______位移而不允许_______位移的地方，如Π型补偿器的两端和铸铁阀的两侧。

5．当管道有垂直位移时，可采用_________，弹簧有弹性，当管道垂直位移时仍然可以提供必要的_______力。

6．管道布置图又称为管道安装图或配管图，它是车间内部管道安装施工的依据。管道布置图包括一组___________图，有关_______及方位等内容。一般的管道布置图是在平面图上画出全部管道、设备、建筑物或构筑物的简单轮廓、管件阀门、仪表控制点及有关的定位尺寸，只有在平面图上不能清楚地表达管道布置情况时，才酌情绘制部分_______图、剖视图或_______视图。

7. 管道布置图中的主要物料管道一般用________单线画出，其他管道用_________线画出。对大直径（*DN*≥400mm 或 *DN*≥250mm）或重要管道，可以用中粗实线双线绘制。

8．管道上的阀门也是用简单的图形和_______来表示。一般在视图上表示出阀的手轮安装_______，并画出主阀所带的旁路阀。重点掌握截止阀、球阀及旋塞阀的表示方法。

9．管道上的仪表控制点应用细实线按规定_______画出，每个控制点一般只在能清楚表达其安装位置的一个______中画出。控制点的符号与管道仪表流程图的规定符号相同，有时其功能代号可以省略。

10．管架采用______在管道布置图中表示，并在其旁标注__________。管架编号由五个部分组成：①管架类别（如 A——表示固定架）；②管架生根部位的结构（如 C——表示混凝土结构）；③区号（以一位数字表示）；④管道布置图的尾号（以一位数字表示）；⑤管架序号（以两位数字表示，从 01 开始）。

11．化工车间管道布置设计的任务：①确定车间中各个设备的管口______与之相连接的管段的接口______；②确定管道的______连接和铺设、支撑方式；③确定各管段（包括管道、管件、阀门及控制仪表）在______的位置；④画出管道布置图，表示出车间中所有管道在平面和立面的空间______，作为管道安装的依据；⑤编制管道综合______表，包括管道、管件、阀门、型钢等的材质、规格和数量。

12．管道平面布置图，一般应与设备的平面布置图一致，即按________平面分层绘制，各层管道平面布置图是将______以下的建（构）筑物、设备、管道等全部画出。当某一层的管道上下重叠过多，布置比较复杂时，应再分上下______分别绘制。在各层平面布置图的下方应注明其相应的标高。

13．管道平面布置图中用______线画出全部容器、换热器、工业炉、机泵、特殊设备、有关管道、平台、梯子、建筑物外形、电缆托架、电缆沟、仪表电缆和管缆托架等。除按比例画出设备的外形轮廓，还要画出设备上______管口和______管口的位置。非定型设备还应画出设备的基础、支架。简单的定型设备，如泵、鼓风机等外形轮廓可画的更简略一些。压缩机等复杂机械可画出与配管有关的局部外形。

14．管道布置在平面图上不能清楚表达的部位，可采用________图或______图补充表达。剖视图尽可能与被剖切平面所在的管道平面布置图画在同一张图纸上，也可画在另一张图纸上。剖切平面位置线的画法及标注方式与设备布置图相同。______图可按 A-A、B-B……或 Ⅰ-Ⅰ、Ⅱ-Ⅱ……顺序编号。______图则按 A 向、B 向……顺序编号。

15．建（构）筑物的结构构件常被用作管道布置的定位基准，因此在管道平面图和立面剖视图上都应标注建筑定位轴线的________，定位轴线间的______尺寸和______尺寸，平台和______面、______板、屋盖、构筑物的标高，标注方法与设备布置图相同，地面设计标高为 EL ± 0.000m。

16．在管道平面布置图上除标注所有管道的________尺寸、________的流动方向和________外，如绘有立面剖视图，还应在立面剖视图上标注所有管道的________。定位尺寸以 mm 为单位，标高以 m 为单位。

17．管道的普通定位尺寸可以以______中心线、设备______法兰、______定位轴线或者墙面、柱面为基准进行标注，同一管道的标注基准应一致。

18．管道上方标注（双线管道在中心线上方）______代号、______编号、______通径、管道______及隔热型式，下方标注管道______。

19．对安装坡度有严格要求的管道，要在管道上方画出细线______，指出坡向，并写上坡度_______。也可以将几条管线一起_______标注，管道与相应标注用数字分别进行______，指引线在各管线引出处画一段_______线。管道标注分别在上方相应数字后填写。

20．管接头、异径接头、弯头、三通、管堵、法兰等这些管件能使管道改变方向，变化口径，连通和分流以及调节和切换管道中的流体，在管道布置图中，应按规定______画出管件，但一般不标注______尺寸。

21．在平面布置图上按规定______画出各种阀门，一般也不标注定位尺寸，只在立面剖视图上标注阀门的安装______。当管道上阀门种类较多时，在阀门符号旁应标注其______直径、______和序号。

二、选择填空题

1．化工车间管道布置设计的原则性要求：①符合生产工艺流程的要求，并能满足生产的要求；②便于操作管理，并能保证（ ）生产；③便于管道的（ ）和维护；④要求整齐（ ），并尽量节约材料和投资；⑤管道布置设计应符合管道及仪表流程图的（ ）。

A．工业　B．安全　C．美观　D．划一

E．规范　F．要求　G．安装

2．固定支架用在管道上不允许有任何（ ）的地方。它除支撑管道的重量外，还承受管道的（ ）作用力。

A．垂直　B．震动　C．位移　D．水平

3．滑动支架只起（ ）作用，允许管道在平面上有一定的（ ）。

A．位移　B．承重　C．支撑　D．震动

4．导向支架用于允许（ ）位移而不允许（ ）位移的地方，如Π型补偿器的两端和铸铁阀的两侧。

A．横向　B．纵向　C．轴向　D．水平

5．当管道有垂直位移时，可采用（ ），弹簧有弹性，当管道垂直位移时仍然可以提供必要的（ ）力。

A．弹簧支架　B．支承　C．弹簧吊架　D．支吊

6．管道布置图又称为管道安装图或配管图，它是车间内部管道安装施工的依据。管道布置图包括一组（ ）图，有关（ ）及方位等内容。一般的管道布置图是在平面图上画出全部管道、设备、建筑物或构筑物的简单轮廓、管件阀门、仪表控制点及有关的定位尺寸，只有在平面图上不能清楚地表达管道布置情况时，才酌情绘制部分（ ）图、剖视图或（ ）视图。

A．平面　B．剖视图　C．平立面剖视　D．立面

E．向　F．俯　G．标注　H．尺寸

7．管道布置图中的主要物料管道一般用（ ）单线画出，其他管道用（ ）线画出。对大直径（$DN \geqslant 400$mm 或 $DN \geqslant 250$mm）或重要管道，可以用中粗实线双线绘制。

A．细实线　B．粗实线　C．双实　D．中粗实

8．管道上的阀门也是用简单的图形和（ ）来表示。一般在视图上表示出阀的手轮安装（ ），并画出主阀所带的旁路阀。重点掌握截止阀、球阀及旋塞阀的表示方法。

A．代号　B．符号　C．方向　D．位置

9．管道上的仪表控制点应用细实线按规定（ ）画出，每个控制点一般只在能清楚表达其安装位置的一个（ ）中画出。控制点的符号与管道仪表流程图的规定符号相同，有时其功能代号可以省略。

A．符号　　　B．代号　　　C．平面图　　　D．视图

10．管架采用（　）在管道布置图中表示，并在其旁标注（　）。管架编号由五个部分组成：①管架类别（如 A——表示固定架）；②管架生根部位的结构（如 C——表示混凝土结构）；③区号（以一位数字表示）；④管道布置图的尾号（以一位数字表示）；⑤管架序号（以两位数字表示，从 01 开始）。

A．符号　　　B．图例　　　C．管架型号　　　D．管架编号

11．化工车间管道布置设计的任务：①确定车间中各个设备的管口（　）与之相连接的管段的接口（　）；②确定管道的（　）连接和铺设、支撑方式；③确定各管段（包括管道、管件、阀门及控制仪表）在（　）的位置；④画出管道布置图，表示出车间中所有管道在平面和立面的空间（　），作为管道安装的依据；⑤编制管道综合（　）表，包括管道、管件、阀门、型钢等的材质、规格和数量。

A．位置　　　B．尺寸　　　C．方位　　　D．安装

E．布置　　　F．管道　　　G．空间　　　H．规格

I．材料

12．管道平面布置图，一般应与设备的平面布置图一致，即按（　）平面分层绘制，各层管道平面布置图是将（　）以下的建（构）筑物、设备、管道等全部画出。当某一层的管道上下重叠过多，布置比较复杂时，应再分上下（　）分别绘制。在各层平面布置图的下方应注明其相应的标高。

A．建筑标高　　　B．建筑　　　C．平面　　　D．楼板

E．平台　　　F．两层

13．管道平面布置图中用（　）线画出全部容器、换热器、工业炉、机泵、特殊设备、有关管道、平台、梯子、建筑物外形、电缆托架、电缆沟、仪表电缆和管缆托架等。除按比例画出设备的外形轮廓，还要画出设备上（　）管口和（　）管口的位置。非定型设备还应画出设备的基础、支架。简单的定型设备，如泵、鼓风机等外形轮廓可画的更简略一些。压缩机等复杂机械可画出与配管有关的局部外形。

A．中粗　　　B．连接　　　C．细实　　　D．管道的

E．其他　　　F．预留

14．管道布置在平面图上不能清楚表达的部位，可采用（　）图或（　）图补充表达。剖视图尽可能与被剖切平面所在的管道平面布置图画在同一张图纸上，也可画在另一张图纸上。剖切平面位置线的画法及标注方式与设备布置图相同。（　）图可按 A-A、B-B……或Ⅰ-Ⅰ、Ⅱ-Ⅱ……顺序编号。（　）图则按 A 向、B 向……顺序编号。

A．向视　　　B．左视　　　C．立面剖视　　　D．俯视

E．剖视　　　F．平面　　　G．立面

15．建（构）筑物的结构构件常被用作管道布置的定位基准，因此在管道平面图和立面剖视图上都应标注建筑定位轴线的（　），定位轴线间的（　）尺寸和（　）尺寸，平台和（　）面、（　）板、屋盖、构筑物的标高，标注方法与设备布置图相同，地面设计标高为 EL ± 0.000m。

A．分　　　B．定位　　　C．总　　　D．标高

E．地　　F．平　　G．楼　　H．编号

I．位号

16．在管道平面布置图上除标注所有管道的（　）尺寸、（　）的流动方向和（　）外，如绘有立面剖视图，还应在立面剖视图上标注所有管道的（　）。定位尺寸以 mm 为单位，标高以 m 为单位。

A．规格　　B．定位　　C．物料　　D．液体

E．坡度　　F．管号　　G．标高　　H．代号

17．管道的普通定位尺寸可以以（　）中心线、设备（　）法兰、（　）定位轴线或者墙面、柱面为基准进行标注，同一管道的标注基准应一致。

A．管口　　B．柱子　　C．设备　　D．连接

E．厂房　　F．建筑

18．管道上方标注（双线管道在中心线上方）（　）代号、（　）编号、（　）通径、管道（　）及隔热型式，下方标注管道标高。

A．管道　　B．流体　　C．介质　　D．管段

E．位置　　F．内径　　G．公称　　H．等级

19．对安装坡度有严格要求的管道，要在管道上方画出细线（　），指出坡向，并写上坡度（　）。也可以将几条管线一起（　）标注，管道与相应标注用数字分别进行（　），指引线在各管线引出处画一段（　）线。管道标注分别在上方相应数字后填写。

A．数值　　B．箭头　　C．方向　　D．角度

E．引出　　F．合并　　G．标记　　H．编号

I．交叉　　J．细斜

20．管接头、异径接头、弯头、三通、管堵、法兰等这些管件能使管道改变方向，变化口径，连通和分流以及调节和切换管道中的流体，在管道布置图中，应按规定（　）画出管件，但一般不标注（　）尺寸。

A．图形　　B．定位　　C．大小　　D．符号

21．在平面布置图上按规定（　）画出各种阀门，一般也不标注定位尺寸，只在立面剖视图上标注阀门的安装（　）。当管道上阀门种类较多时，在阀门符号旁应标注其（　）直径、型式和序号。

A．图形　　B．尺寸　　C．符号　　D．标高

E．公称

三、判断题（正确的打√；错误的打×）

1．化工车间管道布置设计的原则性要求：①符合生产工艺流程的要求，并能满足生产的要求；②便于操作管理，并能保证工业生产；③便于管道的安装和维护；④要求整齐划一，并尽量节约材料和投资；⑤管道布置设计应符合管道及仪表流程图的要求。（　）

2．固定支架用在管道上不允许有任何位移的地方。它除支撑管道的重量外，还承受管道的垂直作用力。（　）

3．滑动支架只起支撑作用，允许管道在平面上有一定的位移。（　）

4．导向支架用于允许轴向位移而不允许水平位移的地方，如Π型补偿器的两端和铸铁

阀的两侧。(　)

5. 当管道有垂直位移时，可采用弹簧吊架，弹簧有弹性，当管道垂直位移时仍然可以提供必要的支吊力。(　)

6. 管道布置图又称为管道安装图或配管图，它是车间内部管道安装施工的依据。管道布置图包括一组平立面剖视图，有关尺寸及方位等内容。一般的管道布置图是在平面图上画出全部管道、设备、建筑物或构筑物的简单轮廓、管件阀门、仪表控制点及有关的定位尺寸，只有在平面图上不能清楚地表达管道布置情况时，才酌情绘制部分立面图、剖视图或向视图。(　)

7. 管道布置图中的主要物料管道一般用粗实线单线画出，其他管道用中粗实线画出。对大直径（*DN*≥400mm 或 *DN*≥250mm）或重要管道，可以用中粗实线双线绘制。(　)

8. 管道上的阀门也是用简单的图形和符号来表示。一般在视图上表示出阀的手轮安装位置，并画出主阀所带的旁路阀。重点掌握截止阀、球阀及旋塞阀的表示方法。(　)

9. 管道上的仪表控制点应用细实线按规定符号画出，每个控制点一般只在能清楚表达其安装位置的一个视图中画出。控制点的符号与管道仪表流程图的规定符号相同，有时其功能代号可以省略。(　)

10. 管架采用图例在管道布置图中表示，并在其旁标注管架编号。管架编号由五个部分组成：①管架类别（如 A——表示固定架）；②管架生根部位的结构（如 C——表示混凝土结构）；③区号（以一位数字表示）；④管道布置图的尾号（以一位数字表示）；⑤管架序号（以两位数字表示，从 01 开始）。(　)

11. 化工车间管道布置设计的任务：①确定车间中各个设备的管口方位与之相连接的管段的接口位置；②确定管道的工艺连接和铺设、支撑方式；③确定各管段（包括管道、管件、阀门及控制仪表）在空间的位置；④画出管道布置图，表示出车间中所有管道在平面和立面的空间位置，作为管道安装的依据；⑤编制管道综合材料表，包括管道、管件、阀门、型钢等的材质、规格和数量。(　)

12. 管道平面布置图，一般应与设备的平面布置图一致，即按建筑平面分层绘制，各层管道平面布置图是将楼板以下的建（构）筑物、设备、管道等全部画出。当某一层的管道上下重叠过多，布置比较复杂时，应再分上下两层分别绘制。在各层平面布置图的下方应注明其相应的标高。(　)

13. 管道平面布置图中用细实线画出全部容器、换热器、工业炉、机泵、特殊设备、有关管道、平台、梯子、建筑物外形、电缆托架、电缆沟、仪表电缆和管缆托架等。除按比例画出设备的外形轮廓，还要画出设备上连接管口和预留管口的位置。非定型设备还应画出设备的基础、支架。简单的定型设备，如泵、鼓风机等外形轮廓可画的更简略一些。压缩机等复杂机械可画出与配管有关的局部外形。(　)

14. 管道布置在平面图上不能清楚表达的部位，可采用立面剖视图或向视图补充表达。剖视图尽可能与被剖切平面所在的管道平面布置图画在同一张图纸上，也可画在另一张图纸上。剖切平面位置线的画法及标注方式与设备布置图相同。俯视图可按 A-A、B-B……或Ⅰ-Ⅰ、Ⅱ-Ⅱ……顺序编号。向视图则按 A 向、B 向……顺序编号。(　)

15. 建（构）筑物的结构构件常被用作管道布置的定位基准，因此在管道平面图和立面剖视图上都应标注建筑定位轴线的编号，定位轴线间的分尺寸和总尺寸，平台和地

面、楼板、屋盖、构筑物的标高，标注方法与设备布置图相同，地面设计标高为 EL ± 0.000m。(　)

16. 在管道平面布置图上除标注所有管道的定位尺寸、物料的流动方向和管号外，如绘有立面剖视图，还应在立面剖视图上标注所有管道的标高。定位尺寸以 mm 为单位，标高以 m 为单位。(　)

17. 管道的普通定位尺寸可以以设备中心线、设备管口法兰、管道定位轴线或者墙面、柱面为基准进行标注，同一管道的标注基准应一致。(　)

18. 管道上方标注（双线管道在中心线上方）介质代号、管道编号、公称通径、管道等级及隔热型式，下方标注管道标高。(　)

19. 对安装坡度有严格要求的管道，要在管道上方画出细线箭头，指出坡向，并写上坡度数值。也可以将几条管线一起引出标注，管道与相应标注用数字分别进行编号，指引线在各管线引出处画一段细斜线。管道标注分别在上方相应数字后填写。(　)

20. 管接头、异径接头、弯头、三通、管堵、法兰等这些管件能使管道改变方向，变化口径，连通和分流以及调节和切换管道中的流体，在管道布置图中，应按规定符号画出管件，但一般不标注定位尺寸。(　)

21. 在平面布置图上按规定符号画出各种阀门，一般也不标注定位尺寸，只在立面剖视图上标注阀门的安装位置。当管道上阀门种类较多时，在阀门符号旁应标注其公称直径、型式和序号。(　)

四、画出相应管段的视图

1. 已知管道的俯视图（如第四大题 1 附图）画出相应的正视图。

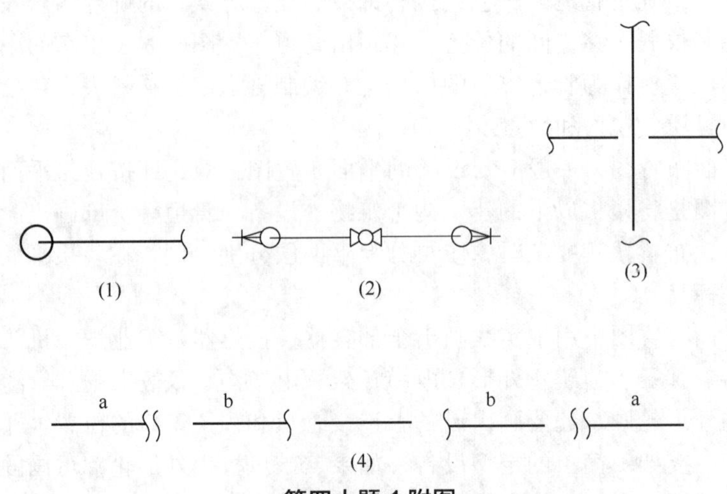

第四大题 1 附图

2. 已知管道的俯视图（如第四大题 2 附图）画出相应的正视图。

3. 已知管道的俯视图（如第四大题 3 附图）画出相应的正视图。

4. 已知管道的正视图（如第四大题 4 附图）画出相应的俯视图。

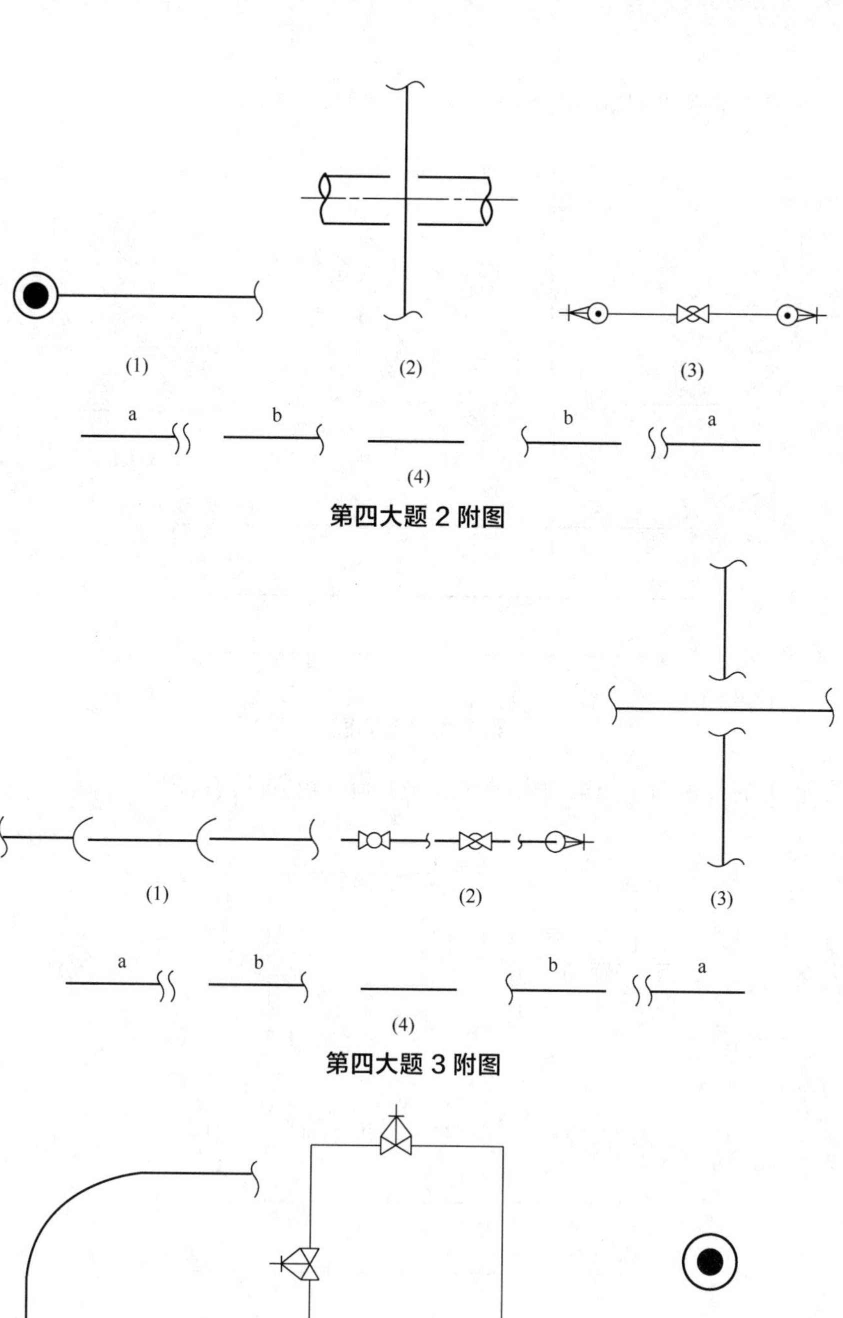

第四大题 2 附图

第四大题 3 附图

(1)
(2)
(3)
a
b
(4)

第四大题 4 附图

5．已知管道的正视图（如第四大题 5 附图）画出相应的俯视图。

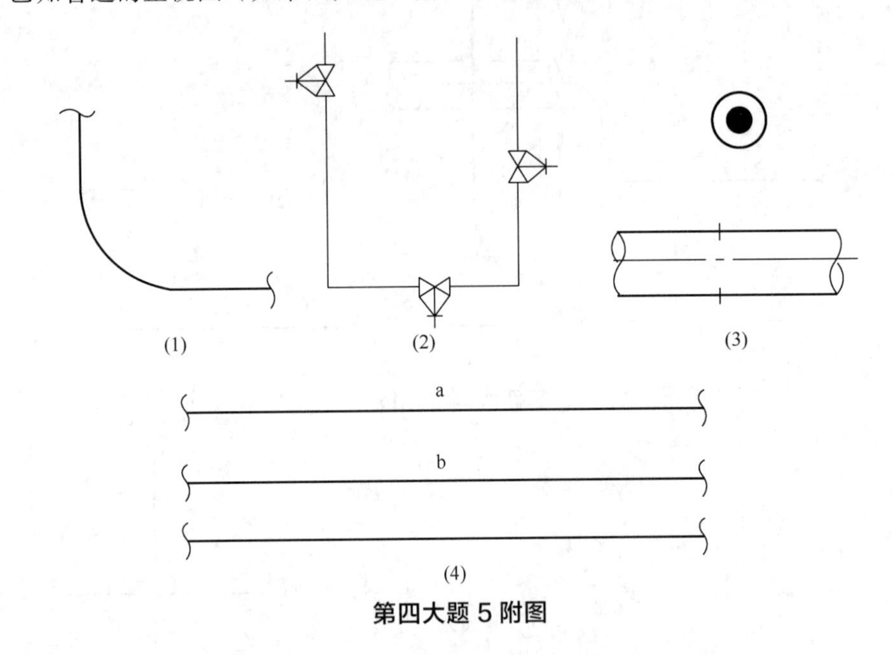

第四大题 5 附图

6．已知管道的正视图（如第四大题 6 附图）画出相应的俯视图。

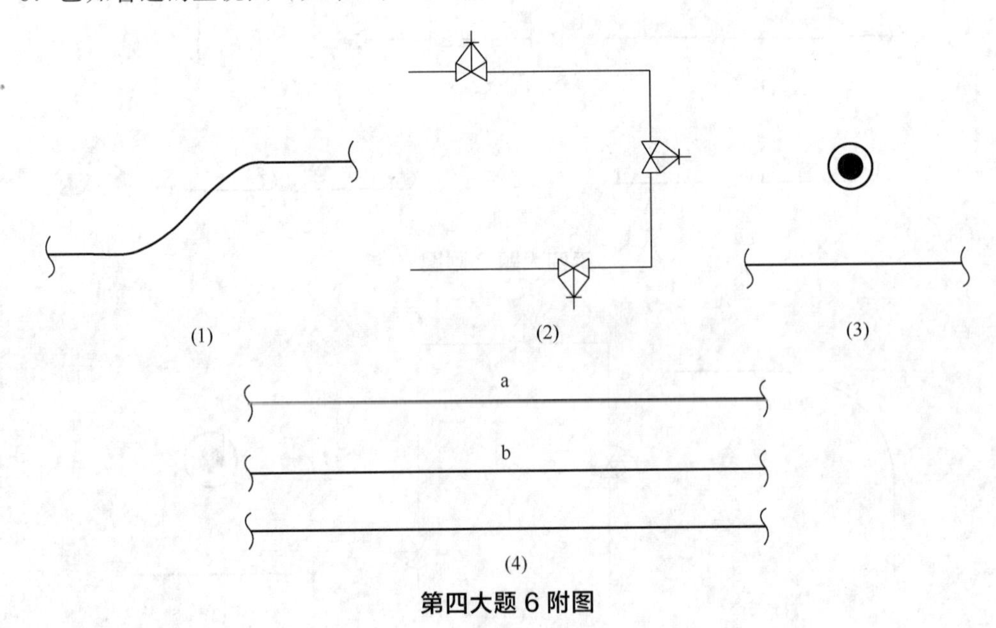

第四大题 6 附图

五、上机练习题

建立管道 PL-20126-50-M1E，根据管道仪表流程图或管道特性表，待建管道始于吖啉中试车间母液槽 F0104，终止于蒸馏进料泵 J0102；建立分支 PL-20126-50-M1E-1，并为分支添加阀门和弯头等管件，其中离心泵进料口前和母液槽出口处均设置有一个球阀。

化工设计综合练习题

以氧化铁催化甲苯和氯苄定向合成二苄基甲苯导热油小试工业化为例，完成：

（1）反应工序工艺流程设计，并画出带控制点工艺流程图；

（2）反应工序的物料衡算和热量衡算；

（3）反应工序的设备选型与计算，并确定设备的规格型号；

（4）反应工序的设备布置，并画出设备布置图；

（5）反应工序的管道布置，并画出配管图。

设计范围包括：原料计量及输送、反应、过滤、洗涤、反应液贮存、冷凝回流及氯化氢吸收。

一、工艺流程设计

1．氧化铁催化甲苯和氯苄定向合成二苄基甲苯导热油实验装置及操作如下。

反应是在一个带搅拌、冷凝回流装置、滴液漏斗和温度计的 1000ml 的四口烧瓶中进行的，冷凝管出口用玻璃管与尾气吸收瓶连接，将反应产生的氯化氢用水吸收。四口烧瓶置于油浴中，用控温仪自动控制反应温度。

称取规定量的甲苯、一苄基甲苯加入四口烧瓶中，将计算量的氯苄加入滴液漏斗中。搅拌下加入规定量的氧化铁催化剂，开回流冷凝器冷却水，开始油浴加热，当四口烧瓶中料液温度达到 100～110℃时，在规定时间内均匀滴加完氯苄。然后在 110℃下保温反应一定时间。搅拌下将反应液降至 80℃以下，然后将反应液过滤，将滤渣（催化剂）置于瓶中密封保存。滤液加入四口烧瓶中，搅拌并加热至 80℃，在半小时内用滴液漏斗滴加规定量的 15%碱液，停止搅拌，将反应混合液倒入分液漏斗中，静置半小时，放出下层废碱液。再将上层反应液加入四口烧瓶中，搅拌并加热至 80℃，在半小时内用滴液漏斗滴加规定量的水，将反应混合液倒入分液漏斗中，静置半小时，放出下层废水。将反应混合液送去精馏。

2．按照第二章工艺流程设计的方法和步骤，先设计一个反应工序的工艺方案流程，在设备设计完成后，再完善工艺流程设计，画出带控制点的工艺流程图。

二、物料衡算与热量衡算

设计条件：

1．二苄基甲苯产量 1500t/a。

2．采用氧化铁为催化制，用量为 6kg/640kg。

3．一苄基甲苯和二苄基甲苯的总收率（以氯苄计）67%（不歧化时），三苄基甲苯收率 33%。

4．年工作时间 7200h。

5．一苄基甲苯和二苄基甲苯产品质量比为 3∶7。

6．甲苯的利用率 85%，氯化氢的回收率 95%。

7．反应进料配比为甲苯∶氯苄∶一苄基甲苯=4∶1.5∶1.5（物质的量比）。

8．产品二苄基甲苯的纯度≥98%，精馏部分收率 98%。

9．氯苄的转化率 100%。

10．反应操作条件：①压力为常压；②温度为加料升温 4h（≥100℃），滴加氯苄 16h（≥100℃），保温 2h（≥110℃），冷却降温出料 2h（≤80℃），共计 24h。

11．水冷回流冷凝器操作条件：①压力为常压；②温度为 110～60℃；③物料为甲苯；冷却水为 35～45℃。

12．盐水回流冷凝器操作条件：①压力：常压；②温度：60～10℃；③物料：甲苯；冷冻盐水：-10～-8℃。

13．洗涤操作条件：①压力为常压；②温度为 60～80℃；③洗涤用碱浓度为 15%，用量为物料量的 10%，报废指标为碱浓度≤5%；④洗涤用水量为物料量的 10%，报废指标为盐含量≥6%。

14．298K 时标准生成热如下所示：

组分	甲苯	氯苄	氯化氢	一苄基甲苯	二苄基甲苯	三苄基甲苯
相态	液	液	气	液	液	液
$\Delta H^{\theta}_{f,298K}$/kJ·mol^{-1}	12.18	−17.66	−92.31	−290.3	−222.1	−142.5

15．两段尾气吸收器操作条件：①压力为常压；②温度为 35～45℃；③物料为氯化氢、微量苯、甲苯；④冷却水温度为 25～40℃，第一段用 20%～25%的稀盐酸吸收 60%的氯化氢生成 30%～32%盐酸，第二段用水吸收 40%的氯化氢生成 20%～25%稀盐酸。

三、反应工序设备选型及计算

特别提示：

1．尽量选用批量生产的定型设备或有标准图纸的设备。

2．根据物料特性和洁净要求确定合适的设备材质。

四、反应工序设备布置设计并画出设备布置图

根据设备布置的原则，将反应工序所有机器设备进行合理布局，并用 AutoCAD 绘出设备布置图。

有条件的院校应鼓励学生用 Pdmax 绘制三维设备布置图。

五、反应工序管道布置设计并画出管道布置图

根据管道布置的原则，将反应工序所有机器设备的管道进行合理布局，并用 AutoCAD 绘出管道布置图。

有条件的院校应鼓励学生用 Pdmax 绘制三维管道布置图。

附：一苄基甲苯与二苄基甲苯的热物性数据

1. 一苄基甲苯的物性指标

附表 1 一苄基甲苯的物性指标

项目		指标
外观		无色或浅黄色透明液体
平均分子量		190
密度（20℃）/（g/cm^3）		0.98～1.010
沸点/℃		291
闪点/℃		≥135
自燃点/℃		≥500
凝点/℃		≤−60
运动黏度（40℃）/（mm^2/s）		2.0～4.0
水分/（mg/l）		≤100
蒸馏/℃	10%	≥270
	90%	≤380
蒸发潜热（沸点）/（kcal/kg）		72
体膨胀系数/［cm^3/（cm^3 · ℃）］		9.1×10^{-4}
蒸气压/mmHg①	200℃	63.7
	300℃	912（G）
导热系数/［kcal/（m · h · ℃）］	200℃	0.095
	300℃	0.082
比热容/［kcal/（kg · ℃）］	200℃	0.521
	300℃	0.595
可泵性/（$300mm^2/s$）		>−45℃
最高使用温度/℃		330
允许最高膜温/℃		360

①1mmHg=133.32Pa。

2. 一苄基甲苯的热力学性质

附表 2 一苄基甲苯的热力学性质

温度 T/℃	蒸气压 p/mmHg	密度 ρ /（g/cm^3）	比热容 C_p /［kcal/（kg · ℃）］	导热系数 K /［kcal/（m · h · ℃）］	黏度 μ /（mPa · s）	汽化热 L /（kcal/kg）
−40		1.052	0.343	0.123	198	101
−20		1.037	0.358	0.121	29.8	99.5
−10		1.030	0.366	0.120	17.4	98.6

续表

温度 T/℃	蒸气压 p/mmHg	密度 ρ /(g/cm^3)	比热容 C_p /[kcal/(kg·℃)]	导热系数 K /[kcal/(m·h·℃)]	黏度 μ /(mPa·s)	汽化热 L /(kcal/kg)
0		1.022	0.374	0.119	11.2	97.7
20		1.007	0.388	0.116	5.50	96.0
50		0.985	0.410	0.113	2.64	93.4
100	0.6	0.947	0.447	0.107	1.08	89.0
120		0.932	0.462	0.105	0.90	87.2
140	15.6	0.917	0.477	0.103	0.63	85.4
160		0.902	0.491	0.100	0.50	83.5
180	40	0.887	0.506	0.098	0.44	81.6
200		0.872	0.521	0.095	0.38	80.5
210	90.5	0.865	0.528	0.094	0.35	79.0
220		0.857	0.536	0.093	0.32	78.7
230	147	0.850	0.543	0.092	0.30	77.6
240		0.842	0.551	0.090	0.29	76.9
250	278	0.835	0.558	0.089	0.26	76.0
260		0.827	0.565	0.087	0.25	75.1
270	450	0.820	0.573	0.086	0.24	74.2
280		0.812	0.580	0.085	0.22	73.2
290	760	0.805	0.588	0.083	0.20	72.0
300		0.797	0.595	0.082	0.18	71.1
320	1360	0.782	0.610	0.079	0.16	69.0
340		0.767	0.625	0.076	0.15	66.8

3. 一苄基甲苯的主要物性图

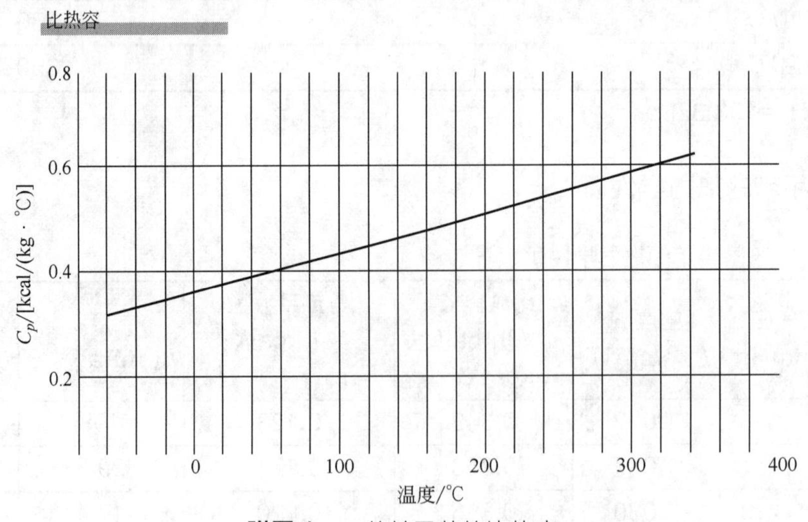

附图 1 一苄基甲苯的比热容

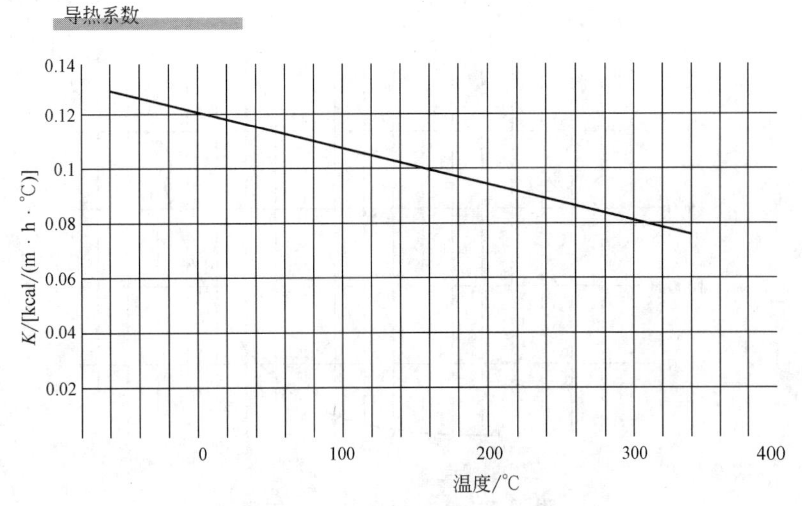

附图 2　一苄基甲苯的导热系数

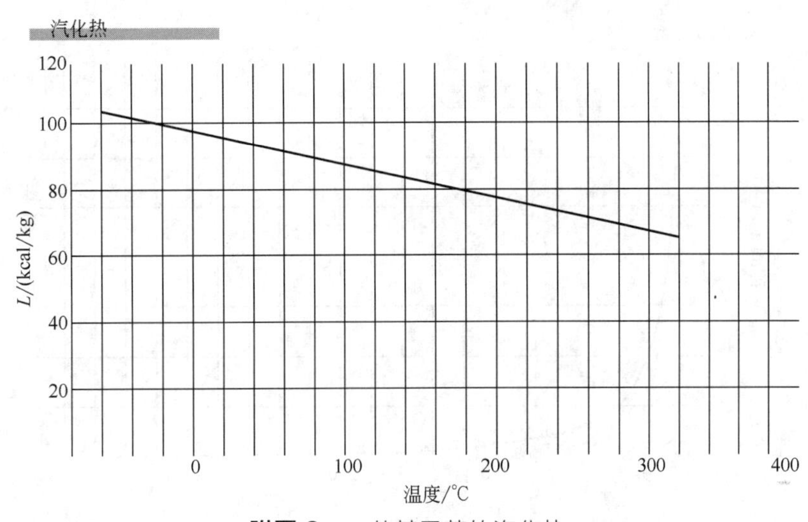

附图 3　一苄基甲苯的汽化热

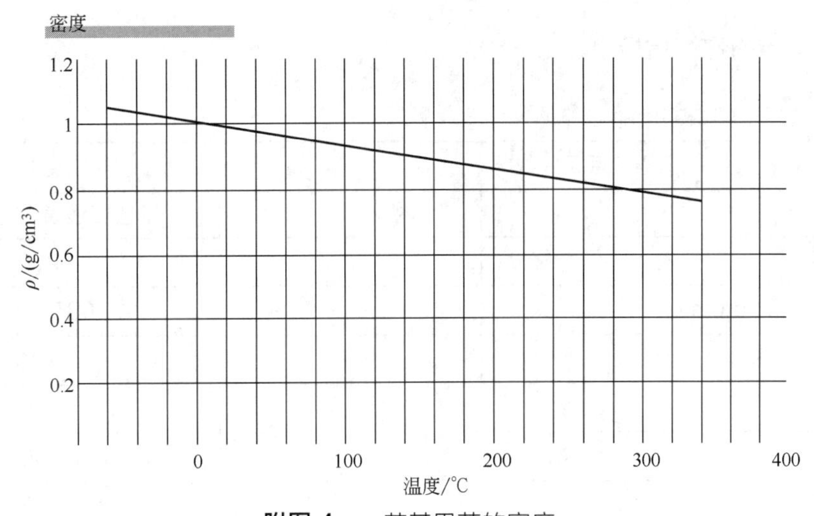

附图 4　一苄基甲苯的密度

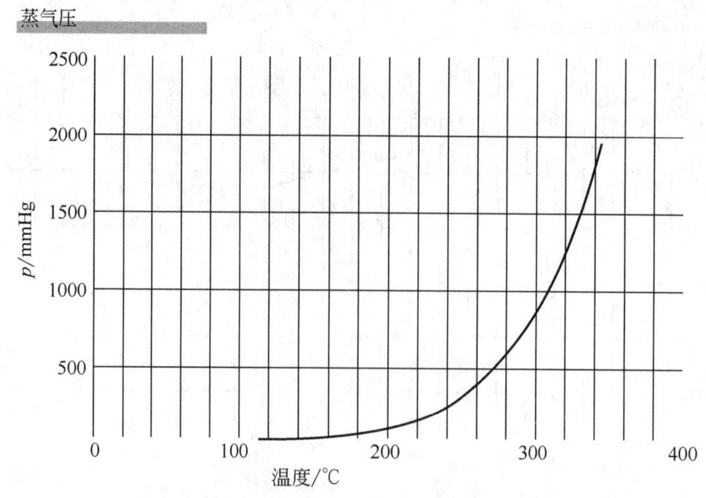

附图 5 一苄基甲苯的蒸气压

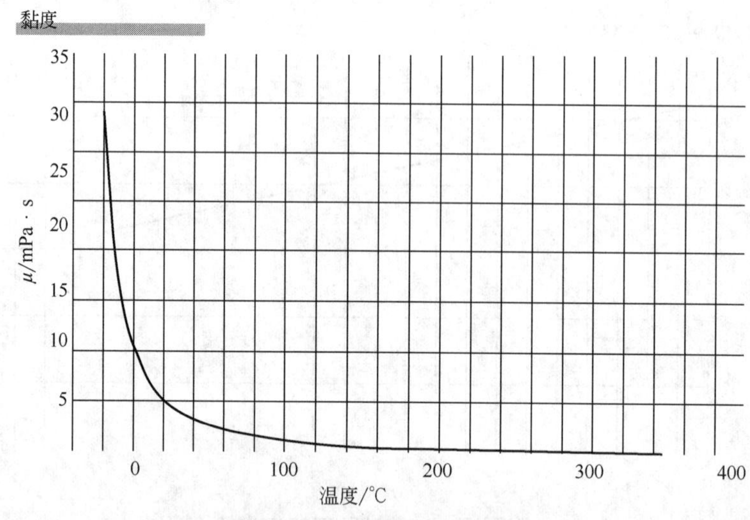

附图 6 一苄基甲苯的黏度

4. 二苄基甲苯的物性指标

附表 3 二苄基甲苯的物性指标

项目		指标
外观		无色或浅黄色透明液体
平均分子量		270
密度（20℃）/（g/cm^3）		1.035～1.045
沸点/℃		391
闪点/℃		≥200
自燃点/℃		≥500
凝点/℃		≤-30

项目		指标
运动黏度（40℃）/（mm^2/s）		10～20
水分/（mg/l）		≤100
蒸馏/℃	10%	≥370
	90%	≤395
蒸发潜热（沸点）/（kcal/kg）		66
体膨胀系数/[cm^3/（cm^3 · ℃）]		8.7×10^{-4}
蒸气压/mmHg	200℃	2.8
	300℃	85.0
导热系数/［kcal/（m · h · ℃）］	200℃	0.100
	300℃	0.090
比热容/［kcal/（kg · ℃）］	200℃	0.507
	300℃	0.578
可泵性/（$300mm^2/s$）		>−10℃
最高使用温度/℃		350
允许最高膜温/℃		380

5. 二苄基甲苯的热力学性质

附表 4 二苄基甲苯的热力学性质

温度 T/℃	蒸气压 p/mmHg	密度 ρ /（g/cm^3）	比热容 C_p /［kcal/（kg · ℃）］	导热系数 K /［kcal/（m · h · ℃）］	黏度 μ /（mPa · s）	汽化热 L /（kcal/kg）
−10		1.065	0.358	0.122	380	107
0		1.058	0.365	0.121	188	105
20		1.044	0.379	0.119	50	103
50		1.023	0.401	0.116	9.5	99.6
100		0.988	0.436	0.110	2.8	94.6
120		0.973	0.450	0.108	2.4	93.0
140		0.959	0.464	0.106	1.62	91.5
160		0.945	0.479	0.104	1.10	89.0
180		0.931	0.493	0.102	0.90	87.0
200	2.8	0.917	0.507	0.100	0.70	84.8

续表

温度 T/℃	蒸气压 p/mmHg	密度 ρ /(g/cm³)	比热容 C_p /[kcal/(kg·℃)]	导热系数 K /[kcal/(m·h·℃)]	黏度 μ /(mPa·s)	汽化热 L /(kcal/kg)
210	4.0	0.910	0.514	0.099	0.63	83.8
220	6.4	0.903	0.521	0.098	0.57	82.9
230	9.8	0.896	0.528	0.097	0.52	82.0
240	13.3	0.889	0.535	0.096	0.48	81.0
250	19.5	0.882	0.543	0.095	0.44	80.0
260	26.2	0.875	0.550	0.094	0.41	79.0
270	36.1	0.868	0.557	0.093	0.39	78.0
280	48.8	0.861	0.564	0.092	0.34	77.1

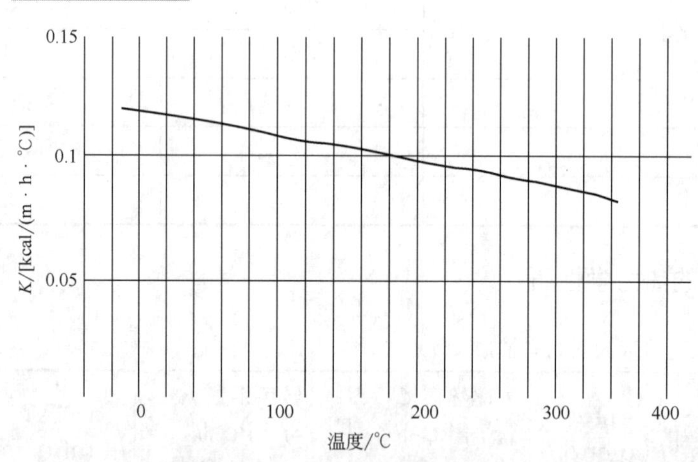

附图 7　二苄基甲苯的导热系数

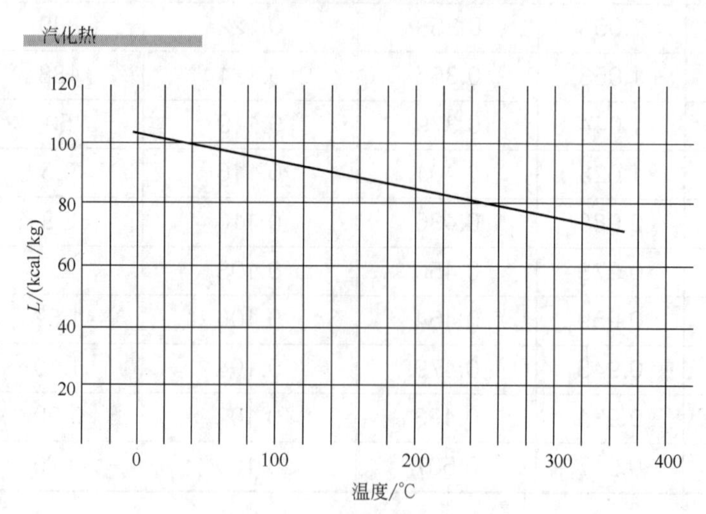

附图 8　二苄基甲苯的汽化热

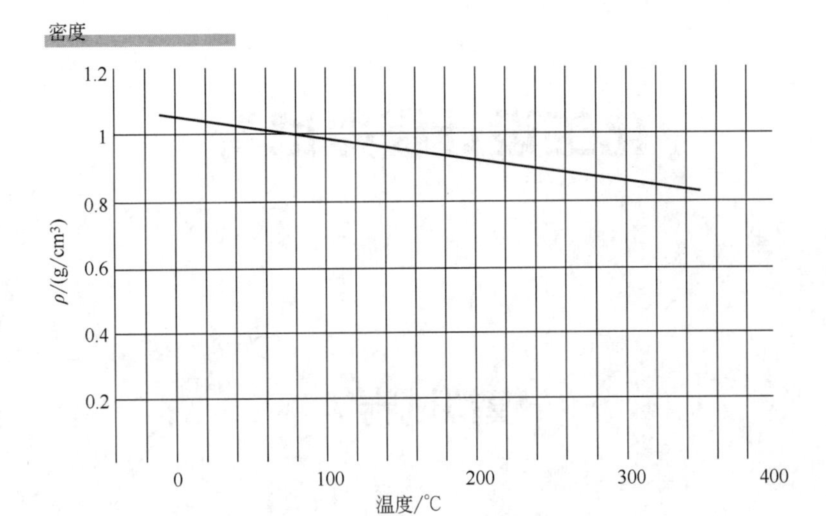

附图 9 二苄基甲苯的密度

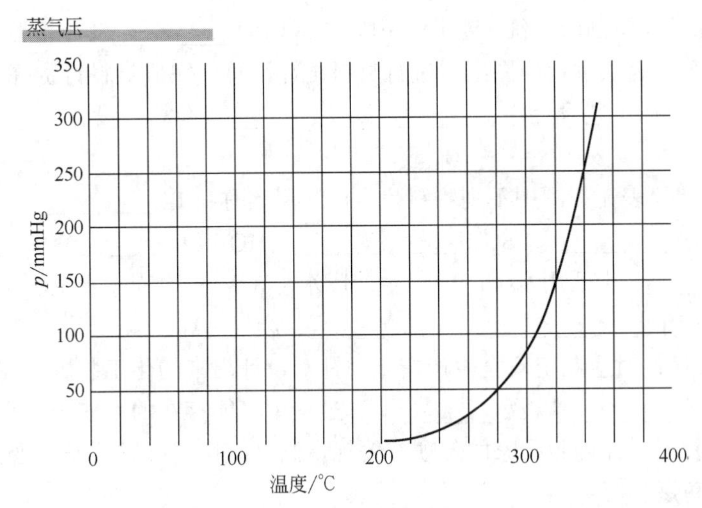

附图 10 二苄基甲苯的蒸气压

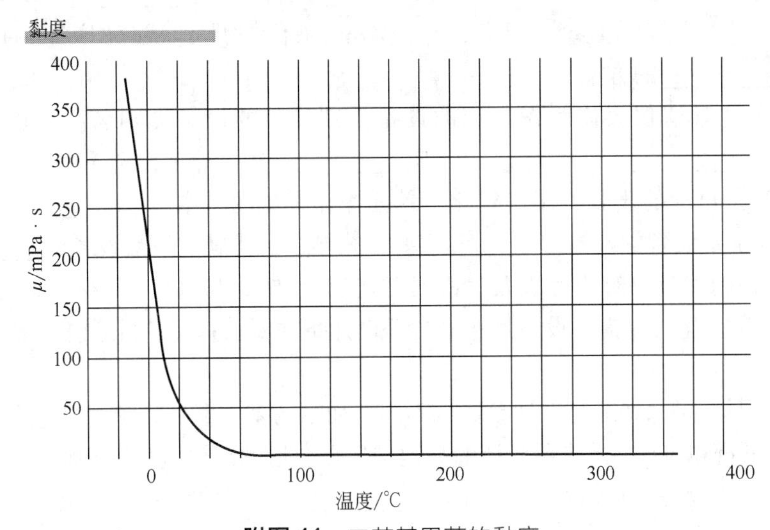

附图 11 二苄基甲苯的黏度

化工设计模拟试卷

模拟试卷 A

一、填空题（每题 2 分，共 34 分）

1．国际通用设计体制的详细工程设计内容与国内的________设计相类似，即全面完成全套项目的施工图，确认供货商图纸，进行材料统计汇总，完成材料订货等工作。

2．化工计算包括工艺设计中的_______衡算、_______衡算、设备_______与_______三个内容。

3. 写出管道及仪表流程图中下列物料代号的物料名称：PG__________、PL__________、PS(工艺固体)；LS __________、SC ______________、HO________；CWS ______________、CWR ____________、生活用水（DW）、生产废水（WW）；冷冻盐水上水（RWS）、冷冻盐水回水（RWR）；VE ____________、VT _______、废气（WG）。

4．工艺流程设计时应制定安全生产措施。针对设计出来的化工装置，在____________、____________、____________以及____________过程中可能存在的不安全因素进行认真分析，结合以往的经验教训，并遵照国家的各项有关规定制订出切实可靠的安全措施（例如设置阻火器、安全阀、防爆膜等）。

5．带控制点的工艺流程图应画出所有________设备、工艺________管线、辅助物料管线、主要________，以及工艺参数（温度、压力、流量、液位、物料组成、浓度等）的________点，并表示出____________的方案。

6．写出工艺管道仪表流程图常用的设备类别代号的设备类别名称：P__________、R_________、E_________、V_________、T_________、W（计量设备）等。

7．设备工艺设计的步骤：①确定化工单元操作设备的基本____________；②确定设备的_______；③确定设备的基本_______和主要工艺参数；④确定标准设备的__________和数量；⑤非标设备的设计，对非标设备，根据工艺设计结果，向化工设备专业设计人员提供_________单，向土建人员提出设备操作平台等设计条件要求；⑥编制工艺设备一览表；⑦设备图纸会签归档。

8．设备类型不同，其工艺设计参数也不同。如泵的基本参数是流量和___________；风机则需要确定风量和风压；换热器设计的关键是选择合适的冷热流体的种类、___________及___________；对塔设备，其关键参数则是塔_____、塔_____、塔内件结构、填料___________与

__________或__________数、设备的管口及人孔、手孔的数目和__________等，对于精馏塔还要考虑塔顶冷凝器和塔釜再沸器的热负荷参数，从而确定其换热设备尺寸和型式。

9. 由于化工设备的各部分结构尺寸相差悬殊，因此，化工设备图中多用__________图（节点详图）和_______画法来表达这些细部结构，并标注尺寸。

10. 化工设备图应标注__________尺寸，即反映化工设备的规格、性能、特征及生产能力的尺寸。如贮罐、反应罐内腔_______尺寸（筒体的内径、高或长度），换热器________尺寸（列管长度、直径及数量）等。

11. 一个较大的化工车间（装置）通常包括：①生产设施；②生产_______设施；③生活_______福利设施；④其他_______用室。车间平面布置就是将上述车间（装置）组成在平面上进行规范的组合布置。

12. 设备平面布置图的绘制方法和程序。从__________平面起逐层绘制：①画出建筑________线；②画出与设备安装布置有关的厂房建筑_______结构；③画出设备_______线；④画出设备、支架、基础、操作平台等的________形状；⑤标注________；⑥标注定位轴线_______及设备的_______、_______；⑦图上如有分区，还需要绘出分区界线并标注。

13. 厂房建筑、构件的标注：①按土建专业图纸标注建筑物和构筑物的定位轴线编号。定位轴线的编号应注写在轴线端部的圆内，圆用细实线绘制，直径为8mm。定位轴线的编号宜标注在图样的下方与左侧。横向编号应用_____________从左至右编写，竖向编号应用大写__________从下至上顺序编号。②标注厂房建筑及其构件的尺寸。即厂房建筑物的长度、宽度_________；厂房建筑、构件的______________的尺寸；为设备安装预留的孔洞及沟、坑等的定位尺寸；地面、楼板、平台、屋面的主要_________尺寸及其他与设备安装定位有关的建筑构件的高度尺寸。并标注室内外的地坪标高。③注写辅助间和生活间的房间________。④用虚线表示预留的检修场地（如换热器抽管束），按比例画出，不标注尺寸。

14. 设备布置图中的常用缩写词见（HG/T 20546—2009）《化工装置设备布置设计规定》，要求学生应熟悉绘制设备布置图时常用英文缩写词的中文含义：EL______；POS________；F.P（固定点）；FDN_______；TOS_________；C.L__________；DISCH（排出口）；N（北）；E（东）。

15. 化工车间管道布置设计的原则性要求：①符合生产工艺流程的要求，并能满足生产的要求；②便于操作管理，并能保证__________生产；③便于管道的__________和维护；④要求整齐__________，并尽量节约材料和投资；⑤管道布置设计应符合管道及仪表流程图的__________。

16. 化工车间管道布置设计的任务：①确定车间中各个设备的管口_______与之相连接的管段的接口_______；②确定管道的_______连接和铺设、支撑方式；③确定各管段（包括管道、管件、阀门及控制仪表）在________的位置；④画出管道布置图，表示出车间中所有管道在平面和立面的空间_______，作为管道安装的依据；⑤编制管道综合_______表，包括管道、管件、阀门、型钢等的材质、规格和数量。

17. 管道平面布置图中用_________线画出全部容器、换热器、工业炉、机泵、特殊设备、有关管道、平台、梯子、建筑物外形、电缆托架、电缆沟、仪表电缆和管缆托架等。除按比例画出设备的外形轮廓，还要画出设备上_______管口和_______管口的位置。非定型设备还应画出设备的基础、支架。简单的定型设备，如泵、鼓风机等外形轮廓可画的更简略一些。压缩机等复杂机械可画出与配管有关的局部外形。

二、选择填空题（将正确选项的英文字母填入括号中）（每题 2 分，共 34 分）

1. 化工厂设计的工作程序，国内通常是以现有生产技术或新产品开发的基础设计为依据，提出（ ）建议书；经业主或上级主管部门认可后写出（ ）研究报告；然后进行（ ）评价与（ ）评价，经业主和政府主管部门批准后，编写（ ）任务书，进行（ ）设计；最后各专业派出设计代表参加基本建设的现场施工和安装，试车投产及验收。

A. 投资　B. 科学　C. 可行性　D. 项目
E. 计划　F. 设计　G. 工程　H. 环境影响
I. 三废处理　J. 消防　K. 安全条件

2. 基础工程设计是以“（ ）”为单位编制的。基础工程设计比初步设计的内容更为深广。为了适应中国工程建设管理体制的特点，国内的“基础工程设计”需要在国外基础工程设计的基础上覆盖我国“初步设计”中的有关内容。具体地说，就是在国际通行的“用户审查版”的基础上，除在（ ）内容基本上覆盖了初步设计的要求外，还要加上我国“初步设计”中供政府行政主管部门（ ）所需要的内容，使其具备原来“初步设计”的报批功能，具有一定的可操作性。

A. 产品　B. 设计　C. 文字　D. 存档
E. 审查　F. 装置

3. 为了使设计出来的工艺流程能够满足优质、高产、低消耗和安全生产的要求，应该按下列步骤逐步进行设计：①确定整个（ ）的组成；②确定每个（ ）或（ ）的组成；③确定（ ）操作条件；④确定（ ）方案；⑤原料与能量的（ ）；⑥制定“三废”处理方案；⑦制定（ ）生产措施。

A. 生产过程　B. 过程　C. 流程　D. 工序
E. 生产　F. 工艺　G. 安全　H. 合理利用
I. 控制

4. 化工设备在工艺管道仪表流程图上一般可（ ）比例、用（ ）线条、按规定的设备和机器（ ）画出能够显示设备（ ）特征的主要轮廓，并用中线条表示出设备（ ）特征以及内部、外部构件。

A. 不按　B. 按　C. 外形　D. 中
E. 粗　F. 图例　G. 形状　H. 类别

5. 管道仪表流程图上的仪表的功能标志由 1 个首位字母和 1～3 个后继字母组成，第一个字母表示被测变量。写出下列被测变量符号的中文含义：A（ ），F（ ），L（ ），P（ ），T（ ）。后继字母表示读出功能、输出功能，写出下列读出功能、输出功能符号的中文含义：A（ ），C（ ），I（ ），R（ ）。

A. 数字　B. 分析　C. 字母　D. 压力
E. 温度　F. 流量　G. 物位　H. 控制
I. 记录　J. 报警　K. 指示

6. 设备工艺设计的步骤：①确定化工单元操作设备的基本（ ）；②确定设备的（ ）；③确定设备的基本（ ）和主要工艺参数；④确定标准设备的（ ）和数量；⑤非标设备的

设计，对非标设备，根据工艺设计结果，向化工设备专业设计人员提供（ ）单，向土建人员提出设备操作平台等设计条件要求；⑥编制工艺设备一览表；⑦设备图纸会签归档。

A．规格型号　B．材质　C．类型　D．原则

E．尺寸　F．设计条件　G．设备

7．化工设备中（主要是塔器）规格、材质和堆放方法相同的填料，如各类环（瓷环、钢环及塑料环等）、卵石、塑料球、波纹瓷盘及木格子等，设备图中均可在堆放范围内用（ ）细实线示意表达。

A．网格　B．交叉

8．由于化工设备的主体结构多为回转体，其基本视图常采用（ ）视图。立式设备一般用（ ）、（ ）视图，卧式设备一般用（ ）、（ ）视图来表达设备的主体结构。

A．主　B．俯　C．两个　D．侧

E．左（右）

9．化工设备壳体上分布有众多的管口、开口及其他附件，为了在主视图上表达它们的结构形状及位置高度，可使用（ ）的表达方法。

A．剖视　B．多次旋转　C．正视

10．化工设备图应标注（ ）尺寸，即反映零部件间的相对位置尺寸，它们是制造化工设备的重要依据。如设备图中接管间的（ ）尺寸，接管的（ ）长度，罐体与支座的定位尺寸，塔器的塔板（ ），换热器的折流板、管板间的（ ）尺寸等。

A．定位　B．大小　C．装配　D．伸出

E．定位　F．间距

11．基础工程设计阶段的布置设计的任务是确定生产、辅助生产及行政生活等区域的布局；确定车间场地及建（构）筑物的（ ）尺寸和（ ）尺寸；确定（ ）设备的平面布置图和立面布置图；确定人流及（ ）通道；安排管道及电气仪表管线等；编制初步设计布置设计说明书。

A．物流　B．长度　C．宽度　D．平面

E．工艺　F．立面　G．生产

12．建筑物及其构件的图示方法：①对承重墙、柱等结构，应按建筑图要求用细点划线画出其（ ）线。②用中粗实线、按规定图例画出车间（ ）及其构件。③在平面图及剖面图上按比例和规定图例表示出厂房建筑的（ ）大小、内部（ ）及与（ ）安装定位有关的基本结构（如墙、柱、地面、楼板、平台、栏杆、管廊、楼梯、安装孔洞、地坑、地沟、管沟、散水坡、吊轨及吊车、设备基础等）。④与设备安装关系不大的门、窗等构件，一般只在平面图上画出它们的位置和门的（ ）方向，在剖视图上则不予表示。⑤表示出车间生活行政室和配电室、控制室、维修间等专业用房，并用文字标注（ ）名称。

A．建筑物　B．分隔　C．厂房　D．设备

E．房间　F．尺寸　G．建筑定位轴　H．空间

I．开启

13．车间设备布置就是确定各个设备在车间（ ）与（ ）上的位置；确定场地与建（构）筑物的（ ）；确定管道、电气仪表管线、采暖通风管道的（ ）和位置。主要包括以下几点：①确定各个工艺设备在车间平面和立面的（ ）；②确定某些在工艺流程图中一般不予表达的

辅助设备或公用设备的位置；③确定供安装、操作与维修所用的（　）的位置与尺寸；④在上述各项的基础上确定建（构）筑物与场地的尺寸。

A．空间　　B．尺寸　　C．平面　　D．大小

E．位置　　F．走向　　G．立面　　H．通道系统

14．设备的图示方法：①用（　）线画出所有设备、设备的金属支架、电机及其传动装置。被遮盖的设备轮廓线一般可不画出，如必须表示时，则用粗虚线画出；用（　）线画出设备的中心线。②采用适当简化的方法画出非定型设备的（　）及其附属的操作台、梯子和支架，注出支架代号。卧式设备还应画出其（　）管口或标注固定侧支座位置。③驱动设备只画出（　），用规定的简化画法画出驱动机，并表示出特征管口和驱动机的（　）。④位于室外而又不与厂房相连接的设备及其支架，一般只在（　）平面图上予以表示，穿过楼层的设备，（　）平面图上均应按剖面形式表示。⑤用虚线表示预留的检修场所。

A．细实　　B．细点划　　C．粗实　　D．基础

E．位置　　F．每层　　G．外形　　H．特征

I．底层　　J．特殊

15．管架采用（　）在管道布置图中表示，并在其旁标注（　）。管架编号由五个部分组成：①管架类别（如 A——表示固定架）；②管架生根部位的结构（如 C——表示混凝土结构）；③区号（以一位数字表示）；④管道布置图的尾号（以一位数字表示）；⑤管架序号（以两位数字表示，从 01 开始）。

A．符号　　B．图例　　C．管架型号　　D．管架编号

16．管道平面布置图中用（　）线画出全部容器、换热器、工业炉、机泵、特殊设备、有关管道、平台、梯子、建筑物外形、电缆托架、电缆沟、仪表电缆和管缆托架等。除按比例画出设备的外形轮廓，还要画出设备上（　）管口和（　）管口的位置。非定型设备还应画出设备的基础、支架。简单的定型设备，如泵、鼓风机等外形轮廓可画的更简略一些。压缩机等复杂机械可画出与配管有关的局部外形。

A．中粗　　B．连接　　C．细实　　D．管道的

E．其他　　F．预留

17．建（构）筑物的结构构件常被用作管道布置的定位基准，因此在管道平面图和立面剖视图上都应标注建筑定位轴线的（　），定位轴线间的（　）尺寸和（　）尺寸，平台和（　）面、（　）板、屋盖、构筑物的标高，标注方法与设备布置图相同，地面设计标高为 EL ± 0.000m。

A．分　　B．定位　　C．总　　D．标高

E．地　　F．平　　G．楼　　H．编号

I．位号

三、判断题（正确的在括号中打√，错误的打×）（每题 2 分，共 8 分）

1．化工新技术开发过程中包括四种设计类型：概念设计、中试设计、基础设计和详细工程设计。（　）

2．反应过程是工艺流程设计的核心，应根据物料特性、反应过程的特点、产品要求、基本工艺操作条件来确定采用反应器类型以及决定是采用连续操作还是间歇性操作。另外，

物料反应过程是否需外供能量或移出热量，都要在反应装置上增加相应的适当措施。(　)

3．化工设备尺寸标注的基准面，一般从设计要求的结构基准面开始，如设备筒体和封头的轴线；设备筒体与封头的环焊缝；设备法兰的连接面；设备支座、裙座的底面；接管轴线与设备表面交点。(　)

4．目前大多数石油化工装置都采用露天或半露天布置。其具体方案是：生产中一般不需要经常操作的或可用自动化仪表控制的设备都可布置在室外，如塔、换热器、液体原料储罐、成品储罐、气柜等大部分设备，及需要大气调节温湿度的设备，如凉水塔、空气冷却器等都露天布置或半露天布置在露天或敞开式的框架上；不允许有显著温度变化，不能受大气影响的一些设备，如反应罐、各种机械传动的设备、装有精密度极高仪表的设备，及其他应该布置在室内的设备，如泵、压缩机、造粒及包装等部分设备布置在室内或有顶棚的框架上；生活、行政、控制、化验室等集中在一幢建筑物内，并布置在生产设施附近。(　)

四、计算题（共 18 分）

1．利用环己烯与联苯合成环己基联苯：

$$C_6H_{10}+C_{12}H_{10}\longrightarrow C_{18}H_{20}$$

已知进料联苯 4kmol/h，环己烯 2kmol/h；出口物流中环己烯 0.2kmol/h，联苯 2.2kmol/h，环己基联苯 1.7kmol/h。计算：环己烯的转化率、环己基联苯的收率和反应的选择性。（4 分）

2．利用甲苯与氯苄合成二苄基甲苯：

$$2C_6H_5CH_2Cl+C_6H_5CH_3\longrightarrow C_{21}H_{20}+2HCl$$

已知进料甲苯 4kmol/h，氯苄 2kmol/h。氯苄的转化率为 90%；二苄基甲苯的收率 85%。计算反应器出口物流的组成。（7 分）

3．利用丙烯与联苯生产二异丙基联苯：

$$2C_3H_6(g)+C_{12}H_{10}(g)\longrightarrow C_{18}H_{22}(g)$$

标准反应热 $\Delta H^{\ominus}_{r,298K}=-206kJ/mol$

已知：(1) 进料温度为 25℃，压力为常压，进料液联苯 2kmol/h，进料气体丙烯 2kmol/h。出口温度为 80℃，压力为常压，出料液中联苯 1.15kmol/h，二异丙基联苯 0.85kmol/h；出料气体丙烯 0.2kmol/h。

（2）各组分的热力学数据如下：

组分	汽化热（25℃）	液相比热容	气相比热容
联苯	13931cal/mol	68.30 cal/(mol · K)	46.30 cal/(mol · K)
丙烯	2797cal/mol	31.35 cal/(mol · K)	3.62 cal/(mol · K)
二异丙基联苯	81.80kJ/mol	335.2J/(mol · K)	257.73J/(mol · K)

试计算反应过程中放出（或吸收）的热量。（7 分）

五、绘图题（6 分）

已知管道的俯视图（见第五大题附图）画出相应的正视图。

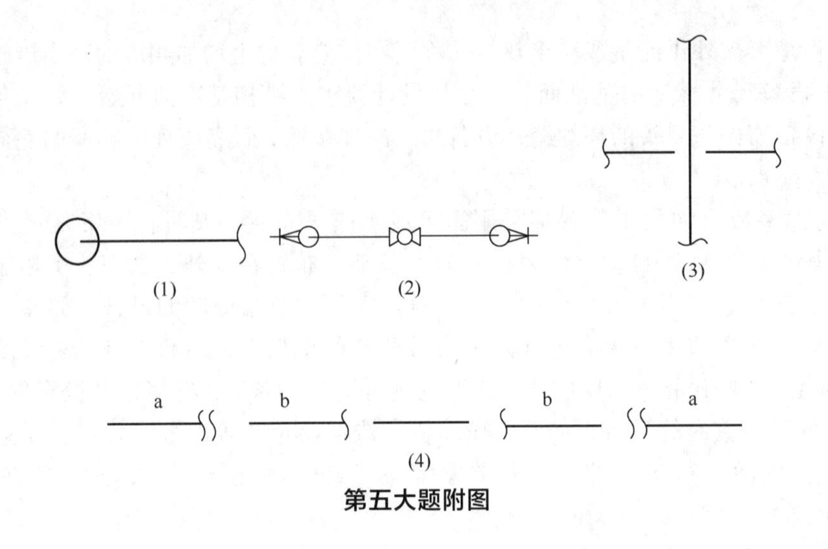

第五大题附图

模拟试卷 B

一、填空题（每题 2 分，共 34 分）

1．国际通用设计体制把全部设计过程划分为由专利商提供的工艺包和工程公司承担的工程设计两大阶段。工程设计分为________设计、________工程设计和________工程设计三个阶段。

2．化工厂设计的工作程序，国内通常是以现有生产技术或新产品开发的基础设计为依据，提出________建议书；经业主或上级主管部门认可后写出________研究报告；然后进行__________评价与__________评价，经业主和政府主管部门批准后，编写________任务书，进行________设计；最后各专业派出设计代表参加基本建设的现场施工和安装，试车投产及验收。

3．在选择生产方法和工艺流程时，应该着重考虑以下三项原则：①_____性；②_____性；③_____性。

4．为了使设计出来的工艺流程能够实现优质、高产、低消耗和安全生产，应该按下列步骤逐步进行设计：①确定整个_______的组成；②确定每个________或________的组成；③确定________操作条件；④确定________方案；⑤原料与能量的_______；⑥制定“三废”处理方案；⑦制定_______生产措施。

5．化工设备在工艺管道仪表流程图上一般可_______比例、用______线条、按规定的设备和机器_______画出能够显示设备_______特征的主要轮廓，并用中线条表示出设备_______特征以及内部、外部构件。

6．管道仪表流程图上的仪表的功能标志由 1 个首位字母和 1～3 个后继字母组成，第一个字母表示被测变量。写出下列被测变量符号的中文含义：A_______，F_______，L_______，P_______，T_______。后继字母表示读出功能、输出功能，写出下列读出功能、输出功能符号的中文含义：A_______，C_______，I_______，R_______。

7．常见的标准设备如泵、风机、离心机、反应釜等是成批、系列生产的设备，只需要根据介质______和工艺______在产品目录或手册样本中选择合适的______、______和数量。对于已有标准图的设备如储罐、换热器等，只需根据计算结果选型并确定________的图号和型号。

8．由于化工设备的主体结构多为回转体，其基本视图常采用_____视图。立式设备一般用_____、_____视图，卧式设备一般用_____、_____视图来表达设备的主体结构。

9．化工设备壳体上分布有众多的管口、开口及其他附件，为了在主视图上表达它们的结构形状及位置高度，可使用__________的表达方法。

10．化工设备尺寸标注的基准面，一般从设计要求的结构基准面开始，如设备筒体和封头的_____线；设备筒体与封头的________缝；设备法兰的________面；设备支座、裙座的______面；接管轴线与设备表面_______。

11．基础工程设计阶段的布置设计的任务是确定生产、辅助生产及行政生活等区域的布局；确定车间场地及建（构）筑物的_______尺寸和_______尺寸；确定_______设备的平面布置图和立面布置图；确定人流及________通道；安排管道及电气仪表管线等；编制初步设计布置设计说明书。

12．建筑物及其构件的图示方法：①对承重墙、柱等结构，应按建筑图要求用细点划线画出其________线。②用中粗实线、按规定图例画出车间________及其构件。③在平面图及剖面图上按比例和规定图例表示出厂房建筑的_______大小、内部_______及与_______安装定位有关的基本结构（如墙、柱、地面、楼板、平台、栏杆、管廊、楼梯、安装孔洞、地坑、地沟、管沟、散水坡、吊轨及吊车、设备基础等）。④与设备安装关系不大的门、窗等构件，一般只在平面图上画出它们的位置和门的_____方向，在剖视图上则不予表示。⑤表示出车间生活行政室和配电室、控制室、维修间等专业用房，并用文字标注_____名称。

13．车间设备布置就是确定各个设备在车间______与______上的位置；确定场地与建（构）筑物的______；确定管道、电气仪表管线、采暖通风管道的______和位置。主要包括以下几点：①确定各个工艺设备在车间平面和立面的______；②确定某些在工艺流程图中一般不予表达的辅助设备或公用设备的位置；③确定供安装、操作与维修所用的_______的位置与尺寸；④在上述各项的基础上确定建（构）筑物与场地的尺寸。

14．设备的图示方法：①用______线画出所有设备、设备的金属支架、电机及其传动装置。被遮盖的设备轮廓线一般可不画出，如必须表示时，则用粗虚线画出；用_______线画出设备的中心线。②采用适当简化的方法画出非定型设备的______及其附属的操作台、梯子和支架，注出支架代号。卧式设备还应画出其______管口或标注固定侧支座位置。③驱动设备只画出______，用规定的简化画法画出驱动机，并表示出特征管口和驱动机的______。④位于室外而又不与厂房相连接的设备及其支架，一般只在______平面图上予以表示，穿过楼层的设备，_____平面图上均应按剖面形式表示。⑤用虚线表示预留的检修场所。

15．滑动支架只起______作用，允许管道在平面上有一定的______。

16．管道平面布置图中用______线画出全部容器、换热器、工业炉、机泵、特殊设备、有关管道、平台、梯子、建筑物外形、电缆托架、电缆沟、仪表电缆和管缆托架等。除按比例画出设备的外形轮廓，还要画出设备上______管口和______管口的位置。非定型设备还应画出设备的基础、支架。简单的定型设备，如泵、鼓风机等外形轮廓可画的更简略一些。压缩机等复杂机械可画出与配管有关的局部外形。

17. 建（构）筑物的结构构件常被用作管道布置的定位基准，因此在管道平面图和立面剖视图上都应标注建筑定位轴线的_______，定位轴线间的_______尺寸和_______尺寸，平台和_______面、_______板、屋盖、构筑物的标高，标注方法与设备布置图相同，地面设计标高为 EL ± 0.000m。

二、选择填空题（将正确选项的英文字母填入括号中）（每题 2 分，共 34 分）

1. 基础工程设计是以“(　)”为单位编制的。基础工程设计比初步设计的内容更为深广。为了适应中国工程建设管理体制的特点，国内的“基础工程设计”需要在国外基础工程设计的基础上覆盖我国“初步设计”中的有关内容。具体地说，就是在国际通行的“用户审查版”的基础上，除在（　）内容基本上覆盖了初步设计的要求外，还要加上我国“初步设计”中供政府行政主管部门（　）所需要的内容，使其具备原来“初步设计”的报批功能，具有一定的可操作性。

A. 产品　B. 设计　C. 文字　D. 存档
E. 审查　F. 装置

2. 化工计算包括工艺设计中的（　）衡算、（　）衡算、设备（　）与（　）三个内容。

A. 原子　B. 热量　C. 物料　D. 尺寸
E. 选型　F. 能量　G. 计算

3. 工艺流程设计的任务主要包括两个方面：一是确定生产流程中各个生产过程的具体内容、（　）和（　）方式，达到由原料制得所需产品的目的；二是绘制（　），要求以图解的形式表示生产过程中当原料经过各个单元操作过程制得产品时，物料和能量发生的变化及其流向，以及采用了哪些化工过程和设备，再进一步通过图解形式表示出化工管道流程和计量控制流程。

A. 工序　B. 组合　C. 顺序　D. 流程草图
E. 工艺流程图

4. 反应过程是工艺流程设计的核心，应根据物料特性、反应过程的特点、产品要求、基本工艺操作条件来确定采用反应器（　）以及决定是采用（　）操作还是（　）操作。另外，物料反应过程是否需外供（　）或移出（　），都要在反应装置上增加相应的适当措施。

A. 间歇性　B. 热量　C. 尺寸　D. 结构
E. 类型　F. 连续　G. 能量

5. 写出管道及仪表流程图的管道组合号（如 PG-1301-300-A1A-H）中符号及数字的含义：PG（　）、1301（　）、300（　）、A1A（　）和 H 绝热（或隔声）。

A. 管段　B. 物料代号　C. 管线　D. 管径
E. 管段编号　F. 管道等级

6. 设备工艺设计应按照带控制点工艺流程图和工艺控制的要求，确定设备上的控制仪表或测量元件的（　）、数目、（　）位置、（　）形式和尺寸；通过流体力学计算确定工艺和公用工程连接管口、安全阀接口、放空口、排污口等连接管口的直径及在设备上的安装位置。

A. 种类　B. 接头　C. 尺寸　D. 安装
E. 装配

7. 在已有零件图、部件图、剖视图、局部放大图等能清楚表示出结构的情况下，装配图中的这些零部件可按比例简化为（ ）表示；但尺寸（ ）基准应在图纸“注”中说明，如法兰尺寸以密封平面为基准，塔盘标高尺寸以支承圈上表面为基准等。

A. 图形符号　B. 单线（粗实线）C. 标注　D. 界线

8. 化工设备图应标注（ ）尺寸，即反映化工设备的规格、性能、特征及生产能力的尺寸。如贮罐、反应罐内腔（ ）尺寸（筒体的内径、高或长度），换热器（ ）尺寸（列管长度、直径及数量）等。

A. 容积　B. 特性　C. 规格性能　D. 结构

E. 传热面积

9. 化工设备图应标注（ ）尺寸，即反映零部件间的相对位置尺寸，它们是制造化工设备的重要依据。如设备图中接管间的（ ）尺寸，接管的（ ）长度，罐体与支座的定位尺寸，塔器的塔板（ ），换热器的折流板、管板间的（ ）尺寸等。

A. 定位　B. 大小　C. 装配　D. 伸出

E. 间距

10. 化工设备图应标注安装尺寸，即化工设备安装在（ ）或其他（ ）上所需要的尺寸，如支座、裙座上的地脚螺栓的（ ）及孔间（ ）尺寸等。

A. 基础　B. 机架　C. 平台　D. 构件

E. 定位　F. 孔径

11. 有些装置（车间）组成比较复杂，根据各部分的特点，分别采用露天布置、敞开式框架布置及室内布置三种方式进行组合型布置。即将主要生产装置布置在（ ）或（ ）框架上；将控制、配电与生活行政设施等合并布置在一幢（ ）中，并布置在工艺区的中心位置；有特殊要求的催化剂配制、造粒及仓库等布置在（ ）中。

A. 敞开式　B. 建筑物　C. 厂房　D. 露天

E. 封闭厂房　F. 封闭式

12. 设备平面布置图的绘制方法和程序。从（ ）平面起逐层绘制：①画出建筑（ ）线；②画出与设备安装布置有关的厂房建筑（ ）结构；③画出设备（ ）；④画出设备、支架、基础、操作平台等的（ ）形状；⑤标注（ ）；⑥标注定位轴线（ ）及设备的（ ）、（ ）；⑦图上如有分区，还需要绘出分区界线并标注。

A. 基本　B. 特殊　C. 底层　D. 编号

E. 名称　F. 定位轴　G. 轮廓　H. 标高

I. 中心　J. 尺寸　K. 位号

13. 厂房建筑、构件的标注：①按土建专业图纸标注建筑物和构筑物的定位轴线编号。定位轴线的编号应注写在轴线端部的圆内，圆用细实线绘制，直径为8mm。定位轴线的编号宜标注在图样的下方与左侧。横向编号应用（ ）从左至右编写，竖向编号应用大写（ ）从下至上顺序编号。②标注厂房建筑及其构件的尺寸。即厂房建筑物的长度、宽度（ ）；厂房建筑、构件的（ ）的尺寸；为设备安装预留的孔洞及沟、坑等的定位尺寸；地面、楼板、平台、屋面的主要（ ）尺寸及其他与设备安装定位有关的建筑构件的高度尺寸。并标注室内外的地坪标高。③注写辅助间和生活间的房间（ ）。④用虚线表示预留的检修场地（如换热器抽管束），按比例画出，不标注尺寸。

A．拉丁字母　B．总尺寸　C．英文字母　D．基本
E．名称　F．阿拉伯数字　G．高度　H．定位轴线间

14．设备布置图中的常用缩写词见（HG/T 20546—2009）《化工装置设备布置设计规定》，要求学生应熟悉绘制设备布置图时常用英文缩写词的中文含义：EL（　），POS（　），F.P（固定点），FDN（　），TOS（　），C.L（　），DISCH（排出口），N（北），E（东）。

A．高度　B．中心线　C．底面　D．基础
E．标高　F．架顶面　G．支撑点　H．固定点

15．管道上的仪表控制点应用细实线按规定（　）画出，每个控制点一般只在能清楚表达其安装位置的一个（　）中画出。控制点的符号与管道仪表流程图的规定符号相同，有时其功能代号可以省略。

A．符号　B．代号　C．平面图　D．视图

16．在管道平面布置图上除标注所有管道的（　）尺寸、（　）的流动方向和（　）外，如绘有立面剖视图，还应在立面剖视图上标注所有管道的（　）。定位尺寸以 mm 为单位，标高以 m 为单位。

A．规格　B．定位　C．物料　D．液体
E．坡度　F．管号　G．标高　H．代号

17．管道上方标注（双线管道在中心线上方）（　）代号、（　）编号、（　）通径、管道（　）及隔热型式，下方标注管道标高。

A．管道　B．流体　C．介质　D．管段
E．位置　F．内径　G．公称　H．等级

三、判断题（正确的在括号中打√，错误的打×）（每小题 2 分，共 8 分）

1．国际通用设计体制的工艺设计的主要内容是把专利商提供的中试技术或把本公司开发的专利技术进行工程化，并转化为设计文件，提交用户审查，发给有关各设计专业作为开展工程设计的依据。工艺设计的文件包括文字说明（工艺说明）、图纸、表格三大内容。（　）

2．为了使设计出来的工艺流程能够满足优质、高产、低消耗和安全生产的要求，应该按下列步骤逐步进行设计：①确定整个过程的组成；②确定每个过程或工序的组成；③确定工艺操作条件；④确定控制方案；⑤原料与能量的合理利用；⑥制定“三废”处理方案；⑦制定安全生产措施。（　）

3．化工设备图应标注外形尺寸，即表达设备的总长、总高、总宽（或外径）的尺寸。这类尺寸较大，对于设备的包装、运输、安装及厂房设计是必要的依据。（　）

4．小型化工装置、间歇操作或操作频繁的设备宜布置在室内，而且大都将大部分生产设备、辅助生产设备及生活行政设施布置在一幢或几幢厂房中。室内布置受气候影响小，劳动条件好，但建筑造价较高。（　）

四、计算题（共 18 分）

1．利用甲苯与氯苄合成二苄基甲苯：

$$2C_6H_5CH_2Cl+C_6H_5CH_3 \longrightarrow C_{21}H_{20}+2HCl$$

已知进料甲苯 4kmol/h，氯苄 2kmol/h。出料甲苯 3.1kmol/h，氯苄 0.2kmol/h，二苄基甲苯 0.85kmol/h。计算：氯苄的转化率；二苄基甲苯的收率和反应的选择性。（4 分）

2．利用丙烯与联苯生产二异丙基联苯：

$$2C_3H_6+C_{12}H_{10}\longrightarrow C_{18}H_{22}$$

已知进料联苯 2kmol/h，丙烯 2kmol/h。丙烯的转化率 90%，反应的选择性 94.44%。计算反应器出口物流的组成。（7 分）

3．利用环己烯与苯生产二环己基苯：

$$2C_6H_{10}(g)+C_6H_6(g)\longrightarrow C_{18}H_{26}(g)$$

标准反应热 $\Delta H^{\ominus}_{r,298K}=-216kJ/mol$ 。

已知：（1）进料温度为 25℃，压力为常压，进料液中苯 4kmol/h，环己烯 2kmol/h。出口温度为 100℃，压力为常压，出料液中苯 3.15kmol/h，环己烯 0.2kmol/h，二环己基苯 0.85kmol/h。

（2）各组分的热力学数据如下：

组分	汽化热（25℃）	液相比热容	气相比热容
苯	7353cal/mol	35.698 cal/(mol · K)	33.46 cal/(mol · K)
环己烯	7700cal/mol	38.36 cal/(mol · K)	35.67 cal/(mol · K)
二环己基苯	66.44kJ/mol	373.8J/(mol · K)	288.55J/(mol · K)

试计算反应过程中放出（或吸收）的热量。（7 分）

五、绘图题（6 分）

已知管道的俯视图（见第五大题附图）画出相应的正视图。

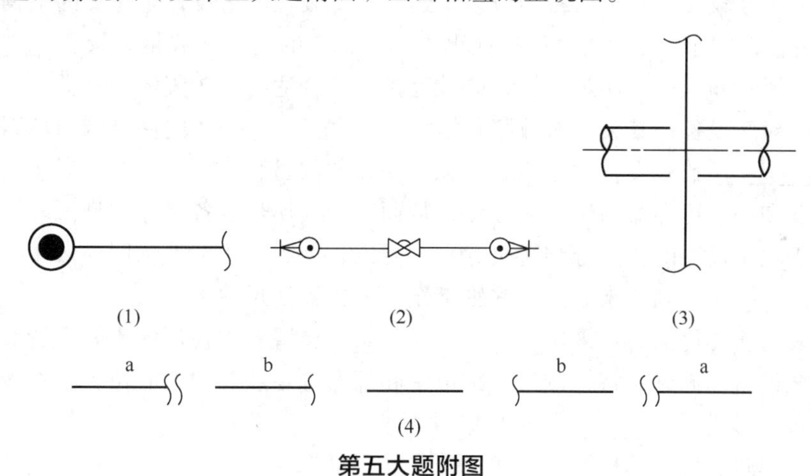

第五大题附图

模拟试卷 C

一、填空题（每小题 2 分，共 34 分）

1．国际通用设计体制的工艺设计的主要内容是把专利商提供的__________或把本公司开发的_______技术进行工程化，并转化为设计文件，提交用户审查，发给有关各设计专业作为开展工程设计的依据。工艺设计的文件包括文字说明（工艺说明）、图纸、表格三大内容。

2．化工车间工艺设计的程序：设计______工作⟶______设计⟶化工______⟶车间______设计⟶______工程设计⟶为非工艺专业提供设计条件⟶编制概算书和设计文件。

3．可以将一个化工生产工艺流程分为四大部分，即原料______过程、______过程、产物的______（分离净化）过程和“______”的处理过程。

4．注写管道及仪表流程图中下列阀门的名称：______、______、______、______、______。

5．注写管道及仪表流程图中下列管件的名称：______、______、______等。

6．工艺流程设计的任务主要包括两个方面：一是确定生产流程中各个生产过程的具体内容、______和______方式，达到由原料制得所需产品的目的；二是绘制______，要求以图解的形式表示生产过程中当原料经过各个单元操作过程制得产品时，物料和能量发生的变化及其流向，以及采用了哪些化工过程和设备，再进一步通过图解形式表示出化工管道流程和计量控制流程。

7．化工设备图中接管法兰的螺栓孔用______线表示，螺栓连接用中线上的“______”表示，法兰用______表示。

8．化工设备图应标注外形尺寸，即表达设备的______、______、______（或外径）的尺寸。这类尺寸较大，对于设备的包装、运输、安装及厂房设计是必要的依据。

9．设备类型不同，其工艺设计参数也不同。如泵的基本参数是流量和______；风机则需要确定风量和风压；换热器设计的关键是选择合适的冷热流体的种类、______及______；对塔设备，其关键参数则是塔______、塔______、塔内件结构、填料______与______或______数、设备的管口及人孔、手孔的数目和______等，对于精馏塔还要考虑塔顶冷凝器和塔釜再沸器的热负荷参数，从而确定其换热设备尺寸和型式。

10．由于化工设备的各部分结构尺寸相差悬殊，因此，化工设备图中多用______图（节点详图）和______画法来表达这些细部结构，并标注尺寸。

11．一般的石油化工装置采用______布置，即在厂区中间设置管廊，在管廊两侧布置工艺设备和储罐，将控制室和配电室相邻布置在装置的中心位置，在设备区外设置通道。这种布置形式是______布置的基本方案。

12．厂房建筑、构件的标注：①按土建专业图纸标注建筑物和构筑物的定位轴线编号。定位轴线的编号应注写在轴线端部的圆内，圆用细实线绘制，直径为8mm。定位轴线的编号宜标注在图样的下方与左侧。横向编号应用______从左至右编写，竖向编号应用大写______从下至上顺序编号。②标注厂房建筑及其构件的尺寸。即厂房建筑物的长度、宽度______；厂房建筑、构件的______的尺寸；为设备安装预留的孔洞及沟、坑等的定位尺寸；地面、楼板、平台、屋面的主要______尺寸及其他与设备安装定位有关的建筑构件的高度尺寸。并标注室内外的地坪标高。③注写辅助间和生活间的房间______。④用虚线表示预留的检修场地（如换热器抽管束），按比例画出，不标注尺寸。

13．设备的图示方法：①用______线画出所有设备、设备的金属支架、电机及其传动装置。被遮盖的设备轮廓线一般可不画出，如必须表示时，则用粗虚线画出；用______线画出设备的中心线。②采用适当简化的方法画出非定型设备的______及其附属的操作台、梯子和支架，注出支架代号。卧式设备还应画出其______管口或标注固定侧支座位置。③驱动设备只画出______，用规定的简化画法画出驱动机，并表示出特征管口和驱动机的______。④位于室外而又不与厂房相连接的设备及其支架，一般只在______平面图上予以表示，穿过楼层的设备，______平面图上均应按剖面形式表示。⑤用虚线表示预留的检修场所。

14．设备位号的标注：在设备图形中心线上方标注设备位号与______，该位号应与管道仪表流程图中的位号一致，设备位号的下方应标注________（如 POS EL×××.×××）或______如（ϕEL×××.×××）或支架______（如 TOS EL×××.×××）的标高。

15．当管道有垂直位移时，可采用__________，弹簧有弹性，当管道垂直位移时仍然可以提供必要的______力。

16．在管道平面布置图上除标注所有管道的________尺寸、________的流动方向和________外，如绘有立面剖视图，还应在立面剖视图上标注所有管道的________。定位尺寸以 mm 为单位，标高以 m 为单位。

17．管道上方标注（双线管道在中心线上方）______代号、______编号、______通径、管道______及隔热型式，下方标注管道______。

二、选择填空题（将正确选项的英文字母填入括号中）（每小题 2 分，共 34 分）

1．化工计算包括工艺设计中的（　）衡算、（　）衡算、设备（　）与（　）三个内容。

A．原子　B．热量　C．物料　D．尺寸

E．选型　F．能量　G．计算

2．方案设计的任务是确定（　）方法和工艺（　），是整个工艺设计的基础。要求运用所掌握的各种信息，根据有关的基本理论进行不同生产方法和生产流程的对比分析。在设计时，首要工作是对可供选择的方案进行（　）和（　），并进行定量的（　）比较和筛选，着重评价（　）和（　）。最终筛选出一条技术上先进、经济上合理、安全上可靠、符合环保要求、易于实施的工艺路线。

A．工艺　B．流程　C．环评　D．生产

E．技术方案　F．安评　G．总投资　H．技术经济

I．安全环保　J．生产成本　K．产品质量

3．为了使设计出来的工艺流程能够实现优质、高产、低消耗和安全生产，应该按下列步骤逐步进行设计：①确定整个（　）的组成；②确定每个（　）或（　）的组成；③确定（　）操作条件；④确定（　）方案；⑤原料与能量的（　）；⑥制定“三废”处理方案；⑦制定（　）生产措施。

A．生产过程　B．过程　C．流程　D．工序

E．生产　F．工艺　G．安全　H．合理利用

I．控制

4．反应过程是工艺流程设计的核心，应根据物料特性、反应过程的特点、产品要求、基本工艺操作条件来确定采用反应器（　）以及决定是采用（　）操作还是（　）操作。另外，物料反应过程是否需外供（　）或移出（　），都要在反应装置上增加相应的适当措施。

A．间歇性　B．热量　C．尺寸　D．结构

E．类型　　　　F．连续　　　　G．能量

5．化工设备在工艺管道仪表流程图上一般可（　）比例、用（　）线条、按规定的设备和机器（　）画出能够显示设备（　）特征的主要轮廓，并用中线条表示出设备（　）特征以及内部、外部构件。

A．不按　　　　B．按　　　　C．外形　　　　D．中

E．粗　　　　F．图例　　　　G．形状　　　　H．类别

6．在化工设备图中，外购部件的简化画法可以只画其外形轮廓简图。但要求在明细表中注明名称、（　）、主要（　）参数和“外购”字样等。

A．标准　　　　B．规格　　　　C．尺寸　　　　D．性能

7．化工设备中按一定规律排列的管束，在设备图中可只画（　），其余的用（　）表示其安装位置。

A．一根　　　　B．几根　　　　C．点划线　　　　D．交叉线

8．化工设备图应标注（　）尺寸，即反映零部件间的相对位置尺寸，它们是制造化工设备的重要依据。如设备图中接管间的（　）尺寸，接管的（　）长度，罐体与支座的定位尺寸，塔器的塔板（　），换热器的折流板、管板间的（　）尺寸等。

A．定位　　　　B．大小　　　　C．装配　　　　D．伸出

E．间距

9．化工设备图应标注安装尺寸，即化工设备安装在（　）或其他（　）上所需要的尺寸，如支座、裙座上的地脚螺栓的（　）及孔间（　）尺寸等。

A．基础　　　　B．机架　　　　C．平台　　　　D．构件

E．定位　　　　F．孔径

10．化工设备图应标注（　）尺寸，即反映化工设备的规格、性能、特征及生产能力的尺寸。如贮罐、反应罐内腔（　）尺寸（筒体的内径、高或长度），换热器（　）尺寸（列管长度、直径及数量）等。

A．容积　　　　B．特性　　　　C．规格性能　　　　D．结构

E．传热面积

11．目前大多数石油化工装置都采用露天或半露天布置。其具体方案是：生产中一般不需要经常操作的或可用自动化仪表控制的设备都可布置在（　），如塔、换热器、液体原料储罐、成品储罐、气柜等大部分设备，及需要大气调节温湿度的设备，如凉水塔、空气冷却器等都露天布置或半露天布置在（　）或（　）的框架上；不允许有显著温度变化，不能受大气影响的一些设备，如反应罐、各种机械传动的设备、装有精密度极高仪表的设备，及其他应该布置在室内的设备，如泵、压缩机、造粒及包装等部分设备布置在（　）或（　）的框架上；生活、行政、控制、化验室等集中在一幢（　）内，并布置在生产设施附近。

A．敞开式　　　　B．框架上　　　　C．室外　　　　D．厂房

E．建筑物　　　　F．室内　　　　G．露天　　　　H．有顶棚

12．设备平面布置图的绘制方法和程序。从（　）平面起逐层绘制：①画出建筑（　）线；②画出与设备安装布置有关的厂房建筑（　）结构；③画出设备（　）线；④画出设备、支架、基础、操作平台等的（　）形状；⑤标注（　）；⑥标注定位轴线（　）及设备的（　）、（　）；⑦图上如有分区，还需要绘出分区界线并标注。

A．基本　　B．特殊　　C．底层　　D．编号
E．名称　　F．定位轴　　G．轮廓　　H．标高
I．中心　　J．尺寸　　K．位号

13．设备布置图中的常用缩写词见（HG/T 20546—2009）《化工装置设备布置设计规定》，要求学生应熟悉绘制设备布置图时常用英文缩写词的中文含义：EL（　）、POS（　）、F.P（固定点）、FDN（　）、TOS（　）、C.L（　）、DISCH（排出口）、N（北）、E（东）等。

A．高度　　B．中心线　　C．底面　　D．基础
E．标高　　F．架顶面　　G．支撑点　　H．固定点

14．设备定位尺寸与标高的标注：设备布置图中一般不注出设备的定型尺寸，只注出其（　）尺寸及设备位号，设备高度方向的定位尺寸一般以（　）表示，标高的基准一般选首层（　）地面。

A．定位　　B．外形　　C．高度　　D．标高
E．室内　　F．室外

15．管道上的阀门也是用简单的图形和（　）来表示。一般在视图上表示出阀的手轮安装（　），并画出主阀所带的旁路阀。重点掌握截止阀、球阀及旋塞阀的表示方法。

A．代号　　B．符号　　C．方向　　D．位置

16．管道平面布置图，一般应与设备的平面布置图一致，即按（　）平面分层绘制，各层管道平面布置图是将（　）以下的建（构）筑物、设备、管道等全部画出。当某一层的管道上下重叠过多，布置比较复杂时，应再分上下（　）分别绘制。在各层平面布置图的下方应注明其相应的标高。

A．建筑标高　　B．建筑　　C．平面　　D．楼板
E．平台　　F．两层

17．管道布置在平面图上不能清楚表达的部位，可采用（　）图或（　）图补充表达。剖视图尽可能与被剖切平面所在的管道平面布置图画在同一张图纸上，也可画在另一张图纸上。剖切平面位置线的画法及标注方式与设备布置图相同。（　）图可按 A-A、B-B……或Ⅰ-Ⅰ、Ⅱ-Ⅱ……顺序编号。（　）图则按 A 向、B 向……顺序编号。

A．向视　　B．左视　　C．立面剖视　　D．俯视
E．剖视　　F．平面　　G．立面

三、判断题（正确的在括号中打√，错误的打×）（每小题 2 分，共 8 分）

1．国际通用设计体制把全部设计过程划分为由专利商提供的工艺包和工程公司承担的工程设计两大阶段。工程设计分为工艺设计、基础工程设计和详细工程设计三个阶段。（　）

2．管道及仪表流程图中下列物料代号的物料名称：PG（工艺气体）、PL（工业废液）、PS（工艺固体）；LS（低压蒸汽）、SC（蒸汽冷凝水），HO（导热油）；CWS（循环冷却上水）、CWR（循环冷却回水）、自来水（DW）、生产废水（WW）；冷冻盐水上水（RWS）、冷冻盐水回水（RWR）；VE（真空排放气）、VT（放空）、废气（WG）。（　）

3．由于化工设备的主体结构多为回转体，其基本视图常采用两个视图。立式设备一般用主、俯视图，卧式设备一般用主、左（右）视图来表达设备的主体结构。（　）

4．有些装置（车间）组成比较复杂，根据各部分的特点，分别采用露天布置、敞开式

框架布置及室内布置三种方式进行组合型布置。即将主要生产装置布置在露天或敞开式框架上；将控制、配电与生活行政设施等合并布置在一幢建筑物中，并布置在工艺区的中心位置；有特殊要求的催化剂配制、造粒及仓库等布置在封闭厂房中。(　)

四、计算题（共 18 分）

1. 二甲苯与苯乙烯反应生成 1-苯基-1-二甲苯基乙烷（又称二芳基乙烷）：

$$C_6H_5CH{=}CH_2+C_6H_4(CH_3)_2 \longrightarrow C_{16}H_{18}$$

已知进料二甲苯 6kmol/h，苯乙烯 1kmol/h。出料甲苯 5.06kmol/h，苯乙烯 0.05kmol/h，二芳基乙烷 0.94kmol/h。计算：苯乙烯的转化率；二芳基乙烷的收率和反应的选择性。（4 分）

2. 利用环己烯与苯生产二环已基苯：

$$2C_6H_{10}+C_6H_6 \longrightarrow C_{18}H_{26}$$

已知进料苯 4kmol/h，环已烯 2kmol/h。环已烯的转化率 90%，反应的选择性 94.44%。计算反应器出料组成。（7 分）

3. 利用甲苯与氯苄合成二苄基甲苯：

$$2C_6H_5CH_2Cl(g)+C_6H_5CH_3(g) \longrightarrow C_{21}H_{20}(l)+2HCl(g)$$

标准反应热 $\Delta H^{\ominus}_{r,298K}=-286kJ/mol$

已知进料温度为 25℃，压力为常压，进料液体为甲苯 4kmol/h，氯苄 2kmol/h。出口温度为 100℃，压力为常压，出料液体为甲苯 3.1kmol/h，氯苄 0.2kmol/h，二苄基甲苯 0.85kmol/h 和出口气体氯化氢 1.7kmol/h。

各组分的热力学数据如下：

组分	汽化热（25℃）	液相比热容	气相比热容
甲苯	8739cal/mol	39.621cal/(mol · K)	29.43cal/(mol · K)
氯苄	11083cal/mol	45.76cal/(mol · K)	38.31cal/(mol · K)
二苄基甲苯	107.56kJ/mol	495.7 J/(mol · K)	
氯化氢			27.2J/(mol · K)

试计算反应过程中放出（或吸收）的热量。（7 分）

五、绘图题（6 分）

已知管道的俯视图（见第五大题附图）画出相应的正视图。

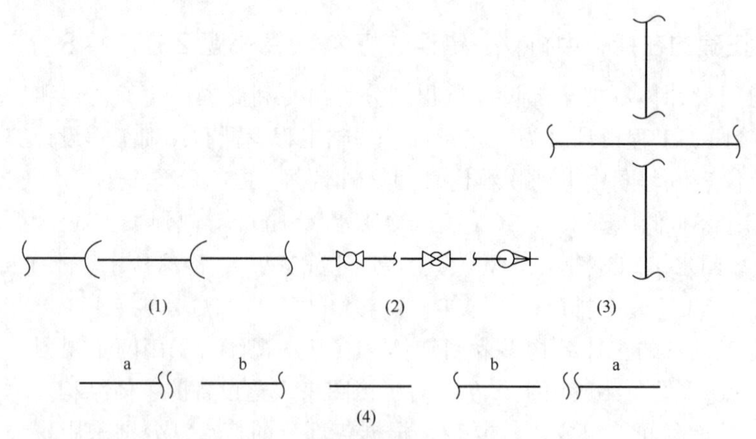

第五大题附图

模拟试卷 D

一、填空题（每小题 2 分，共 34 分）

1. 化工新技术开发过程中包括四种设计类型：________设计、________设计、________设计和________设计。

2. 方案设计的任务是确定_______方法和工艺_______，是整个工艺设计的基础。要求运用所掌握的各种信息，根据有关的基本理论进行不同生产方法和生产流程的对比分析。在设计时，首要工作是对可供选择的方案进行_______和_______，并进行定量的__________比较和筛选，着重评价________和__________。最终筛选出一条技术上先进、经济上合理、安全上可靠、符合环保要求、易于实施的工艺路线。

3. 工艺管道仪表流程图要表示出全部_______管道、_______和_______管件，表示出与设备、机械、工艺管道相连接的辅助物料和公用物料的_______管道。

4. 为了使设计出来的工艺流程能够实现优质、高产、低消耗和安全生产，应该按下列步骤逐步进行设计：①确定整个_______的组成；②确定每个________或________的组成；③确定_______操作条件；④确定_______方案；⑤原料与能量的_______；⑥制定“三废”处理方案；⑦制定_______生产措施。

5. 反应过程是工艺流程设计的核心，应根据物料特性、反应过程的特点、产品要求、基本工艺操作条件来确定采用反应器_______以及决定是采用_______操作还是_______操作。另外，物料反应过程是否需外供_______或移出_______，都要在反应装置上增加相应的适当措施。

6. 化工设备在工艺管道仪表流程图上一般可________比例、用________线条、按规定的设备和机器________画出能够显示设备________特征的主要轮廓，并用中线条表示出设备________特征以及内部、外部构件。

7. 已有标准图的标准化零部件在化工设备图中不必详细画出，可按比例画出反映其特征外形的简图。而在明细表中注明其名称、_______、_______号等。

8. 化工设备图应标注__________尺寸，即反映化工设备的规格、性能、特征及生产能力的尺寸。如贮罐、反应罐内腔_______尺寸（筒体的内径、高或长度），换热器__________尺寸（列管长度、直径及数量）等。

9. 化工设备图应标注_______尺寸，即反映零部件间的相对位置尺寸，它们是制造化工设备的重要依据。如设备图中接管间的_______尺寸，接管的_______长度，罐体与支座的定位尺寸，塔器的塔板_______，换热器的折流板、管板间的_______尺寸等。

10. 化工设备图应标注安装尺寸，即化工设备安装在_______或其他_______上所需要的尺寸，如支座、裙座上的地脚螺栓的_______及孔间_______尺寸等。

11. 有些装置（车间）组成比较复杂，根据各部分的特点，分别采用露天布置、敞开式框架布置及室内布置三种方式进行组合型布置。即将主要生产装置布置在_______或_______框架上；将控制、配电与生活行政设施等合并布置在一幢_________中，并布置在工艺区的中心位置；有特殊要求的催化剂配制、造粒及仓库等布置在___________中。

12．设备平面布置图的绘制方法和程序。从______平面起逐层绘制：①画出建筑______线；②画出与设备安装布置有关的厂房建筑_______结构；③画出设备_______线；④画出设备、支架、基础、操作平台等的_______形状；⑤标注_______；⑥标注定位轴线_______及设备的_______、_______；⑦图上如有分区，还需要绘出分区界线并标注。

13．设备布置图中的常用缩写词见（HG/T 20546—2009）《化工装置设备布置设计规定》，要求学生应熟悉绘制设备布置图时常用英文缩写词的中文含义：EL_______；POS_______；F.P（固定点）；FDN_______；TOS_________；C.L_________；DISCH（排出口）；N（北）；E（东）。

14．设备定位尺寸与标高的标注：设备布置图中一般不注出设备的定型尺寸，只注出其__________尺寸及设备位号，设备高度方向的定位尺寸一般以__________表示，标高的基准一般选首层__________地面。

15．管道布置图中的主要物料管道一般用_________单线画出，其他管道用_________线画出。对大直径（$DN\geqslant 400$mm 或 $DN\geqslant 250$mm）或重要管道，可以用中粗实线双线绘制。

16．管道的普通定位尺寸可以以_______中心线、设备_______法兰、_______定位轴线或者墙面、柱面为基准进行标注，同一管道的标注基准应一致。

17．对安装坡度有严格要求的管道，要在管道上方画出细线_________，指出坡向，并写上坡度_________。也可以将几条管线一起_________标注，管道与相应标注用数字分别进行_______，指引线在各管线引出处画一段_________线。管道标注分别在上方相应数字后填写。

二、选择填空题（将正确选项的英文字母填入括号中）（每小题 2 分，共 34 分）

1．化工车间工艺设计的程序：设计（　）工作⟶（　）设计⟶化工（　）⟶车间（　）设计⟶（　）工程设计⟶为非工艺专业提供（　）条件⟶编制概算书和设计文件。

A．计算　B．布置　C．准备　D．设备

E．设计　F．工艺　G．配管　H．方案

2．基础工程设计是以“（　）”为单位编制的。基础工程设计比初步设计的内容更为深广。为了适应中国工程建设管理体制的特点，国内的“基础工程设计”需要在国外基础工程设计的基础上覆盖我国“初步设计”中的有关内容。具体地说，就是在国际通行的“用户审查版”的基础上，除在（　）内容基本上覆盖了初步设计的要求外，还要加上我国“初步设计”中供政府行政主管部门（　）所需要的内容，使其具备原来“初步设计”的报批功能，具有一定的可操作性。

A．产品　B．设计　C．文字　D．存档

E．审查　F．装置

3．工艺管道仪表流程图中的管道应按规定的图形符号绘制。绘制管道时，应尽量注意避免（　）设备或使管道（　），不能避免时，应将其中一根管道断开一段，断开处的间隙应为线粗的 5 倍左右。管道要尽量画成（　）和（　），不用斜线。

A．设备　B．水平　C．管件　D．穿过

E．交叉　F．垂直

4．写出管道及仪表流程图中下列物料代号的物料名称：PG（　）、PL（　）、PS（工艺固体）、LS（　）、SC（　）、HO（　）、CWS（　）、CWR（　）、生活用水（DW）、生产废水（WW）、冷冻盐水上水（RWS）、冷冻盐水回水（RWR）、VE（　）、VT（　）、废气（WG）等。

A．循环冷却上水　B．循环冷却回水　C．导热油　D．工艺气体

E．低压蒸汽　F．工艺液体　G．蒸汽冷凝水　H．放空

I．真空排放气

5．工艺流程设计的任务主要包括两个方面：一是确定生产流程中各个生产过程的具体内容、（　）和（　）方式，达到由原料制得所需产品的目的；二是绘制（　），要求以图解的形式表示生产过程中当原料经过各个单元操作过程制得产品时，物料和能量发生的变化及其流向，以及采用了哪些化工过程和设备，再进一步通过图解形式表示出化工管道流程和计量控制流程。

A．工序　B．组合　C．顺序　D．流程草图

E．工艺流程图

6．化工设备中按一定规律排列的管束，在设备图中可只画（　），其余的用（　）表示其安装位置。

A．一根　B．几根　C．点划线　D．交叉线

7．在已有零件图、部件图、剖视图、局部放大图等能清楚表示出结构的情况下，装配图中的这些零部件可按比例简化为（　）表示；但尺寸（　）基准应在图纸“注”中说明，如法兰尺寸以密封平面为基准，塔盘标高尺寸以支承圈上表面为基准等。

A．图形符号　B．单线（粗实线）C．标注　D．界线

8．由于化工设备的主体结构多为回转体，其基本视图常采用（　）视图。立式设备一般用（　）、（　）视图，卧式设备一般用（　）、（　）视图来表达设备的主体结构。

A．主　B．俯　C．两个　D．侧

E．左（右）

9．化工设备壳体上分布有众多的管口、开口及其他附件，为了在主视图上表达它们的结构形状及位置高度，可使用（　）的表达方法。

A．剖视　B．多次旋转　C．正视

10．化工设备尺寸标注的基准面，一般从设计要求的结构基准面开始，如设备简体和封头的（　）线；设备筒体与封头的（　）缝；设备法兰的（　）面；设备支座、裙座的（　）面；接管轴线与设备表面（　）。

A．中心线　B．连接　C．轴　D．交点

E．环焊　F．底

11．一个较大的化工车间（装置）通常包括：①生产设施；②生产（　）设施；③生活（　）福利设施；④其他（　）用室。车间平面布置就是将上述车间（装置）组成在平面上进行规范的组合布置。

A．行政　B．生产　C．辅助　D．特殊

E．仓库

12．厂房建筑、构件的标注：①按土建专业图纸标注建筑物和构筑物的定位轴线编号。定位轴线的编号应注写在轴线端部的圆内，圆用细实线绘制，直径为 8mm。定位轴线的编号宜标注在图样的下方与左侧。横向编号应用（　）从左至右编写，竖向编号应用大写（　）

从下至上顺序编号。②标注厂房建筑及其构件的尺寸。即厂房建筑物的长度、宽度（　）；厂房建筑、构件的（　）的尺寸；为设备安装预留的孔洞及沟、坑等的定位尺寸；地面、楼板、平台、屋面的主要（　）尺寸及其他与设备安装定位有关的建筑构件的高度尺寸。并标注室内外的地坪标高。③注写辅助间和生活间的房间（　）。④用虚线表示预留的检修场地（如换热器抽管束），按比例画出，不标注尺寸。

A．拉丁字母　　B．总尺寸　　C．英文字母　　D．基本

E．名称　　F．阿拉伯数字　　G．高度　　H．定位轴线间

13．设备的图示方法：①用（　）线画出所有设备、设备的金属支架、电机及其传动装置。被遮盖的设备轮廓线一般可不画出，如必须表示时，则用粗虚线画出；用（　）线画出设备的中心线。②采用适当简化的方法画出非定型设备的（　）及其附属的操作台、梯子和支架，注出支架代号。卧式设备还应画出其（　）管口或标注固定侧支座位置。③驱动设备只画出（　），用规定的简化画法画出驱动机，并表示出特征管口和驱动机的（　）。④位于室外而又不与厂房相连的设备及其支架，一般只在（　）平面图上予以表示，穿过楼层的设备，（　）平面图上均应按剖面形式表示。⑤用虚线表示预留的检修场所。

A．细实　　B．细点划　　C．粗实　　D．基础

E．位置　　F．每层　　G．外形　　H．特征

I．底层　　J．特殊

14．设备位号的标注：在设备图形中心线上方标注设备位号与（　），该位号应与管道仪表流程图中的位号一致，设备位号的下方应标注（　）（如 POS EL×××.×××）或（　）如（ϕEL×××.×××）或支架（　）（如 TOS EL×××.×××）的标高。

A．中心线　　B．高度　　C．标高　　D．架顶

E．支承点　　F．底面

15．管道布置图又称为管道安装图或配管图，它是车间内部管道安装施工的依据。管道布置图包括一组（　）图，有关（　）及方位等内容。一般的管道布置图是在平面图上画出全部管道、设备、建筑物或构筑物的简单轮廓、管件阀门、仪表控制点及有关的定位尺寸，只有在平面图上不能清楚地表达管道布置情况时，才酌情绘制部分（　）图、剖视图或（　）视图。

A．平面　　B．剖视图　　C．平立面剖视　　D．立面

E．向　　F．俯　　G．标注　　H．尺寸

16．管道上方标注（双线管道在中心线上方）（　）代号、（　）编号、（　）通径、管道（　）及隔热型式，下方标注管道标高。

A．管道　　B．流体　　C．介质　　D．管段

E．位置　　F．内径　　G．公称　　H．等级

17．在平面布置图上按规定（　）画出各种阀门，一般也不标注定位尺寸，只在立面剖视图上标注阀门的安装（　）。当管道上阀门种类较多时，在阀门符号旁应标注其（　）直径、型式和序号。

A．图形　　B．尺寸　　C．符号　　D．标高

E．公称

三、判断题（正确的在括号中打√，错误的打×）（每小题 2 分，共 8 分）

1．国际通用设计体制的详细工程设计内容与国内的施工图设计相类似，即全面完成全套项目的施工图，确认供货商图纸，进行材料统计汇总，完成材料订货等工作。（　）

2．化工设备在工艺管道仪表流程图上一般可不按比例、用粗线条、按规定的设备和机器图例画出能够显示设备形状特征的主要轮廓，并用中线条表示出设备类别特征以及内部、外部构件。（　）

3．化工设备图应标注外形尺寸，即表达设备的总长、总高、总宽（或外径）的尺寸。这类尺寸较大，对于设备的包装、运输、安装及厂房设计是必要的依据。（　）

4．一般的石油化工装置采用直通管廊长条布置，即在厂区中间设置管廊，在管廊两侧布置工艺设备和储罐，将控制室和配电室相邻布置在装置的中心位置，在设备区外设置通道。这种布置形式是露天布置的基本方案。（　）

四、计算题（共 18 分）

1．利用环己烯与苯生产二环己基苯：

$$2C_6H_{10}+C_6H_6 \longrightarrow C_{18}H_{26}$$

已知进料苯 4kmol/h，环己烯 2kmol/h。出料苯 3.15kmol/h，环己烯 0.2kmol/h，二环己基苯 0.85kmol/h。计算：环己烯的转化率；二环己基苯的收率和反应的选择性。（4 分）

2．二甲苯与苯乙烯反应生成 1-苯基-1-二甲苯基乙烷（又称二芳基乙烷）：

$$C_6H_5CH{=}CH_2+C_6H_4(CH_3)_2 \longrightarrow C_{16}H_{18}$$

已知进料二甲苯 6kmol/h，苯乙烯 1kmol/h。苯乙烯的转化率 95%，二芳基乙烷的收率 94%。计算出料组成和反应选择性。（7 分）

3．利用环己烯与联苯合成环己基联苯：

$$C_6H_{10}(g)+C_{12}H_{10}(g) \longrightarrow C_{18}H_{20}(l)$$

标准反应热 $\Delta H^{\ominus}_{r,298K}=-106kJ/mol$

已知进料温度为 25℃，压力为常压，进料组成为联苯(l)4kmol/h，环己烯(l)2kmol/h；出口温度为 80℃，压力为常压，出口物流中环己烯(l)0.2kmol/h，联苯(l)2.2kmol/h，环己基联苯(l)1.7kmol/h。

各组分的热力学数据如下：

组分	汽化热（25℃）	液相比热容	气相比热容
联苯	13931cal/mol	68.30cal/(mol · K)	46.30cal/(mol · K)
环己烯	7700cal/mol	38.36cal/(mol · K)	35.67cal/(mol · K)
环己基联苯	80.2kJ/mol	328.2J/(mol · K)	248.7J/(mol · K)

试计算反应过程中放出（或吸收）的热量。（7 分）

五、绘图题（6 分）

已知管道的正视图（见第五大题附图）画出相应的俯视图。

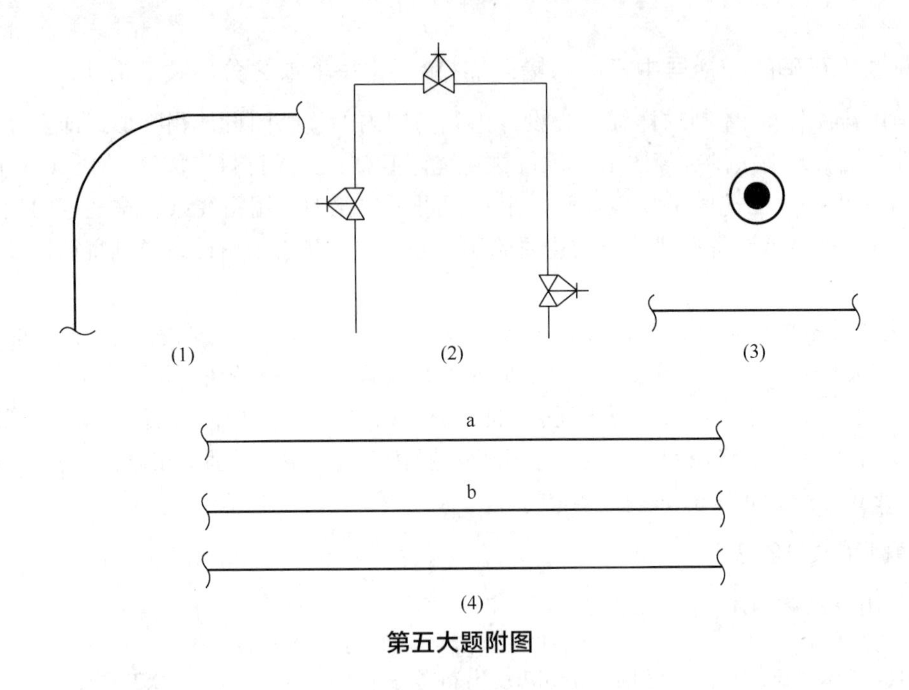

第五大题附图

模拟试卷 E

一、填空题（每小题 2 分，共 34 分）

1. 国际通用设计体制把全部设计过程划分为由专利商提供的工艺包和工程公司承担的工程设计两大阶段。工程设计分为________设计、________工程设计和________工程设计三个阶段。

2. 化工计算包括工艺设计中的________衡算、________衡算、设备________与________三个内容。

3. 写出工艺管道仪表流程图常用的设备类别代号的设备类别名称：P______、R______、E______、V______、T______、W（计量设备）等。

4. 注写管道及仪表流程图中下列管件的名称：________、________、________等。

5. 反应过程是工艺流程设计的核心，应根据物料特性、反应过程的特点、产品要求、基本工艺操作条件来确定采用反应器________以及决定是采用________操作还是________操作。另外，物料反应过程是否需外供________或移出________，都要在反应装置上增加相应的适当措施。

6. 写出管道及仪表流程图的管道组合号（如 PG-1301-300-A1A-H）中符号及数字的含义：PG __________、1301__________、300________、A1A______________和 H 绝热（或隔声）。

7. 化工设备中（主要是塔器）规格、材质和堆放方法相同的填料，如各类环（瓷环、钢环及塑料环等）、卵石、塑料球、波纹瓷盘及木格子等，设备图中均可在堆放范围内用________细实线示意表达。

8．由于化工设备的各部分结构尺寸相差悬殊，因此，化工设备图中多用__________图（节点详图）和______画法来表达这些细部结构，并标注尺寸。

9．化工设备图应标注____________尺寸，即反映化工设备的规格、性能、特征及生产能力的尺寸。如贮罐、反应罐内腔______尺寸（筒体的内径、高或长度），换热器_______尺寸（列管长度、直径及数量）等。

10．化工设备图应标注安装尺寸，即化工设备安装在______或其他______上所需要的尺寸，如支座、裙座上的地脚螺栓的______及孔间______尺寸等。

11．小型化工装置、间歇操作或操作频繁的设备宜布置在______，而且大都将大部分生产设备、辅助生产设备及生活行政设施布置在一幢或几幢______ 中。室内布置受气候影响小，劳动条件好，但建筑造价较高。

12．建筑物及其构件的图示方法：①对承重墙、柱等结构，应按建筑图要求用细点划线画出其_______线。②用中粗实线、按规定图例画出车间_______及其构件。③在平面图及剖面图上按比例和规定图例表示出厂房建筑的_______大小、内部______ 及与______安装定位有关的基本结构（如墙、柱、地面、楼板、平台、栏杆、管廊、楼梯、安装孔洞、地坑、地沟、管沟、散水坡、吊轨及吊车、设备基础等）。④与设备安装关系不大的门、窗等构件，一般只在平面图上画出它们的位置和门的______ 方向，在剖视图上则不予表示。⑤表示出车间生活行政室和配电室、控制室、维修间等专业用房，并用文字标注______名称。

13．厂房建筑、构件的标注：①按土建专业图纸标注建筑物和构筑物的定位轴线编号。定位轴线的编号应注写在轴线端部的圆内，圆用细实线绘制，直径为 8mm。定位轴线的编号宜标注在图样的下方与左侧。横向编号应用__________ 从左至右编写，竖向编号应用大写__________从下至上顺序编号。②标注厂房建筑及其构件的尺寸。即厂房建筑物的长度、宽度_______；厂房建筑、构件的___________的尺寸；为设备安装预留的孔洞及沟、坑等的定位尺寸；地面、楼板、平台、屋面的主要______尺寸及其他与设备安装定位有关的建筑构件的高度尺寸。并标注室内外的地坪标高。③注写辅助间和生活间的房间______。④用虚线表示预留的检修场地（如换热器抽管束），按比例画出，不标注尺寸。

14．设备的图示方法：①用______线画出所有设备、设备的金属支架、电机及其传动装置。被遮盖的设备轮廓线一般可不画出，如必须表示时，则用粗虚线画出；用______线画出设备的中心线。②采用适当简化的方法画出非定型设备的_______及其附属的操作台、梯子和支架，注出支架代号。卧式设备还应画出其______管口或标注固定侧支座位置。③驱动设备只画出_______，用规定的简化画法画出驱动机，并表示出特征管口和驱动机的_______。④位于室外而又不与厂房相连接的设备及其支架，一般只在______平面图上予以表示，穿过楼层的设备，_____平面图上均应按剖面形式表示。⑤用虚线表示预留的检修场所。

15．管道上的仪表控制点应用细实线按规定______画出，每个控制点一般只在能清楚表达其安装位置的一个______中画出。控制点的符号与管道仪表流程图的规定符号相同，有时其功能代号可以省略。

16．对安装坡度有严格要求的管道，要在管道上方画出细线_______，指出坡向，并写上坡度_________。也可以将几条管线一起__________标注，管道与相应标注用数字分别进行_________，指引线在各管线引出处画一段_______线。管道标注分别在上方相应数字后填写。

17. 在平面布置图上按规定________画出各种阀门，一般也不标注定位尺寸，只在立面剖视图上标注阀门的安装________。当管道上阀门种类较多时，在阀门符号旁应标注其________直径、________和序号。

二、选择填空题（将正确选项的英文字母填入括号中）（每小题 2 分，共 34 分）

1. 化工厂设计的工作程序，国内通常是以现有生产技术或新产品开发的基础设计为依据，提出（　）建议书；经业主或上级主管部门认可后写出（　）研究报告；然后进行（　）评价与（　）评价，经业主和政府主管部门批准后，编写（　）任务书，进行（　）设计；最后各专业派出设计代表参加基本建设的现场施工和安装，试车投产及验收。

A．投资　B．科学　C．可行性　D．项目
E．计划　F．设计　G．工程　H．环境影响
I．三废处理　J．消防　K．安全条件

2. 方案设计的任务是确定（　）方法和工艺（　），是整个工艺设计的基础。要求运用所掌握的各种信息，根据有关的基本理论进行不同生产方法和生产流程的对比分析。在设计时，首要工作是对可供选择的方案进行（　）和（　），并进行定量的（　）比较和筛选，着重评价（　）和（　）。最终筛选出一条技术上先进、经济上合理、安全上可靠、符合环保要求、易于实施的工艺路线。

A．工艺　B．流程　C．环评　D．生产
E．技术方案　F．安评　G．总投资　H．技术经济
I．安全环保　J．生产成本　K．产品质量

3. 工艺流程设计的任务主要包括两个方面：一是确定生产流程中各个生产过程的具体内容、（　）和（　）方式，达到由原料制得所需产品的目的；二是绘制（　），要求以图解的形式表示生产过程中当原料经过各个单元操作过程制得产品时，物料和能量发生的变化及其流向，以及采用了哪些化工过程和设备，再进一步通过图解形式表示出化工管道流程和计量控制流程。

A．工序　B．组合　C．顺序　D．流程草图
E．工艺流程图

4. 化工设备在工艺管道仪表流程图上一般可（　）比例、用（　）线条、按规定的设备和机器（　）画出能够显示设备（　）特征的主要轮廓，并用中线条表示出设备（　）特征以及内部、外部构件。

A．不按　B．按　C．外形　D．中
E．粗　F．图例　G．形状　H．类别

5. 管道仪表流程图上的仪表的功能标志由 1 个首位字母和 1～3 个后继字母组成，第一个字母表示被测变量。写出下列被测变量符号的中文含义：A（　），F（　），L（　），P（　），T（　）。后继字母表示读出功能、输出功能，写出下列读出功能、输出功能符号的中文含义：A（　），C（　），I（　），R（　）。

A．数字　B．分析　C．字母　D．压力
E．温度　F．流量　G．物位　H．控制
I．记录　J．报警　K．指示

6．设备工艺设计的步骤：①确定化工单元操作设备的基本（　）；②确定设备的（　）；③确定设备的基本（　）和主要工艺参数；④确定标准设备的（　）和数量；⑤非标设备的设计，对非标设备，根据工艺设计结果，向化工设备专业设计人员提供（　）单，向土建人员提出设备操作平台等设计条件要求；⑥编制工艺设备一览表；⑦设备图纸会签归档。

A．规格型号　B．材质　C．类型　D．原则

E．尺寸　F．设计条件　G．设备

7．化工设备图应标注的其他尺寸，即零部件的（　）尺寸（如接管尺寸，瓷环尺寸），不另行绘制图样的零部件的（　）尺寸或某些重要尺寸，（　）的尺寸（如主体壁厚、搅拌轴直径等），焊缝的结构型式尺寸等。

A．基本　B．规格　C．设计计算确定　D．规定

E．结构

8．由于化工设备的主体结构多为回转体，其基本视图常采用（　）视图。立式设备一般用（　）、（　）视图，卧式设备一般用（　）、（　）视图来表达设备的主体结构。

A．主　B．俯　C．两个　D．侧

E．左（右）

9．化工设备壳体上分布有众多的管口、开口及其他附件，为了在主视图上表达它们的结构形状及位置高度，可使用（　）的表达方法。

A．剖视　B．多次旋转　C．正视

10．化工设备尺寸标注的基准面，一般从设计要求的结构基准面开始，如设备筒体和封头的（　）线；设备筒体与封头的（　）缝；设备法兰的（　）面；设备支座、裙座的（　）面；接管轴线与设备表面（　）。

A．中心线　B．连接　C．轴　D．交点

E．环焊　F．底

11．一般的石油化工装置采用（　）布置，即在厂区中间设置管廊，在管廊两侧布置工艺设备和储罐，将控制室和配电室相邻布置在装置的中心位置，在设备区外设置通道。这种布置形式是（　）布置的基本方案。

A．露天　B．直通管廊长条　C．组合　D．敞开式

12．车间设备布置就是确定各个设备在车间（　）与（　）上的位置；确定场地与建（构）筑物的（　）；确定管道、电气仪表管线、采暖通风管道的（　）和位置。主要包括以下几点：①确定各个工艺设备在车间平面和立面的（　）；②确定某些在工艺流程图中一般不予表达的辅助设备或公用设备的位置；③确定供安装、操作与维修所用的（　）的位置与尺寸；④在上述各项的基础上确定建（构）筑物与场地的尺寸。

A．空间　B．尺寸　C．平面　D．大小

E．位置　F．走向　G．立面　H．通道系统

13．设备定位尺寸与标高的标注：设备布置图中一般不注出设备的定型尺寸，只注出其（　）尺寸及设备位号，设备高度方向的定位尺寸一般以（　）表示，标高的基准一般选首层（　）地面。

A．定位　B．外形　C．高度　D．标高

E．室内　F．室外

14. 设备位号的标注：在设备图形中心线上方标注设备位号与（ ），该位号应与管道仪表流程图中的位号一致，设备位号的下方应标注（ ）（如 POS EL×××.×××）或（ ）如（ ϕEL×××.×××）或支架（ ）（如 TOS EL×××.×××）的标高。

A. 中心线　　B. 高度　　C. 标高　　D. 架顶

E. 支承点　　F. 底面

15. 管道布置图中的主要物料管道一般用（ ）单线画出，其他管道用（ ）线画出。对大直径（$DN \geqslant 400$mm 或 $DN \geqslant 250$mm）或重要管道，可以用中粗实线双线绘制。

A. 细实线　　B. 粗实线　　C. 双实　　D. 中粗实

16. 管道上方标注（双线管道在中心线上方）（ ）代号、（ ）编号、（ ）通径、管道（ ）及隔热型式，下方标注管道标高。

A. 管道　　B. 流体　　C. 介质　　D. 管段

E. 位置　　F. 内径　　G. 公称　　H. 等级

17. 管接头、异径接头、弯头、三通、管堵、法兰等这些管件能使管道改变方向，变化口径，连通和分流以及调节和切换管道中的流体，在管道布置图中，应按规定（ ）画出管件，但一般不标注（ ）尺寸。

A. 图形　　B. 定位　　C. 大小　　D. 符号

三、判断题（正确的在括号中打√，错误的打×）（每小题 2 分，共 8 分）

1. 基础工程设计是以“产品”为单位编制的。基础工程设计比初步设计的内容更为深广。为了适应中国工程建设管理体制的特点，国内的“基础工程设计”需要在国外基础工程设计的基础上覆盖我国“初步设计”中的有关内容。具体地说，就是在国际通行的“用户审查版”的基础上，除在文字内容基本上覆盖了初步设计的要求外，还要加上我国“初步设计”中供政府行政主管部门审查所需要的内容，使其具备原来“初步设计”的报批功能，具有一定的可操作性。（ ）

2. 为了使设计出来的工艺流程能够实现优质、高产、低消耗和安全生产，应该按下列步骤逐步进行设计：①确定整个过程的组成；②确定每个过程或工序的组成；③确定工艺操作条件；④确定控制方案；⑤原料与能量的合理利用；⑥制定“三废”处理方案；⑦制定安全生产措施。（ ）

3. 设备类型不同，其工艺设计参数也不同。如泵的基本参数是流量和扬程；风机则需要确定风量和风压；换热器设计的关键是选择合适的冷热流体的种类、热负荷及换热面积；对塔设备，其关键参数则是塔径、塔高、塔内件结构、填料类型与高度或塔板数、设备的管口及人孔、手孔的数目和位置等，对于精馏塔还要考虑塔顶冷凝器和塔釜再沸器的热负荷参数，从而确定其换热设备尺寸和型式。（ ）

4. 基础工程设计阶段的布置设计的任务是确定生产、辅助生产及行政生活等区域的布局；确定车间场地及建（构）筑物的平面尺寸和立面尺寸；确定生产设备的平面布置图和立面布置图；确定人流及物流通道；安排管道及电气仪表管线等；编制初步设计布置设计说明书。（ ）

四、计算题（共 18 分）

1. 利用丙烯与联苯生产二异丙基联苯：

$$2C_3H_6+C_{12}H_{10} \longrightarrow C_{18}H_{22}$$

已知进料联苯 2kmol/h，丙烯 2kmol/h。出料联苯 1.15kmol/h，丙烯 0.2kmol/h，二异丙基联苯 0.85kmol/h。计算：丙烯的转化率；二异丙基联苯的收率和反应的选择性。（4 分）

2．利用甲苯与氯苄合成二苄基甲苯：

$$2C_6H_5CH_2Cl+C_6H_5CH_3 \longrightarrow C_{21}H_{20}+2HCl$$

已知进料甲苯 4kmol/h，氯苄 2kmol/h。氯苄的转化率为 90%；二苄基甲苯的收率 85%。计算反应器出口物流的组成。（7 分）

3．二甲苯与苯乙烯反应生成 1-苯基-1-二甲苯基乙烷（又称二芳基乙烷）：

$$C_6H_5CH{=\!=}CH_2(g)+C_6H_4(CH_3)_2(g) \longrightarrow C_{16}H_{18}(g)$$

标准反应热 $\Delta H^{\ominus}_{r,298K}=-296kJ/mol$

已知：（1）进料温度为 25℃，压力为常压，进料液体中二甲苯 6kmol/h，苯乙烯 1kmol/h。出口温度为 100℃，压力为常压，出料液体中甲苯 5.06kmol/h，苯乙烯 0.05kmol/h，二芳基乙烷 0.94kmol/h。

（2）各组分的热力学数据如下：

组分	汽化热（25℃）	液相比热容	气相比热容
二甲苯	9582cal/mol	49.07cal/(mol · K)	35.56cal/(mol · K)
苯乙烯	9577cal/mol	45.70cal/(mol · K)	33.58cal/(mol · K)
二芳基乙烷	63.99 kJ/mol	306.9 J/(mol · K)	236.69 J/(mol · K)

试计算反应过程中放出（或吸收）的热量。（7 分）

五、绘图题（6 分）

已知管道的正视图（见第五大题附图）画出相应的俯视图。

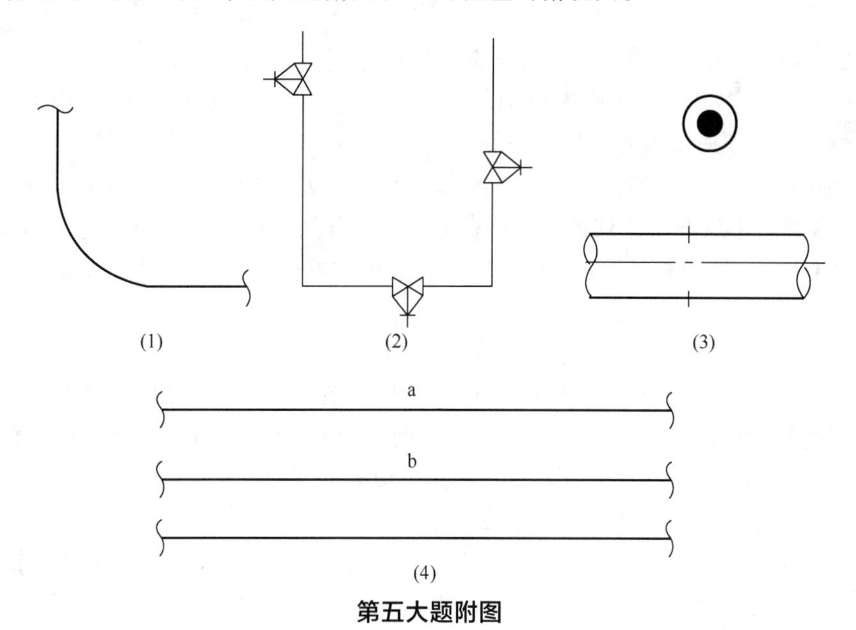

第五大题附图

模拟试卷 F

一、填空题（每小题 2 分，共 34 分）

1．化工厂设计的工作程序，国内通常是以现有生产技术或新产品开发的基础设计为依据，提出________建议书；经业主或上级主管部门认可后写出__________研究报告；然后进行__________评价与__________评价，经业主和政府主管部门批准后，编写_______任务书，进行________设计；最后各专业派出设计代表参加基本建设的现场施工和安装，试车投产及验收。

2．基础工程设计是以“_______”为单位编制的。基础工程设计比初步设计的内容更为深广。为了适应中国工程建设管理体制的特点，国内的“基础工程设计”需要在国外基础工程设计的基础上覆盖我国“初步设计”中的有关内容。具体地说，就是在国际通行的“用户审查版”的基础上，除在_______内容基本上覆盖了初步设计的要求外，还要加上我国“初步设计”中供政府行政主管部门_______所需要的内容，使其具备原来“初步设计”的报批功能，具有一定的可操作性。

3．在工艺管道仪表流程图上的设备位号（如 T304a）中，T 表示设备_______代号，3 表示_______代号，04 表示设备_______号，a 表示相同设备的顺序编号。

4．工艺流程设计的任务主要包括两个方面：一是确定生产流程中各个生产过程的具体内容、________和_______方式，达到由原料制得所需产品的目的；二是绘制____________，要求以图解的形式表示生产过程中当原料经过各个单元操作过程制得产品时，物料和能量发生的变化及其流向，以及采用了哪些化工过程和设备，再进一步通过图解形式表示出化工管道流程和计量控制流程。

5．化工设备在工艺管道仪表流程图上一般可________比例、用________线条、按规定的设备和机器__________画出能够显示设备__________特征的主要轮廓，并用中线条表示出设备__________特征以及内部、外部构件。

6．管道仪表流程图上的仪表的功能标志由 1 个首位字母和 1～3 个后继字母组成，第一个字母表示被测变量。写出下列被测变量符号的中文含义：A_______，F_______，L_______，P_______，T_______。后继字母表示读出功能、输出功能，写出下列读出功能、输出功能符号的中文含义：A_______，C_______，I_______，R_______。

7．化工设备图中的技术要求是以文字描述化工设备的技术条件，应该遵守和达到的技术指标等。包括_______技术条件（化工设备在加工、制造、焊接、装配、检验、包装、防腐、运输等方面的技术规范）、_______要求［对焊接接头型式，焊接方法，焊条（焊丝）、焊剂等提出要求］、设备的_______方法与要求（对主体设备的水压和气密性进行试验，对焊缝的射线探伤、超声波探伤、磁粉探伤等相应的试验规范和技术指标）以及_______加工和_______方面的规定和要求、设备的油漆、防腐、保温（冷）、运输和安装、填料等其他要求。

8．由于化工设备的主体结构多为回转体，其基本视图常采用________视图。立式设备一般用_______、_______视图，卧式设备一般用_______、_______视图来表达设备的主体结构。

9．化工设备壳体上分布有众多的管口、开口及其他附件，为了在主视图上表达它们的结构形状及位置高度，可使用__________的表达方法。

10．化工设备尺寸标注的基准面，一般从设计要求的结构基准面开始，如设备筒体和封头的_______线；设备筒体与封头的________缝；设备法兰的_______面；设备支座、裙座的_______面；接管轴线与设备表面________。

11．目前大多数石油化工装置都采用露天或半露天布置。其具体方案是：生产中一般不需要经常操作的或可用自动化仪表控制的设备都可布置在_______，如塔、换热器、液体原料储罐、成品储罐、气柜等大部分设备，及需要大气调节温湿度的设备，如凉水塔、空气冷却器等都露天布置或半露天布置在_______或_________的框架上；不允许有显著温度变化，不能受大气影响的一些设备，如反应罐、各种机械传动的设备、装有精密度极高仪表的设备，及其他应该布置在室内的设备，如泵、压缩机、造粒及包装等部分设备布置在_________或_______的框架上，生活、行政、控制、化验室等集中在一幢________内，并布置在生产设施附近。

12．车间设备布置就是确定各个设备在车间________与________上的位置；确定场地与建（构）筑物的________；确定管道、电气仪表管线、采暖通风管道的_________和位置。主要包括以下几点：①确定各个工艺设备在车间平面和立面的_________；②确定某些在工艺流程图中一般不予表达的辅助设备或公用设备的位置；③确定供安装、操作与维修所用的____________的位置与尺寸；④在上述各项的基础上确定建（构）筑物与场地的尺寸。

13．设备的图示方法：①用_______线画出所有设备、设备的金属支架、电机及其传动装置。被遮盖的设备轮廓线一般可不画出，如必须表示时，则用粗虚线画出，用________线画出设备的中心线。②采用适当简化的方法画出非定型设备的_______及其附属的操作台、梯子和支架，注出支架代号。卧式设备还应画出其_______管口或标注固定侧支座位置。③驱动设备只画出_______，用规定的简化画法画出驱动机，并表示出特征管口和驱动机的_______。④位于室外而又不与厂房相连接的设备及其支架，一般只在_______平面图上予以表示，穿过楼层的设备，______平面图上均应按剖面形式表示。⑤用虚线表示预留的检修场所。

14．设备定位尺寸与标高的标注：设备布置图中一般不注出设备的定型尺寸，只注出其________尺寸及设备位号，设备高度方向的定位尺寸一般以____________表示，标高的基准一般选首层_________地面。

15．化工车间管道布置设计的任务：①确定车间中各个设备的管口_______与之相连接的管段的接口_______；②确定管道的_______连接和铺设、支撑方式；③确定各管段（包括管道、管件、阀门及控制仪表）在_______的位置；④画出管道布置图，表示出车间中所有管道在平面和立面的空间______，作为管道安装的依据；⑤编制管道综合______表，包括管道、管件、阀门、型钢等的材质、规格和数量。

16．管接头、异径接头、弯头、三通、管堵、法兰等这些管件能使管道改变方向，变化口径，连通和分流以及调节和切换管道中的流体，在管道布置图中，应按规定_______画出管件，但一般不标注_______尺寸。

17．在平面布置图上按规定________画出各种阀门，一般也不标注定位尺寸，只在立面剖视图上标注阀门的安装________。当管道上阀门种类较多时，在阀门符号旁应标注其________直径、________和序号。

二、选择填空题（将正确选项的英文字母填入括号中）（每小题2分，共34分）

1．化工计算包括工艺设计中的（　）衡算、（　）衡算、设备（　）与（　）三个内容。

A．原子　B．热量　C．物料　D．尺寸

E．选型　F．能量　G．计算

2．方案设计的任务是确定（　）方法和工艺（　），是整个工艺设计的基础。要求运用所掌握的各种信息，根据有关的基本理论进行不同生产方法和生产流程的对比分析。在设计时，首要工作是对可供选择的方案进行（　）和（　），并进行定量的（　）比较和筛选，着重评价（　）和（　）。最终筛选出一条技术上先进、经济上合理、安全上可靠、符合环保要求、易于实施的工艺路线。

A．工艺　B．流程　C．环评　D．生产

E．技术方案　F．安评　G．总投资　H．技术经济

I．安全环保　J．生产成本　K．产品质量

3．为了使设计出来的工艺流程能够实现优质、高产、低消耗和安全生产，应该按下列步骤逐步进行设计：①确定整个（　）的组成；②确定每个（　）或（　）的组成；③确定（　）操作条件；④确定（　）方案；⑤原料与能量的（　）；⑥制定“三废”处理方案；⑦制定（　）生产措施。

A．生产过程　B．过程　C．流程　D．工序

E．生产　F．工艺　G．安全　H．合理利用

I．控制

4．反应过程是工艺流程设计的核心，应根据物料特性、反应过程的特点、产品要求、基本工艺操作条件来确定采用反应器（　）以及决定是采用（　）操作还是（　）操作。另外，物料反应过程是否需外供（　）或移出（　），都要在反应装置上增加相应的适当措施。

A．间歇性　B．热量　C．尺寸　D．结构

E．类型　F．连续　G．能量

5．写出管道及仪表流程图的管道组合号（如PG-1301-300-A1A-H）中符号及数字的含义：PG（　）、1301（　）、300（　）、A1A（　）和H绝热（或隔声）。

A．管段　B．物料代号　C．管线　D．管径

E．管段编号　F．管道等级

6．对于过高或过长的化工设备，如塔、换热器及贮罐等，为了采用较大的比例清楚地表达设备结构和合理地使用图幅，常使用（　）画法，使图形缩短。

A．缩小　B．断开

7．在化工设备图中，外购部件的简化画法可以只画其外形轮廓简图。但要求在明细表中注明名称、（　）、主要（　）参数和“外购”字样等。

A．标准　B．规格　C．尺寸　D．性能

8．由于化工设备的各部分结构尺寸相差悬殊，因此，化工设备图中多用（　）图（节点详图）和（　）画法来表达这些细部结构，并标注尺寸。

A．夸大　B．放大　C．局部放大

9．化工设备图应标注（　）尺寸，即反映化工设备的规格、性能、特征及生产能力的

尺寸。如贮罐、反应罐内腔（　）尺寸（筒体的内径、高或长度），换热器（　）尺寸（列管长度、直径及数量）等。

A．容积　B．特性　C．规格性能　D．结构

E．传热面积

10．化工设备图应标注安装尺寸，即化工设备安装在（　）或其他（　）上所需要的尺寸，如支座、裙座上的地脚螺栓的（　）及孔间（　）尺寸等。

A．基础　B．机架　C．平台　D．构件

E．定位　F．孔径

11．小型化工装置、间歇操作或操作频繁的设备宜布置在（　），而且大都将大部分生产设备、辅助生产设备及生活行政设施布置在一幢或几幢（　）中。室内布置受气候影响小，劳动条件好，但建筑造价较高。

A．厂房内　B．厂房　C．室内

12．建筑物及其构件的图示方法：①对承重墙、柱等结构，应按建筑图要求用细点划线画出其（　）线。②用中粗实线、按规定图例画出车间（　）及其构件。③在平面图及剖面图上按比例和规定图例表示出厂房建筑的（　）大小、内部（　）及与（　）安装定位有关的基本结构（如墙、柱、地面、楼板、平台、栏杆、管廊、楼梯、安装孔洞、地坑、地沟、管沟、散水坡、吊轨及吊车、设备基础等）。④与设备安装关系不大的门、窗等构件，一般只在平面图上画出它们的位置和门的（　）方向，在剖视图上则不予表示。⑤表示出车间生活行政室和配电室、控制室、维修间等专业用房，并用文字标注（　）名称。

A．建筑物　B．分隔　C．厂房　D．设备

E．房间　F．尺寸　G．建筑定位轴　H．空间

I．开启

13．厂房建筑、构件的标注：①按土建专业图纸标注建筑物和构筑物的定位轴线编号。定位轴线的编号应注写在轴线端部的圆内，圆用细实线绘制，直径为 8mm。定位轴线的编号宜标注在图样的下方与左侧。横向编号应用（　）从左至右编写，竖向编号应用大写（　）从下至上顺序编号。②标注厂房建筑及其构件的尺寸。即厂房建筑物的长度、宽度（　）；厂房建筑、构件的（　）的尺寸；为设备安装预留的孔洞及沟、坑等的定位尺寸；地面、楼板、平台、屋面的主要（　）尺寸及其他与设备安装定位有关的建筑构件的高度尺寸。并标注室内外的地坪标高。③注写辅助间和生活间的房间（　）。④用虚线表示预留的检修场地（如换热器抽管束），按比例画出，不标注尺寸。

A．拉丁字母　B．总尺寸　C．英文字母　D．基本

E．名称　F．阿拉伯数字　G．高度　H．定位轴线间

14．设备布置图中的常用缩写词见（HG/T 20546—2009）《化工装置设备布置设计规定》，要求学生应熟悉绘制设备布置图时常用英文缩写词的中文含义：EL（　）；POS（　）；F.P（固定点）；FDN（　）；TOS（　）；C.L（　）；DISCH（排出口）；N（北）；E（东）。

A．高度　B．中心线　C．底面　D．基础

E．标高　F．架顶面　G．支撑点　H．固定点

15．当管道有垂直位移时，可采用（　），弹簧有弹性，当管道垂直位移时仍然可以提供必要的（　）力。

A．弹簧支架　　B．支承　　C．弹簧吊架　　D．支吊

16．管道的普通定位尺寸可以以（　）中心线、设备（　）法兰、（　）定位轴线或者墙面、柱面为基准进行标注，同一管道的标注基准应一致。

A．管口　　B．柱子　　C．设备　　D．连接

E．厂房　　F．建筑

17．对安装坡度有严格要求的管道，要在管道上方画出细线（　），指出坡向，并写上坡度（　）。也可以将几条管线一起（　）标注，管道与相应标注用数字分别进行（　），指引线在各管线引出处画一段（　）线。管道标注分别在上方相应数字后填写。

A．数值　　B．箭头　　C．方向　　D．角度

E．引出　　F．合并　　G．标记　　H．编号

I．交叉　　J．细斜

三、判断题（正确的在括号中打√，错误的打×）（每小题2分，共8分）

1．国际通用设计体制把全部设计过程划分为由专利商提供的工艺包和工程公司承担的工程设计两大阶段。工程设计分为工艺设计、基础工程设计和详细工程设计三个阶段。（　）

2．管道及仪表流程图中下列管件的名称：—[○]—（视镜）、—[⊠]—（阻火器）、—▷—（同心异径管）等。（　）

3．化工设备图应标注结构尺寸，即反映零部件间的相对位置尺寸，它们是制造化工设备的重要依据。如设备图中接管间的定位尺寸，接管的伸出长度，罐体与支座的定位尺寸，塔器的塔板间距，换热器的折流板、管板间的定位尺寸等。（　）

4．一个较大的化工车间（装置）通常包括：①生产设施；②其他生产设施；③生活行政福利设施；④其他特殊用室。车间平面布置就是将上述车间（装置）组成在平面上进行规范的组合布置。（　）

四、计算题（共18分）

1．利用环己烯与苯生产二环己基苯：

$$2C_6H_{10}+C_6H_6 \longrightarrow C_{18}H_{26}$$

已知进料苯4kmol/h，环己烯2kmol/h。出料苯3.15kmol/h，环己烯0.2kmol/h，二环己基苯0.85kmol/h。计算：环己烯的转化率；二环己基苯的收率和反应的选择性。（4分）

2．利用环己烯与联苯合成环己基联苯：

$$C_6H_{10}+C_{12}H_{10} \longrightarrow C_{18}H_{20}$$

已知进料联苯 4kmol/h，环己烯 2kmol/h；环己烯的转化率为 90%，反应的选择性为94.44%。试计算反应器出口物流的组成。（7分）

3．利用丙烯与联苯生产二异丙基联苯：

$$2C_3H_6(g)+C_{12}H_{10}(g) \longrightarrow C_{18}H_{22}(g)$$

标准反应热 $\Delta H^{\ominus}_{r,298K} = -206kJ/mol$

已知：（1）进料温度为25℃，压力为常压，进料液联苯2kmol/h，进料气体丙烯2kmol/h。出口温度为80℃，压力为常压，出料液中联苯1.15kmol/h，二异丙基联苯0.85kmol/h；出料气体丙烯0.2kmol/h。

（2）各组分的热力学数据如下：

组分	汽化热（25℃）	液相比热容	气相比热容
联苯	13931cal/mol	68.30cal/(mol · K)	46.30cal/(mol · K)
丙烯	2797cal/mol	31.35cal/(mol · K)	3.62cal/(mol · K)
二异丙基联苯	81.80kJ/mol	335.2J/(mol · K)	257.73J/(mol · K)

计算反应过程中放出（或吸收）的热量。（7 分）

五、绘图题（6 分）

已知管道的正视图（见第五大题附图）画出相应的俯视图。

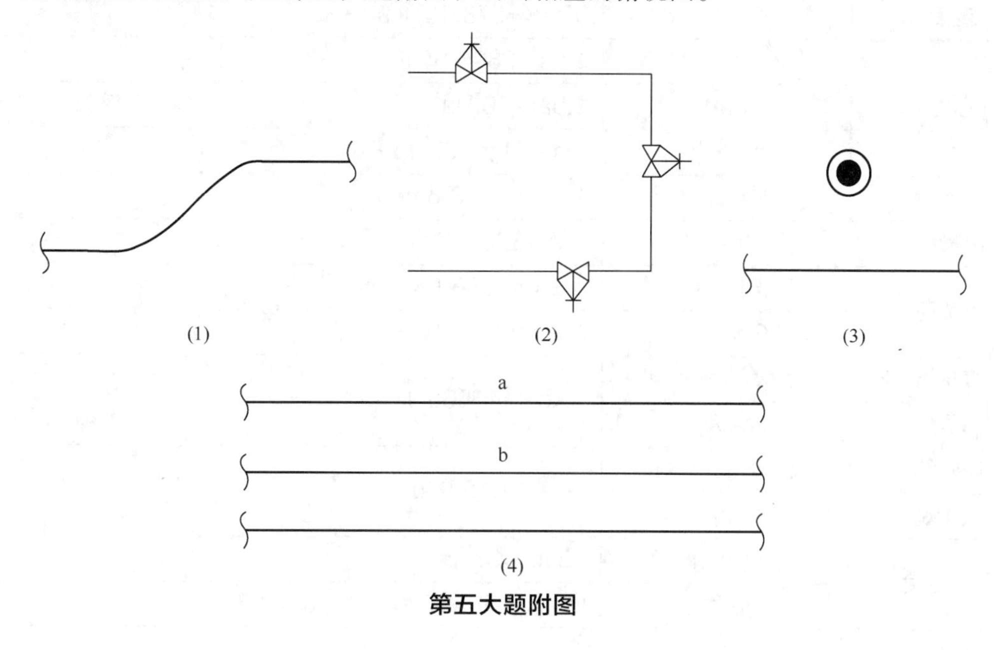

第五大题附图

非法定计量单位换算关系对照表

量的名称	单位符号	换算关系
温度	℉	℉=(K−273.15)×9/5+32
压力	psi	1 psi=6896.55 Pa
	bar	1 bar=10^5Pa
	mmHg	1 mmHg=133.33 Pa
摩尔流率	lbmol/hr	1lbmol=453.6mol
热导率	W/(m·K)	1 W=3600 J/h
热负荷	Btu/hr	1 Btu=1055.06 J
	Gcal/hr	1 Gcal=4.1868×10^9 J
摩尔焓	kcal/mol	1 kcal=41868 J
质量焓	kcal/kg	
摩尔熵	cal/(mol·K)	1 cal=4.1868 J
质量熵	cal/(kg·K)	
质量密度	kg/cum	1cum=1m^3
	lb/ft^3	lb=453.59237 g，1ft^3 =0.0283 m^3
面积	sqm	1 sqm=1 m^2
黏度	cP	1 cP=10^{-3} Pa·s

本书参考答案

各章练习题参考答案

第一章练习题答案

一、填空题

1．概念，中试，基础，工程　　2．工艺，基础，详细

3．工艺包，专利　　4．施工图

5．项目，可行性，环境影响，安全条件，设计，工程

6．装置，文字，审查

7．物料，能量，选型，计算

8．准备，方案，计算，布置，配管

9．生产，流程，环评，安评，技术经济，总投资，生产成本

二、选择填空题

1．C，E，D，F　　2．F，D，E

3．D，A　　4．C

5．D，C，H，K，F，G　　6．F，C，E

7．C，F，E，G　　8．C，H，A，B，G，E

9．D，B，C，F，H，G，J

三、判断题

1．×　2．√　3．×　4．√　5．×　6．×　7．√　8．×　9．√

第二章练习题答案

一、填空题

1．先进，可靠，合理　　2．综合利用，适当的方法

3．开车，停车，长期运转，检修　　4．预处理，反应，后处理，三废

5．工艺，物料，阀门，测量，自动控制　　6．类别，主项，顺序

7．泵，反应器，换热器，容器，塔　　8．工艺，阀门，主要，连接

9．穿过，交叉，水平，垂直

10．工艺气体，工艺液体，低压蒸汽，蒸汽冷凝水，导热油，循环冷却上水，循环冷却回水，真空排放气，放空

11．截止阀，闸阀，球阀，减压阀，疏水阀　　12．视镜，阻火器，同心异径管

13．顺序，组合，工艺流程图

14．流程，过程，工序，工艺，控制，合理利用，安全

15．类型，连续，间歇性，能量，热量　16．不按，中，图例，形状，类别

17．物料代号，管段编号，管径，管道等级

18．分析，流量，物位，压力，温度，报警，控制，指示，记录

二、选择项空题

1．C，A，E　2．B，D

3．B，D，E，G　4．C，A，F，B

5．C，G，B，E，F　6．D，F，B

7．D，C，B，E，A　8．B，C，F，E

9．D，E，B，F　10．D，F，E，G，C，A，B，I，H

11．C，B，A，E，D　12．B，A，D

13．C，B，E　14．C，B，D，F，I，H，G

15．E，F，A，G，B　16．A，D，F，G，H

17．B，E，D，F　18．B，F，G，D，E，J，H，K，I

三、判断题

1．×　2．√　3．×　4．×　5．√　6．√　7．√　8．×　9．√　10．×　11．×　12．√13．√　14．×　15．√　16．×　17．√　18．×

第三章练习题答案

一、概念计算题

1．计算过程及结果

（1）环已烯的转化率：$\frac{2-0.2}{2}\times 100\%=90\%$

（2）反应的选择性：$\frac{1.7}{2-0.2}\times 100\%=94.44\%$

（3）环已基联苯的收率：90%×94.44%=85%

2．计算过程及结果

（1）氯苄的转化率：$\frac{2-02}{2}\times 100\%=90\%$

（2）二苄基甲苯的收率：$\frac{0.85\times 2}{2}\times 100\%=85\%$

提示：1mol 甲苯与 2mol 氯苄反应生成 1mol 二苄基甲苯，因此，以氯苄计算二苄基甲苯收率时，二苄基甲苯的量应乘以化学计量系数 2。

（3）反应的选择性：$\frac{0.85\times 2}{2-0.2}\times 100\%=94.44\%$

3．计算过程及结果

（1）苯乙烯的转化率：$\frac{1-0.05}{1}\times 100\%=95\%$

（2）二芳基乙烷的收率：$\frac{0.94}{1}\times100\%=94\%$

（3）反应的选择性：$\frac{0.94}{0.95}\times100\%=98.95\%$

4．计算过程及结果

（1）环己烯的转化率：$\frac{2-0.2}{2}\times100\%=90\%$

（2）二环己基苯的收率：$\frac{0.85\times2}{2}\times100\%=85\%$

（3）反应的选择性：$\frac{0.85\times2}{2-0.2}\times100\%=94.44\%$

5．计算过程及结果

（1）丙烯的转化率：$\frac{2-0.2}{2}=90\%$

（2）二异丙基联苯的收率：$\frac{0.85\times2}{2}=85\%$

（3）反应的选择性：$\frac{0.85\times2}{2-0.2}\times100\%=94.44\%$

二、直接推算法试题

1．计算过程及结果

取进料环己烯 2kmol/h 为衡算基准，对反应器进行物料衡算。

计算环己基联苯的收率：90%×94.44%=85%。

计算出口物流组成：

生成的环己基联苯：2×85%=1.7kmol/h

反应掉的环己烯：2×90%=1.8kmol/h

出口物流中的环己烯：2−1.8=0.2kmol/h

反应掉的联苯：1.8kmol/h

出口物流中的联苯：4−1.8=2.2kmol/h

则反应器出口物流组成为：环己烯 0.2kmol/h，联苯 2.2kmol/h，环己基联苯 1.7kmol/h。

2．计算过程及结果

取进料氯苄 2kmol/h 为衡算基准，对反应器进行物料衡算。

反应掉的氯苄：2×90%=1.8kmol/h

计算反应器出口物流的组成：

未反应的氯苄量：2−1.8=0.2kmol/h

生成二苄基甲苯的量：$\frac{2\times0.85\%}{2}=0.85\text{kmol/h}$

未反应掉的甲苯量：$4-\frac{1.8}{2}=3.1\text{kmol/h}$

故出口物料组成为：氯苄 0.2kmol/h，甲苯 3.1kmol/h，二苄基甲苯 0.85kmol/h。

3．计算过程及结果

取进料苯乙烯 1kmol/h 为衡算基准，对反应器进行物料衡算。

反应掉的苯乙烯量：1×95%=0.95kmol/h

未反应的苯乙烯量：1-0.95=0.05kmol/h

生成二芳基乙烷量：1×94%=0.94kmol/h

反应掉的二甲苯量：0.94kmol/h

未反应的二甲苯量：6-0.94=5.06kmol/h

（1）出料组成：二甲苯 5.06kmol/h，苯乙烯 0.05kmol/h，二芳基乙烷 0.94kmol/h

（2）反应的选择性：$\frac{0.94}{0.95}\times 100\% = 98.95\%$

4．计算过程及结果

取进料环己烯 2kmol/h 为衡算基准，对反应器进行物料衡算。

反应掉的环己烯量：2×90%=1.80kmol/h

未反应的环己烯量：2-1.80=0.20kmol/h

二环己基苯的收率：90%×94.44%=85%

生成二环己基苯量：$\frac{2\times 85\%}{2} = 0.85\text{kmol/h}$

反应掉的苯量：0.85kmol/h

未反应的苯量：4-0.85=3.15kmol/h

则反应器出料组成为：苯 3.15kmol/h，环己烯 0.2kmol/h，二环己基苯 0.85kmol/h。

5．计算过程及结果

取进料丙烯 2kmol/h 为衡算基准，对反应器进行物料衡算。

反应掉的丙烯量：2×90%=1.8kmol/h

未反应的丙烯量：2-1.8=0.2kmol/h

二异丙基联苯的收率：90%×94.44%=85%

生成二异丙基联苯的量：$\frac{2\times 85\%}{2} = 0.85\text{kmol/h}$

反应掉的联苯量：0.85kmol/h

未反应的联苯量：2-0.85=1.15kmol/h

故反应器出口物料组成为：联苯 1.15kmol/h，丙烯 0.2kmol/h，二异丙基联苯 0.85kmol。

三、热量衡算试题

1．计算过程及结果

取基准温度为 25℃，常压及相态 $C_6H_{10}(g)$，$C_{12}H_{10}(g)$，$C_{18}H_{20}(l)$为衡算基准。

ΔH_1=(4×13931+2×7700)×4.18=297298.32kJ/h

ΔH_2=[(0.2×38.36+2.2×68.30)×4.18+1.7×328.2]×(80-25)

- (0.2×7700+2.2×13931)×4.18=-67551.4kJ/h

ΔH_r=-106×1.8×1000=-190800kJ/h

Q_p=297298.32-67551.4-190800=38946.91 kJ/h

反应过程中吸收的热量为 38946.91kJ/h。

2．计算过程及结果

取基准温度为 25℃，常压及相态 $C_6H_5CH_2Cl(g)$，$C_6H_5CH_3(g)$，$C_{21}H_{20}(l)$，$HCl(g)$为衡算基准。

$\Delta H_1=(4\times8769+2\times11083)\times4.18=238769.96kJ/h$

$\Delta H_2=-(8769\times3.1+11083\times0.2)\times4.18+(39.621\times3.1+45.76\times0.2)\times(100-25)\times4.18+0.85\times495.7\times(100-25)+27.2\times1.7\times(100-25)=-46061.7kJ/h$

$\Delta H_r=0.85\times(-286)\times1000=-243100kJ/h$

$Q_p=238769.96-46061.7-243100=-50391.7kJ/h$

反应过程中放出的热量为 50391.7kJ/h。

3．计算过程及结果

取温度为 25℃，压力为常压，各组的相态 $C_6H_5CH{=\!=}CH_2(g)$，$C_6H_4(CH_3)_2(g)$，$C_{16}H_{18}(g)$为衡算基准。

$\Delta H_1=(6\times9582+1\times9577)\times4.18=280348.42kJ/h$

$\Delta H_2=[-(5.06\times9582+0.05\times9577)\times4.18-0.94\times63.99\times1000]+(5.06\times49.07+0.05\times45.70)\times(100-25)\times4.18+0.94\times306.9\times(100-25)=-44324.9kJ/h$

$\Delta H_r=0.94\times(-296)\times1000=-278240kJ/h$

$Q_p=280348.42-44324.9-278240=-162518kJ/h$

反应过程中放出的热量为 162518kJ/h。

4．计算过程及结果

取温度为 25℃，压力为常压，各组的相态 $C_6H_{10}(g)$，$C_6H_6(g)$，$C_{18}H_{26}(g)$为衡算基准。

$\Delta H_1=(4\times7353+2\times7700)\times4.18=187314.16kJ/h$

$\Delta H_2=-[(3.15\times7353+0.2\times7700)\times4.18+0.85\times66.44\times1000]+(3.15\times35.698+0.2\times38.36)\times4.18\times(100-25)+0.85\times373.8\times(100-25)=-98240.6kJ/h$

$\Delta H_r=0.85\times(-216)\times1000=-183600kJ/h$

$Q_p=187314.16-98240.6-183600=-94526.4kJ/h$

反应过程中放出的热量为 94526.4kJ/h。

5．计算过程及结果

取 25℃和常压及各组分的基准相态 $C_3H_6(g)$、$C_{12}H_{10}(g)$、$C_{18}H_{22}(g)$为衡算基准。

$\Delta H_1=2\times13931\times4.18=116463.16kJ/h$

$\Delta H_2=1.15\times(-13931)\times4.18+0.85\times(-81.8)\times1000+(1.15\times68.3+0.2\times3.62)\times(80-25)\times4.18+0.85\times335.2\times(80-25)=-102602kJ/h$

$\Delta H_r=0.85\times(-206)\times1000=-175100kJ/h$

$Q_p=116463.16-102602-175100=-161239kJ/h$

反应过程中放出的热量为 161239kJ/h

四、上机练习题

从模拟结果看出来，出料组成为：环己烯 0.3 kmol/h，苯 3.15 kmol/h，二环己基苯 0.85 kmol/h。

所有物流信息，如图习题四附图 3-1 所示。

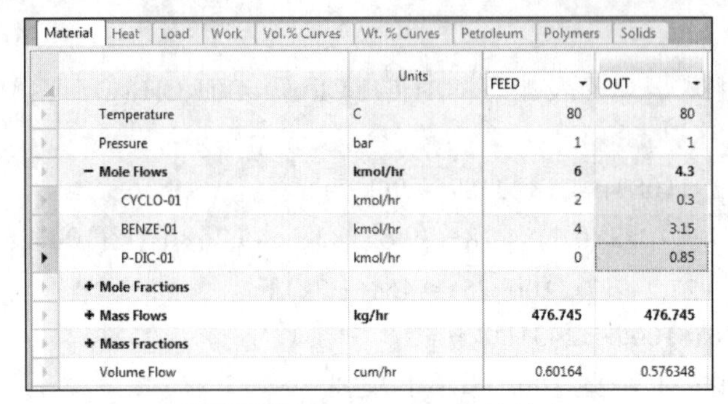

Material | Heat | Load | Work | Vol.% Curves | Wt. % Curves | Petroleum | Polymers | Solids

	Units	FEED	OUT
Temperature	C	80	80
Pressure	bar	1	1
− Mole Flows	kmol/hr	6	4.3
CYCLO-01	kmol/hr	2	0.3
BENZE-01	kmol/hr	4	3.15
P-DIC-01	kmol/hr	0	0.85
+ Mole Fractions			
+ Mass Flows	kg/hr	476.745	476.745
+ Mass Fractions			
Volume Flow	cum/hr	0.60164	0.576348

习题四附图 3-1 查看物流信息

第四章练习题答案

一、填空题

1. 合理，先进，安全，经济，环保
2. 类型，材质，尺寸，规格型号，设计条件
3. 种类，安装，接头
4. 特性，参数，类型，型号，标准图
5. 断开
6. 中心，×，矩形
7. 规格，标准
8. 规格，性能
9. 点划线，+
10. 一根，点划线
11. 交错网线，孔，范围，分布，孔径，定位
12. 交叉
13. 结构，粗实线，双线，分别
14. 单线（粗实线），标注
15. 规格，结构，设计计算确定
16. 通用，焊接，检验，机械，装配
17. 扬程，热负荷，换热面积，径，高，类型，高度，塔板，位置
18. 两个，主，俯，主，左（右）
19. 局部放大，夸大
20. 多次旋转
21. 规格性能，容积，传热面积
22. 装配，定位，伸出，间距，定位
23. 总长，总高，总宽
24. 基础，构件，孔径，定位
25. 轴，环焊，连接，底，交点

二、选择填空题

1. C，B，A，E，D
2. C，B，E，A，F
3. A，D，B
4. B，D，A，E，G
5. B
6. C，D，A
7. A，C
8. B，D
9. B，C
10. A，C
11. C，A，B，E，G，H
12. B
13. A，E，C，F
14. B，C
15. B，E，C
16. D，E，F，B，C
17. C，B，F，D，E，A，G，I，J
18. C，A，B，A，E
19. C，A
20. B

21. C，A，E　　　　　　　　　　　　22. C，A，D，E，A

23. B，C，E　　　　　　　　　　　　24. A，D，F，E

25. C，E，B，F，D

三、判断题

1. √　2. ×　3. √　4. ×　5. √　6. ×　7. ×　8. √　9. √　10. √　11. √　12. √13. ×　14. √　15. √　16. √　17. √　18. √　19. √　20. ×　21. √　22. ×　23. √24. √　25. √

四、上机练习题

1. 计算结果可知：换热器的面积为 31.8m^2，水流为 1250kg/h。封头内径为 307mm，外径 324mm；管长 5.1m，共 106 根换热管；折流板数 44 块，板间距 110mm，圆缺率 28.85%。根据《化工工艺设计手册》（第五版）上册，从 GB/T 28712.2—2012《热交换器型式与基本参数　第 2 部分：固定管板式热交换器》中选标准系列换热器 BEM325-1.6-34.9-6/19-1 I，单管程、单壳程，壳径 325mm，换热面积 34.9m^2，接热管 ϕ19mm×2mm，管长 6000mm，管数 99 根，三角形排列，管心距 25mm，I 级管束（采用较高级的冷拔钢管）。

换热器设备核算数据如习题四附图 4-1 所示。

No.	Item	Unit	Shell Side		Tube Side	
6	Size: 311 - 6000 mm　Type: BEM Horizontal　Connected in: 1 parallel 1 series					
7	Surf/unit(eff.) 35 m²　Shells/unit 1　Surf/shell(eff.) 35 m²					
8	PERFORMANCE OF ONE UNIT					
9	Fluid allocation		Shell Side		Tube Side	
10	Fluid name					
11	Fluid quantity, Total	kg/h	1250		1500	
12	Vapor (In/Out)	kg/h	0	0	0	0
13	Liquid	kg/h	1250	1250	1500	1500
14	Noncondensable	kg/h	0	0	0	0
15						
16	Temperature (In/Out)	°C	85	40	20	70
17	Bubble / Dew point	°C	99.62 / 99.62	99.21 / 99.21	79.14 / 82.58	78.6 / 82.04
25	Pressure (abs)	kPa	100	98.531	100	97.862
26	Velocity (Mean/Max)	m/s	0.01 / 0.02		0.03 / 0.03	
27	Pressure drop, allow./calc.	bar	0.11	0.01469	0.2	0.02138
28	Fouling resistance (min)	m²-K/W	0.00017		0.00017	0.00022 Ao based
29	Heat exchanged 66.3 kW　MTD (corrected) 16.86 °C					
30	Transfer rate, Service 112.4　Dirty 112.5　Clean 117.6 W/(m²-K)					
31	CONSTRUCTION OF ONE SHELL				Sketch	
32			Shell Side		Tube Side	
33	Design/Vacuum/test pressure	bar	3 / /		3 / /	
34	Design temperature / MDMT	°C	120 /		105 /	
35	Number passes per shell		1		1	
36	Corrosion allowance	m	0.0032		0.0032	
37	Connections　In	m	1　0.0188 / -		1　0.0188 / -	
38	Size/Rating　Out		1　0.0188 / -		1　0.0188 / -	
39	ID　Intermediate		/ -		/ -	
40	Tube # 99　OD: 19　Tks. Average 2 mm　Length: 6 m　Pitch: 25 mm　Tube pattern: 30					
41	Tube type: Plain　Insert: None　Fin#: #/m　Material: Carbon Steel					
42	Shell Carbon Steel　ID 311　OD 325 mm				Shell cover -	
43	Channel or bonnet　Carbon Steel				Channel cover -	
44	Tubesheet-stationary　Carbon Steel　-				Tubesheet-floating -	
45	Floating head cover　-				Impingement protection None	
46	Baffle-cross Carbon Steel　Type Single segmental　Cut(%d) 29.12　H Spacing: c/c 300 mm					
47	Baffle-long -　Seal Type				Inlet 400 mm	

习题四附图 4-1　换热器设备核算数据

2. 计算结果：冷凝器默认选型为 BEM 型，换热面积 82.4m^2，单管程、单壳程，封头外径为 620mm，管根数为 410，管外径 19mm，管长 3450mm，管心距 25mm；挡板数为 6，挡板间间距为 390 mm，圆缺率为 39.17%。新换热器的总传热系数是 2059W/(m^2·K)，旧换热器的总传热系数是 1142.2 W/(m^2·K)。

查《化工工艺设计手册》(第五版)上册，从 GB/T 28712.2—2012《热交换器型式与基本参数　第 2 部分：固定管板式热交换器》中选标准系列换热器 BEM600-0.6-112.9-4.5/19-1 I，单管程、单壳程，公称直径 600mm，换热面积 112.9m^2，换热管 ϕ19mm×2mm，管长 4500mm，管数 430，三角形排列，管心距 25mm。换热器设备数据核算如习题四附图 4-2 所示。

Heat Exchanger Specification Sheet

No.	Item	Unit	Shell Side (In)	Shell Side (Out)	Tube Side (In)	Tube Side (Out)
1	Company:					
2	Location:					
3	Service of Unit: Our Reference:					
4	Item No.: Your Reference:					
5	Date: Rev No.: Job No.:					
6	Size: 600 - 4500 mm Type: BEM Horizontal		Connected in: 1 parallel 1 series			
7	Surf/unit(eff.) 113.9 m²		Shells/unit 1		Surf/shell(eff.) 113.9 m²	
8	PERFORMANCE OF ONE UNIT					
9	Fluid allocation		Shell Side		Tube Side	
10	Fluid name		COOLIN		V	
11	Fluid quantity, Total	kg/h	195000		13332	
12	Vapor (In/Out)	kg/h	0	0	13332	75
13	Liquid	kg/h	195000	195000	0	13258
14	Noncondensable	kg/h	0	0	0	0
15						
16	Temperature (In/Out)	°C	20	40.01	82.66	77.55
17	Bubble / Dew point	°F	/	/	174.67 / 180.78	171.58 / 177.71
18	Density Vapor/Liquid	lb/ft³	/ 62.324	/ 61.946	0.071 /	0.075 / 48.649
19	Viscosity	cp	/ 1.002	/ 0.6532	0.0115 /	0.0111 / 0.4069
20	Molecular wt, Vap				33.16	38.1
21	Molecular wt, NC					
22	Specific heat	BTU/(lb-F)	/ 0.9975	/ 0.9966	0.4054 /	0.3959 / 0.8258
23	Thermal conductivity	BTU/(ft-h-F)	/ 0.346	/ 0.364	0.013 /	0.012 / 0.102
24	Latent heat	BTU/lb			701.3	488.7
25	Pressure (abs)	kPa	100	88.479	100.526	93.897
26	Velocity (Mean/Max)	m/s	0.57 / 0.64		0.57 / 42.54	
27	Pressure drop, allow./calc.	kPa	20	11.521	11.005	6.629
28	Fouling resistance (min)	m²-K/W	0.00017		0.00017	0.00022 Ao based
29	Heat exchanged 4523.3	kW	MTD (corrected) 48.64			°C
30	Transfer rate, Service 816.1		Dirty 1134.3		Clean 2033.8	W/(m²-K)
31	CONSTRUCTION OF ONE SHELL				Sketch	
32			Shell Side		Tube Side	
33	Design/Vacuum/test pressure	bar	3 / /		3 / /	
34	Design temperature / MDMT	°C	120 /		120 /	
35	Number passes per shell		1		1	
36	Corrosion allowance	mm	3.18		3.18	
37	Connections In	mm	1 254.51 / -		1 336.55 / -	
38	Size/Rating Out		1 254.51 / -		1 90.12 / -	
39	ID Intermediate		/ -		/ -	
40	Tube # 432 OD: 19 Tks. Average 2 mm		Length: 4500 mm		Pitch: 25 mm	Tube pattern: 30
41	Tube type: Plain		Insert: None		Fin#: #/in	Material: Carbon Steel
42	Shell Carbon Steel ID 600 OD 620 mm				Shell cover	-
43	Channel or bonnet Carbon Steel				Channel cover	-
44	Tubesheet-stationary Carbon Steel		-		Tubesheet-floating	-
45	Floating head cover -				Impingement protection None	
46	Baffle-cross Carbon Steel		Type Single segmental	Cut(%d) 39.17	H Spacing: c/c 450	mm
47	Baffle-long -		Seal Type		Inlet 600	mm

习题四附图 4-2　乙醇分离塔塔顶冷凝器设备数据

3．计算结果：再沸器默认选型为 BEM 型，换热面积 65.3 m^2，单管程、单壳程，封头外径为 508mm，管根数为 171，管外径 25mm，管长 4950 mm，管心距 32mm；挡板数为 16，挡板间间距为 285mm，圆缺率为 38.66%。

从 GB/T 28712.4—2012《热交换器型式与基本参数　第 4 部分：立式热虹吸式重沸器》中选标准系列换热器 BEM700-1.6-66.7-2.5/25-1 I，单管程、单壳程，壳径 700mm，换热面积 66.7m^2，换热管 ϕ25mm×2mm，管长 2500mm，管数 355 根，三角形排列，管心距 32mm。

校核结果：再沸器所需的换热面积是 65.3 m^2，选型的换热器 66.7m^2，校核为 67.3m^2，可用。新换热器的总传热系数是 3181.3 W/(m^2·K)，旧换热器的总传热系数是 1447W/(m^2·K)，平均传热温差 49.74℃。查看再沸器设备校核数据图如习题四附图 4-3 所示。

TEMA Sheet

No.	Item	Unit	Shell Side (In)	Shell Side (Out)	Tube Side (In)	Tube Side (Out)
6	Size: 700 - 2500 mm		Type: BEM Vertical		Connected in: 1 parallel	1 series
7	Surf/unit(eff.) 67.3	m²	Shells/unit 1		Surf/shell(eff.) 67.3	m²
8	PERFORMANCE OF ONE UNIT					
9	Fluid allocation		Shell Side		Tube Side	
10	Fluid name					
11	Fluid quantity, Total	kg/h	8443		12795	
12	Vapor (In/Out)	kg/h	8443	0	0	8146
13	Liquid	kg/h	0	8443	12795	4649
14	Noncondensable	kg/h	0	0	0	0
15						
16	Temperature (In/Out)	°C	151.88	137.34	102.18	101.16
17	Bubble / Dew point	°C	151.83 / 151.83	151.57 / 151.57	102.18 / 102.24	101.13 / 101.18
18	Density Vapor/Liquid	kg/m³	2.67 /	/ 928.32	/ 915.94	0.63 / 917.78
19	Viscosity	cp	0.0141 /	/ 0.2006	/ 0.273	0.0126 / 0.2782
20	Molecular wt, Vap		18.02			18.02
21	Molecular wt, NC					
22	Specific heat	kJ/(kg-K)	2.296 /	/ 4.273	/ 4.463	1.897 / 4.453
23	Thermal conductivity	W/(m-K)	0.0319 /	/ 0.6827	/ 0.6763	0.0244 / 0.676
24	Latent heat	kJ/kg	2107	2107.9	2251.1	2254
25	Pressure (abs)	bar	5	4.9653	1.09474	1.05459
26	Velocity (Mean/Max)	m/s	3.62 / 10.26		14.69 / 29.34	
27	Pressure drop, allow./calc.	bar	0.26	0.0347	0.22	0.04015
28	Fouling resistance (min)	m²-K/W	0.00017		0.00017	0.0002 Ao based
29	Heat exchanged 5.088	MW		MTD (corrected)	49.74	°C
30	Transfer rate, Service 1519.8		Dirty 1447		Clean 3181.3	W/(m²-K)
31	CONSTRUCTION OF ONE SHELL				Sketch	
32			Shell Side	Tube Side		
33	Design/Vacuum/test pressure	bar	5.51581/ /	3.44738/ /		
34	Design temperature / MDMT	°C	187.78 /	187.78 /		
35	Number passes per shell		1	1		
36	Corrosion allowance	mm	3.18	3.18		
37	Connections In	mm	1 202.72 / -	1 52.5 / -		
38	Size/Rating Out		1 52.5 / -	1 254.51 / -		
39	ID Intermediate		/ -	/ -		
40	Tube # 355 OD: 25 Tks. Average 2 mm		Length: 2500 mm		Pitch: 32 mm	Tube pattern: 30
41	Tube type: Plain		Insert: None		Fin#: #/in	Material: Carbon Steel
42	Shell Carbon Steel		ID 700 OD 720 mm		Shell cover	-
43	Channel or bonnet		Carbon Steel		Channel cover	-
44	Tubesheet-stationary		Carbon Steel -		Tubesheet-floating	-
45	Floating head cover		-		Impingement protection	None
46	Baffle-cross Carbon Steel		Type Single segmental	Cut(%d) 38.12	V Spacing: c/c 600	mm
47	Baffle-long -		Seal Type		Inlet 700	mm
48	Supports-tube		U-bend 0		Type	
49	Bypass seal			Tube-tubesheet joint	Expanded only (2 grooves)(App.A 'i')	
50	Expansion joint		-	Type None		
51	RhoV2-Inlet nozzle 1330		Bundle entrance 130		Bundle exit 7	lb/(ft-s²)
52	Gaskets - Shell side		-	Tube side	Flat Metal Jacket Fibe	
53	Floating head		-			
54	Code requirements		ASME Code Sec VIII Div 1		TEMA class	R - refinery service
55	Weight/Shell		4821.4 Filled with water 7145.9		Bundle 2820.4	lb

习题四附图 4-3　再沸器设备数据

4．精馏的优化结果为：塔板数为 146，进料位置为第 106 块塔板。此时，塔顶丙烯纯度为 99%，塔底丙烷纯度为 97%，塔顶采出流率为 2051kg/h，回流比为 15.17，冷凝器热负荷为 3106.65kW，再沸器热负荷为 3142.76kW。模拟结果显示，板式塔塔径 1.21 m，堰长为 0.78m；塔径校核为 1.2m，如习题附图 4-4，可用。

Summary | By Tray | Messages

Name: CS-1   Status: Active

Property	Value	Units
Section starting stage	2	
Section ending stage	145	
Calculation Mode	Rating	
Tray type	NUTTER-BDP	
Number of passes	2	
Tray spacing	0.6	meter
Section diameter	1.2	meter
Section height	86.4	meter
Section pressure drop	1.10546	bar
Section head loss (Hot liquid height)	22868.9	mm
Trays with weeping	None	
Section residence time	0.0559095	hr

Limiting conditions

Property	Value	Units	Tray	Location
Maximum % jet flood	72.7988		145	
Maximum % downcomer backup (aerated)	54.1635		145	
Maximum downcomer loading	535.858	cum/hr/sqm	145	Center
Maximum % downcomer choke flood	128.246		145	Center
Maximum weir loading	52.0516	cum/hr-mete	145	Side
Maximum aerated height over weir	0.166028	meter	145	
Maximum % approach to system limit	72.298		145	

习题四附图 4-4 精馏塔校核计算结果

5．吸收塔工艺计算结果如习题四附图 4-5 所示，吸收剂的用量为 212.6 kmol/h。

填料塔校核结果如习题四附图 4-6 所示，当塔径为 0.8m 时，最大液相负荷分率为 0.737，在 0.6～0.8 之间，最大负荷因子为 0.057m/s，塔压降 0.495kPa，液体最大表观速度 0.003m/s。对于一般不易发泡物系，液泛率为 60%～80%，因此塔径选择 0.8 m 是合理的。

Results Summary - Streams (All) | Main Flowsheet

Material | Heat | Load | Work | Vol.% Curves | Wt. % Curves | Petroleum | Polymers | Solids

	Units	FLUEGAS	GASOUT	LOUT	MEASOL
Phase			Vapor Phase	Liquid Phase	Liquid Phase
Temperature	C	40	66.3495	14.516	40
Pressure	kPa	109	101.325	101.325	110
+ Mole Flows	**kmol/hr**	**100**	**111.858**	**187.255**	**212.609**
+ Mole Fractions					
+ Mass Flows	**kg/hr**	**3069.19**	**2931.15**	**4995.7**	**4857.73**

习题四附图 4-5 吸收塔工艺计算结果

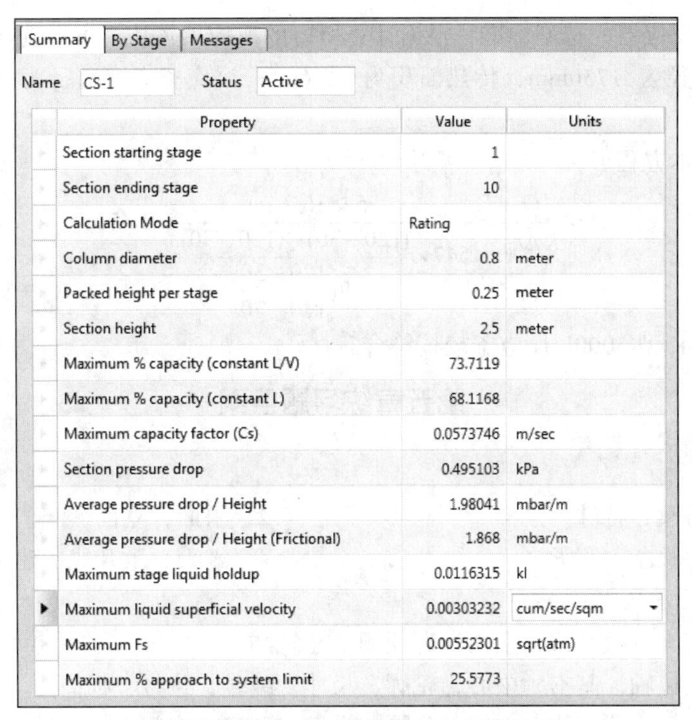

Summary | By Stage | Messages

Name: CS-1　Status: Active

Property	Value	Units
Section starting stage	1	
Section ending stage	10	
Calculation Mode	Rating	
Column diameter	0.8	meter
Packed height per stage	0.25	meter
Section height	2.5	meter
Maximum % capacity (constant L/V)	73.7119	
Maximum % capacity (constant L)	68.1168	
Maximum capacity factor (Cs)	0.0573746	m/sec
Section pressure drop	0.495103	kPa
Average pressure drop / Height	1.98041	mbar/m
Average pressure drop / Height (Frictional)	1.868	mbar/m
Maximum stage liquid holdup	0.0116315	kl
Maximum liquid superficial velocity	0.00303232	cum/sec/sqm
Maximum Fs	0.00552301	sqrt(atm)
Maximum % approach to system limit	25.5773	

习题四附图 4-6　填料塔校核计算结果

6. 模拟结果如习题四附图 4-7 所示，CH_3COOH 的转化率为（29.31−3.72）/29.31=87.31%，满足要求，且十分接近工艺要求，故反应器的体积计算结果可用。

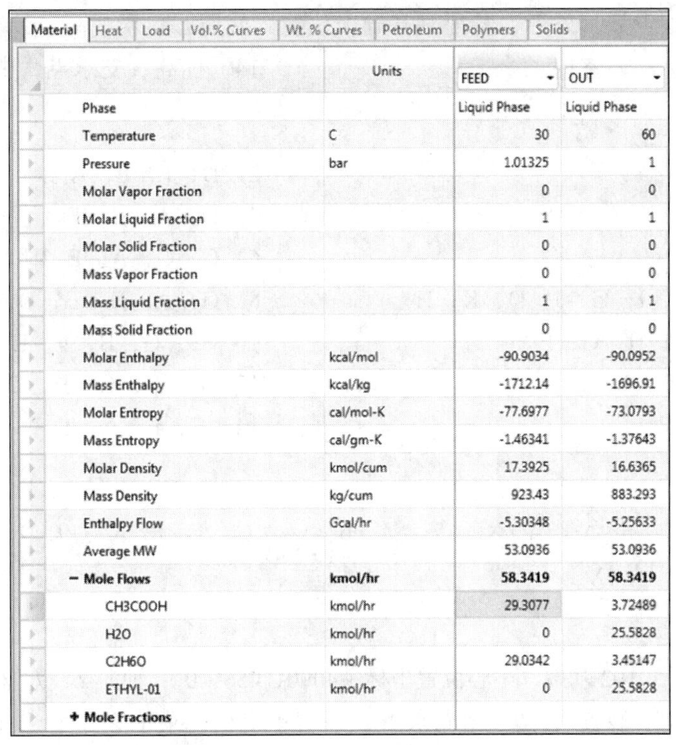

Material | Heat | Load | Vol.% Curves | Wt. % Curves | Petroleum | Polymers | Solids

	Units	FEED	OUT
Phase		Liquid Phase	Liquid Phase
Temperature	C	30	60
Pressure	bar	1.01325	1
Molar Vapor Fraction		0	0
Molar Liquid Fraction		1	1
Molar Solid Fraction		0	0
Mass Vapor Fraction		0	0
Mass Liquid Fraction		1	1
Mass Solid Fraction		0	0
Molar Enthalpy	kcal/mol	-90.9034	-90.0952
Mass Enthalpy	kcal/kg	-1712.14	-1696.91
Molar Entropy	cal/mol-K	-77.6977	-73.0793
Mass Entropy	cal/gm-K	-1.46341	-1.37643
Molar Density	kmol/cum	17.3925	16.6365
Mass Density	kg/cum	923.43	883.293
Enthalpy Flow	Gcal/hr	-5.30348	-5.25633
Average MW		53.0936	53.0936
− Mole Flows	**kmol/hr**	**58.3419**	**58.3419**
CH3COOH	kmol/hr	29.3077	3.72489
H2O	kmol/hr	0	25.5828
C2H6O	kmol/hr	29.0342	3.45147
ETHYL-01	kmol/hr	0	25.5828
+ Mole Fractions			

习题四附图 4-7　反应器物流模拟结果

参照搪瓷釜反应器的选型标准，根据计算所得的反应器体积，可以选择 2 个 K 型 5000L 的反应釜，其内径为 1750mm，传热面积为 13.6m^2；反应釜夹套直径为 1900mm，高度为 2485mm。

根据传热基本方程 $Q=KA\Delta t_{\mathrm{m}}$，可得

$$A=\frac{Q}{K\Delta t_{\mathrm{m}}}=\frac{54836.7}{547\times\dfrac{(120-30)-(120-70)}{\ln\dfrac{120-30}{120-70}}}=1.47\mathrm{m}^2$$

故所选 2 个 K 型 5000L 反应釜校核符合。

第五章练习题答案

一、填空题

1．辅助，行政，特殊

2．平面，立面，工艺，物流

3．直通管廊长条，露天

4．露天，敞开式，建筑物，封闭厂房

5．室内，厂房

6．室外，露天，敞开式，室内，有顶棚，建筑物

7．底层，定位轴，基本，中心，轮廓，尺寸，编号，位号，标高

8．建筑定位轴，建筑物，空间，分隔，设备，开启，房间

9．阿拉伯数字，拉丁字母，总尺寸，定位轴线间，高度，名称

10．平面，立面，尺寸，走向，位置，通道系统

11．标高，支撑点，基础，架顶面，中心线

12．粗实，细点划，外形，特征，基础，位置，底层，每层

13．定位，标高，室内

14．标高，支承点，中心线，架顶

二、选择填空题

1．C，A，D

2．D，F，E，A

3．B，A

4．D，A，B，E

5．C，B

6．C，G，A，F，H，E

7．C，F，A，I，G，J，D，K，H

8．G，A，H，B，D，I，E

9．F，A，B，H，G，E

10．C，G，B，F，E，H

11．E，G，D，F，B

12．C，B，G，H，D，E，I，F

13．A，D，E

14．C，E，A，D

三、判断题

1．× 2．× 3．√ 4．√ 5．√ 6．√ 7．× 8．√ 9．× 10．√ 11．√ 12．× 13．× 14．√

四、上机练习题

先创建离心泵 J0102 基础，中心位置坐标（4090，450，0），轴向 Z，方盒体。对导航栏“设计模块”选项卡中“装置 管道”进行展开，右键单击快捷菜单“分区 设备”，选择“创建”中的“标准设备”，并左键单击，弹出“创建标准设备”对话框，“标准设备名”输入“J0102”。

然后，选择“规范名”下拉列表中的“标准设备”，选择标准设备菜单中的“泵”->“泵 1P1”。点击“创建标准设备”对话框右下方的“修改参数”按钮，弹出“修改属性”对话框，填写相关参数，详细数据与应用实例精讲中图 5-58 相同。依次点击“修改属性”对话框中的“提交”与“创建标准设备”对话框中的“确定”按钮，完成设备主体的建立。

依照应用实例精讲中的步骤，参照表 5-5 中提供的信息，建立设备 J0102 的管嘴。至此，离心泵 J0102 创建完毕。采用在 AutoCAD 主界面正下方的命令输入窗口输入“MOVE”命令的方式，将设备 J0102 移动至（4090，245，577.5）处，移动后的设备如习题四附图 5-1 所示。

习题四附图 5-1 蒸馏进料泵 J0102 及管嘴（未连接管线部分）示意图

第六章练习题参考答案

一、填空题

1．安全，安装，美观，要求

2．位移，水平

3．支撑，位移

4．轴向，横向

5．弹簧吊架，支吊

6．平立面剖视，尺寸，立面，向

7．粗实线，中粗实线

8．符号，方向

9．符号，视图

10．图例，管架编号

11．方位，位置，安装，空间，位置，材料

12．建筑标高，楼板，两层

13．细实，连接，预留

14．立面剖视，向视，剖视，向视

15．编号，分，总，地，楼

16．定位，物料，管号，标高

17．设备，管口，建筑

18．介质，管道，公称，等级，标高

19．箭头，数值，引出，编号，细斜

20．符号，定位

21．符号，标高，公称，型式

二、选择填空题

1．B，G，C，F

2．C，D

3．C，A

4．C，A

5．C，D

6．C，H，D，E

7．B，D

8．B，C

9．A，D

10．B，D

11．C，A，D，G，A，I

12．A，D，F

13．C，B，F

14．C，A，E，A

15. H，A，C，E，G

16. B，C，F，G

17. C，A，F

18. C，A，G，H

19. B，A，E，H，J

20. D，B

21. C，D，E

三、判断题

1. × 2. × 3. √ 4. × 5. √ 6. √ 7. √ 8. × 9. √ 10. √ 11. × 12. × 13. √ 14. × 15. √ 16. √ 17. × 18. √ 19. √ 20. √ 21. ×

四、画出相应管段的视图

1.

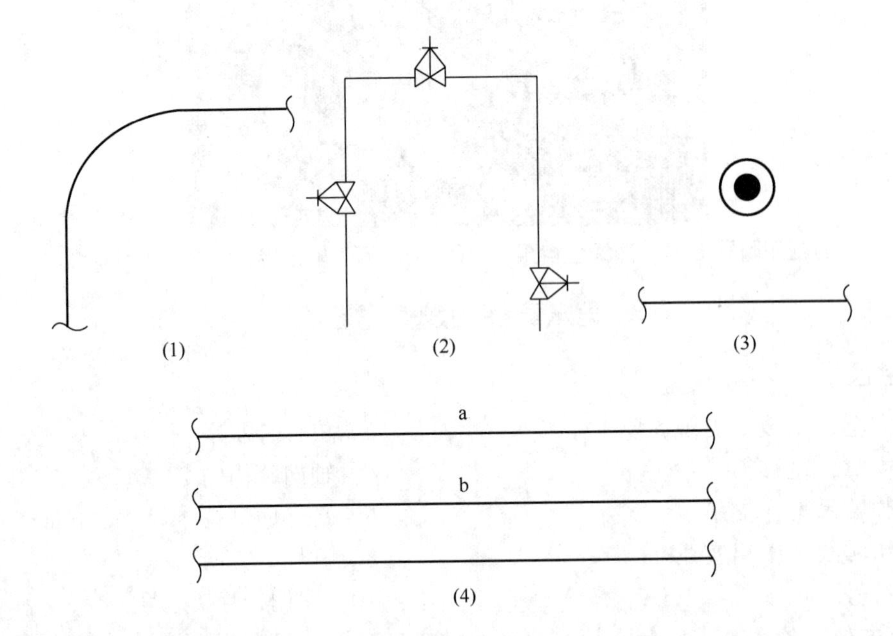

2.

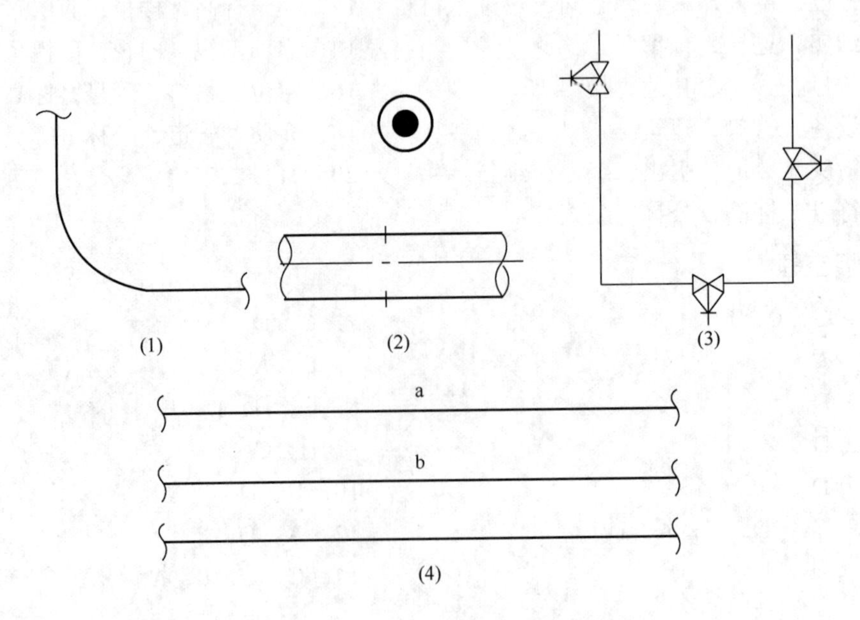

3.

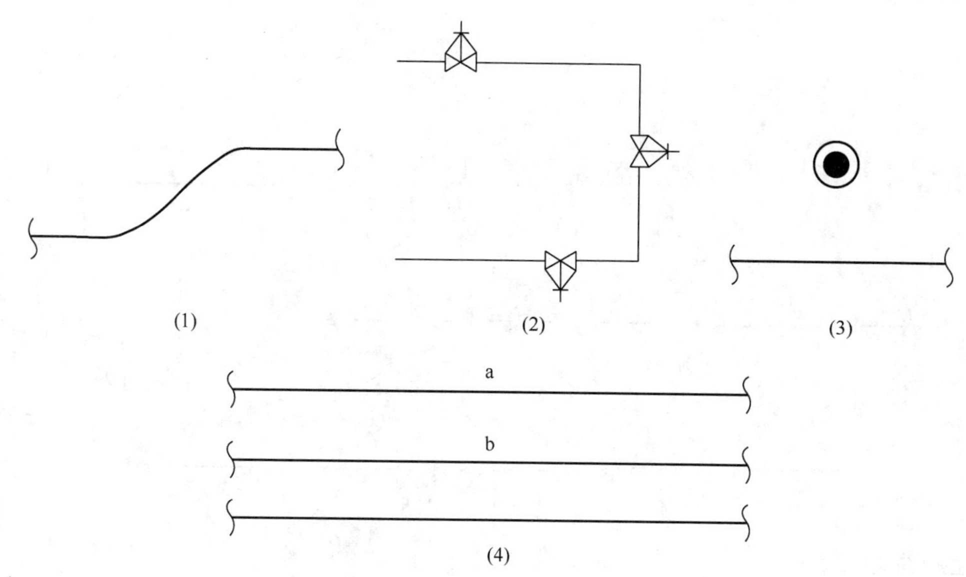

(1) (2) (3) (4)

4.

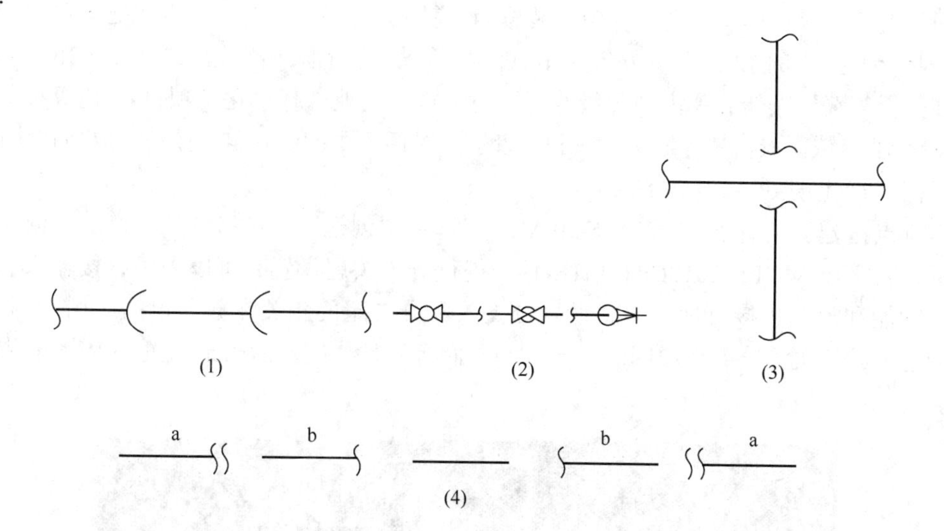

(1) (2) (3) (4)

5.

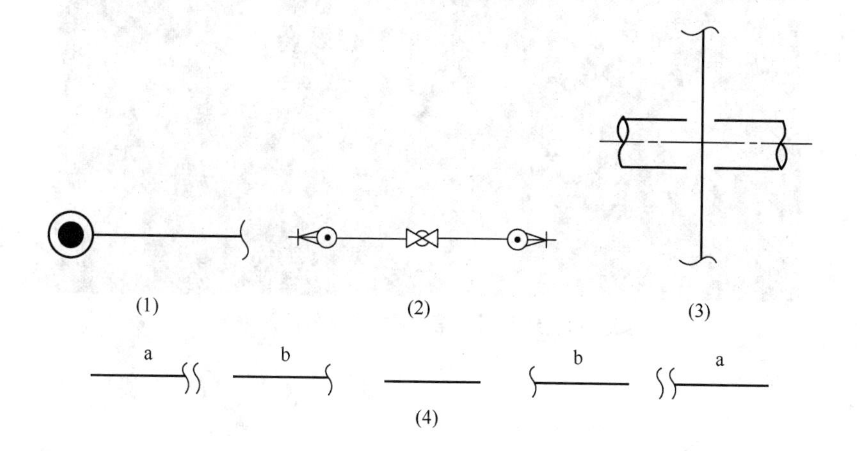

(1) (2) (3) (4)

6.

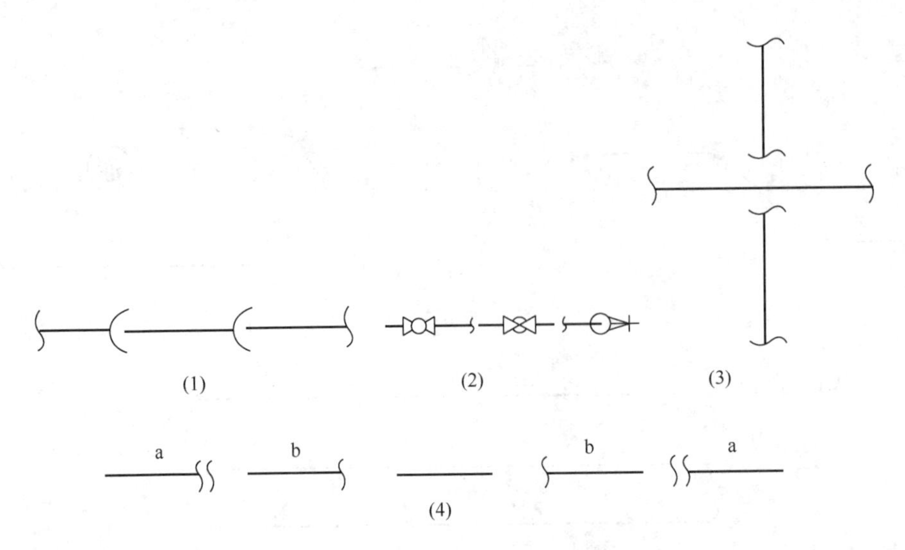

五、上机练习题

对导航栏“设计模块”选项卡中“装置 管道”进行展开，右键单击快捷菜单“分区 管道”，选择“创建”中的“管道”，并左键单击，弹出“管道”对话框，名字输入“PL-20126-50-M1E”；单击“选择等级”按钮，弹出“等级选择”对话框，行业选择“化工项目-管道等级”，等级选择“M1E”。依次点击“等级选择”和“管道”对话框中的“确定”按钮，成功在快捷菜单“分区管道”下创建 PL-20126-50-M1E。

右键点击建立的管道 PL-20126-50-M1E，选择“创建” -> “分支”，弹出“创建分支”对话框，名字输入“PL-20126-50-M1E-1”。进行分支头尾设置，可以采用直接输入、“屏幕拾取”功能和设置连接目标等方式设置分支头和分支尾的相关参数。根据应用实例精讲部分的例题步骤依次为分支添加阀门、弯头和球阀等管件，完成后管道布置如习题五附图 6-1 所示。

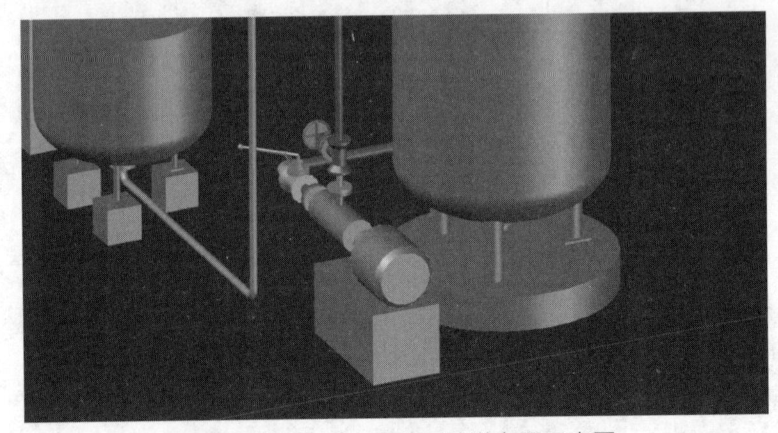

习题五附图 6-1 离心泵管道布置示意图

模拟试卷参考答案

模拟试卷A答案

一、填空题

1．施工图

2．物料，能量，选型，计算

3．工艺气体，工艺液体，低压蒸汽，蒸汽冷凝水，导热油，循环冷却上水，循环冷却回水，真空排放气，放空

4．开车，停车，长期运转，检修

5．工艺，物料，阀门，测量，自动控制

6．泵，反应器，换热器，容器，塔

7．类型，材质，尺寸，规格型号，设计条件

8．扬程，热负荷，换热面积，径，高，类型，高度，塔板，位置

9．局部放大，夸大

10．规格性能，容积，传热面积

11．辅助，行政，特殊

12．底层，定位轴，基本，中心，轮廓，尺寸，编号，位号，标高

13．阿拉伯数字，拉丁字母，总尺寸，定位轴线间，高度，名称

14．标高，支撑点，基础，架顶面，中心线

15．安全，安装，美观，要求

16．方位，位置，安装，空间，位置，材料

17．细实，连接，预留

二、选择填空题

1．D，C，H，K，F，G

2．F，C，E

3．C，B，D，F，I，H，G

4．A，D，F，G，H

5．B，F，G，D，E，J，H，K，I

6．C，B，E，A，F

7．B

8．C，A，B，A，E

9．B

10．C，A，D，F，A

11．D，F，E，A

12．G，A，H，B，D，I，E

13．C，G，B，F，E，H

14．C，B，G，H，D，E，I，F

15．B，D

16．C，B，F

17．H，A，C，E，G

三、判断题

1．× 2．√ 3．√ 4．√

四、计算题

1．计算过程及结果

（1）环己烯的转化率：$\frac{2-0.2}{2}\times100\%=90\%$

（2）反应的选择性：$\frac{1.7}{2-0.2}\times100\%=94.44\%$

（3）环己基联苯的收率：$90\%\times94.44\%=85\%$

2．计算过程及结果

取进料氯苄 2kmol/h 为衡算基准，对反应器进行物料衡算。

反应掉的氯苄：$2\times90\%=1.8\text{kmol/h}$

计算反应器出口物流的组成：

未反应的氯苄量：2−1.8=0.2kmol/h

生成二苄基甲苯的量：$\dfrac{2\times0.85\%}{2}=0.85\text{kmol/h}$

未反应掉的甲苯量：$4-\dfrac{1.8}{2}=3.1\text{kmol/h}$

故出口物料组成为：氯苄 0.2kmol/h，甲苯 3.1kmol/h，二苄基甲苯 0.85kmol/h。

3．计算过程及结果

取 25℃和常压及各组分的基准相态 $C_3H_6(g)$、$C_{12}H_{10}(g)$、$C_{18}H_{22}(g)$为衡算基准。

$\Delta H_1=2\times13931\times4.18=116463.16\text{kJ/h}$

$$\Delta H_2=1.15\times(-13931)\times4.18+0.85\times(-81.8)\times1000+(1.15\times68.3+0.2\times3.62)\times(80-25)\times4.18+0.85\times335.2\times(80-25)=-102602\text{kJ/h}$$

$\Delta H_r=0.85\times(-206)\times1000=-175100\text{kJ/h}$

$Q_p=116463.16-102602-175100=-161239\text{kJ/h}$

反应过程中放出的热量为 161239kJ/h。

五、绘图题

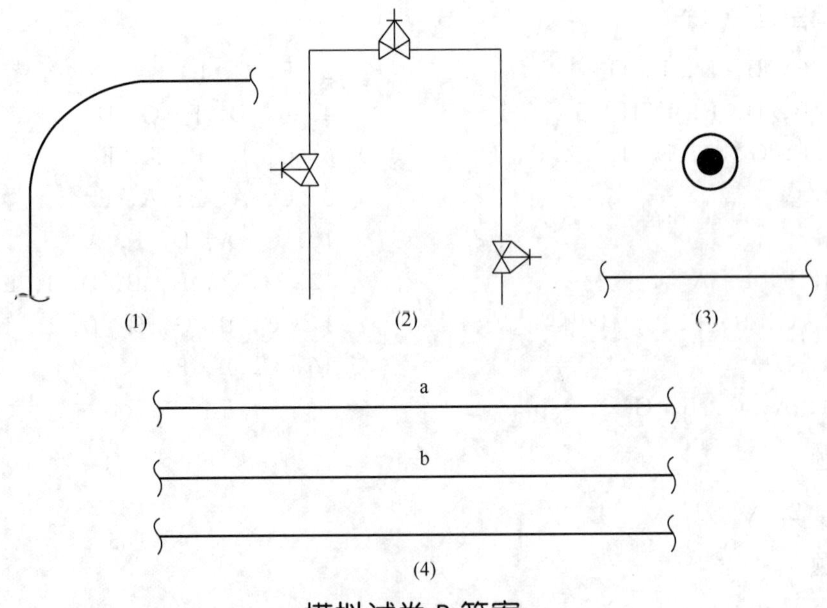

模拟试卷 B 答案

一、填空题

1．工艺，基础，详细

2．项目，可行性，环境影响，安全条件，设计，工程

3．先进，可靠，合理

4．流程，过程，工序，工艺，控制，合理利用，安全

5．不按，中，图例，形状，类别

6．分析，流量，物位，压力，温度，报警，控制，指示，记录

7．特性，参数，类型，型号，标准图

8．两个，主，俯，主，左（右）

9．多次旋转

10．轴，环焊，连接，底，交点

11．平面，立面，工艺，物流

12．建筑定位轴，建筑物，空间，分隔，设备，开启，房间

13．平面，立面，尺寸，走向，位置，通道系统

14．粗实，细点划，外形，特征，基础，位置，底层，每层

15．支撑，位移

16．细实，连接，预留

17．编号，分，总，地，楼

二、选择填空题

1．F，C，E

2．C，F，E，G

3．C，B，E

4．E，F，A，G，B

5．B，E，D，F

6．A，D，B

7．B，C

8．C，A，E

9．C，A，D，E，A

10．A，D，F，E

11．D，A，B，E

12．C，F，A，I，G，J，D，K，H

13．F，A，B，H，G，E

14．E，G，D，F，B

15．A，D

16．B，C，F，G

17．C，A，G，H

三、判断题

1．× 2．× 3．√ 4．√

四、计算题

1．计算过程及结果

（1）氯苄的转化率：$\frac{2-0.2}{2}\times100\%=90\%$

（2）二苄基甲苯的收率：$\frac{0.85\times2}{2}\times100\%=85\%$

提示：1mol 甲苯与 2mol 氯苄反应生成 1mol 二苄基甲苯，因此，以氯苄计算二苄基甲苯收率时，二苄基甲苯的量应乘以化学计量系数 2。

（3）反应的选择性：$\frac{0.85\times2}{2-0.2}\times100\%=94.44\%$

2．计算过程及结果

取进料丙烯 2kmol/h 为衡算基准，对反应器进行物料衡算。

反应掉的丙烯量：$2\times90\%=1.8\text{kmol/h}$

未反应的丙烯量：2−1.8=0.2kmol/h

二异丙基联苯的收率：$90\%\times94.44\%=85\%$

生成二异丙基联苯的量：$\dfrac{2\times85\%}{2}=0.85\text{kmol/h}$

反应掉的联苯量：0.85kmol/h

未反应的联苯量：2−0.85=1.15kmol/h

故反应器出口物料组成为：联苯 1.15kmol/h，丙烯 0.2kmol/h，二异丙基联苯 0.85kmol。

3．计算过程及结果

取温度为 25℃，压力为常压，各组的相态 $C_6H_{10}(g)$，$C_6H_6(g)$，$C_{18}H_{26}(g)$为衡算基准。

$$\Delta H_1=(4\times7353+2\times7700)\times4.18=187314.16\text{kJ/h}$$

$$\begin{aligned}\Delta H_2=&-\left[(3.15\times7353+0.2\times7700)\times4.18+0.85\times66.44\times1000\right]\\&+(3.15\times35.698+0.2\times38.36)\times4.18\times(100-25)+0.85\times373.8\\&\times(100-25)=-98240.6\text{kJ/h}\end{aligned}$$

$$\Delta H_r=0.85\times(-216)\times1000=-183600\text{kJ/h}$$

$$Q_p=187314.16-98240.6-183600=-94526.4\text{kJ/h}$$

反应过程中放出的热量为 94526.4kJ/h。

五、绘图题

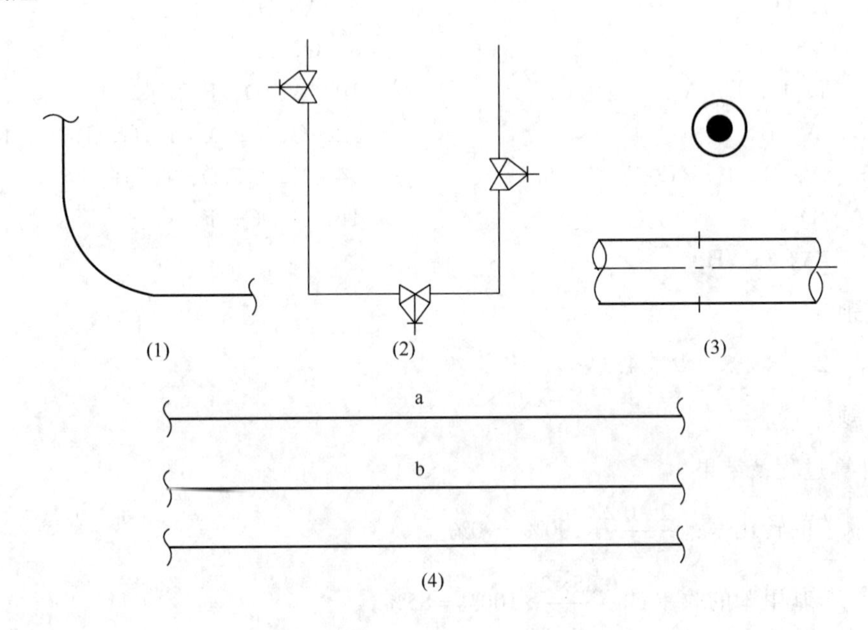

模拟试卷 C 答案

一、填空题

1．工艺，专利

2．准备，方案，计算，布置，配管

3．预处理，反应，后处理，三废

4．截止阀，闸阀，球阀，减压阀，疏水阀

5．视镜，阻火器，同心异径管

6．顺序，组合，工艺流程图

7．中心，×，矩形

8．总长，总高，总宽

9．扬程，热负荷，换热面积，径，高，类型，高度，塔板，位置

10．局部放大，夸大

11．直通管廊长条，露天

12．阿拉伯数字，拉丁字母，总尺寸，定位轴线间，高度，名称

13．粗实，细点划，外形，特征，基础，位置，底层，每层

14．标高，支承点，中心线，架顶

15．弹簧吊架，支吊

16．定位，物料，管号，标高

17．介质，管道，公称，等级，标高

二、选择填空题

1．C，F，E，G

2．D，B，C，F，H，G，J

3．C，B，D，F，I，H，G

4．E，F，A，G，B

5．A，D，F，G，H

6．B，D

7．A，C

8．C，A，D，E，A

9．A，D，F，E

10．C，A，E

11．C，G，A，F，H，E

12．C，F，A，I，G，J，D，K，H

13．E，G，D，F，B

14．A，D，E

15．B，C

16．A，D，F

17．C，A，E，A

三、判断题

1．√ 2．× 3．√ 4．√

四、计算题

1．计算过程及结果

（1）苯乙烯的转化率：$\dfrac{1-0.05}{1}\times100\%=95\%$

（2）二芳基乙烷的收率：$\dfrac{0.94}{1}\times100\%=94\%$

（3）反应的选择性：$\dfrac{0.94}{0.95}\times100\%=98.95\%$

2．计算过程及结果

取进料环己烯 2kmol/h 为衡算基准，对反应器进行物料衡算。

反应掉的环己烯量：$2\times90\%=1.80\text{kmol}/\text{h}$

未反应的环己烯量：2−1.80=0.20kmol/h

二环己基苯的收率：$90\%\times94.44\%=85\%$

生成二环己基苯量：$\dfrac{2\times85\%}{2}=0.85\text{kmol}/\text{h}$

反应掉的苯量：0.85kmol/h

未反应的苯量：4−0.85=3.15kmol/h

则反应器出料组成为：苯 3.15kmol/h，环己烯 0.2kmol/h，二环己基苯 0.85kmol/h。

3．计算过程及结果

取基准温度为 25℃，常压及相态 $C_6H_5CH_2Cl(g)$，$C_6H_5CH_3(g)$，$C_{21}H_{20}(l)$，$HCl(g)$为衡算基准。

$$\Delta H_1=(4\times8739+2\times11083)\times4.18=238769.96\text{kJ}/\text{h}$$

$\Delta H_2 = -(8739\times3.1+11083\times0.2)\times4.18+(39.624\times3.1+45.76\times0.2)\times(100-25)$
$\times4.18+0.85\times495.7\times(100-25)+27.2\times1.7\times(100-25) = -4606.17\text{kJ/h}$

$\Delta H_r = 0.85\times(-286)\times1000 = -243100\text{kJ/h}$

$Q_p = 238769.96-4606.17-243100 = -50391.7\text{kJ/h}$

反应过程中放出的热量为 50391.7kJ/h。

五、绘图题

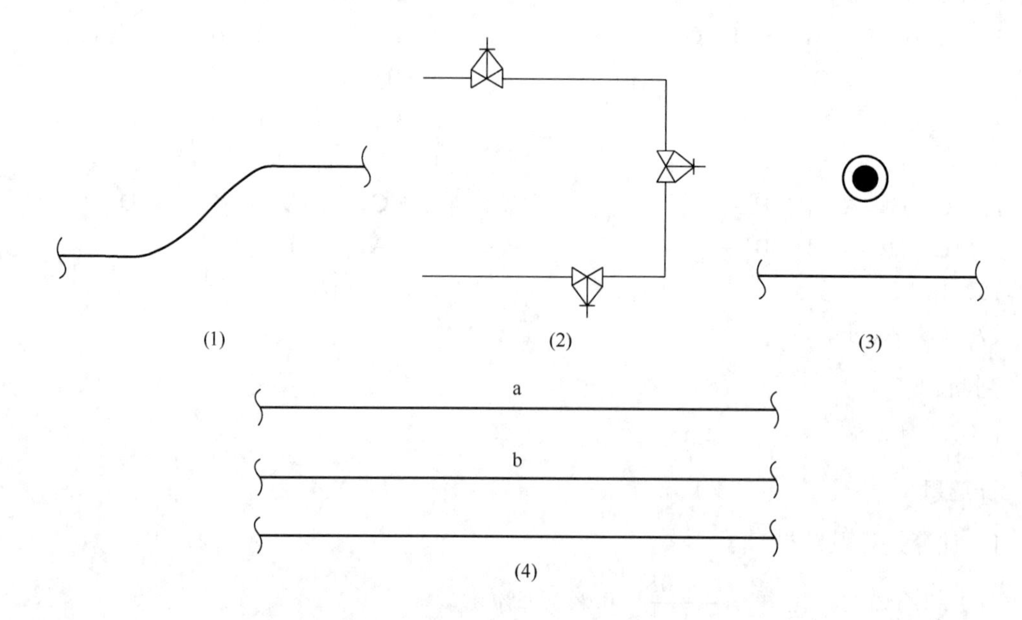

模拟试卷 D 答案

一、填空题

1．概念，中试，基础，工程

2．生产，流程，环评，安评，技术经济，总投资，生产成本

3．工艺，阀门，主要，连接

4．流程，过程，工序，工艺，控制，合理利用，安全

5．类型，连续，间歇性，能量，热量

6．不按，中，图例，形状，类别

7．规格，标准

8．规格性能，容积，传热面积

9．装配，定位，伸出，间距，定位

10．基础，构件，孔径，定位

11．露天，敞开式，建筑物，封闭厂房

12．底层，定位轴，基本，中心，轮廓，尺寸，编号，位号，标高

13．标高，支撑点，基础，架顶面，中心线

14．定位，标高，室内

15．粗实线，中粗实线

16．设备，管口，建筑

17．箭头，数值，引出，编号，细斜

二、选择填空题

1．C，H，A，B，G，E

2．F，C，E

3. D，E，B，F

4. D，F，E，G，C，A，B，I，H

5. C，B，E

6. A，C

7. B，C

8. C，A，B，A，E

9. B

10. C，E，B，F，D

11. C，A，D

12. F，A，B，H，G，E

13. C，B，G，H，D，E，I，F

14. C，E，A，D

15. C，H，D，E

16. C，A，G，H

17. C，D，E

三、判断题

1. √　2. ×　3. √　4. √

四、计算题

1. 计算过程及结果

（1）环己烯的转化率：$\dfrac{2-0.2}{2}\times 100\%=90\%$

（2）二环己基苯的收率：$\dfrac{0.85\times 2}{2}\times 100\%=85\%$

（3）反应的选择性：$\dfrac{0.85\times 2}{2-0.2}\times 100\%=94.44\%$

2. 计算过程及结果

取进料苯乙烯 1kmol/h 为衡算基准，对反应器进行物料衡算。

反应掉的苯乙烯量：$1\times 95\%=0.95\text{kmol/h}$

未反应的苯乙烯量：1−0.95=0.05kmol/h

生成二芳基乙烷量：$1\times 94\%=0.94\text{kmol/h}$

反应掉的二甲苯量：0.94kmol/h

未反应的二甲苯量：6−0.94=5.06kmol/h

（1）出料组成：二甲苯 5.06kmol/h，苯乙烯 0.05kmol/h，二芳基乙烷 0.94kmol/h

（2）反应的选择性：$\dfrac{0.94}{0.95}\times 100\%=98.95\%$

3. 计算过程及结果

取基准温度为 25℃，常压及相态 $C_6H_{10}(g)$，$C_{12}H_{10}(g)$，$C_{18}H_{20}(l)$为衡算基准。

$\Delta H_1=(4\times 13931+2\times 7700)\times 4.18=297298.32\text{kJ/h}$

$$\Delta H_2=\left[(0.2\times 38.36+2.2\times 68.30)\times 4.18+1.7\times 328.2\right]\times(80-25)$$
$$-(0.2\times 7700+2.2\times 13931)\times 4.18=-67551.4\text{kJ/h}$$

$\Delta H_r=-106\times 1.8\times 1000=-190800\text{kJ/h}$

$Q_p=297298.32-67551.4-190800=38946.91\text{kJ/h}$

反应过程中吸收的热量为 38946.91kJ/h。

五、绘图题

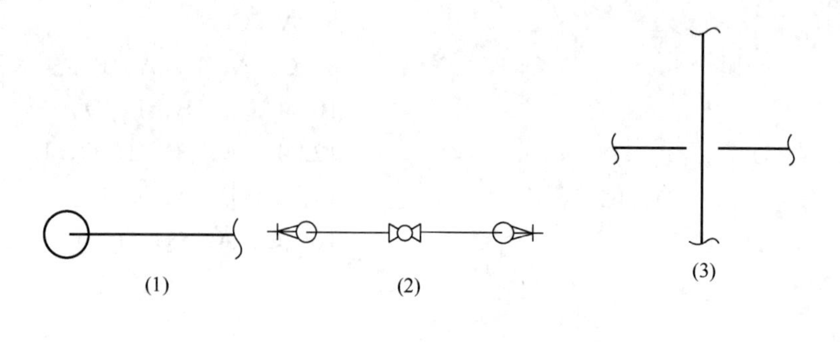

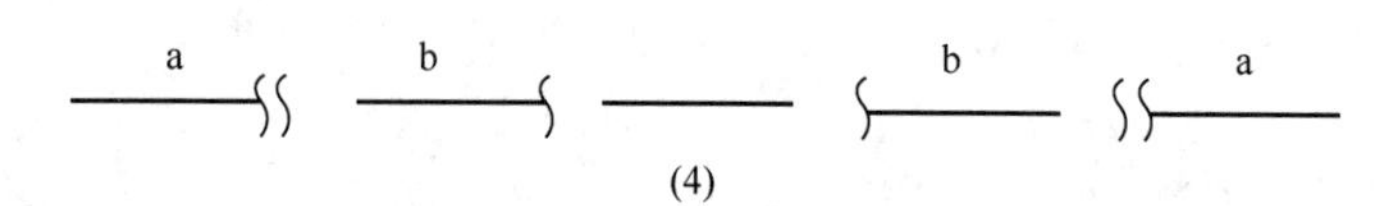

模拟试卷 E 答案

一、填空题

1．工艺，基础，详细
2．物料，能量，选型，计算
3．泵，反应器，换热器，容器，塔
4．视镜，阻火器，同心异径管
5．类型，连续，间歇性，能量，热量
6．物料代号，管段编号，管径，管道等级
7．交叉
8．局部放大，夸大
9．规格性能，容积，传热面积
10．基础，构件，孔径，定位
11．室内，厂房
12．建筑定位轴，建筑物，空间，分隔，设备，开启，房间
13．阿拉伯数字，拉丁字母，总尺寸，定位轴线间，高度，名称
14．粗实，细点划，外形，特征，基础，位置，底层，每层
15．符号，视图
16．箭头，数值，引出，编号，细斜
17．符号，标高，公称，型式

二、选择填空题

1．D，C，H，K，F，G
2．D，B，C，F，H，G，J
3．C，B，E
4．A，D，F，G，H
5．B，F，G，D，E，J，H，K，I
6．C，B，E，A，F
7．B，E，C
8．C，A，B，A，E
9．B
10．C，E，B，F，D
11．B，A
12．C，G，B，F，E，H
13．A，D，E
14．C，E，A，D
15．B，D
16．C，A，G，H
17．D，B

三、判断题

1．× 2．× 3．√ 4．×

四、计算题

1．计算过程及结果

（1）丙烯的转化率：$\dfrac{2-0.2}{2}=90\%$

（2）二异丙基联苯的收率：$\dfrac{0.85\times 2}{2}=85\%$

（3）反应的选择性：$\dfrac{0.85\times 2}{2-0.2}\times 100\%=94.44\%$

2．计算过程及结果

取进料氯苄 2kmol/h 为衡算基准，对反应器进行物料衡算。

反应掉的氯苄：$2\times 90\%=1.8\text{kmol/h}$

计算反应器出口物流的组成：

未反应的氯苄量：2−1.8=0.2kmol/h

生成二苄基甲苯的量：$\dfrac{2\times 85\%}{2}=0.85\text{kmol/h}$

未反应掉的甲苯量：$4-\dfrac{1.8}{2}=3.1\text{kmol/h}$

3．计算过程及结果

取温度为 25℃，压力为常压，各组的相态 $C_6H_5CH{=}CH_2(g)$，$C_6H_4(CH_3)_2(g)$，$C_{16}H_{18}(g)$ 为衡算基准。

$$\Delta H_1=(6\times 9582+1\times 9577)\times 4.18=280348.42\text{kJ/h}$$

$$\begin{aligned}\Delta H_2=&\left[-(5.06\times 9582+0.05\times 9577)\times 4.18-0.94\times 63.99\times 1000\right]\\&+(5.06\times 49.07+0.05\times 45.70)\times(100-25)\times 4.18+0.94\times 306.9\\&\times(100-25)=-44324.9\text{kJ/h}\end{aligned}$$

$$\Delta H_r=0.94\times(-296)\times 1000=-278240\text{kJ/h}$$

$$Q_p=280348.42-44324.9-278240=-162518\text{kJ/h}$$

反应过程中放出的热量为 162518kJ/h 。

五、绘图题

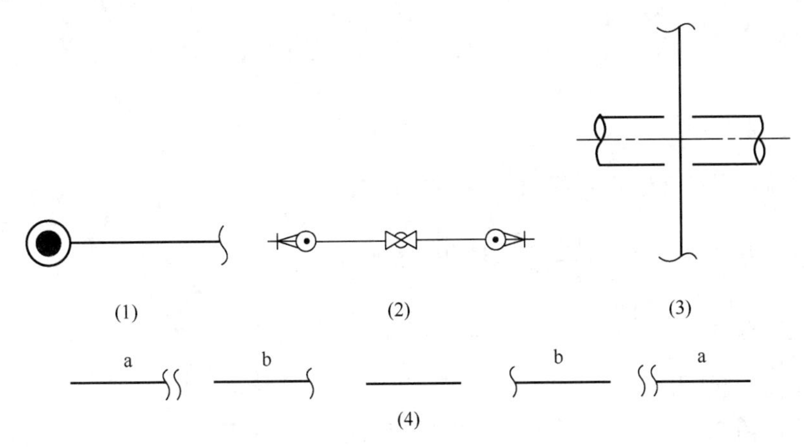

(1)　(2)　(3)

(4)

模拟试卷F答案

一、填空题

1．项目，可行性，环境影响，安全条件，设计，工程

2．装置，文字，审查

3．类别，主项，顺序

4．顺序，组合，工艺流程图

5．不按，中，图例，形状，类别

6．分析，流量，物位，压力，温度，报警，控制，指示，记录

7．通用，焊接，检验，机械，装配

8．两个，主，俯，主，左（右）

9．多次旋转

10．轴，环焊，连接，底，交点

11．室外，露天，敞开式，室内，有顶棚，建筑物

12．平面，立面，尺寸，走向，位置，通道系统

13．粗实，细点划，外形，特征，基础，位置，底层，每层

14．定位，标高，室内

15．方位，位置，安装，空间，位置，材料

16．符号，定位

17．符号，标高，公称，型式

二、选择填空题

1．C，F，E，G

2．D，B，C，F，H，G，J

3．C，B，D，F，I，H，G

4．E，F，A，G，B

5．B，E，D，F

6．B

7．B，D

8．C，A

9．C，A，E

10．A，D，F，E

11．C，B

12．G，A，H，B，D，I，E

13．F，A，B，H，G，E

14．E，G，D，F，B

15．C，D

16．C，A，F

17．B，A，E，H，J

三、判断题

1．√　2．√　3．×　4．×

四、计算题

1．计算过程及结果

（1）环己烯的转化率：$\frac{2-0.2}{2}\times100\%=90\%$

（2）二环己基苯的收率：$\frac{0.85\times2}{2}\times100\%=85\%$

（3）反应的选择性：$\frac{0.85\times2}{2-0.2}\times100\%=94.44\%$

2．计算过程及结果

取进料环己烯 2kmol/h 为衡算基准，对反应器进行物料衡算。

计算环己基联苯的收率：$90\%\times94.44\%=85\%$。

计算出口物流组成：

生成的环己基联苯：$2\times85\%=1.7\text{kmol}/\text{h}$

反应掉的环己烯：$2\times90\%=1.8\text{kmol}/\text{h}$

出口物流中的环己烯：2-1.8=0.2kmol/h

反应掉的联苯：1.8kmol/h

出口物流中的联苯：4-1.8=2.2kmol/h

3．计算过程及结果

取 25℃和常压及各组分的基准相态 $C_3H_6(g)$、$C_{12}H_{10}(g)$、$C_{18}H_{22}(g)$为衡算基准。

$\Delta H_1=2\times13931\times4.18=116463.16\text{kJ}/\text{h}$

$$\Delta H_2=1.15\times(-13931)\times4.18+0.85\times(-81.8)\times1000+(1.15\times68.3+0.2\times3.62)\times(80-25)\times4.18+0.85\times335.2\times(80-25)=-102602\text{kJ}/\text{h}$$

$\Delta H_r=0.85\times(-206)\times1000=-175100\text{kJ}/\text{h}$

$Q_p=116463.16-175100-102602=-161239\text{kJ}/\text{h}$

反应过程中放出的热量为 161239kJ/h

五、绘图题

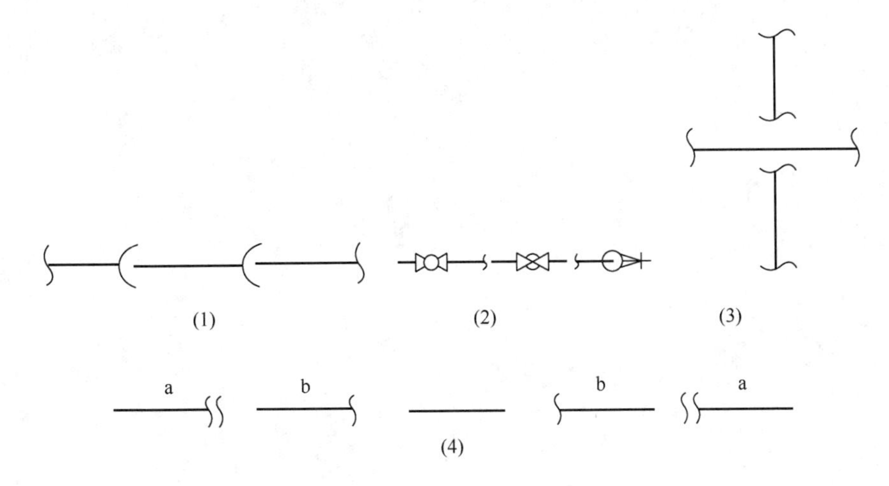

参考文献

[1] 梁志武，陈声宗．化工设计 [M]．4 版．北京：化学工业出版社，2015.
[2] 孙兰义．化工过程模拟实训——Aspen Plus 教程 [M]．2 版．北京：化学工业出版社，2017.
[3] 中石化上海工程有限公司．化工工艺设计手册上册 [M]．5 版．北京：化学工业出版社，2018.
[4] 陈声宗．化工过程开发与设计 [M]．北京：化学工业出版社，2009.
[5] 张桂军，薛雪．化工计算 [M]．北京：化学工业出版社，2007.
[6] 熊洁羽．化工制图 [M]．北京：化学工业出版社，2007.
[7] 冯连芳，王嘉骏．石油化工设备设计选用手册：反应器 [M]．北京：化学工业出版社，2010.
[8] 张亚丹，刘吉祥．石油化工设备设计选用手册：储存容器 [M]．北京：化学工业出版社，2009.
[9] 俞晓梅，袁孝竞．石油化工设备设计选用手册：塔器 [M]．北京：化学工业出版社，2010.
[10] 金国淼．石油化工设备设计选用手册：搪玻璃容器 [M]．北京：化学工业出版社，2009.
[11] 董其伍，张垚，等．石油化工设备设计选用手册：换热器 [M]．北京：化学工业出版社，2008.